U0342135

冶金工业出版社

普通高等教育"十四五"规划教材

冶金环保与资源综合利用
（第 2 版）

主　编　邢相栋　张朝晖　李红红
副主编　折　媛　吕　明　郭胜兰　王　帆

全书数字资源

北　京
冶金工业出版社
2024

内 容 提 要

本书系统阐述了钢铁冶金生产过程中环保与资源综合利用的相关发展情况，介绍了冶金环境保护的背景知识，包括清洁生产与循环经济、钢铁冶炼各工艺流程主要污染物排放及处理现状等；详细叙述了冶金企业废气、废水和噪声处理及综合利用技术和冶金矿山、烧结厂、炼铁厂、炼钢厂、轧钢厂、耐火材料等固体废弃物的综合利用。

本书可作为高等学校冶金、材料、环保等相关专业本科及研究生的教学用书，也可供冶金环保及资源综合利用领域的工程技术人员参考。

图书在版编目（CIP）数据

冶金环保与资源综合利用/邢相栋，张朝晖，李红红主编 . —2 版 . —北京：冶金工业出版社，2024.8

普通高等教育"十四五"规划教材

ISBN 978-7-5024-9629-6

Ⅰ . ①冶…　Ⅱ . ①邢…　②张…　③李…　Ⅲ . ①冶金工业—环境保护—高等学校—教材　②冶金工业废物—废物综合利用—高等学校—教材　Ⅳ . ①X756

中国国家版本馆 CIP 数据核字（2023）第 246053 号

冶金环保与资源综合利用（第 2 版）

出版发行	冶金工业出版社	**电　话**	（010）64027926
地　址	北京市东城区嵩祝院北巷 39 号	**邮　编**	100009
网　址	www.mip1953.com	**电子信箱**	service@ mip1953.com

责任编辑　曾　媛　赵缘园　美术编辑　吕欣童　版式设计　郑小利
责任校对　郑　娟　责任印制　窦　唯
三河市双峰印刷装订有限公司印刷
2016 年 1 月第 1 版，2024 年 8 月第 2 版，2024 年 8 月第 1 次印刷
787mm×1092mm 1/16；22 印张；533 千字；340 页
定价 **65.00 元**

投稿电话　（010）64027932　投稿信箱　tougao@cnmip.com.cn
营销中心电话　（010）64044283
冶金工业出版社天猫旗舰店　yjgycbs.tmall.com
（本书如有印装质量问题，本社营销中心负责退换）

前　　言

钢铁工业是国民经济的基础产业，同时也是资源消耗高、能源消耗高和污染排放高的"三高"行业。国家新环保法对生态补偿、排污收费、排污许可等做出了严格的规定，钢铁企业必须走节约资源、能源，减少排放，进而实现清洁生产这条路。本书以国家超低排政策和"双碳"目标为基础，以冶金企业"固废不出厂"理念为切入点，综合考虑钢铁冶金与有色金属冶金两大领域，设置教材编写体系，重点描述了钢铁工业各个工艺流程产生的污染物类型及处理工艺，以便更好地对污染物进行回收处理与处置。同时，以行业环保与资源综合利用开展处于前列的冶金企业应用案例为基础，增加企业环保管理和技术人员参与编写。

本书是编者多年从事教学、科研及生产实践的基础上整理编写而成的。课程内容分为两大部分：第一部分为冶金企业环境保护，主要讲述钢铁冶金及有色冶金过程产生的废水、废气、废渣、噪声及热污染等的处理原理、方法、设备、工艺等内容；第二部分为钢铁和有色金属冶金过程中产生污染物的综合利用原理、方法、相关设备及治理实例等。

本书可供高等学校冶金工程、材料科学与工程、矿物资源工程和环境工程等专业本科生教学使用，也可供相关专业研究生、从事钢铁企业环境保护的工程技术人员、国家和地方政府的工业管理部门以及科技管理部门的相关人员阅读参考。

全书共分11章，由西安建筑科技大学和宝钢湛江钢铁有限公司等合作完成。邢相栋、张朝晖负责全书的规划、统稿及审校工作。邢相栋、张朝晖负责第1章的编写，李红红负责第5、6章的编写，折媛负责第7章的编写，吕明负责第10、11章的编写，大连大学王帆负责第2、8章的编写，郭胜兰、唐洋洋、冯璐负责第4章的编写，张会负责第3、9章的编写。

在本书编写过程中，作者参考了国内外有关文献资料，在此谨向所有文献资料作者表示衷心的感谢。感谢中冶赛迪工程技术股份有限公司、北京科技大学、陕西钢铁集团有限公司等单位的支持。由于参考文献来源广泛，如编者在归纳、整理过程中出现遗漏，祈请有关作者谅解。

由于编者水平所限，书中叙述如有不妥之处，敬请读者批评指正。

编　者

2024 年 4 月

目　　录

1 冶金环保概论

本章数字资源

　　环境保护和工业发展是相辅相成的，在当前形势下，梳理冶金工业发展和环境保护之间的关系，加强环境保护是保障冶金工业发展的前提，是冶金工业的必由之路，而冶金工业的发展又为保护环境提供先进的技术支持，生产实践能够检验、优化环保政策和制度，促进环保工作有序、全面地开展。冶金工业发展的一个重要途径就是探究发展中的环保问题，将企业的发展战略付诸环保工作的过程中，在保护环境的同时也有利于企业战略的实施，从而及时优化冶金工业的发展进程。只有将环境保护工作渗透到实际发展中的每一个环节，才能在维护生态平衡的基础上最大程度地降低冶金工业的发展成本。

　　我国钢铁工业是国内最具全球竞争力的产业，支撑着国家经济的快速发展，属典型的技术密集型产业，将长期引领世界钢铁工业的发展。当前，我国钢铁行业执行着世界上最严格的环保排放标准要求，正在引领世界钢铁的绿色革命，并且正在努力打造全球钢铁工业低碳发展示范，向高质量时期低碳阶段演进。

　　在"十四五"发展新形势下，在产业政策、钢材贸易政策、环保政策、低碳发展政策指导下，我国钢铁行业仍将以深化供给侧结构性改革为主线，坚定不移走高质量发展之路。超低排放改造工作仍是我国钢铁行业重点工作，坚持方向不变、力度不减；全行业还将面临碳排放强度的"相对约束"、碳排放总量的"绝对约束"以及严峻的"碳经济"挑战。未来，我国钢铁行业将以低碳为统领，重塑新发展格局，形成新的供需平衡，推动新的技术进步，打造新的产业格局，建成安全的供应链，构建繁荣的生态圈。

　　回顾"十三五"时期，我国钢铁行业绿色低碳发展取得了积极成效。在环保超低排放方面，我国钢铁行业通过大气攻关支撑生态环境部做好超低排放顶层设计，通过开展技术研发支撑超低排放落地实施，通过工程示范推广推进超低排放技术应用，超低排放推进工作取得较大进展和显著成效。截至 2021 年 7 月，全国 237 家钢铁企业 6.5 亿吨粗钢产能已完成或正在实施超低排放改造。通过超低排放改造，钢铁企业环境绩效明显提升、厂区环境大幅改善、环保理念逐步转变，有效推动区域大气环境质量持续改善。在绿色低碳发展方面，我国钢铁企业单年吨钢综合能耗实现大幅下降，所有工序能耗均有不同程度下降，高炉、焦炉、转炉煤气利用效率及平均自发电量比例均略有提升，先进节能低碳技术得到广泛推广应用，并通过搭建智能化管控体系不断提升能源管理水平。此外，我国钢铁行业用能及流程结构进一步优化，与周边社区、相关产业建立了区域性循环经济产业链，提升了市场机制减排，标准化支撑体系不断健全。

　　目前，我国生态环境改善目标的实现仍然任重道远。下一步，国家要求抓紧研究提出深入打好污染防治攻坚战的顶层设计，持续改善生态环境质量。而且，在"3060"重大决策部署下，国家提出碳排放从相对约束到绝对约束的新要求。

　　绿色低碳发展新形势对我国钢铁行业提出了新的要求：一是应满足国民经济绿色低碳

发展对生产（全生命周期）绿色产品的新要求；二是应满足对产业布局优化调整的新要求；三是应满足对能源结构调整的新要求；四是应满足对工艺流程、技术装备的新要求；五是应满足对降碳与减污协同的新要求。

结合我国钢铁行业运行现状及主要下游用钢行业发展趋势来看，"十四五"时期我国经济发展对钢铁总量需求仍将保持较高规模，在钢铁生产总体规模难以大幅下降的背景下，总量降碳空间非常有限。从我国钢铁行业现有布局结构、能源结构、流程结构、产品结构来看，全行业结构减污降碳还需要时间。此外，全行业还需应对减污降碳工艺技术储备不足、钢铁企业低碳发展基础储备不足等严峻挑战。针对我国钢铁行业"十四五"时期减污降碳规划思路和实施路径，建议重点从三个大方向来把握：

一是建立减污降碳协同管理机制。应构建减污降碳协同治理的政策体系及工作机制，将温室气体纳入固定污染源行政管理体系。

二是推进重点协同减污降碳任务。应推动实现供需更高水平动态平衡，推动绿色布局，深入推进超低排放改造，有序推进电炉短流程炼钢，强化能源结构优化，加快推动物流运输结构优化，建设绿色生态圈，鼓励先进协同减排技术示范应用。

三是开展减污降碳动态评估、建立长效机制。应构建全过程碳排放管控监测与评估集成创新体系，搭建 C + 4E 目标体系及支撑体系，强化以碳作为统领，并应借助"互联网 +"、大数据技术构建钢铁全过程信息化管控及评估平台。

在废气治理方面，根据近年数据，我国有色金属冶金行业废气污染物排放量约占全国排放总量的 5.94%，目前在细分领域推广应用的废气污染治理技术主要包括铜冶炼烟气收尘、铝电解烟气干法净化等，氢氧化铝气态悬浮焙烧炉烟气治理通常采用多级旋风筒分离氧化铝、电除尘器除尘净化技术。下一步，我国有色金属冶金行业针对废气治理，将构建减污降碳协同治理的政策体系及工作机制，开展超低排放改造工作，对特征污染物减排技术进行创新研究，以环保监管及绩效考核体系促进提质增效。

在固废治理方面，目前，我国有色金属固废的处理工艺日趋成熟，政策法规日趋完善，但与新阶段生态文明要求、高质量发展要求仍有差距，仍存在如下突出问题：资源综合利用率低，技术制约严重；缺乏顶层规划，产业政策亟待完善；资源化利用单一，部分难以利用；协同发展不足，循环经济有待加强等。总体判断，冶炼渣等固废制备建材未来一段时间仍将是主流，冶炼渣回收贵重金属将日益受到重视，循环低碳、资源化利用冶炼渣技术将取得重点突破，政策法规、标准、产业协同、科技创新将是未来高质量发展的重要驱动力。

1.1　生态文明建设

面对资源约束趋紧、环境污染严重、生态系统退化的严峻形势，必须树立尊重自然、顺应自然、保护自然的生态文明理念，走可持续发展道路。

生态文明建设就是把可持续发展提升到绿色发展高度，为后人"乘凉"而"种树"不给后人留下遗憾，而是留下更多的生态资产。生态文明建设是中国特色社会主义事业的重要内容，关系人民福祉，关乎民族未来，事关"两个一百年"奋斗目标和中华民族伟大复兴中国梦的实现。党的十八大报告中，生态文明建设被首次纳入中国特色社会主义总体布局，与经济建设、政治建设、文化建设、社会建设一起构成"五位一体"。"生态文明建设"还首次载入党章，将生态文明建设纳入执政党行动纲领。

1.1.1　生态文明建设意义

生态文明建设是发展战略。良好生态环境是最普惠的民生福祉，大力推进生态文明建设，努力建设美丽中国，实现中华民族永续发展。生态文明建设已纳入国家发展总体布局，突出生态文明建设在"五位一体"总体布局中的重要地位，表明我国解决日益严峻的生态矛盾、确保生态安全、加强生态文明建设的坚定意志和坚强决心，建设美丽中国已成为人民心向往之的奋斗目标。但总体来看，我国生态环境质量持续好转的成效需要进一步稳固，生态文明建设仍处于压力叠加、负重前行的关键期，必须全力以赴，让天更蓝、山更绿、水更清的美丽画卷全面铺展开来。

绿色发展方式是发展路径。恩格斯曾说："不要过分陶醉于我们对于自然界的胜利，对于每一次这样的胜利，自然界都报复了我们。"所以，人类的发展活动必须尊重自然、顺应自然、保护自然，否则将会自食后果。只有让发展方式绿色转型，才能适应自然的规律。绿色是生命的象征，是大自然的底色；绿色是对美好生活的向往，是人民群众的热切期盼；绿色发展代表了当今科技和产业变革方向，是最有前途的发展领域。

绿色发展理念必须要坚持和贯彻新发展理念，像保护眼睛一样保护生态环境，像对待生命一样对待生态环境。加深对自然规律的认识，自觉以规律的认识指导行动。绿色发展明确了我国发展的目标取向，是生态文明建设中必不可少的部分。坚持节约资源和保护环境的基本国策，坚持节约优先、保护优先、自然恢复为主的方针，着力推进绿色发展、循环发展、低碳发展，形成节约资源和保护环境的空间格局、产业结构、生产方式及生活方式，从源头上扭转生态环境恶化趋势，为人民创造良好生产生活环境，为全球生态安全作出贡献。

建设美丽中国是发展目标。尽管我国在生态建设方面取得了很大成效，但生态环境保护仍然任重道远。步入新时代，我国社会主要矛盾已经转化为人民日益增长的美好生活需要和不平衡不充分的发展之间的矛盾，而对优美生态环境的需要则是对美好生活需要的重要组成部分。党的十九大报告将"美丽"纳入了建设社会主义现代化强国的奋斗目标之中，多次提出要建立"美丽中国"，到2035年基本实现社会主义现代化，生态环境根本好转，美丽中国目标基本实现；到21世纪中叶，建成富强民主文明和谐美丽的社会主义现代化强国，生态文明将全面提升。

1.1.2　核心理念

生态兴则文明兴、生态衰则文明衰，人与自然和谐共生。历史上有许多文明古国，都是因为遭受生态破坏而导致文明衰落。"天育物有时，地生财有限，而人之欲无极。"人类只有遵循自然规律才能有效防止在开发利用自然上走弯路，人类对大自然的伤害最终会伤及人类自身，这是无法抗拒的规律。人类尊重自然、顺应自然、保护自然，自然则滋养人类、哺育人类、启迪人类。

环境就是民生，保护环境就是保护生产力。良好的生态环境是最公平的公共产品，小康建设全面不全面，生态环境是关键。经济在发展，环境在污染，我国已经在发展与污染中徘徊了很多年。造成环境污染的原因固然有环保意识淡薄、绿色生活习惯尚未形成等原因，但是归根结底，还是因为重经济发展轻环境保护、重开发资源轻科学统筹规划。面对日益严重的环境问题，我们应把它上升到民生的高度去认识、去重视、去治理。

要把生态环境保护摆在更突出的位置。既要绿水青山，也要金山银山。宁要绿水青山，不要金山银山，而且绿水青山就是金山银山。决不能以牺牲生态环境为代价换取经济的一时发展。让绿水青山充分发挥经济社会效益，关键是要树立正确的发展思路，因地制宜选择好发展产业。只有充分考虑到生态环境的承受能力，才能保持两者的协调发展关系，保持经济的持续发展。决不能以牺牲环境、浪费资源为代价换取经济增长，不能在问题发生之后再以更大的代价去弥补，而是要让经济发展和生态文明相辅相成、相得益彰，让良好环境成为人民生活质量的增长点，让绿水青山变为金山银山。

1.2　环境与环境污染

1989 年《中华人民共和国环境保护法》第二条规定，"本法所称环境是指：影响人类生存和发展的各类天然的和经过人工改造的自然因素的总体，包括大气、水、海洋、土地、矿藏、森林、草原、野生生物、自然遗迹、人文遗迹、自然保护区、风景名胜区、城市和乡村等"。对人类来说，环境是人类进行生产和生活的场所，是人类生存和发展的物质基础。人类的生存环境不同于生物的生存环境，也不同于自然环境。

人类与环境之间的关系呈对立统一关系，人类与环境之间不像动物那样，只是以自身的存在影响环境，以自身来适应环境，而是以人类的活动来影响和改造环境，把自然环境转变为新的生存环境，而新的生存环境再反作用于人类，或给予人类带来富裕和欢乐，或给予无情的报复。在这一反复曲折的过程中，人类在改造自然环境的同时也在改造自己。人类对自然界的利用和改造也是随着人类社会的发展而发展的。

环境是一个很复杂的系统，从环境要素来考虑，可将环境分为大气环境、水环境、土壤环境、社会文化环境等；按照环境的性质可将环境分为物理环境、化学环境和生物环境等。

环境问题不是指由自然灾害引起的原生环境问题（第一环境问题），而是指人为引起的次生环境问题（第二环境问题），即由于人类活动作用于人们周围的环境所引起的环境质量变化，以及这种变化对人类生产、生活和健康的影响问题。人类对环境的影响不仅仅只是消极的方面，同时对环境的影响也有很大的积极因素。人类在改造环境的同时，也在不同程度地污染和破坏环境，当被污染和破坏的环境再次反作用于人类时，就会危及人类的正常生活。这种相互作用是在所难免的。当今的环境问题主要表现在以下两个方面：（1）对自然资源的不合理开发利用引起的生态环境破坏；（2）由工农业生产、交通运输和生活排放的有毒有害物质引起的环境污染和公害。

环境问题是随着人口的增长和生产的发展而出现和发展的。人口的增长，由环境向人类社会输入的总资源必然增加，这些资源中的一部分在生产过程中变为"三废"排入环境，转化为产品的部分，经使用最终也变为废弃物排入环境。如果不考虑环境的制约，只注意经济的发展而不顾环境保护，就必然导致环境的污染和资源的破坏。环境是人类生存和发展的物质基础和制约因素，造成环境问题的根本原因是对环境的价值认识不足，缺乏妥善的经济发展规划和环境规划，必须在发展中解决环境问题。

1.2.1 环境污染及其特点

环境污染是指人为因素造成的环境污染，即由于人类大规模的生产和生活活动而排入环境中的有害物质超出了环境的自净能力，从而使环境质量恶化，有害于人类及其他生物的正常生存和发展的现象。更具体地说，环境污染是指有害物质和能量，特别是"三废"，对大气、水体、土壤等环境要素正常功能和质量的破坏，达到了有害程度的现象。

环境污染有不同的类型。按环境要素分类，可分为大气污染、水体污染和土壤污染等；按污染物的性质分类，可分为化学污染、物理污染和生物污染等；按污染物的形态分类，可分为废气污染、废水污染、固体废物污染以及噪声污染和辐射污染等；按污染物的分布范围分类，可分为全球性污染、区域性污染、局部性污染等。

环境污染一般具有以下特点：

（1）污染物的种类多，作用机理复杂。进入环境的污染物来自社会活动的各个方面，品种繁多、成分复杂，而且是多重因素的综合作用。它们进入环境后，在物理、化学和生物因素的作用下，浓度、形态、毒性等往往会发生变化，有的降解、有的富集，有的毒性受到抑制，有的毒性反而增强。它们不仅能单独造成危害，而且能产生协同作用和促进作用，加剧原有污染物的危害。

（2）污染物的浓度较低，但往往有累积性的致毒作用。环境中污染物的浓度大多很低，其毒性在短期内可能很不明显，但经过长年累月的积累后，就可能会危害生物。长时间、低浓度的污染物质作用于人体，也可能使人体慢性中毒，患各种疾病。

（3）影响范围大。环境污染的危害，不像职业病那样只限于作业人员或只限于污染源附近的人群，而是污染区域内的全体居民。

（4）污染容易，治理难。环境一旦受到污染，特别是受到重金属和放射性污染后，人们想要恢复生态平衡，挽回因污染所造成的损失，以及恢复对人体所造成的影响，有时即使投入大量的人力、物力，也很难将污染的影响消除掉。

环境污染防治要立足于"以防为主，防治结合、综合治理"，只有这样才能收到较好的效果。

1.2.2 环境污染物和污染源

凡是以不适当的浓度、数量、速率、形态和途径进入环境，并对环境系统的结构和质量产生不良影响的物质、能量和生物统称为污染物或污染因子。按照性质，污染物可分为以下几类：

（1）物理污染物，包括声、光、热、放射性以及电磁波等；

（2）化学污染物，包括直接排放或在环境中生成的无机或有机化学毒物，如碳氧化物、氮氧化物、重金属以及酚类、氰化物等；

（3）生物污染物，包括病菌、病毒和寄生虫卵等。

按污染物的形态可分为气体污染物、液体污染物、固体污染物以及噪声、微波辐射、放射性污染物等。

污染源通常指人类生产和生活活动中向环境排放有害物质或对环境产生有害影响的场所、设备和装置。按排放污染物的种类，污染源可分为有机污染源、无机污染源、热污染源、噪声污染源、放射性污染源、病原体污染源以及同时排放多种污染物的混合性污染源；按污染物所污染的主要对象，可分为大气污染源、水体污染源、土壤污染源等；按污染源是否移动，又分为固定污染源和流动污染源（如汽车等）；常见的是按人类社会活动功能划分为工业污染源、农业污染源、交通运输污染源和生活污染源。

1.2.3 环境的自净及自净机理

在物理、化学和生物等各种因素作用下，环境对进入其中的污染物进行分离、分解和转化，从而使污染物的浓度、毒性降低，环境本身逐步恢复洁净状态的机能就称作环境的自净作用，这种机能的强弱则称为环境的自净能力。

按照作用机理，环境自净可分为以下三类：

（1）物理净化，包括污染物在环境介质中的稀释、扩散、沉降、挥发、淋洗和物理吸附等。物理自净能力的强弱，取决于环境介质的温度、数量、流速以及环境的地形、地貌、水文条件等，也取决于污染物的形态、密度、粒度等物理性质。

（2）化学净化，包括氧化还原、沉淀、化合、分解、絮凝、化学吸附、离子交换和络合等化学反应。化学自净的速率和极限取决于环境介质的温度、酸碱度、氧化还原电位和化学组成，也取决于污染物的组分、形态和化学性质。

（3）生物净化，包括微生物、植物、低等动物对污染物的降解、吞食和吸收。生物净化能力的强弱取决于生物的种类，污染物的性质和温度、养料和供氧状况等环境条件。

1.2.4 环境保护

环境保护指人类为解决现实的或潜在的环境问题，协调人类与环境的关系，保障经济社会的持续发展而采取的各种行动的总称。环境保护的方法有工程技术、行政管理、法律、经济和宣传教育手段等。保护环境的目的是创造出适合人类生活、工作的环境，协调人与自然的关系，让人们做到与自然和谐相处。总的来说，环境保护的内容有两方面：一是人类有意识地保护自然资源并使其得到合理的利用，防止自然环境受到污染和破坏；二是人类对受到污染和破坏的环境做好综合的治理。具体分析如下：

（1）保护特殊价值的自然环境，包括珍稀物种及其生活环境、特殊的自然发展史遗迹、地质现象、地貌景观等。

（2）防止生产生活引起的环境污染，包括农业生产和使用有毒有害化学品；工业生产排放的三废、粉尘、放射性物质以及产生的噪声和恶臭；交通运输产生的有毒气体、液体、噪声以及运输工具排放的污染物；人们生活排放的烟尘、污水和垃圾等污染；建设开发引起的环境破坏，包括公路、铁路、大型港口码头、机场、大型水利和大型工业项目等工程建设对环境造成的破坏；围湖造田、人工填海、海上油田开采以及海岸带、沼泽地、森林、矿产资源的开发对环境的破坏；新工业区、新城镇的建设对环境造成了破坏。当人类活动对环境的破坏超出了环境所承载的范围，通过环境本身的自净能力不能自我恢复时，对环境的综合治理便不可避免。

1.3　清 洁 生 产

钢铁工业作为重要的基础原材料工业，仿照自然生态系统建立"资源—产品—再生资源"的物质反复循环利用的经济发展模式，把清洁生产、资源综合利用、生态设计和可持续发展等融为一体，加大结构调整和技术改造力度，搞好节能降耗、环境保护、资源及废物的综合利用，构建结构合理、资源节约、生产高效、环境清洁的运行管理模式，追求生态环境和经济效益最佳化，实现钢铁工业持续发展的战略目标。

钢铁工业工艺流程的特点，决定其是最有条件、最具潜力、最为迫切发展循环经济的产业。同时，国内的水、土地、能源、矿产等资源不足的矛盾越来越突出，生态建设和环境保护的形势日益严峻。因此，钢铁工业发展循环经济是缓解资源约束矛盾的根本出路，是从根本上减轻环境污染的有效途径，是提高经济效益的重要措施，是实现可持续发展的本质要求。

《国民经济和社会发展第十四个五年规划纲要》提出了"十四五"期间，单位 GDP能源消耗降低 13.5%、主要污染物排放总量持续减少，二氧化碳排放降低 18% 的要求。《"十四五"原材料工业发展规划》中明确提出重点大中型企业吨钢综合能耗、吨钢二氧化硫排放量较 2015 年分别下降 4.7%、46%，总体达到世界先进水平。钢铁行业吨钢综合能耗降低 2%。重点行业单位产值污染物排放强度、总量实现双下降，新建项目满足超低排放标准。

1.3.1　清洁生产基本概念

1.3.1.1　清洁生产的产生和发展

纵观人类社会工业化的发展进程可以看出，工业革命标志着人类的进步，但在生产规模不断扩大给人类带来巨大财富的同时，也在高速消耗着地球上的资源，在向大自然无止境地排放着危害人类健康和破坏生态环境的各类污染物。尤其是人类对环境和资源的无节制的开发、利用和破坏，人口、资源、环境问题互相关联，交互作用已是全球性的危机问题。

人类为了保护自身的生存环境，逐渐重视环境问题，开始了环境保护的艰难历程。人类保护环境的历程，大致经历了四个阶段，如图 1-1 所示。

A　直接排放阶段

20 世纪 60 年代以前，当时的工业尚不十分发达，污染物排放量相对较少，环境容量较大，人们将生产过程中产生的污染物不加任何处理便直接排放入环境，环境问题并不突出。

B　稀释排放阶段

进入 20 世纪 70 年代，人们开始关注工业生产排放污染物对环境的影响与危害。采取将污染物转移到海洋、大气中，认为自然环境可以吸收这些污染。后来，人们意识到自然环境在一定时间内对污染的吸收承受能力有限，开始根据环境的承载能力计算一次性污染排放限度和标准，将污染物稀释后排放。

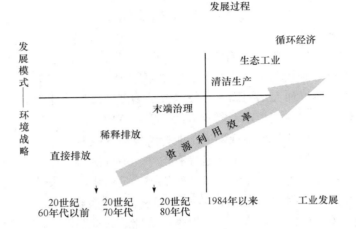

图 1-1　环境战略发展模式

C　末端治理阶段

进入 20 世纪 80 年代，由于科技的飞速发展，生产力的极大提高，进入了高度工业化时期，环境问题已由局部、区域性发展为全球性的生态危机，而且已危及人类生存。受科技、认识上的限制，人们认为环境问题是发展中的副产物，只需略加治理，就可以解决，在环保工作中采取了"头痛医头，肺痛医肺"的做法，即"末端治理"。随着末端治理措施的广泛应用，人们发现末端治理污染技术还有一定的局限性，末端治理并不能真正解决环境污染问题。很多情况下，末端治理需要投入昂贵的设备费用、惊人的维护开支和最终处理费用，其工作本身还要消耗资源、能源，并且这种处理方式会使污染在空间和时间上发生转移而产生二次污染，人类为治理污染付出了高昂而沉重的代价，收效却并不理想。面对环境污染日趋严重、资源日趋短缺的局面，工业发达国家在对其经济发展过程进行反思的基础上，认识到不改变长期沿用的大量消耗资源和能源来推动经济增长的传统模式，单靠一些补救的环境保护措施，是不能从根本上解决环境问题的，解决的办法只有从源头到全过程考虑，清洁生产应运而生。

D　清洁生产与可持续发展阶段

1984 年，国际上成立了"环境与发展委员会"，提出了持续发展的思想，提出工业可持续发展方向，即提高资源和能源利用效率，减少废物的产生。1992 年，联合国在巴西里约热内卢举行了"环境与发展大会"，大会一致同意要改变发展战略，走可持续发展的道路。可持续发展的定义是：既符合当代人的需求，又不致损害后代人满足其需求能力的发展。可持续发展的标志是资源的永续利用和良好的生态环境，经济和社会发展不能超越资源和环境的承载能力。可持续发展要求在严格控制人口增长、提高人口素质和保护环境、资源永续利用的条件下进行经济建设，保证以可持续的方式使用自然资源和环境成本，使人类的发展控制在地球的承载力之内。

工业化的大发展是环境污染和环境问题的主要原因，而防治工业污染的传统方法是政府颁布各类环境标准和废物排放标准，通过监测、罚款和限期治理等措施进行污染源控制，工厂为了满足环境标准和排放标准的要求，大多采用废水、废气、废渣处理装置，不仅需要相当巨大的基建投资，而且需要昂贵的运行费用，废水处理和废气处理本身还需要消耗一定的能源和资源。虽然这种方法能发挥一定的作用，但国内外的经验都证明，这种方法的效果往往是不理想的，并不符合可持续发展战略的要求。

可持续发展呼唤着新的科技革命，改变末端治理为源头控制，开发全新的科学技术，使工业生产不致损害环境、制约发展，而是保护和改善环境。

清洁生产、生态工业和循环经济等都是以提高资源利用率、减少污染排放量为目标的全新的符合可持续发展战略要求的生产。

国际社会在总结工业污染治理经验教训的基础上提出了一种新型污染预防和控制战略，联合国环境规划署与环境规划中心综合各种说法，采用了"清洁生产"这一术语。

清洁生产的概念，最早可追溯到 1976 年，这一年欧洲共同体在巴黎举行了"无废工艺和无废生产的国际研讨会"，提出协调社会和自然的相互关系应主要着眼于消除造成污染的根源，而不仅仅是消除污染引起的后果。随后，1979 年 4 月，欧洲共同体理事会宣布推行清洁生产的政策，并于同年 11 月在日内瓦举行的在环境领域内进行国际合作的全欧高级会议上，通过了《关于少废无废工艺和废料利用的宣言》，指出无废工艺是使社会和自然取得和谐关系的战略方向和主要手段。

1984 年，美国国会通过了《资源保护与回收法——固体及有害废物修正案》，该法案明确规定：废物最小化，即"在可行的部位将有害废物尽可能地削减和消除"是美国的一项国策，要求制定本单位废物最少化的规划，其中，基于污染预防的源削减和再循环被认为是废物最小化对策的两个主要途径。在废物最小化成功实践基础上，1990 年 10 月美国国会又通过了《污染预防法》，将污染预防活动的对象从原先仅针对有害废物拓展到各种污染的产生排放活动，它从法律上确认了污染首先应当削减或消除在其产生之前。与此同时，在欧洲，瑞典、荷兰、丹麦等国在学习借鉴美国废物最小化或污染预防实践经验的基础上，纷纷投入了推行清洁生产的活动。

在总结工业污染防治理论和实践的基础上，联合国环境规划署（UNEP）于 1989 年提出了名为"清洁生产"（cleaner production，意为"更清洁的生产"）的战略和推广计划，在联合国工业发展组织（UNIDO）、联合国发展规划署（UNDP）的共同努力下，清洁生产正式走上了国际化的推行道路。

1990 年 9 月在英国举办了"首届促进清洁生产高级研讨会"正式推出了清洁生产的定义：清洁生产是指对工艺和产品不断运用综合性的预防战略，以减少其对人体和环境的风险。此后，这一高级国际研讨会每两年召开一次，定期评估清洁生产的进展，并交流经验，发现问题，提出新的目标，推进清洁生产的发展。

1992 年 6 月联合国巴西环境与发展大会在推行可持续发展战略的《里约环境与发展宣言》中，清洁生产被作为实施可持续发展战略的关键措施正式写入大会通过的实施可持续发展战略行动纲领《21 世纪议程》中。自此，在联合国的大力推动下，清洁生产逐渐被各国企业和政府所认可，清洁生产进入了一个快速发展时期。我国政府也积极响应，于 1994 年提出了"中国 21 世纪议程"，将清洁生产列为"重点项目"之一。

2000 年 10 月，第六届清洁生产国际高级研讨会对清洁生产进行了全面系统的总结，并将清洁生产形象地概括为技术革新的推动者、改善企业管理的催化剂、工业运动模式的革新者、连接工业化和可持续发展的桥梁。从这层意义上，可以认为清洁生产是可持续发展战略引导下的一场新的工业革命，是 21 世纪工业生产发展的主要方向，清洁生产的产生及其发展是一个不断演进的历史过程。当前，清洁生产无论在理论概念还是在应用实践上，在可持续发展的思想原则指导下，仍然处于不断地丰富、深化与拓展过程中。

1.3.1.2 清洁生产的定义

清洁生产是一个相对抽象的概念，欧洲国家有时称为"少废无废工艺""无废生产"；日本多称"无公害工艺"；美国则称"废料最少化""污染预防""减废技术"。此外，还有"绿色工艺""生态工艺""环境工艺""过程与环境一体化工艺""再循环工艺""源削减""污染削减""再循环"等。这些不同的提法或术语实际上描述了清洁生产概念的不同方面，但是这些概念不能包容上述多重含义，尤其不能确切表达当代环境污染防治与生产可持续发展的新战略。联合国环境规划署（UNEP）综合各种说法，采用了"清洁生产"这一术语，1989 年正式提出了清洁生产的定义，并于 1996 年进行了修订。清洁生产是一种新的创造性思想，该思想将综合预防的环境策略持续地应用于生产过程、产品和服务中，以增加生态效益并减少对人类及环境的风险。

对生产过程而言，要求节约原材料和能源，淘汰有毒原材料，削减所有废物的数量和毒性；对产品，要求减少从原材料提炼到产品的最终处置的整个生命周期的不利影响；对服务，要求将环境因素纳入设计和所提供的服务中。

清洁生产是世界各国推进可持续发展所采用的一项基本策略，中国政府在 1994 年通过了《中国 21 世纪议程》，即《中国 21 世纪人口、环境与发展》白皮书。

在《中国 21 世纪议程》里对清洁生产的定义是：清洁生产是指既可满足人们的需要，又可合理使用自然资源和能源并保护环境的实用生产方法和措施，其实质是一种物料和能耗最少的人类生产活动的规划和管理，将废物减量化、资源化和无害化，或消灭于生产过程之中。同时对人体和环境无害的绿色产品的生产也将随着可持续发展进程的深入而日益成为今后产品生产的主导方向。

2002 年 6 月 29 日，第九届全国人民代表大会常务委员会第二十八次会议通过并正式颁布了《中华人民共和国清洁生产促进法》。该法的第一章第二条指出："本法所称清洁生产，是指不断采取改进设计、使用清洁的能源和原料、采用先进的工艺技术与设备、改善管理、综合利用等措施，从源头削减污染，提高资源利用效率，减少或者避免生产、服务和产品使用过程中污染物的产生和排放，以减轻或者消除对人类健康和环境的危害"。

这几个定义虽然表述不同，但内涵是一致的，就是对生产过程与产品采取整体预防的环境策略，减少或者消除它们对人类及环境的可能危害，同时充分满足人类需要，使社会经济效益最大化的一种生产模式。在联合国环境规划署清洁生产的概念中，其根本目的是减少对人类和环境的影响与风险。清洁生产概念中的基本要素是污染预防，在生产发展活动的全过程中充分利用资源能源，最大可能地削减多种废物或污染物的产生，它与污染产生后的控制（末端治理）相对应，并重点表征了清洁生产的内容以及从原料、生产工艺到产品使用全过程的广义的污染防治途径。在《中国 21 世纪议程》里对清洁生产的定义重点强调清洁生产的实质以及清洁生产是实施可持续发展的重要手段。《中华人民共和国清洁生产促进法》中的清洁生产定义借鉴了联合国环境规划署的定义，结合我国实际情况，更加具体、明确说明了实施清洁生产的内涵、主要实施途径和最终目的。

清洁生产不包括末端治理技术，如空气污染控制、废水处理、固体废物焚烧或填埋，清洁生产通过应用专门技术，改进工艺技术和改变管理态度来实现。清洁生产是一个动态的过程，一方面，不能期望通过或几次清洁生产活动就能完成预防污染的目标，另一方面，随着科学技术的进步，将会出现更清洁的生产，这就意味着清洁生产是一个持续改进，持续完善的过程。清洁生产所强调的是：避免污染的产生，尽可能在生产的过程中减少污染的产生。

清洁生产的定义包含了生产全过程和产品整个生命周期全过程两个全过程控制。对生产过程而言，清洁生产包括节约原材料与能源，尽可能不用有毒原材料并在生产过程中减少它们的数量和毒性；对产品而言，则是从原材料获取到产品最终处置过程中，尽可能将对环境的影响减少到最低。

清洁生产作为20世纪末国际环境保护战略的重大转变，它着眼于生产过程中污染物的最小化，注重生产过程本身，对产品、服务从原材料的获取直至产品报废后的处置整个产品生命周期过程中环境影响进行统筹考虑，即将资源与环境有机融入产品及其生产的全过程中，因而它对深化环境污染防治，改变大量消耗能源资源、粗放经营的传统生产发展模式具有重要意义。

1.3.1.3 清洁生产的主要内容和目标

根据清洁生产的概念，清洁生产主要应包括以下三方面的内容：

（1）清洁的原材料、能源。尽可能采用无毒或者低毒、低害的原材料，替代毒性大、危害严重的原料。节约原材料和能源，少用昂贵和稀缺的原材料，利用二次资源作原材料，对原材料和能源的合理化利用。

（2）清洁生产的过程。选用少废、无废工艺和高效设备；尽量减少生产过程中的各种危险性因素，如高温、高压、低温、低压、易燃、易爆、强噪声、强振动等；采用可靠和简单的生产操作和控制方法；对物料进行内部循环利用；完善生产管理，不断提高科学管理水平。

清洁的生产过程的实施依赖清洁生产技术，通过替代技术、减量技术等，采用新工艺和新设备，提高生产效率，削减生产过程废物的数量和毒性。

（3）清洁的产品。产品在使用过程中以及使用后不会危害人体健康和生态环境；易于回收、复用和再生；合理包装；合理的使用功能和使用寿命；易处置、易降解。

实施清洁生产可以达到下列两个目标：

（1）通过资源的综合利用、短缺资源的代用、二次能源的利用以及节能、省料、节水，以实现合理利用资源，减缓资源的枯竭。

（2）在生产过程中，减少甚至消除废物和污染物的产生和排放，促进工业产品生产和产品消费过程与环境兼容，减少在产品的整个生命周期内对人类和环境的危害。

从清洁生产自身的特点看，清洁生产是一个相对的概念，是个持续不断的过程、创新的过程。一方面，不能期望通过一次或几次清洁生产活动就能完成污染预防的目标；另一方面，随着科学技术的进步，生产水平的提高，将会出现更清洁的生产，清洁生产是个持续改进、永不间断的过程。所谓清洁的工艺技术、生产过程和清洁产品是和现有的工艺和产品相比较而言的。推行清洁生产，本身是一个不断完善不断创新的过程，随着社会经济发展和科学技术的进步，清洁生产的内容需要适时地提出新的更高的目标。

1.3.1.4　清洁生产理论

国内外清洁生产的理论研究和实践证明，可持续发展是清洁生产的理论基础，清洁生产是可持续发展理论的实践，具体可表现为以下三个方面的内容：

（1）废物与资源转化理论（物质平衡理论）。在生产过程中，废料是由原料转化而来，产生的废物越多，则原料（资源）消耗越大。清洁生产使废物最小化，其实质在于原料（资源）得到了最有效利用。生产中的废物具有多功能特性，一种生产过程中产生的废物可作为另一种生产过程中的原料（资源），资源与废物是一个相对的概念。清洁生产最好地体现了资源利用最大化，废物产生最小化，环境污染无害化。

（2）最优化理论。清洁生产实际上是求解满足生产特定条件下使其物料消耗最少，产品产出率最高的问题，此问题的理论基础是数学的最优化理论。很多情况下，废物最小量化可表示为目标函数，而清洁生产则是求它在一定条件下的最优解。

（3）社会化大生产理论。马克思主义认为，用最少的劳动消耗，生产出最多的满足社会需要的产品，是社会主义建设的最高准则。马克思曾预言：机器的改良，使那些在原有形式上本来不能利用的物质获得一种在新的生产中可以利用的形式，科学的进步，特别是化学的进步，发现了那些废物的有用性。当今社会化大生产和科学进步，为清洁生产提供了必要的条件。

1.3.1.5　清洁生产与末端治理

清洁生产作为污染预防的环境战略，是对传统的末端治理方式的根本变革，是污染防治的最佳模式。

（1）末端治理与生产过程相脱节，即"先污染，后治理"，侧重点是"治"；清洁生产从产品设计开始，到生产过程的各个环节，通过不断地加强管理和技术进步，提高资源利用率，减少乃至消除污染物的产生，侧重点是"防"。

（2）末端治理不仅投入多、治理难度大、运行成本高，而且往往只有环境效益，没有经济效益，企业没有积极性；清洁生产从源头抓起，实行生产全过程控制，污染物最大限度地消除在生产过程之中，不仅环境状况从根本上得到改善，而且能源、原材料和生产成本降低，经济效益提高，竞争力增强，能够实现经济与环境的"双赢"。

（3）清洁生产与末端治理的最大不同是找到了环境效益与经济效益相统一的结合点，使污染物产生量、流失量和处置量达到最小，资源得以充分利用，是一种积极、主动的态度，是关于产品和产品生产过程的一种新的、持续的、创造性的思维，它是指对产品和生产过程持续运用整体性的预防战略，因而能够调动企业防治工业污染的积极性。

（4）末端治理使政府行政监督管理的难度过大、成本过高。中国和其他工业国家一样，环境保护工作都经历过点源治理→综合防治、末端治理→全过程控制这样一个漫长的转变过程，这种转变付出了高昂而沉重的代价，而且治理效果并不理想。从环境保护的角度，末端治理与清洁生产两者并非互不相容，也就是说推行清洁生产还需要末端治理。这是由于工业生产无法完全避免污染的产生，最先进的生产工艺也不能避免产生污染物；用过的产品还必须进行最终处理、处置。因此，完全否定末端治理是不现实的，清洁生产和末端治理是并存的。只有不断努力，实施生产全过程和治理污染过程的双控制才能保证最终环境目标的实现。清洁生产与末端治理的比较如表1-1所示。

表 1-1　清洁生产与末端治理的比较

比较项目	清 洁 生 产	末端治理（不含综合利用）
思考方法	污染物消除在生产过程中	污染物产生后再处理
产生时代	20 世纪 80 年代末期	20 世纪 70～80 年代
控制过程	生产全过程控制，产品生命周期全过程控制	污染物达标排放控制
控制效果	比较稳定	受产污量影响处理效果
产污量	明显减少	间接可推动减少
排污量	减少	减少
资源利用率	增加	无显著变化
资源耗用	减少	增加（治理污染消耗）
产品产量	增加	无显著变化
产品成本	降低	增加（治理污染费用）
经济效益	增加	减少（用于治理污染）
治理污染费用	减少	排放标准越严格，费用越高
污染转移	无	有可能
目标对象	全社会	企业及周围环境

1.3.1.6　实施清洁生产的途径和方法

实施清洁生产的主要途径和方法包括合理布局、产品设计、原材料选择、工艺改革、节约能源与原材料、资源综合利用、技术进步、加强管理、实施生命周期评估等许多方面，可以归纳如下。

（1）合理布局，调整和优化经济结构和产业产品结构，以解决影响环境的"结构型"污染和资源能源的浪费。同时，在科学区划和地区合理布局方面，进行生产力的科学配置，组织合理的工业生态链，建立优化的产业结构体系，以实现资源、能源和物料的闭合循环，并在区域内削减和消除废物。

（2）在产品设计和原料选择时，优先选择无毒、低毒、少污染的原辅材料替代原有毒性较大的原辅材料，以防止原料及产品对人类和环境的危害。

（3）改革生产工艺，开发新的工艺技术，采用和更新生产设备，淘汰陈旧设备。采用能够使资源和能源利用率高、原材料转化率高、污染物产生量少的新工艺和设备，代替那些资源浪费大、污染严重的落后工艺设备。优化生产程序，减少生产过程中资源浪费和污染物的产生，尽最大努力实现少废或无废生产。

（4）节约能源和原材料，提高资源利用水平，做到物尽其用。通过资源、原材料的节约和合理利用，使原材料中的所有组分通过生产过程尽可能地转化为产品，消除废物的产生，实现清洁生产。

（5）开展资源综合利用，尽可能多地采用物料循环利用系统，如水的循环利用及重复利用，以达到节约资源，减少排污的目的。使废物资源化、减量化和无害化，减少污染物排放。

（6）依靠科技进步，提高企业技术创新能力，开发、示范和推广无废、少废的清洁生产技术装备。加快企业技术改造步伐，提高工艺技术装备和水平，通过重点技术进步项目（工程），实施清洁生产方案。

（7）强化科学管理，改进操作。工业污染有相当一部分是由于生产过程管理不善造成的，只要改进操作，改善管理，不需要花费很大的经济代价，便可获得明显的削减废物和减少污染的效果。主要方法是：落实岗位和目标责任制，杜绝跑冒滴漏，防止生产事故，使人为的资源浪费和污染排放减至最低；加强设备管理，提高设备完好率和运行率；开展物料、能量流程审核；科学安排生产进度，改进操作程序；组织安全文明生产等。推行清洁生产的过程也是加强生产管理的过程，它在很大程度上丰富和完善了工业生产管理的内涵。

（8）开发、生产对环境无害、低害的清洁产品，将环保因素预防性地注入产品设计之中，并考虑其整个生命周期对环境的影响。

这些途径可单独实施，也可互相组合起来加以综合实施。应采用系统工程的思想和方法，以资源利用率高、污染物产生量小为目标，综合推进这些工作，并使推行清洁生产与企业开展的其他工作相互促进。

1.3.1.7 清洁生产的相关法律和政策

（1）《中华人民共和国清洁生产促进法》。由中华人民共和国第九届全国人民代表大会常务委员会第二十八次会议于2002年6月29日通过，自2003年1月1日起施行。中华人民共和国清洁生产促进法适用范围是以联合国环境规划署对清洁生产的定义为主要参考确定的，包含了全部生产和服务领域。它的实施有助于使各级政府、企业界和全社会了解实施清洁生产的重要意义，提高企业自觉实施清洁生产的积极性；有助于明确各级政府及有关部门在推行清洁生产方面的义务，为企业实施清洁生产提供支持和服务；有助于帮助企业克服技术、资金、市场等方面的障碍，增强企业实施清洁生产的能力；有助于明确企业实施清洁生产的途径和方向；有助于国民经济朝循环经济的方向转变。

（2）清洁生产审核暂行办法。为全面推行清洁生产，规范清洁生产审核行为，根据《中华人民共和国清洁生产促进法》和国务院有关部门的职责分工，国家发展和改革委员会、国家环境保护总局制定并审议通过了《清洁生产审核暂行办法》，自2004年10月1日起施行。

（3）2005年为进一步规范有序地开展全国重点企业清洁生产审核工作，国家发展和改革委员会、国家环境保护总局根据《中华人民共和国清洁生产促进法》《清洁生产审核暂行办法》的规定，制定了《重点企业清洁生产审核程序的规定》。

（4）为加快形成统一、系统的清洁生产技术支撑体系，统一规范、强化指导，国家发展改革委、环境保护部会同工业和信息化部等有关部门2013年对已发布的清洁生产评价指标体系、清洁生产标准、清洁生产技术水平评价体系进行整合，编制了《清洁生产评价指标体系编制通则》。

1.3.2 清洁生产审核

1.3.2.1 清洁生产审核

清洁生产审核是指按照一定程序，对企业的生产和服务过程进行调查和诊断，找出能耗高、物耗高、污染重的原因，提出减少有毒有害物料的使用、产生，降低能耗、物耗以及废物产生的方案，进而选定技术经济及环境可行的清洁生产方案达到生产过程的废物量最小或者完全消除的过程。

1.3.2.2　清洁生产审核的目的与原则

A　清洁生产审核的目的

清洁生产审核的主要目的是判定出企业不符合清洁生产要求的地方和做法，并提出解决方案，达到节能、降耗、减污、增效的目的：

（1）全面评价企业生产全过程及其各个过程单元或环节的运行管理现状，掌握生产过程的原材料、能源与产品、废物（污染物）的输入输出状况。

（2）分析识别影响资源能源有效利用，造成废物产生，以及制约企业生产效率的原因或"瓶颈"问题。

（3）产生并确定企业从产品、原材料、技术工艺、生产运行管理以及废物循环利用等多途径进行综合污染预防的机会、方案与实施计划。

（4）不断提高企业管理者与广大职工清洁生产的意识和参与程度，促进清洁生产在企业的持续改进。

B　清洁生产审核的原则

（1）以企业为主体的原则。清洁生产审核的对象是企业，即对企业生产全过程的每个环节、每道工序可能产生的污染物进行定量的监测和分析，找出高物耗、高能耗、高污染的原因，提出对策，制定方案，减少和防止污染的产生。清洁生产审核可以帮助企业找出按照一般方法难以发现或者容易忽视的问题，通过解决这些问题常常会使企业获得经济效益和环境效益，帮助企业树立良好的社会形象，进而提高企业的竞争力。清洁生产审核的所有工作都是围绕企业来进行的，离开了企业，所有工作都无法开展。

（2）自愿审核与强制性审核相结合的原则。根据法律规定，对污染物排放达到国家和地方规定的排放标准以及当地人民政府核定的污染物排放总量控制指标的企业，可按照自愿的原则开展清洁生产审核。

对于那些污染严重，可能对环境造成极大危害的企业，即污染物排放超过国家和地方规定的排放标准或者超过经有关地方人民政府核定的污染物排放总量控制指标的企业，以及使用有毒、有害原料进行生产或者在生产中排放有毒、有害物质的企业，应依法强制性实施清洁生产审核。

推进清洁生产审核，要坚持"强制"和"自愿"相结合的原则，国家的原则是：首先鼓励企业进行自愿审核，主动为达标和削减污染物、削减有毒有害物而实施清洁生产；对于那些不听劝阻和不按规定进行审核的重点企业，要依法实施"强制性清洁生产审核"。

（3）企业自主审核与外部协助审核相结合的原则。虽然国家鼓励以审核企业为主体自主开展清洁生产审核，企业的优势在于对自身的产品、原料、生产工艺、技术、资源能源利用效率、污染物排放以及内部管理状况比较熟悉，因此，如果掌握了清洁生产审核的方法和程序，企业可以开展全部或部分清洁生产审核工作。由于重点企业具有其特殊性，特别是"双超"类企业，在现有清洁生产审核技术水平低和经验积累不多的前提下，企业开展清洁生产审核需要企业外部专家进行指导和帮助，这就要坚持自身和中介机构相结合的原则，尽量委托有经验的，技术力量的中间机构一起开展这项工作。即内审核与外审核相结合的原则。

（4）因地制宜、注重实效、逐步开展的原则。我国地域辽阔，企业众多，各地区经济发展很不均衡，不同地区、不同行业的企业的工艺技术、资源消耗、污染排放情况千差万别，在实施清洁生产审核时应结合本地的实际情况，因地制宜地开展工作。清洁生产审核作为企业实施清洁生产的一种主要技术方法，只有帮助企业找到切实可行的清洁生产方案，企业实施相应的方案后能够取得实实在在的效益，才能引导企业将开展清洁生产审核作为自觉行为。

C   开展清洁生产审核的思路

清洁生产审核的总体思路可以概括为：判明物耗、能耗、水耗、废物的产生部位，分析物耗、能耗、水耗、废物的产生原因，提出减少物耗、能耗、水耗，减少或消除废物的方案，并实施这些方案。即通过现场调查和物料平衡找出废物产生部位并确定产生量，然后针对生产过程所包括的各个方面，分析物耗、能耗、水耗及废物产生的原因并提出解决的方案。如图 1-2 所示。

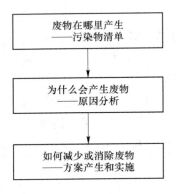

图 1-2   清洁生产审核
思路框图

对于废物在哪里产生，为什么会产生废物以及如何减少或消除废物，可以从生产过程的八个方面进行分析，生产过程简图如图 1-3 所示。

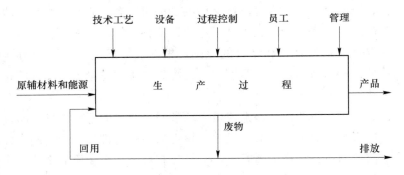

图 1-3   生产过程简图

（1）原辅材料和能源。原材料和辅助材料本身所具有的特性，如毒性、难降解性等，在一定程度上决定了产品及其生产过程对环境的危害程度，因而选择对环境无害的原辅材料是清洁生产所要考虑的重要方面。同样，作为动力基础的能源，也是每个企业所必需的，有些能源（如煤、油等的燃烧过程本身）在使用过程中直接产生废物，而有些则间接产生废物（如一般电的使用本身不产生废物，但煤电的生产过程产生一定的废物），因而节约能源、使用二次能源和清洁能源也将有利于减少污染物的产生。

（2）技术工艺。生产过程的技术工艺水平基本上决定了废物的产生量和状态，先进而有效的技术可以提高原材料的利用效率，从而减少废物的产生，通过技术改造预防污染是实现清洁生产的一条重要途径。

（3）设备。设备在生产过程中具有重要作用，设备的运行情况及其维护、保养情况等均会影响到废物的产生。

（4）过程控制。过程控制对许多生产过程是极为重要的，冶炼过程反应参数是否处于受控状态并达到优化水平（或工艺要求），对产品的收得率和优质品的收得率具有直接的影响，因而也就影响到废物的产生量。

（5）产品。产品的要求决定了生产过程，产品性能、种类和结构等的变化往往要求生产过程作相应的改变和调整，因而也会影响到废物的产生；另外，产品的包装、体积等也会对生产过程及其废物的产生造成影响。

（6）废物。废物本身所具有的特性和所处的状态直接关系到它是否可现场再用和循环使用。"废物"只有当其离开生产过程时才成为废物，否则仍为生产过程中的有用材料和物质。

（7）管理。加强管理是企业发展的永恒主题，任何管理上的松懈均会严重影响到废物的产生。

（8）职工。任何生产过程，无论自动化程度多高都需要人的参与，因而职工素质的提高及对职工积极性的激励也是有效控制生产中废物产生的重要因素。

针对每个废物产生原因，制定相应的清洁生产方案，包括无/低费方案和中/高费方案，方案可以是一个、几个甚至十几个，通过实施这些清洁生产方案从源头消除废物的产生，从而达到减少废物产生的目的。

D 清洁生产审核的过程

清洁生产审核作为推行清洁生产最主要的、也是最具有可操作性的方法，通过一整套系统而科学的程序，重点对企业的生产过程进行预防污染的分析和评估，从而发现问题，提出解决方案，并通过清洁生产方案的实施在源头减少或消除废物的产生。根据清洁生产审核的思路，整个审核过程可分为具有可操作性的 7 个步骤，或者称为清洁生产审核的 7 个阶段。这 7 个阶段的具体活动及产出如图 1-4 所示。

清洁生产审核程序原则上包括审核准备，预审核，审核，实施方案的产生、筛选和确定，编写清洁生产审核报告等。

（1）审核准备。通过宣传教育使企业的领导和职工对清洁生产有一个初步的、比较正确的认识，消除思想上和观念上的障碍；了解企业清洁生产审核的工作内容、要求及其工作程序；成立由企业管理人员和技术人员组成的清洁生产审核工作小组，制订工作计划。

（2）预审核。在对企业基本情况进行全面调查的基础上，通过定性和定量分析，发现清洁生产的潜力和机会，确定清洁生产审核重点和清洁生产目标。

（3）审核。通过对生产和服务过程的投入产出进行分析，建立物料平衡、水平衡、资源平衡以及污染因子平衡，找出废物产生的原因，查找物料储运、生产运行、管理及废物排放等方面存在的问题，寻找与国内外先进水平的差距，为清洁生产提供依据。

（4）方案的产生和筛选。对物料流失、资源浪费、污染物产生和排放进行分析，提出清洁生产实施方案，并进行方案的初步筛选。

（5）可行性分析。对筛选出来的中/高费清洁生产方案进行技术、环境、经济的可行性分析和比较，从中选择和推荐最佳的可行方案。

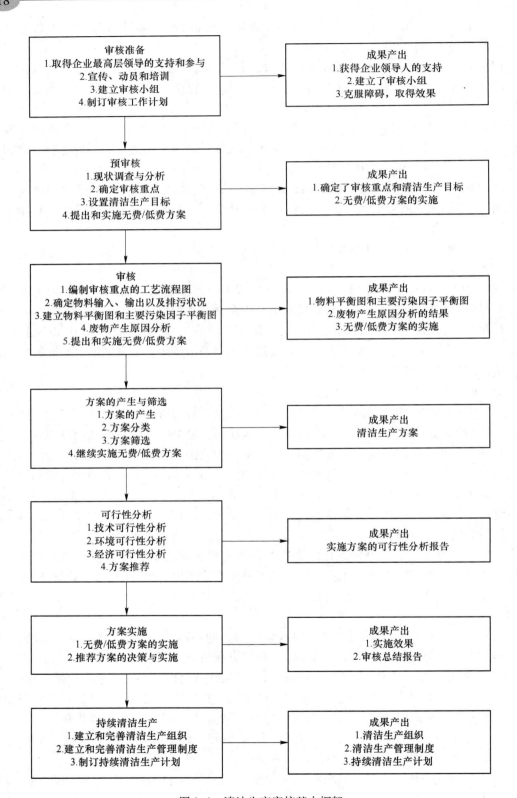

审核准备
1.取得企业最高层领导的支持和参与
2.宣传、动员和培训
3.建立审核小组
4.制订审核工作计划

成果产出
1.获得企业领导人的支持
2.建立了审核小组
3.克服障碍，取得效果

预审核
1.现状调查与分析
2.确定审核重点
3.设置清洁生产目标
4.提出和实施无费/低费方案

成果产出
1.确定了审核重点和清洁生产目标
2.无费/低费方案的实施

审核
1.编制审核重点的工艺流程图
2.确定物料输入、输出以及排污状况
3.建立物料平衡图和主要污染因子平衡图
4.废物产生原因分析
5.提出和实施无费/低费方案

成果产出
1.物料平衡图和主要污染因子平衡图
2.废物产生原因分析的结果
3.无费/低费方案的实施

方案的产生与筛选
1.方案的产生
2.方案分类
3.方案筛选
4.继续实施无费/低费方案

成果产出
清洁生产方案

可行性分析
1.技术可行性分析
2.环境可行性分析
3.经济可行性分析
4.方案推荐

成果产出
实施方案的可行性分析报告

方案实施
1.无费/低费方案的实施
2.推荐方案的决策与实施

成果产出
1.实施效果
2.审核总结报告

持续清洁生产
1.建立和完善清洁生产组织
2.建立和完善清洁生产管理制度
3.制订持续清洁生产计划

成果产出
1.清洁生产组织
2.清洁生产管理制度
3.持续清洁生产计划

图 1-4   清洁生产审核基本框架

（6）方案实施。通过经分析可行的中/高费最佳可行方案的实施，使企业实现技术进步，获得显著的经济和环境效益；通过评估已实施的清洁生产方案成果，激励企业推行清洁生产。

（7）持续清洁生产。持续清洁生产是企业清洁生产审核的最后一个阶段，目的是使清洁生产工作在企业内长期、持续地推行下去。

最后编写清洁生产审核报告，清洁生产审核报告应当包括企业基本情况、清洁生产审核过程和结果、清洁生产方案汇总和效益预测分析、清洁生产方案实施计划等。

1.4 循 环 经 济

1.4.1 循环经济的产生和发展

循环经济理念的产生和发展，是人类对人与自然关系深刻反思的结果，是人类社会发展的必然选择，是人类在社会经济的高速发展中陷入资源危机、生存危机，不得不深刻反省自身发展模式的产物。1962年，美国经济学家鲍尔丁从经济的角度提出了循环经济的概念，他将人类生活的地球比作太空中的宇宙飞船，提出如果不合理地开发自然资源，当超过地球承载能力时就会走向毁灭，只有循环利用资源，才能持续发展下去的观点。这可以看作是循环经济思想的萌芽。

20世纪70年代，发生了两次世界性能源危机，经济增长与资源短缺之间矛盾凸显，引发人们对经济增长方式的深刻反思。20世纪80年代，人们开始探索走可持续发展道路。1987年，时任挪威首相的布伦特兰夫人在《我们共同的未来》的报告里，第一次提出可持续发展的新理念，并较系统地阐述了可持续发展的含义。1989年，美国福罗什在《加工业的战略》一文中，首次提出工业生态学概念，即通过将产业链上游的"废物"或副产品，转变为下游的"营养物"或原料，从而形成一个相互依存、类似于自然生态系统的"工业生态系统"，为生态工业园建设和发展奠定了理论基础。

1992年，在巴西里约热内卢召开的联合国环境与发展大会，通过了《里约宣言》和《21世纪议程》，正式提出走可持续发展之路，号召世界各国在促进经济发展的过程中，不仅要关注发展的数量和速度，更要重视发展的质量和可持续性。大会后，世界各国陆续开始积极探索实现可持续发展的道路。

1992年，我国响应联合国环境与发展大会可持续发展战略和《21世纪议程》倡导的清洁生产号召，将推行清洁生产列入《环境与发展十大对策》。2002年起，我国经济发展迅速，给资源（包括能源）环境造成了巨大的压力，国家提出了树立科学发展观，伴随这一过程，循环经济应运而生。我国循环经济相关促进活动、文件等如表1-2所示。

表1-2 我国循环经济相关促进活动、文件

时间	机构/组织	活动/策划文件/计划
2002年	国家环保总局	5月11日，批复关于贵阳市人民政府请求将贵阳市作为我国建设循环经济生态城市试点的复函。贵阳市成为我国第一个循环经济试点城市
	国家环保总局	5月31日，批复关于申请将辽宁省列为全国循环经济建设试点省的函。辽宁省成为我国第一个循环经济试点省

时间	机构/组织	活动/策划文件/计划
2002 年	中国环境与发展国际合作委员会	成立循环经济与清洁生产课题组，开展我国推进循环经济和清洁生产的策略和机制研究
2003 年	党中央和中央政府	三中全会提出科学发展观，以及党中央和国家高层决策者对循环经济的批示
	国家环保总局	11 月 6 日，第一次循环经济发展论坛（上海）
2004 年	十六届四中全会	中央文件首次提出发展循环经济
	中国环境与发展国际合作委员	"循环经济"课题组成立，开展我国推进循环经济的政策和优先领域研究
2005 年	十六届五中全会	10 月，提出要加快建设资源节约型、环境友好型社会，大力发展循环经济，在全社会形成资源节约的增长方式和健康文明的消费模式
	国家发展改革委	宣布循环经济法列入人大立法计划
	全国人大环资委	先后启动了循环经济立法、政策、战略研究，以及立法起草工作
2006 年	国务院	国民经济和社会发展第十一个五年规划纲要第二十二章发展循环经济指出：坚持开发节约并重、节约优先，按照减量化、再利用、资源化的原则，在资源开采、生产消耗、废物产生、消费等环节，逐步建立全社会的资源循环利用体系
2008 年	全国人大常委会	2009 年 1 月 1 日起实施的《循环经济促进法》
2010 年	国家发展改革委、财政部	《关于支持循环经济发展的投融资政策措施意见的通知》
2012 年	国务院	《"十二五"循环经济发展规划》
2013 年	国务院	《循环经济发展战略及近期行动计划》
2015 年	国家发展改革委	《2015 年循环经济推进计划》
2017 年	国家发展改革委等 14 个部委	《循环发展引领行动》
2021 年	国务院	《关于加快建立健全绿色低碳循环发展经济体系的指导意见》
2021 年	国家发展改革委	《"十四五"循环经济发展规划》
2021 年	国务院	《2030 年前碳达峰行动方案》抓住资源利用源头，大力发展循环经济
2022 年	国家发展改革委、商务部等 7 个部门	《关于加快废旧物资循环利用体系建设的指导意见》

　　总之，人类在发展过程中，越来越感到自然资源并非取之不尽，用之不竭，生态环境的承载能力也不是无限的。人类社会要不断前进，经济要持续发展，客观上要求转变增长方式，探索新的发展模式，减少对自然资源的消耗和生态系统的破坏。在这种情况下，循环经济便应运而生。

1.4.2　循环经济的内涵

1.4.2.1　循环经济基本概念

　　循环经济本质上是一种生态经济，它要求运用生态学规律而不是机械论规律来指导人类社会的经济活动，体现了资源环境与经济发展一体化的要求，它是相对于传统经济发展模式而言的，代表了新的发展模式和发展趋势。什么是循环经济，迄今并没有一个公认的定义。其基本含义是指：在物质的循环再生利用基础上发展经济。循环经济是一种建立在资源回收和循环再利用基础上的经济发展模式，实质是将资源环境要素融入经济系统内部全过程，从经济系统自身行为模式的转变上解决资源环境问题。按照自然生态系统中物质循环共生的原理来设计生产体系，将一个企业的废物或副产品，用作另一个企业的原料，通过废物交换和使用将不同企业联系在一起，形成"自然资源→产品→资源再生利用"的物质循环过程，使生产和消费过程中投入的自然资源最少，将人类生产和生活活动对环境的危害或破坏降低到最低程度。

1.4.2.2　传统增长模式和循环经济模式

传统经济是一种"资源—产品—污染排放"单向流动的线性经济，其特征是高开采、低利用、高排放。在这种经济中，人们把地球上的物质和能源提取出来，然后又把污染和废物大量地排放到水系、空气和土壤中，对资源的利用是粗放的和一次性的，通过把资源持续不断地变成为废物来实现经济的数量型增长。与此不同，循环经济倡导的是一种与环境和谐的经济发展模式，它要求把经济活动组织成一个"资源—产品—再生资源"的反馈式流程，其特征是低开采、高利用、低排放，所有的物质和能源要能在这个不断进行的经济循环中得到合理和持久的利用，以把经济活动对自然环境的影响降低到尽可能小的程度。

1.4.2.3　循环经济原则

中国环境与发展国际合作委员会（CCICED，2003 年）明确提出循环经济的技术范式是"3R"（减量化 reduce，再利用 reuse，资源化 recycle）。国内大部分学者研究认为"3R"是循环经济的技术范式和基本准则。但是，随着人们对环境保护、社会发展、经济增长不断深入的认识，对于循环经济的技术范式"3R"有了新的进展。

从环境保护出发，发展循环经济的根本目的在于从源头减少废物产生和排放，保护生态环境。这也是现代循环经济与以资源节约为主要目标的古典循环经济的根本区别。循环经济的目标是要达到：从环境质量的角度出发，使得各类物质代谢产生的废物在数量上低于环境容量；从自然资源的角度出发，增加可再生物质在人类物质消费总量中的比例，"资源化"可重新利用的不可再生物质，并逐渐在无法重新利用的不可再生物质枯竭前停止使用此类物质，从而保证经济、社会和环境三者之间的协调和可持续发展。因此，在"3R"原则的基础上又增加了新的内容："替代"原则和无害化原则。替代（replace）：企业、消费者科学地增加可再生物质在消费总量中的比例，以低稀缺性可再生物质来替代无法循环利用的不可再生物质，从而减少和停止使用无法循环利用的不可再生物质。"无害化"（decontaminate），无害化包括两个方面，生产流通环节和无害化储藏。生产、流通和消费过程中，上游、下游各企业及消费者要把自身无法无害化处置的废物输出给系统中的下游其他企业使之最终把"负产品"（指生产中产生的具有生态负效应或负的经济效益的污染废弃物质）和消费废物"无害化"为"零产品"（零产品是经过无害化处理而形成的既无明显的生态负效应也无明显经济价值的排放物）输出给环境；无害化储藏（restore），实际上可以分为两种形式，一种是彻底的无害化，经过无害化处理之后可以不加隔离安全地排入环境之中，如废水处理达标后可以排入河流。这些废物在自然界中经生物、化学等作用恢复其自然状态。另一种形式是有限的无害化处理，即处理之后对环境仍有一定的危害，必须通过物理介质与周围环境相隔离。

1.4.2.4　循环经济的特征

A　生态环境的弱胁迫性

传统的经济发展模式对于环境生态的依赖性强，一定程度上导致了产业的快速发展，从而必然加剧了资源的消耗、生态的破坏和环境的污染。而循环经济发展方式，要求占用尽可能少的资源和生态、环境要素，从而使得经济的快速发展对于资源、生态、环境要素的压力也大大降低。

B　资源利用的高效率性

随着经济发展规模的不断扩大，资源消耗不断加剧，也在一定程度上使得全球经济发展尤其是处于快速工业化、城市化时期的国家或地区经济发展开始从资本制约型转向资源制约型，而循环经济的建设与发展，实现了资源的减量化投入、重复性使用，从而大大提高了有限资源的利用效率。

C　行业行为的高标准性

循环经济要求在产品的设计、生产和消费过程中，整个原材料供应、生产流程以及消费行为等都要符合生态友好、环境友好的要求，从而对于行业行为从以前的单一的经济标准，转变为经济、环境以及生态三个标准并重，并通过有效的制度约束，确保行业行为的生态化。

D　产业发展的强持续性

在资源和环境已经成为生产要素的前提下，资源环境生态要素的占用成本不断提升，任何企业（行业）从成本的角度考虑，都将通过技术创新来推进循环经济的进程，为此，发展循环经济的行业将更具备竞争优势，同时，技术进步要素的内生化会更有效地推进循环型产业的可持续发展。

E　经济发展的强带动型

循环型产业的发展对于经济可持续发展具有带动作用，而且产业之间及产业内部之间的关联性将大大增强，从而推动了产业协作与和谐发展。

F　产业增长的强集聚性

循环经济的发展，将在一定层次上带来产业结构的重组、优化和绿化，从而也带动区域产业结构的优化和绿化，对于实现资源利用效率高、生态环境胁迫性弱的产业部门的集聚具有较强的带动作用，这将更有效地推进循环经济以及循环经济企业的快速、健康、持续发展。

1.4.3　清洁生产与循环经济

清洁生产与循环经济两者最大的区别是在实施的层面上。在企业，推行清洁生产就是企业层面的循环经济，一个产品，一台装置，一条生产线都可采用清洁生产；在某些区域或行业的层面上实施清洁生产，称为"生态工业"。而广义的循环经济是需要相当大的范围和区域的，如日本称为建设"循环型社会"。

就实际运作而言，在推行循环经济的过程中，需要解决一系列技术问题，清洁生产为此提供了必要的技术基础。清洁生产是循环经济的基石，循环经济是清洁生产的扩展。在理念上，它们有共同的时代背景和理论基础；在实践中，它们有相通的实施途径。表1-3反映了清洁生产和循环经济二者之间的相互关系。

表1-3 清洁生产与循环经济的相互关系

比较内容	清 洁 生 产	循 环 经 济
思想本质	环境战略：新型污染预防和控制战略	经济战略：将清洁生产、资源综合利用、生态设计和可持续消费等融为一套系统的循环经济战略
原则	节能、降耗、减污、增效	减量化、再利用、资源化（再循环）。首先强调的是资源的节约利用，然后是资源的重复利用和资源再生
核心要素	整体预防、持续运用、持续改进	以提高生态效率为核心，强调资源的减量化、再利用和资源化、实现经济行动的生态化、非物质化
适用对象	主要对生产过程、产品和服务（点、微观）	主要对区域、城市和社会（面、宏观）
基本目标	生产中以更少的资源消耗产生更多的产品，防止污染产生	在经济过程中系统地避免和减少废物
基本特征	预防性：清洁生产从源头抓起，实行生产全过程控制，尽最大可能减少乃至消除污染物的产生，其实质是预防污染。通过污染物产生源的削减和回收利用，使废物减至最少。综合性：实施清洁生产的措施是综合性的预防措施，包括结构调整、技术进步和完善管理。统一性：清洁生产最大限度地利用资源，将污染物消除在生产过程之中，不仅环境状况从根本上得到改善，而且能源、原材料和生产成本降低，经济效益提高，竞争力增强，能够实现经济效益与环境效益相统一。持续性：清洁生产是一个持续改进的过程，没有最好，只有更好	低消耗（或零增长）：提高资源利用效率，减少生产过程的资源和能源消耗（或产值增加，但资源能源零增长）。这是提高经济效益的重要基础，也是污染排放减量化的前提。低排放（或零排放）：延长和拓宽生产技术链，将污染尽可能地在生产企业内进行处理，减少生产过程的污染排放；对生产和生活用过的废旧产品进行全面回收，可以重复利用的废物通过技术处理进行无限次的循环利用。这将最大限度地减少初次资源的开采，最大限度地利用不可再生资源，最大限度地减少造成污染废物的排放。高效率：对生产企业无法处理的废弃物集中回收、处理，扩大环保产业和资源再生产业的规模，提高资源利用效率，同时扩大就业
宗旨	提高生态效率，并减少对人类及环境的风险	

参 考 文 献

[1] 李新创. 中国冶金行业环保现状及发展前景分析［J］. 中华环境，2021（8）：49-50.

[2] 2022年中国循环经济行业政策分析［R］. 智研咨询，2022.

[3] 王鸿斌. 我国环境法中环境定义商榷［J］. 法制与社会，2009（16）：332-333.

[4] 王金南. 向环境污染宣战的"利器"——解读新《环境保护法》［J］. 环境保护与循环经济，2014（5）：4-8.

[5] JürgenA. Philipp. 欧洲和德国的钢铁工业的环保现状和发展（一）［J］. 中国冶金，2004（3）：3-10.

[6] 曹辉，董巧龙，孙树臣，等. 钢铁工业循环经济实践分析与发展途径［J］. 中国冶金，2006（10）：42-44.

[7] "十四五"循环经济发展规划［R］. 国家发展改革委办公厅，2021.

[8] 国务院关于印发循环经济发展战略及近期行动计划的通知［J］. 再生资源与循环经济，2013（2）：5-8.

［9］殷瑞钰，张春霞. 钢铁企业功能拓展是实现循环经济的有效途径 ［J］. 钢铁，2005，40（7）：1-8.

［10］张天柱. 从清洁生产到循环经济 ［J］. 中国人口资源与环境，2006（6）：169-174.

［11］殷瑞钰. 钢厂模式与工业生态链——钢铁工业的未来发展模式——在第二届地球环境与钢铁工业国际研讨会上的报告 ［J］. 中国冶金，2003（12）：23-30.

［12］杜春丽. 基于循环经济的中国钢铁产业生态效率评价研究 ［D］. 武汉：中国地质大学，2009.

［13］成金华，杜春丽. 中国钢铁企业循环经济研究综述 ［J］. 理论月刊，2010（3）：153-157.

［14］王维兴. 钢铁工业用水和节水技术 ［J］. 金属世界，2008（5）：1-2，5.

［15］杨景玲. 钢铁工业环境保护的问题、应对措施及发展趋势 ［C］. 第九届中国钢铁年会，2013.

［16］国务院印发《循环经济发展战略及近期行动计划》[J]. 中国资源综合利用，2013（2）：1.

2　钢铁冶金工艺流程及主要污染物排放

本章数字资源

钢铁工业作为21世纪高效、高产和技术先进的"魅力工业"，对国民经济发展产生举足轻重的影响。钢铁以其较低的价格、易使用加工和优良的综合性能成为不同使用者的"首选材料"或"必选材料"，成为推动社会文明和全球经济不断发展的物质基础。由于其优良的循环利用和再生特性，钢铁工业将继续对全球经济和社会发展起到促进作用，是国民经济发展的支柱和基础，是国家社会、经济发展和综合国力的基本体现。

2.1　钢铁工业生产概述

2.1.1　中国钢铁工业的发展

进入21世纪，世界钢产量快速增长，钢铁工业进入第二个高速发展期；2006年粗钢产量进一步跃升到12.4亿吨，2010年达到14.2亿吨，2014～2017年增至16.9亿吨，2022年全球粗钢产量为18.315亿吨，目前仍处在稳定发展中。

20世纪90年代以来，中国钢铁工业得到了质的飞跃，获得了举世瞩目的成就，也是中国钢铁工业在全球崛起的时代。1990年以来，中国粗钢产量不断增长，在全球钢铁工业中占有重要地位。到2004年，中国粗钢产量27246万吨，占世界粗钢产量的25.8%；2007年，中国粗钢产量48966万吨，占世界粗钢产量的36.4%；2012年，中国粗钢产量高达71654万吨，占世界粗钢产量的46.3%；2020年中国的粗钢产量达到10.53亿吨，同比提高5.2%，占全球粗钢产量的56.5%；2022年，全国粗钢产量10.18亿吨。

中国钢铁工业不仅产量在快速增长，企业的总体发展水平也有了较大的提高。宝钢、武钢、鞍钢、首钢、攀钢等大型企业的主要技术装备和技术水平已达到或超越世界先进水平。同时，我国钢铁工业对钢材产品结构和工艺流程进行转型升级，许多高附加值、高端产品的产能和比重大幅增加，使国内钢铁企业具备适应激烈竞争的能力，并在全球占据一席之地。

多年来，我国钢铁工业快速发展，不仅有力地支撑了我国的国民经济快速增长和工业化进程，而且对经济社会的发展起了重要作用。我国钢铁工业走过高资源和高能耗消耗、高污染的粗放式的增长道路，钢铁工业发展需要资源、能源合理利用，环境和资源、能源已日益成为制约钢铁工业发展的重要因素。因此，未来全球钢铁工业共同的时代命题是可持续发展和市场竞争力问题。

2.1.2　钢铁生产的工艺流程

世界钢铁生产工艺主要包含两种流程：以高炉—氧气转炉炼钢工艺为中心的生产工艺

流程，即长流程（也称 BF-BOF 长流程）；以废钢—电炉炼钢为中心的工序生产流程，即短流程（简称 LAF 短流程）。长流程生产的生产工艺流程主要包括烧结（球团）、焦化、炼铁、轧钢等生产工序；短流程以废钢（或 DRI）作为主要原料，取消传统高炉炼铁工序，直接在电炉内将废钢冶炼成钢水，取消炼铁高炉的投资减少了成本，同时也省去煤粉、焦炭、铁矿石和熔剂的使用，减少烧结、炼焦、炼铁等工序造成的污染，能耗大为降低。可根据环境承受能力、社会资源结构和技术进步的程度等，采取长流程和短流程的互相渗透，实现并存发展，如图 2-1 所示。

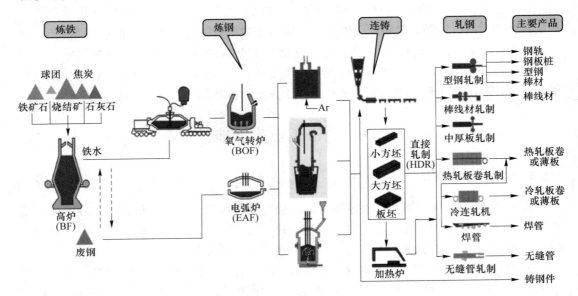

图 2-1 现代钢铁生产工艺流程

随着工程技术和冶金理论的进步，钢铁生产流程逐步走向连续化、自动化、大型化和高度集成化，连铸（凝固）工序也逐步向高速化方向、近终型发展，生产流程实现向紧凑化、连续化、协同化的方向演变。工艺流程采用"三脱"预处理和钢的二次冶金工艺，使包括电炉、转炉在内的各工序的功能逐步优化和简化，冶炼时间明显缩短，生产效率大为提高。连铸工序之后的工序随热装热送、一火成材、直接轧制技术的发展进一步实现了集成、简化、紧凑和连续的特征。

2.1.3 钢铁工业生产的特点

2.1.3.1 资源、能源消耗量大

钢铁工业是能源、资源密集型行业，在能源、资源大量消耗的同时伴生大量副产品，这些副产品如果处理不当，就会对环境产生不良影响。2018 年国内钢铁工业能耗占国内工业总能耗 20% 以上，2018 年国内钢铁能耗为 2000 年的 3.8 倍，主要原因为煤炭和电力消耗的大幅上涨，油类、天然气等其他资源消耗未出现明显增幅。但 2006～2020 年间国内重点钢铁企业吨钢综合能耗由 645 kg/t 下降到 545.27 kg/t，降幅达到 15%；2021 年，钢铁工业能源消耗占全国能源消耗比重为 11%，吨钢综合能耗为 550.43 kg 标准煤。中国

钢铁工业能效水平正在逐步提升，但中国钢铁工业绿色发展水平不平衡、节能减碳潜力仍然有较大空间。

钢铁行业消耗的能源品类繁多，主要可以分为燃料油（煤油、燃料油、石油、原油等）、煤炭类（原煤、洗精煤、焦炭）、天然气和电力四大类。图 2-2 统计了 2001～2018 年我国钢铁工业能源消费构成情况。从表中明显看出国内钢铁企业的能源消耗主要以煤炭为主，煤炭平均占钢铁企业总能源消耗的 65%～70%，归根于我国能源结构以煤为主，电力平均可以占到 25%～30%，仅次于煤炭消耗的能源，天然气和燃料油使用比例较少，占比一般都在 3% 以下。

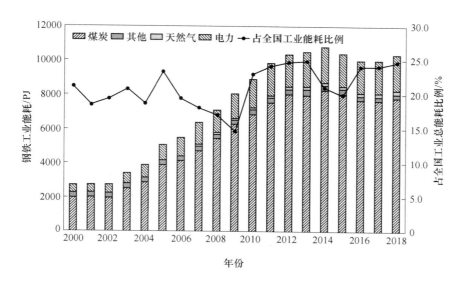

图 2-2　中国钢铁工业终端能耗

由于煤炭在使用过程中的使用效率和能源转化效率明显低于天然气和燃料油，因此，煤炭的能耗更高。我国钢铁企业中煤炭能耗比重高达 63%，远高于世界其他先进产钢国家（煤炭结构比重 40%～50%）。此外，国内优质冶金焦价格高且资源短缺（占铁水成本的 20%～30%），因此，推广节能工艺技术和装备、改善产品结构以实现电力能源消费比重上升、煤炭能源消费比重的下降对我国钢铁行业未来发展节能减排尤为重要。

2.1.3.2　生产规模、物流吞吐大，环境污染严重

钢铁生产过程中存在大量原料投入和产品生产，包括大量的物质和能源转换，同时伴随污染物的大量排放，影响环境，吨钢设计的物流量为 5～6 t。

钢铁工业是国民经济重要的基础材料工业，属于矿石资源、水资源、能源消耗大的资源密集型产业，钢铁工业生产不仅消耗大量的能源和资源，而且金属收得率相对受限，因此，生产过程中必定伴随着大量的废气、废水、废渣和其他污染物的排出（图 2-3）。换言之，每生产出 1 t 钢铁产品常伴随着各种污染环境的废物大量排出。表 2-1 为环境规划署提供的"钢铁工厂环境管理指南"中列举的每吨钢铁厂最终产品轧材所排放的污染物。表 2-2 列述了钢铁企业粉尘、烟尘、二氧化硫的主要来源，表 2-3、表 2-4 分别表述了钢铁企业工业废水的处理工艺和主要污染特征。表 2-5 列举了钢铁企业所带来的废物和部分副产品。

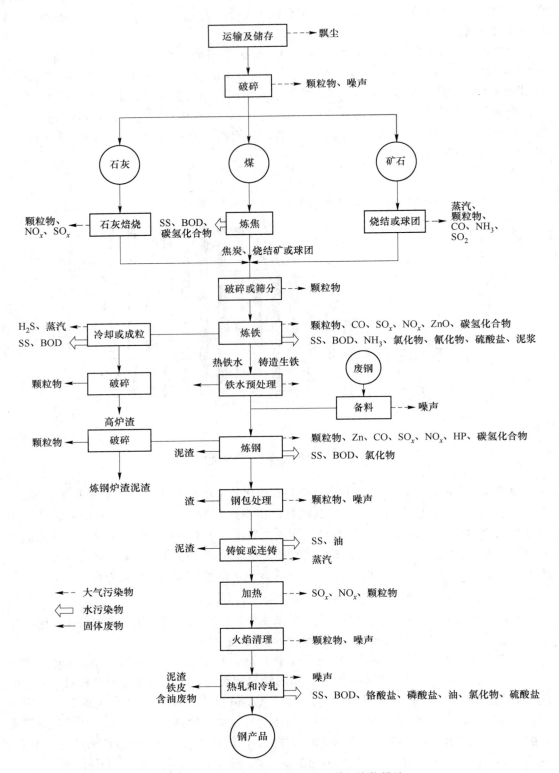

图 2-3　钢铁联合企业主要工艺及其污染物排放

表 2-1　钢铁厂吨轧材排放的污染物　　　　（kg/t）

污染物	因子	烧结	炼焦	炼铁	炼钢	轧钢	综合	总量
颗粒物	粉尘	3	1	2	0.5	0.6	—	7.1
	烟尘							
烟气	SO_x	4	0.3	0.32	0.2	2.0		7.0
	NO_x	1	0.2	0.2	0.1	0.5		2.0
	CO	40	0.3	5	15	0.33		60.63
	HF	0.04	微量	微量	0.01	不定		0.05
	C_xH_r	0.1	0.2	0.05	0.05	0.2		0.60
废水	SS	0.28	0.06	0.24	0.07	0.20		0.85
	COD	0.05	0.08	0.16	0.20	0.14		0.63
	NH_3	—	0.03	0.08	—	—		0.11
	酚	—	0.005	—	—	—		0.005
	氰化物	—	0.02	0.03	—	—		0.05
	氯化物	—	—	0.05	0.05	0.20		0.30
	硫酸盐	0.004	—	0.003	—	0.40		0.407
固体物	粉尘	循环利用	2	12	30	—		79
	泥渣			12	15	10		
	渣	—	—	300	100	—		400
	氧化铁皮	—	—	—	—	30		30
	含油废物	—	—	—	—	10		10
其他	耐火材料	—	—	—	—	—	20	20
	工业垃圾	—	—	—	—	—	40	40
	生活垃圾	—	—	—	—	—	10	10

表 2-2　钢铁企业烟尘、粉尘、二氧化硫的主要来源一览表

生产工艺	主要污染物	排　放　源
原料处理	粉尘	原料堆场
	粉尘	原料运输机转运
	粉尘	矿石破碎筛分设备
	粉尘	煤粉碎设备
烧结（球团）	烟尘、二氧化硫	烧结机机关
	烟尘、二氧化硫	带式（或竖炉）球团设备
	粉尘	烧结机机尾
	粉尘	烧结矿筛分系统
	粉尘	储矿槽
	粉尘	粉焦粉碎系统

生产工艺	主要污染物	排 放 源
炼铁	粉尘	炉前原料储存槽
	粉尘	原料转运站
	烟尘	高炉出铁场
	烟尘	高炉煤气放散
	烟尘	铸铁机
炼钢	烟尘	混铁炉
	烟尘、二氧化硫	平炉（吹氧平炉）
	烟尘	转炉（顶吹氧转炉）
	烟尘	连铸、火焰清理机
	烟尘	电炉
	烟尘	炉外精炼炉
	烟尘	化铁炉
	烟尘	混铁炉
	烟尘	铁水脱硫
	粉尘	散状料转运站
	粉尘	辅助物料破碎
轧钢	烟尘、二氧化硫	加热炉（烧煤）
	粉尘	钢坯火焰清理机
	粉尘	机械清理机
	粉尘	热带连轧、精轧机
铁合金	烟尘	冷带连轧、双平整机
	粉尘	敞开式电炉
	烟尘	封闭式电炉
	烟尘	精炼电弧炉
	烟尘	回转窑
	烟尘	熔炼炉
炼焦	烟尘	焦炉装煤设备
	烟尘	出焦设备
	烟尘	熄焦设备
	烟尘	焦炉
	烟尘	煤及焦粉碎、筛分、转运点
耐火材料	烟尘	竖窑
	烟尘	回转窑
	烟尘	隧道室
	粉尘	破碎、筛分设备
	粉尘	运输系统

续表 2-2

生产工艺	主要污染物	排放源
碳素制品	烟尘	煅烧炉
	烟尘	焙烧炉
	烟尘	石墨化炉
	烟尘	浸焙炉
	粉尘	原料破碎、筛分转运点
机修	烟尘	化铁炉
动力	烟尘、二氧化硫	锅炉
辅助原料加工	烟尘	石灰窑
	烟尘	白云石窑
	粉尘	矿石破碎、筛分、转运点

表 2-3 钢铁工业废水的污染特征和主要污染物

排放废水的单元(车间)	污染特征						主要污染物																
	浑浊	臭味	颜色	有机污染物	无机污染染	热污染	酚	苯	硫化物	氟化物	氰化物	油	酸	碱	锌	镉	砷	铅	铬	镍	铜	锰	钒
烧结	●		●		●																		
焦化	●	●	●	●	●		●	●	●		●							●					
炼铁	●	●	●	●	●	●	●		●		●				●			●				●	
炼钢	●		●		●	●				●	●												
轧钢	●		●	●	●							●											
酸洗	●				●					●			●						●	●	●		
铁合金	●		●	●	●				●											●		●	●

表 2-4 钢铁企业主要废水及其单元处理工艺选择一览表

排放废水的工厂	按污染物主要成分分类的废水								单元处理工艺选择															
	含酚氰废水	含氟废水	含油废水	重金属废水	含悬浮物废水	热废水	酸废(液)水	碱废水	沉淀	混凝沉淀	过滤	冷却	中和	气浮	化学氧化	生物处理	离子交换	膜分离	活性炭	磁分离	蒸发结晶	化学沉淀	混凝气浮	萃取
烧结厂					●	●			●	●	●	●												
焦化厂	●	●							●	●				●		●						●		●
炼铁厂	●		●		●	●			●	●	●	●												
炼钢厂					●	●			●	●	●	●									●	●		
轧钢厂			●	●	●	●			●	●	●	●	●	●			●		●			●	●	
铁合金	●				●				●	●						●								
其他		●	●	●	●	●			●	●												●	●	

表 2-5　钢铁工业中的废物和副产品（节选）

生产阶段	副产品和废物
焦炭生产	硫酸铵、苯、浓焦油、萘、沥青、粗酚、硫酸、焦油； 锅炉与冷却器清除残渣； 氨生产中排出的石灰泥浆； 焦化废水机械澄清排出的污泥； 熄焦水与温法除尘器排出的湿尘泥； 焦化废水处理的活性污泥； 粉尘
烧结厂	废气净化产生的粉尘； 二次烟尘产生的粉尘
高炉	高炉渣； 铸造场烟气除尘产生的粉尘； 煤气净化产生的粉尘； 煤气洗涤水净化产生的污泥
炼钢	钢渣； 二次排放控制产生的粉尘； 干法烟气除尘产生的粉尘； 钢厂除尘用工艺水产生的污泥
热成型和连铸	铁屑； 轧机污泥； 铁皮坑渣； 碾磨与切削废物； 轧辊碾磨产生的污泥
精加工	来自表面机械处理的铁屑； 工艺水处理产生的铁屑； 粉尘； 再生设备产生的 Fe_2O_3； 再生设备产生的 $FeSO_4 \cdot 7H_2O$； 酸洗废液； 中和污泥； 废热处理盐； 来自金属表面除油与清洗的残渣
其他辅助部门	含油废物： 液态废物：如废油和废油乳化液，含油污泥； 含油固体废物：如润滑剂生成的固体废物及含油的金属切削物 轧钢废料，建造和拆除的废钢 废耐火材料： 屋顶集尘； 挖掘出的土； 下水道污泥； 家庭废物； 大块的废物

2.1.3.3　钢铁流程工序多，结构复杂

钢铁生产流程为不可逆的复杂过程，是一类开放的、远离平衡的系统。可以抽象为铁素物质流在碳素能量流的推动作用下，按照一定的程序和一定的流程网络，完成最终钢铁

产品的生产。从工艺角度看，钢铁生产流程包括能源和原料的储运、焦化、原料处理（包括球团、烧结等）、炼铁、铁水预处理、炼钢、钢水的二次冶金、连铸、凝固成型、铸坯再加热、轧钢和深加工等诸多工序间歇或连续的生产过程。

2.2 钢铁工艺过程及污染物

2.2.1 原料装运/准备

钢铁生产消耗大量的燃料与原材料，钢铁企业的原料供应从运输到备料过程十分庞杂。随着实际生产中循环经济理念的提出，对原料准备工序的要求越来越高，越来越受到重视。越来越多的企业建设并改造原料集中处理的车间（原料场），采用新技术、新设备和新工艺，展开铁精料的加工、准备和运输作业，侧重于减少原料多次倒运，减少物料损耗，提高原料质量，提高生产作业率；实现精料方针，尽最大可能减少粉尘排放，减少对周边环境的影响。尤其从发展循环经济的角度出发，原料场（车间）的建设，为后续工序提供"稳""高""净""匀"的高品质原料，实现能源和资源的节约，降低废物的排放，促进资源的循环使用。

2.2.1.1 装运与准备

原料通过海运、河运、铁路、公路输送。含铁原料从交通运输设备上卸下、储存、混合，混合过的铁矿通过焙烧方式制备烧结成球团或烧结块，供高炉使用。对于煤的处理包括"清洗"以去除矿物杂质，清洗后入炼焦炉冶炼成焦炭供高炉使用。非焦煤通过粉化处理代替焦炭直接喷入高炉。高品质石灰石可以直接送入高炉，或通过在特殊炉窑中将其转化为锻烧石灰，用作炼钢的添加剂或作为熔剂用于球团或烧结矿生产。废钢通过切碎、筛选和分类，去除影响冶炼的有色金属和其他杂质。

2.2.1.2 装运/准备过程的环境问题

原料场（车间）是钢铁企业污染源之一，也是钢铁厂环保治理的难点之一，生产过程中产生的粉尘是其主要污染物。在原料的堆料、装卸作业、混匀配料、筛分作业、输送等过程中都会产生无组织排放且原始浓度为 $5\sim15\ g/m^3$ 的粉尘，不仅对周边环境造成严重污染，而且影响身体健康。特别是直径 $5\ \mu m$ 以下的吸入性粉尘是造成矽肺病等职业病的主要根源，可对人身造成不可复原性伤害。

来自储料堆的粉尘、原料装运和卸料过程中产生的粉尘以及车辆运输产生的噪声和粉尘直接影响环境。这些问题一般通过一定手段加以控制，包括确保道路和车轮保持清洁、向储料堆喷结壳剂或水、保证装卸作业区远离居民区。

来自原料装卸场的径流通常被收集后处理，以便去除其中的油和悬浮固体物。

2.2.1.3 原料准备过程环境保护

我国原料准备系统中原料准备工艺与环保技术的应用发展不协调，甚至在相当长的一个时期内，原料场的降尘措施仅仅依靠在风大时采用洒水车进行简单洒水作业，防尘降尘效果较差。宝钢原料场的建设实现了一次飞跃，设计中设置了多种环保设施来控制粉尘造成对环境的污染，包括采用电除尘和布袋除尘系统；在煤堆上喷洒表面凝固剂，在料场进出口设置卡车洗车装置，在各条露天料场设置洒水系统；在胶带机输送系统上通过安装设备控制粉尘排放浓度小于 50 mg/m³，如胶带机洒水、胶带机罩子及清扫器等。因此，各钢铁企业原料场在后续新建和改造中也逐步采取宝钢原料场设计的环保理念和技术措施，采用了密闭除尘、水力除尘和机械除尘等环保措施，粉尘控制与治理效果有大幅度的改善。

随着国际社会和我国对环境保护要求的提高，环保问题备受关注，原料准备的降尘防尘工艺技术得到了进一步的发展，如高效率除尘设备的应用，抑尘剂的开发与应用、密闭的皮带通廊的采用等，在原料准备系统中使用先进的防尘降尘技术大大降低了岗位粉尘浓度，减少了料场粉尘的无组织排放，使整个原料准备系统排放浓度大幅降低。

2.2.2 烧结球团

近年来，我国烧结（球团）工艺发展迅速，新建的烧结机工艺完善，具有强化制粒、偏析布料（初级）、自动配料、成品整粒、烧结矿鼓风铺底料和环式冷却系统，几乎都设置了较为完善的过程检测和控制系统，并采用计算机控制系统对生产过程自动进行监视、控制、操作生产管理。截止到 2015 年底，全国烧结机数量 1186 台，产量达到 10 亿吨，表 2-6 为 2020 年天津天钢联合特钢 230 m² 烧结机技术经济指标。不少企业采用活性炭脱硫脱硝并实现其他有害物质的脱除的装备，采用高效干式布袋除尘器作为环境除尘装置，工厂环境得到明显改善。此外，2011 年我国年产球团矿约 2.2 亿吨，2017 年国内球团产量约 1.7 亿吨。2014 年链箅机-回转窑球团的转鼓指数达到 95.0%，竖炉球团矿为 90%～91%，工艺主体设备基本实现国产化，可直接用煤作燃料，产品加工费用明显降低，因而在我国占核心主导地位。

表 2-6　2020 年 230 m² 以上烧结机技术经济指标

利用系数 /t·(m²·h)⁻¹	料层厚度 /mm	烧结矿质量		固体燃料(标准煤)/kg·t⁻¹	返矿率/%
		日产量/t	转鼓指数/%	41.7	18.82
1.816	859	10022	78.72		

烧结矿和球团的物理和化学特性是影响高炉运行好坏的重要因素，所以这些原料是炼铁过程的关键性组成部分。

2.2.2.1　烧结生产工艺

烧结矿是炼铁的主要原料。烧结生产工艺流程为：辅助料熔剂（白云石、石灰石、生石灰）、含铁原料（富矿粉、铁精矿等）与燃料（碎焦、煤粉）经配料按比例充分混合后，由皮带机送往烧结机。烧结采用铺底料工艺，先将底料均匀地布在烧结机台车上，再使用布料装置将混合料均匀地布在底料上。烧结机一般使用厚料层布料，机上的混合料经负压点火后，在烧结抽风机负压作用下进行从上而下的抽风烧结。产物烧结矿经过冷却、破碎、筛分，合格的成品烧结矿送炼铁厂作为原料，不合格的烧结矿则返回烧结机重新作为烧结原料使用。

烧结过程指的是对带有焦炭粉和助熔剂的细铁矿粉加热得到半熔状物质，通过冷空气的作用将这种物质固化成具有高炉炼铁所需原料的强度和大小特性的多孔烧结物。烧结层湿料被传送到不停运行的炉箅上。炉箅起始处料层表面被煤气喷嘴点燃，空气通过移动床抽吸使焦炭燃烧。控制气流和炉箅速度来确保"烧透"，燃烧层到达炉箅底部的瞬间即刚好出现在烧结物排放之前。固化的烧结物在破碎机中破碎，并通过空气冷却。筛分选择合适高炉原料，不符合尺寸要求的烧结矿筛分后重新破碎，粉矿返回重新烧结。烧结生产工艺流程及其排污状况如图 2-4 所示，烧结厂主要物料平衡如图 2-5 所示。

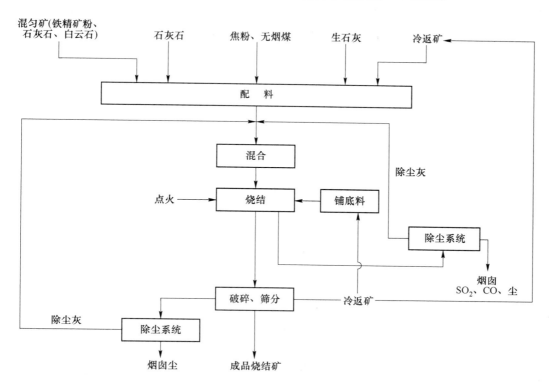

图 2-4　烧结生产工艺流程及排污示意图

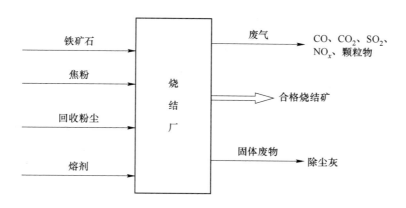

图 2-5　烧结厂的主要物料平衡

2.2.2.2　球团生产工艺

球团生产工艺流程为：球团生产燃料为焦粉，原料为铁精矿粉，石灰和膨胀土为辅料。原料、布料、燃料经配料、混匀后，由皮带机送造球机加水造球，在造球机中制成直径为 12 mm 的小球。生球经焙烧制得球团矿。球团车间采用竖炉法，其工艺流程为：先将原、燃料和辅料送入混合机加水混合，再送圆盘造球机造球，生球经输送机由竖炉炉顶加入炉内进行焙烧。竖炉结构简单，但能耗较高，生产能力小；采用链箅机—回转窑法生产球团矿，它的能耗低，生产能力大，产品质量好。"湿球"通过干燥和在移动的炉箅上或在炉窑（竖炉或回转窑）中加热到 1300 ℃ 而生成适于高炉生产的球团矿。

造球过程中主要物料平衡如图 2-6 所示。

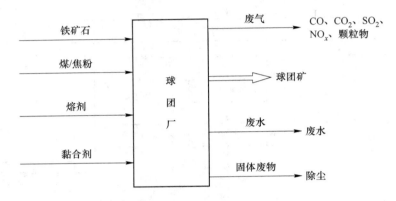

图 2-6　球团厂的主要物料平衡

2.2.2.3　烧结/球团生产环境污染

钢铁工业中烧结（球团）厂产生大量的污染物，是企业的污染大户，主要的污染物有 SO_2、颗粒物（烟粉尘）、氟化物、NO_x、CO、CO_2、氯化物及重金属等。SO_2 和工业烟粉尘占烧结（球团）厂的污染物比重最大，其中，工业粉尘占钢铁工业总排放量的 25% 左右，SO_2 占钢铁工业总排放量的 60% 左右，烟尘占钢铁工业总排放量的 20% 左右。在烧结（球团）生产过程中所产生的污染如表 2-7 所示。做好烧结（球团）厂的大气污染防治工作不仅保护环境并且有利于身体健康，是钢铁工业整体污染防治工作的重点。

表 2-7　烧结（球团）生产过程中所产生的污染

序号	生产工序	污　染　源	主要污染物
1	原料准备	原料场、原料装卸、堆取、输送、破碎、筛分、干燥、煤粉制备	颗粒物
2	配料混合	原燃料存储、配料、混合造球	颗粒物、SO_2、NO_x
3	烧结（焙烧）	烧结（球团）生产设备	CO、CO_2、Hg、H_2O、蒸汽、氯化物、氟化物、二噁英、重金属等
4	破碎冷却	破碎、鼓风	颗粒物
5	成品整粒	破碎、筛分	颗粒物

烧结过程的污染物排放主要来自炉箅上的燃烧反应和原料装卸作业（导致空气含尘），炉箅上的燃烧反应气体含有直接由炉箅产生的粉尘以及其他燃烧产物，如 CO、SO_x、CO_2、NO_x 和颗粒物，这些气体浓度受燃烧条件和原料成分影响。其他排放物包括：

在某些操作条件下由有机物生成的二噁英；由含油轧制铁鳞中的挥发物生成的挥发性有机物质（VOCs）、焦炭屑；由所用原料的卤化成分生成的酸蒸气（如 HF 和 HCl）；从烧结原料中挥发出的金属（包括放射性同位素）。

2.2.3 炼铁

近几年，我国高炉炼铁技术经济指标显著进步，2022 年中钢协会员单位炼铁工序能耗（标准煤）为 387.91 kg/t，一批大型高炉一代炉役寿命也有了明显的提高，由过去的不足 10 年到现在的 15 年以上，进入世界先进行列。高炉高效化、大型化取得了明显进展。2022 年中钢协会员单位喷煤比达到 151.13 kg/t，入炉焦比为 346.92 kg/t，富氧喷煤技术水平显著提高。

我国高炉制造设备、设计、施工以及生产操作等方面已达到世界先进水平，高炉煤气放散率连年下降（已低于 5%），二次能源回收利用提高，高炉 TRT 装备得到普及，节能减排取得新进展。

2.2.3.1 炼铁主要工艺

A 高炉炼铁工艺

炼铁的主要原料为石灰石作为熔剂，焦炭作为燃料（也是还原剂），烧结矿和球团矿（有的也掺入少量块矿）。这些原料、燃料和辅料按一定比例配料称量后，由斜桥料车或皮带机上料，经高炉炉顶送入高炉炉内进行冶炼。冶炼过程向炉内喷吹煤粉和吹氧，经热风炉向高炉炉缸鼓入助焦炭燃烧的热风，焦炭燃烧后生成高热煤气，煤气在上升过程中同时将热量传递给炉料。原、辅料随着冶炼过程的进行而熔化并向下滴落，在煤气上升和炉料下降过程中，先后发生还原、熔化、传热等过程使铁矿还原生产铁水；同时熔剂（石灰石）与烧结矿等原料中的杂质结合得到炉渣。高炉炼铁是连续生产，生成的炉渣和铁水不断地积存在炉缸底部，到一定时间后出铁水和渣。高炉渣由出铁场的渣沟流出，多采用水淬法处理，生成的高炉水渣也可外售。从出铁口来的铁水通过高炉出铁场的铁沟、摆动流嘴、撇渣器等流入铁水罐内，热装热送至炼钢厂炼钢。高炉顶部的煤气经过收集并净化，然后配送到其他工序作为燃料。图 2-7 为炼铁生产工艺流程及其排污示意图，图 2-8 为高炉生产主要物料平衡。

B 非高炉炼铁工艺

非高炉炼铁工艺在我国发展相对缓慢。2007 年宝钢集团引进两套 COREX-3000 熔融还原炼铁生产装置，并投产运行了四年，单炉最大产能约为 110 万吨/年。宝钢集团公司对 COREX-3000 做了大量消化吸收、关键备件本地化等工作，但是由于未实施关键技术创新、码头物流成本高、上海地区的原料价格高等因素，效益持续亏损。目前，宝钢 COREX-3000 1 座迁至八钢，1 座停产。我国近几年经过对 COREX 熔融还原工艺的多项重大改造，铁水成本基本接近 2500 m³ 高炉成本区间，无论在产量和成本上均处于世界领先。

2007 年以后因持续亏损，我国回转窑直接还原厂几乎全部停产。近年来，我国迅速发展转底炉工艺。日钢、马钢、沙钢、燕山钢铁和宝钢湛江等单位已投产含铁含锌尘泥处理用转底炉设备；攀钢、四川龙蟒公司投产复合矿综合利用转底炉生产线；山西翼城、莱

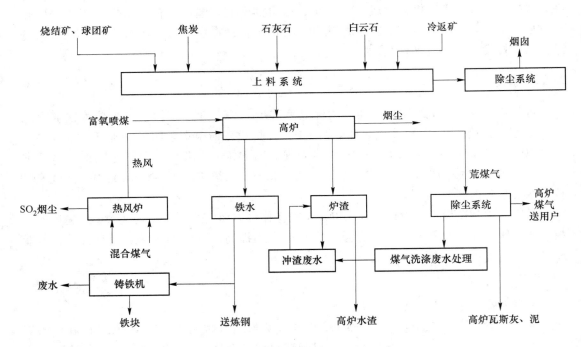

图 2-7 炼铁生产工艺流程及其排污示意图

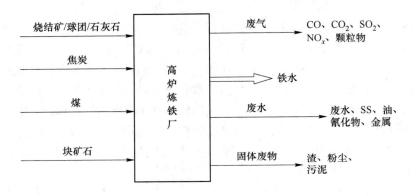

图 2-8 高炉炼铁生产的主要物料平衡

钢和天津荣程则是利用转底炉生产预还原炉料。多条生产线表明，因转底炉工艺原因，由于煤灰的渗入，使得转底炉产品铁品位较低、含 S 高，后续转底炉工艺应用的重点在于高炉污泥或除尘灰等钢铁企业废弃物处理以及多金属矿的利用。气基竖炉直接还原法作为当今世界上的主流直接还原工艺，应用的关键在于低阶气源的获得，我国天然气资源匮乏，在非炼焦煤、天然气和焦炉煤气便宜的地区/企业，煤制合成气的成本决定了能否建设大型竖炉直接还原与煤制气无焦炼铁联合工艺。目前，山西中晋太行矿业公司的焦炉煤气竖炉直接还原生产线、河钢集团年产 60 万吨 ENERGIRON 直接还原工厂以及内蒙古明拓集团年产 110 万吨 MIDREX 气基竖炉直接还原厂已处于在建或全面建成，这些对我国发展气基直接还原具有积极意义。各种非高炉主要炼铁方法及炼铁工艺的生产率指标比较如

表2-8 所示。表2-9 为非高炉炼铁生产工艺能耗对比。表2-10 为工艺的优缺点及对比分析。

表2-8 各种非高炉炼铁工艺比较表

工艺名称	还原剂	反应器类型	能耗 /GJ·t^{-1}	最低焦比 /kg·t^{-1}	单炉产能 /万吨·年$^{-1}$	产品形态
转底炉粒铁法处理难选铁矿	煤/天然气	转底炉	15	0	14~30	TFe≥93% 粒铁
高炉炼铁流程	冶金焦/非焦煤	高炉	16	280	400	TFe≥93% 热铁水
COREX 熔融还原	非焦煤/冶金焦	预还原炉-熔化气化炉	16.5	150	110	TFe≥93% 热铁水
FINEX 熔融还原	非焦煤/冶金焦	预还原炉-熔化气化炉	18	150	150	TFe≥93% 热铁水
DRCSL/RN 回转窑	煤	回转窑	20	0	15	TFe≥90% DRI
隧道窑	煤	隧道窑	25~30	0	1~4	TFe≥80% DRI
MIDREX 竖炉	天然气	竖炉	10	0	180	TFe91% DRI
HYL-1E 竖炉	天然气	竖炉	10	0	200	TFe91% DRI
煤制气-球团竖炉	非焦煤	竖炉	12	0	200	TFe91% DRI
转底炉处理钢铁厂尘泥	煤/天然气	转底炉	12	0	14~40	TFe65% DRI
FINMET 流化床	天然气	流化床	13	0	150	TFe91% HBI

表2-9 非高炉炼铁生产工艺能耗对比

工艺	能 耗	排 放
COREX	煤量 900~1000 kg/t，焦炭 50 kg/t，氧量 520 m^3/t	煤气量1800 m^3/t，煤气温度 1000~1150 ℃，煤气成分 CO、H_2、CO_2、CH_4
FINEX	煤量 1000~1100 kg/t，焦炭占入炉原料的 5%~10%，氧量 540 m^3/t	煤气量 2000 m^3/t，煤气温度 720~750 ℃，煤气成分 CO、H_2、CO_2、CH_4
HISarna	煤量 483 kg/t，氧量 510 m^3/t	煤气量 987 m^3/t，煤气温度 1450~1500 ℃
HISmelt	煤量 900~950 kg/t，氧量 235 m^3/t	煤气量 2765 m^3/t，煤气温度 1600~1700 ℃，煤气成分 CO、H_2、CO_2、CH_4
CCF	粒煤 640 kg/t，氧量 510 m^3/t	煤气量 1214 m^3/t，煤气温度 1800 ℃，煤气成分 CO、H_2、CO_2、CH_4

表2-10 工艺的优缺点及对比分析

工艺	能 耗	排 放
COREX	少量或不需要使用焦炭，不需炼焦和烧结工艺，生产流程短、成本低	存在竖炉黏结的问题，冶炼的矿石相对有限，燃料比高于传统高炉
FINEX	原料需求广泛，对环境污染少，全流程可以连续稳定运行，设备利用率大为提高	煤气难以综合利用，难以大型化，降低 CO_2 的排放量有限铁水质量低于高炉

工艺	能　　耗	排　　放
HISarna	不需烧结和炼焦，含铁原料来源广泛，解决了吸放热的矛盾，尾气得到充分利用	现阶段能耗高于同产能高炉，需要一定量的焦炭，综合成本高于高炉，生产稳定性低于高炉
HISmelt	单体生产效率高，二次燃烧传热速度快，吨铁 CO_2 排放量少，操作简便易行，成本为高炉的70%～80%	难以控制渣铁的搅动、渣中碳含量和喷枪位置，炉衬腐蚀较为严重，脱硫效果较差
CCF	生产设备简单，能量利用率和生产率高，二次燃烧的负担减轻	生产成本高于高炉，工艺技术不成熟

2.2.3.2　炼铁生产的主要问题和污染

A　高炉技术存在的问题

目前，我国炼铁企业多而分散，企业之间技术发展水平不平衡，处于多层次、不同结构和技术经济指标共同发展阶段；高炉数量多，产业集中度低，不同企业高炉间技术经济指标相差较大。重点企业1000～4000 m^3 高炉炼铁的平均燃料比仍高于发达国家先进的高炉10～50 kg/t。我国钢铁企业虽已投产了十多座4000 m^3 以上的高炉，但总体上国内高炉大型化程度仍偏低，高炉炼铁的生产集中度低，导致高炉之间生产指标差异较大、劳动生产率不高。中小高炉生产过程控制与自动检测技术和装备水平普遍偏低，与大高炉相比，环境治理差距较大。小高炉采取小炉容、大炉缸的设计，与大高炉相比，其生产技术经济指标相差较大；一些中小高炉过度依靠冶炼强度来提升产能，导致高炉寿命偏低，燃料比偏高。

B　主要污染

在低能量消耗的条件下，高炉冶炼是受控于煤气流与炉料的逆向运动，从而高效实现还原、热传导、造渣及渣铁反应等过程的完成，得到物理性能与化学成分较为理想的液态铁金属。高炉炉缸内热风压力一般为0.8～1.1 kPa，是一个密闭的高压容器，炉内最高温度可达2100 ℃左右，风口带温度一般为1500 ℃。炉缸内液态物是铁水和渣水，固态物是焦炭。固态焦炭燃烧产物为 H_2、CO、N_2 等组成的混合气，混合气参与冶炼炉内的间接还原，过剩的混合气从炉顶上升管逸出后收集，经除尘净化后回用。渣的主要成分有 SiO_2、CaO、Al_2O_3、S、MgO、FeO；铁水的主要成分有 C、Fe、Mn、Si、P、S。炉缸设置的出渣口和出铁口排除液态渣、铁水（根据炉缸内安全容铁量，理论计算铁的次数，按时排放渣铁）。当炉缸内渣铁水向外排放的同时伴随一定量的烟尘排出，即出铁场烟尘。烟尘的主要化学成分是：TFe 55.27%，MgO 3.29%，SiO_2 2.46%，CaO 7.9%，游离态的 SiO_2 3.67%。每生产1 t高炉铁水会在出铁场散发出平均约2.5 kg的烟尘，主要存在于主铁沟、下渣沟、出铁口、铁水罐，总计烟尘约2.15 kg，占烟尘总量的86%，这部分烟尘也称为"一次烟尘"；而在高炉开、堵铁口时所产生的烟尘量占总烟尘量的14%，约为0.35 kg，此部分烟尘称为"二次烟尘"。目前，一次烟尘的控制治理为国内绝大部分高炉的出铁场除尘系统的主要工作，受工艺条件的限制，二次烟尘只能通过技术操作予以控制，不作特别治理。

炼铁生产排出的污染物数量大，且废水、废气和固废几乎数量相当。炼铁产生的主要污染物包括：在一些辅助作业以及出铁作业期间排放的氧化铁的颗粒物（含铁粉尘）；渣处理过程则排出不同数量的 SO_2 和 H_2S，甚至会产生气味问题。高炉出铁场设有可用来减少颗粒物形成和排放的净化系统或装有排气/袋滤净化装置。在现有的高炉出铁场排气系统的收集作用下，收集的颗粒物通常可以完全返回烧结厂。废水产生于炉渣处理和高炉煤气湿式净化工序。

2.2.4 炼钢

炼钢厂一般包括三种作业类型，即炼钢（电炉、转炉）、二次精炼和连铸。转炉高效且自动炼钢生产技术取得很大进步，更加低耗、紧凑、高效节能的转炉炼钢技术体系已成为生产的主流。中国电炉钢产量持续增长，节电、节能、高效等技术不断开发应用，电炉生产的工艺水平大大提高。通过炼钢生产结构的优化完善大幅提高钢材洁净度生产水平，炼钢产品种类逐步扩大，如高速铁路用钢轨钢、先进高强度汽车面板和钢板、高强度造船板、中高牌号非取向和取向电工钢板、桥梁板和容器板及油气输送管用钢、高品质齿轮、轴承和非调质钢、高强钢丝等产品，均实现了稳定生产。

开展转炉煤气与蒸汽优化回收技术实现负能炼钢、结合全自吹炼技术和新工艺及装备可大幅提高资源利用率和保证可持续发展。国内转炉大型化全自动吹炼技术迅速发展，有的企业已实现"一键式"自动化控制炼钢，一批先进转炉终点控制精度（温度为 $\pm 12\ ℃$，[C]为 $\pm 0.02\%$）的双命中率大幅提升，转炉能耗明显降低、生产效率提高。

国内"负能"炼钢技术进展迅速，国内大、中型转炉基本实现"负能"炼钢。重点企业转炉的煤气回收量由 2010 年的平均 81 m^3/t 增大到 2020 年的 116 m^3/t，蒸汽回收量同步从平均 67 kg/t 增大到了 80 kg/t 以上。但是，转炉炼钢仍存在一些问题：转炉与精炼、连铸的匹配关系还有待优化；同样炉龄复吹条件下的碳氧积水平、煤气蒸汽回收量、自动炼钢水平、对精炼工艺掌握的深度，冶炼周期与供氧强度等主要技术经济指标有待进一步提升。

2.2.4.1 转炉炼钢主要工艺流程

转炉炼钢的生产工艺流程为：高炉铁水从炼铁厂用铁水罐车热装送到炼钢厂，目前已有不少企业采用"一罐到底"工艺。在冶炼优质钢种时，铁水需先送至铁水预处理站进行处理。

转炉炼钢以石灰（活性石灰）、萤石等为熔剂，以铁水及少量废钢等为原料，炉前加料并在铁水和废钢加入炉内后摇直炉体进行吹炼。根据冶炼时间向炉内用氧枪喷水氧气、惰性气体，根据喷吹的部位可分顶吹、底吹和顶底复合吹转炉。顶吹是炉顶吹氧，底吹是炉底吹氧，顶底复合吹是炉底吹惰性气体（如 Ar、N_2），炉顶吹氧。熔剂等辅料通过炉顶料仓加入炉内。转炉吹炼时由于铁水中碳和氧气发生反应产生大量含 CO 的炉气（转炉煤气），同时熔剂与铁水中杂质相结合生成钢渣。当吹炼结束时，倾倒炉体炉后挡渣出钢。图 2-9 为转炉炼钢和连铸生产工艺流程及排污示意图。图 2-10 为转炉炼钢厂主要物料平衡。

2.2.4.2 转炉炼钢的污染

转炉炼钢过程的污染物包括固体废物和废气，应重点关注废气与烟尘。转炉废气主要由吹氧过程中的氧气转炉炉口排放，转炉煤气成分主要成分为 CO，在炉内一步氧化后可

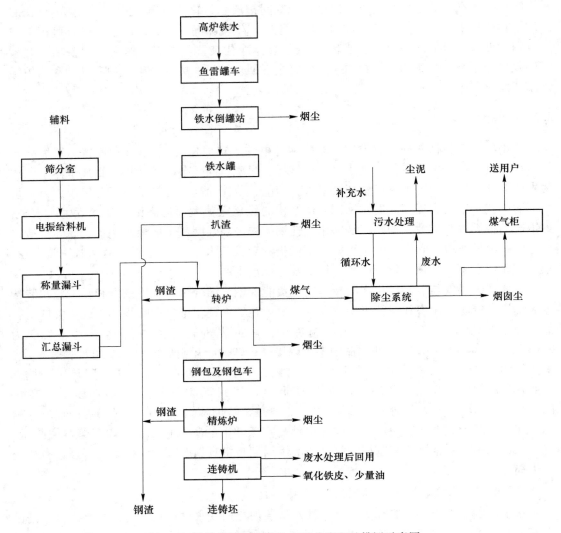

图 2-9　转炉炼钢和连铸生产工艺流程及排污示意图

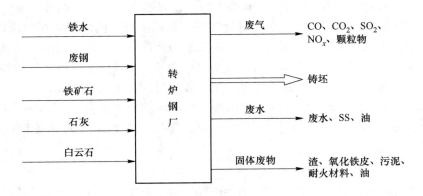

图 2-10　转炉炼钢厂主要物料平衡

部分产生二氧化碳。二次反应的强度受炉口上方烟雾罩的设计（即特别合适的罩可以最大限度控制空气进入，从而实现转炉气中的 CO 的含量最大限度地增加）控制。这种气体 CO 含量足够高，通过收集后可作宝贵的能源。

由于氧枪对钢水熔池的作用和铁被氧化成细微氧化铁颗粒，因此，烟尘主要由造渣材料和氧化铁组成，废钢所含有的重金属（如锌）、所产生的烟尘量受操作条件（如流速）、吹氧系统和泡沫渣是否使用以及废钢的质量决定。一般通过 BOF 煤气的净化与回收系统处理，包括干式技术或湿式洗涤。转炉煤气湿式净化装置采用循环水，少量排水处理后，去除油和 SS 以及控制 pH 值。净化过程产生的 BOF 烟尘或污泥，根据杂质元素含量决定是否返回这一流程。此外，吹炼过程中以及炉体上方密封罩周围主系统的泄漏产生转炉二次烟尘，通常可以像装料排放那样被处理和收集。

来自预处理作业和钢水运送及 BOF 熔炼车间中的其他废气排放后升至车间顶部，连同装料排放物和二次排放物一起被收集装置收集和净化。

固体废物/副产物主要包括转炉渣、废耐火材料、钢凝壳、污泥和粉尘。

2.2.4.3 电炉炼钢的主要工艺

炼钢电弧炉实现容量大型化、机械化、自动化，直径大于 600 mm 的超高功率电极也实现了批量稳定生产，许多厂实现了冶炼过程的二级自动控制和废钢连续加料装置，电炉钢年产量持续增长并成为世界第一电炉钢生产大国。我国自主研发的电炉炼钢取得了节能、高效、安全生产的效果，世界主流炉型在中国钢铁厂全部可以看到，已创造出世界领先的技术经济指标。在双碳发展背景下，陆续发布文件支持电弧炉炼钢发展。

在长期废钢资源短缺的限制下，我国很多电炉企业利用兑热铁水的工艺开发各种配加铁水的工艺装备和技术，炼钢原料多样化。我国在当前资源条件下形成了特有的电炉炼钢生产技术，在传统的冷生铁＋冷废钢二元炉料结构的基础上，开发了热铁水＋冷废钢二元炉料结构炼钢技术和热铁水＋冷废钢＋直接还原铁、直接还原铁＋冷废钢＋冷生铁三元炉料结构炼钢技术，以及热铁水＋冷废钢＋冷生铁＋直接还原铁的四元炉料结构炼钢技术，这些工艺在其他国家电炉钢厂是少有的。

目前我国已具备集束氧枪技术装备的自主知识产权，借助强化供氧技术，实现自主研发、制造、提供各种炉门、氧枪、炉壁和炭枪（天然气），满足了电炉炼钢需要大量脱碳的操作，大幅度降低冶炼电耗，大大提高电炉生产效率。各种废钢预热技术、电炉余热回收技术、智能炼钢技术的应用有力保证电炉炼钢技术的发展，有利于电炉快速发展，未来还应在工艺流程中加强粉尘和噪声治理，实现与人居和谐共存。

图 2-11 为电炉炼钢和连铸生产工艺流程及排污示意图。电炉炼钢以废钢、铁合金、石灰、萤石等为原料和辅助料，炼钢电炉有直流电炉和交流电炉两种，多数是三相交流电炉。将检选加工的废钢利用电炉烟气预热后加入炉内，辅助料由高位料仓由下料系统经电炉炉盖上的加料孔分批分期入炉，通电冶炼。废钢表面的油脂类在熔化期吹氧后发生物质燃烧，金属也进行熔化。大量吹氧使炉内熔融态金属激烈氧化脱碳，大量赤褐色烟气产生。在氧化期和还原期分期排渣，产生氧化渣和还原渣（还原期也可在后续精炼设备中进行，电弧炉只进行熔氧期操作），冶炼结束后出钢。钢水后续如需精炼，则送精炼工位进行精炼。

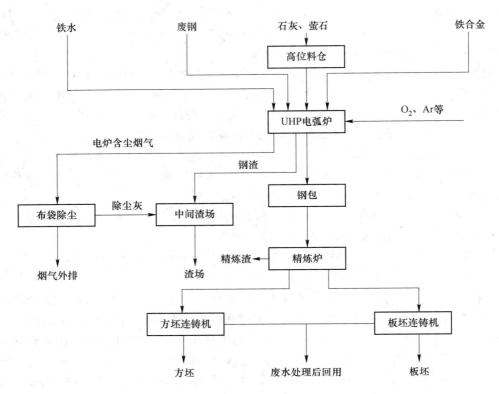

图 2-11　电炉炼钢和连铸生产工艺流程及排污示意图

2.2.4.4　电炉炼钢环境污染

电炉炼钢的主要污染物与转炉炼钢工艺类似，仍是粉尘与废气，但固体废量相对少些。粉尘与废气产生于炉内，并通过废钢预热器或炉顶（通过所谓的第四孔）排出。废气通过燃烧室燃烧残余的有机化合物和 CO，用来减少有毒有机化合物和气味的生成，也能保护烟气系统低碳钢管道免受过高温度损害。炉渣层内部或上面喷入的氧气协同废气在炉内燃烧，不仅增加对炉子热输入，而且总的电能需求量减少。离开炉子后，燃烧过的气体通往热交换器内冷却至过滤温度，然后，与炉子上方的熔炼车间顶部收集到的二次烟气混合，这种混合废气一般用袋式除尘器净化。

主要废气污染源来自通过孔（如电极孔）、渣门以及炉顶与炉壁之间进入炉内的空气的废气排放。二次烟气主要在加料和出钢过程中产生，或在熔炼过程中作为易散性烟雾出现。加料时间虽短，但加料可能排放大部分的二次烟气。加料作业的特点和废钢质量决定废气的组分，其他气体包括有机化合物燃烧产生的燃烧产物和废钢加料上的矿物燃料。

粉尘排放主要由氧化铁、重金属（包括 Zn 和 Pb）与其他金属组成，主要由合金钢或镀层钢挥发产生，或由废钢加料中有色金属碎片产生。电炉冶炼 1 t 钢排放的粉尘总量为 10 ~ 18 kg 不等。

通常 EAF 作业设置的闭路净环水系统很少需要废水处理，固体废物/副产物包括炉尘、电炉渣和耐火材料。

2.2.5　连铸

2.2.5.1　连铸工艺

钢水连续铸坯金属损耗减少，实现钢坯热轧，节约大量能源。连铸的生产工艺流程为：合格钢水送连铸钢包回转台，通过钢包长水口和钢包滑动水口进入中间包，到达一定高度后开浇，经过浸入式水口流入振动的结晶器，并在冷却水的间接冷却下钢水形成坯壳，具有很薄坯壳和液芯的铸坯由引锭杆不断拉出，再通过二冷段用水直接喷淋冷却，最终到矫直段，矫直后的铸坯定尺被切割成一定长度，再喷号及去毛刺后即得产品连铸坯。直接冷却水收集铸坯表面的氧化铁皮，这部分冷却水在重新使用之前则需要进行沉淀处理。

高效连铸技术是连铸技术的发展趋势和主要的研发方向，在确保无缺陷、高质量铸坯生产的基础上稳步提高浇注速度，实现智能化生产和恒铸速的系统技术仍是重点，逐步实现高效连铸技术的进步。动态轻压下技术与铸坯凝固末端判定已在大矩形坯和板坯连铸中大幅推广，国产技术已逐渐占据全球主导地位；液压与电动非正弦结晶器振动（尤其是全数字振动）已基本可立足国内；各类钢种全保护浇注工艺系统技术研发与稳定低过热度的应用取得重大进展；一些企业对连铸全过程质量在线控制和监测技术的研发应用获得了新成果；连铸电磁制动、电磁搅拌国产化技术的推广突破了外国公司的垄断，尤其是各类断面连铸机结晶器电磁搅拌和大型板坯二冷电磁搅拌已逐步出现优于引进技术的特点；总体上各类铸机的设计、生产和制造工艺技术均可基本立足国内，特大圆坯连铸机应用与设计在世界遥遥领先。

2.2.5.2　连铸过程污染

连铸坯余热释放在炼钢工序连铸坯凝固传热、连铸坯热装热送过程和轧钢工序，需回收连铸坯余热资源，主要从热送运输工序及轧钢工序两个方面。连铸污水主要含有氧化铁皮、SS 和油，对连铸污水的处理主要包括回收油、SS 和氧化铁皮的分离、浓缩及脱水处理。一般采用稀土磁盘、纤维球过滤器、旋流沉淀池设备组合的形式对传统废液处理工艺进行改进。连铸过程固废主要包括连铸坯在二冷区的"高温湿式氧化"以及在空冷区"高温干式氧化"环境条件降温冷却生成的氧化铁皮，不仅量大造成金属料损失，而且对热轧板卷产品的表面质量有影响。

2.2.6　轧钢

轧钢按轧制温度的不同分为冷轧和热轧。轧钢生产工艺流程如图 2-12 所示。以钢坯（钢锭）为原料经加热炉（或均热炉）加热后（部分生产线采用直接轧制工艺），通过不同类型热轧机在高温下轧制的工序为热轧生产。以热轧产品（主要是热轧卷、板）为原料，经酸洗去除其表面的氧化铁皮后通过冷轧机在常温下进行轧制的工序为冷轧生产。冷轧后的钢卷一般在罩式炉内进行再结晶退火以消除冷加工硬化现象，用平整机保持平整后可提高表面光洁度。部分冷轧产品将在表面镀（涂）非金属镀层或金属涂层，生产镀（涂）层带钢（钢板）。

近年来，轧钢技术有了新的发展，在新建钢铁企业中，提高冶炼—精炼—连铸—热轧车间物流和热流衔接的水平促使各工序技术和产能的匹配更加合理，轧钢生产的效率进一

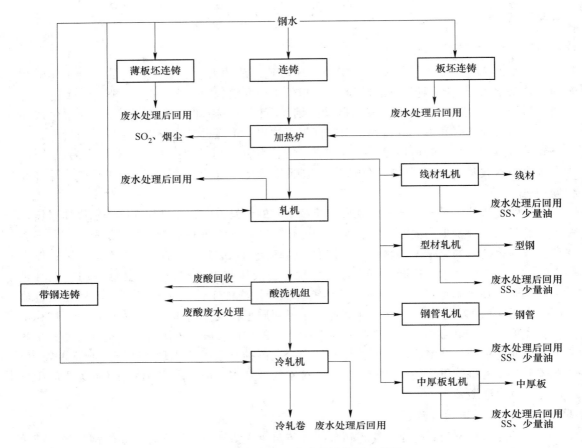

图 2-12　轧钢生产工艺流程及排污示意图

步提高、成本降低。轧钢生产技术的进步使全流程的连续性提高、生产的水平高效，大幅提高轧制产品的形状尺寸和精度。

2.2.6.1　热轧

A　热轧工艺流程

热轧工艺基本流程为：钢坯送至加热炉加热到轧制所需的温度（多为 1150 ～ 1250 ℃），炽热的钢坯在出炉后通过高压水除鳞以除去加热过程中生成的氧化铁皮。除鳞后的热钢坯送入不同轧机（按轧制程序分类，有精轧机、粗轧机；按轧制产品分类，有型钢、线材、钢板、钢管等轧机）进行连续轧制或往复轧制。轧钢时由于温度非常高，因此，需向轧辊轴承和轧辊等设备及轧件喷淋冷却水，喷淋冷却后则产生大量含油和氧化铁皮的热轧废水。对连轧机出来的高温钢板需进行层流冷却（在输出辊道上冷却，冷却水采用底喷和顶喷）。热轧厂的主要物料平衡如图 2-13 所示。

B　热轧生产的污染

热轧工艺过程中主要排放的污染物包括来自均热炉、加热炉的燃烧废气（如 CO、NO_x、SO_2、CO_2、颗粒物），同时也包含来自轧制和润滑油的挥发性有机化合物（VOCs），燃烧废气成分受燃烧条件和燃料类型的影响。

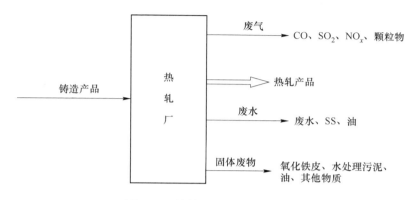

图 2-13　热轧厂的主要物料平衡

轧钢时由于温度非常高，因此，需要在轧钢过程各个阶段，采用高压喷水管喷淋冷却去除表面铁鳞，产生含有铁鳞和油的热轧废水。

固体废物/副产物主要包括切余料和铁鳞皮。

2.2.6.2　冷轧

A　冷轧工艺流程

冷轧工艺基本流程为：开卷机对冷轧原料的热轧板卷开卷后，一般送往盐酸连续酸洗机组进行酸洗以清除铁锈。钢板酸洗后必须经清水漂洗以除去钢板表面上残留的酸液，甚至有的钢板还需要碱洗。钢板酸洗会产生酸、碱废水和盐酸酸洗废液。钢板经酸洗后再送入冷轧机组进行连续轧制。钢板在冷轧后需进行必要的热处理（如退火处理），板卷一般采用罩式退火炉进行热处理，并在其内罩通往保护气体（氢、氮等）。冷轧过程中需要用棕榈油或乳化液做冷却、润滑剂（润滑轧件及轧辊等），因此，很容易产生含乳化油及液和废乳液的冷轧废水。部分冷轧产品（带钢）后续还需要采用热镀（电镀）锌生产机组进行表面镀（涂）层处理，如生产镀锌带钢等，而这些带钢表面处理机组产生的废水较复杂。冷轧带钢镀（涂）层处理时先要对冷轧带钢进行化学清洗，产生酸性废水、碱性含油废水。热镀锌带钢生产，为保持锌层光泽并防止表面产生锌锈，则需对带钢表面钝化处理会产生含铬废水。电镀锌带钢生产其机组由化学预处理、电镀及后处理三个工序组成，乳化液和碱性含油废水为化学预处理段产生的废液；酸（碱）性电镀废液为电镀工艺段产生的废液；含磷酸盐或含铬的废液及其清洗水是后处理段产生的废液。

图 2-14 给出冷轧、酸洗、热处理生产线主要物料平衡。

B　冷轧生产的污染

钢铁企业生产链条中非常重要的生产环节之一是冷轧生产，无论是环境效益要求还是产品质量，冷轧生产过程必须要求做到清洁生产，但是实际生产过程中不可避免地产生废水、固体废物及有害烟尘，主要污染源包括：

（1）酸洗机组产生的有害气体，包括酸洗槽排出的含酸蒸气（含酸废气）和酸洗机组焊接机和矫直机运行时产生的氧化铁粉粒（含铁粉尘）。（2）冷轧机组产生的少量的废轧制油以及含有乳化液的呈液雾状的废气。（3）连续退火机组在碱洗槽、刷洗槽和电解清洗槽等处产生的碱性水蒸气。（4）在电镀槽里排出含有 H_2SO_4、$ZnSO_4$ 等气体；在电镀

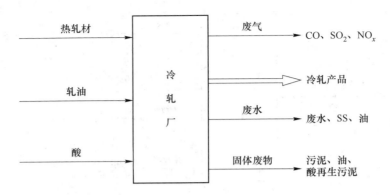

图 2-14　冷轧厂的主要物料平衡

机组的入口段碱洗、刷洗、电解清洗、酸洗工序所产生的含碱、含酸废气；在电镀机组的出口段密封处理槽、钝化槽、磷化槽工位处产生的废气和废液。（5）平整机组在湿平整时产生的含有少量金属粉尘的平整液水雾和干平整时产生的 FeO 金属粉尘。除此之外，会在冷轧机架油雾处理、电镀锌废气处理、酸洗机组废气处理、连续退火废气处理等工艺排出有害废水，还会在磨辊车间抛丸装置在对轧辊抛丸时产生含铁粉尘。废水主要为冷轧过程的油乳化液和 SS 以及来自酸洗过程产生的酸洗废水。

固体废物/副产物包括酸再生污泥、切余料、酸洗池污泥和废水处理装置产生的氢氧化物污泥。

2.3　钢铁企业清洁生产工艺

钢铁行业作为能源、资源密集型产业，其生产工艺流程长、产业规模庞大，包括从金属矿石的开采到产品的最终加工，经过很多工序才能获得最终产品，其中部分主体工序能源和资源消耗量很大。虽然我国钢铁工业装备和工艺技术水平不断提升，产品结构调整和转型升级一直在持续，但是产品成本、品种质量和环境污染和劳动生产率问题所构成的综合竞争力的压力依然存在，市场竞争日益激烈。因此，钢铁行业的可持续发展仍面临着环境与市场的双重严峻挑战，清洁生产的持续实施意义重大。

2.3.1　清洁生产的意义

（1）清洁生产是实现钢铁工业可持续发展战略的需要。全球可持续发展六大问题：全球健康问题、全球水资源问题、全球气候恶化、全球贫困问题、全球粮食问题、全球人口问题。工业现代化促进了全球经济的快速发展，造成了全球性的资源短缺、生态破坏和环境污染等重大问题。中国可持续发展战略：社会发展、资源保护、经济发展、环境保护、生态保护、能力建设。

中国钢铁工业可持续发展一般包含两个最基本的含义。1）需充分利用钢铁生产现有的专用资源，不断开发新技术，尽可能实现少污染、零排放的目标，尽全力解决在生产过程中现有技术水平还不能完全消除的污染物问题，包括二次资源的综合利用与无害处置。

一般通过能源高效利用、实施清洁生产尽可能从根本上解决这些问题，达到可持续发展战略的目的，在生产过程中预防污染的产生。2）合理且节约地使用钢铁与其他行业中人类生活共用的资源，建立以其他相关行业生态链与钢铁生产为中心的循环生态链互为资源提供、互相交易、互为污染物处理、资源再生环节，与整个社会协调发展的生态园工业。清洁生产秉承前期预防污染，减少事后处理污染的思想拓宽了可持续发展实施的思路。循环经济和生态工业追求"再循环"和"再利用"而通过清洁生产达到能源消耗、原材料消耗和废物的"减量"，清洁生产是实现循环经济和生态工业的基础。从可持续发展的基本含义可见，清洁生产是钢铁行业实现可持续发展的核心。

（2）开展清洁生产是实施循环经济的基础。循环经济是一种以资源的高效利用和循环利用为核心，以"减量化、资源化、再利用"为原则，以低排放、低消耗、高效率为基本特征，符合可持续发展理念的经济增长模式。人类对人与自然关系深刻反思的结果是循环经济理念的产生和发展，循环经济理念的产生和发展是人类社会发展的必然选择。

清洁生产是循环经济重要的微观表现形式，企业实施清洁生产主要采取以预防为主的发展战略，将经营管理、生产过程、产品和能源、物流、信息等有机结合，实现环境效益与经济效益相结合，资源和环境兼顾的发展模式。有的学者对循环经济做了不同分类，有以地区性或行业性分类的次循环经济，有以地球为单位的世界大循环经济，而以企业为单位实施清洁生产是工业循环经济的实施基础，资源综合利用是清洁生产的策略之一。

（3）实施清洁生产是环境污染控制的有效手段。我国和发达国家通过几十年污染治理的经验和教训，深刻认识到越来越凸显出的环境风险和传统的末端控制的巨大成本，无法彻底解决服务和生产中的环境污染问题。清洁生产借助于各种相关的技术和理论，采取"预防"污染物产生的措施遍布在产品整个生命周期，将生产过程、生产技术、产品及经营管理等方面与能量、物流、信息等要素有机结合，优化运行方式，从而以最少的能源、资源消耗，最小的环境影响和最佳的管理模式实现最合理的经济增长，这也是防治生产与服务中环境污染的最佳模式。

（4）实施清洁生产可提高企业竞争力。企业实施清洁生产可降低生产成本，减少环境对工人健康的风险，减少贸易壁垒，有利于提高产品在国际市场的竞争力，提高企业职工素质和管理水平，提高企业在公众中的声誉和良好形象，有助于提高产品在国内市场中的份额。

（5）清洁产品的使用有利于提高全民族的环境意识。环境意识是人对环境问题的思维、感觉和认识等各种心理总和的反映。从事清洁生产的主观能动性是环境意识。清洁产品通过市场连接了清洁消耗与清洁生产两大领域，公众的环境意识决定清洁产品的市场，通过环境意识教育可以让公众清楚地意识到当前所面临的环境问题的严重性，意识到清洁产品的巨大环境效益，在得到清洁产品的商业使用价值的同时也不断提高环境意识。

（6）促进资源综合利用，大力降低能耗、物耗，实现企业的低成本。清洁生产不仅仅只是一种防治污染手段，更是一种全新的生产模式。清洁生产通过对短缺资源的代用、资源的综合利用、二次能源的利用以及降耗、节能、节水，合理利用自然资源实现物料消耗降到最低，从而减少污染物和废物的排放；通过强化管理和优化生产过程，提高人员素质，保持人员精干、机构精简，达到组织的降耗、节能、增效、减污的目的，最大限度地创造社会、经济和环境效益。联合国环境规划署将清洁生产从四个层次上形象地指出：改善企业管理的催化剂、工业运行模式的革新者、技术改造的推动者、连接工业化和可持续发展的桥梁。

2.3.2　钢铁企业清洁生产工艺技术

国内外钢铁企业清洁生产技术以发展高效生产技术、降低生产成本、节能降耗、水的闭路循环、提高废气及固体废物的综合利用率为主。钢铁工业排放的固体废物主要为尾矿、含铁尘泥、高炉渣、除尘灰、钢渣等，可作为原料生产产品；废气余热回收，炼焦、炼铁及炼钢过程中产生的煤气综合利用。钢铁工业清洁生产的内容一般分为5个环节，即钢铁产品设计，产品制造原材料准备，产品的制造过程，排放物无害化、资源化处理以及产品的资源回收利用：

（1）钢铁产品设计。对清洁生产模式下的钢铁产品设计需要充分注意产品使用、制造、回收利用全程中生态化、无害化的要求，而不是仅关注其使用性能。

（2）产品制造原材料准备。钢铁产品制造所需资源的开采、加工、提纯和输送，主要包括水、能源、非金属和金属矿物以及与钢铁生产相关原材料。原材料准备要求"精料"与制造过程无污染，采用清洁能源，控制并减少工序过程中污染物的排放和废物的产生。

（3）钢铁产品的制造过程。其主要包括采选、原料处理、冶炼和加工多个工序。以上工序的关键是低消耗、高效率、高成品率，以"零排放"为目标，并且尽量在生产过程内将污染物控制或利用。先进装备、技术和流程优化的程度、应用程度决定目标的实现。

（4）排放物资源化、无害化处理。钢铁生产过程产生的大量气体、废水、粉尘、炉渣等废物，其中很多可以作为本行业和其他行业的原料，应重视排放物的综合利用、高附加值利用。

（5）钢铁产品的使用、再使用和回收。要求充分体现产品的"绿色度"，要合理使用并充分关注钢材再加工后的使用性能，深加工后更好地应用性能，钢铁材料是100%回收的"绿色"材料。

我国钢铁工业主要有焦化、烧结（球团）、炼铁、炼钢和轧钢五大主要生产工序，辅以污水处理等系统。目前钢铁工业能源、资源综合利用的技术推广、发展、应用前景较好。根据部分先进钢铁生产企业的实践经验，推广应用各生产辅助系统和生产工序的重点清洁生产技术是实现钢铁工业节能减排的有效途径，钢铁工业不同生产工序清洁生产具体工艺技术发展如下所示。

2.3.2.1　烧结工序

A　复合造块技术

复合造块技术包含镶嵌式烧结法和复合造块法，镶嵌式烧结的原理是利用小球四周的空隙，提高料层的透气性，且小球不会过熔；小球烧结时的热源主要来自上层混匀料烧结所产生的热量，所以上层混匀料的碱度可适当提高，而小球层的碱度则可降低。在此基础上，研究出小球的合适尺寸、布料球间距离、在烧结层中的布料方式、布料厚度等参数。复合造块技术能解决炼铁高炉内酸、碱炉料的偏析问题，能够生产中低碱度烧结矿、冶炼出高铁低硅产品，可以很好地处理超细矿粉、转炉灰等极难处理和利用的资源。布料问题应是二者均面临的困难。与传统的烧结矿相比较，复合造块技术能够显著提高矿粉的使用效率。

B 烧结制粒技术

良好的烧结制粒效果能有效地改善烧结料层的透气性，提高烧结矿的质量。烧结制粒技术包含涂层制粒技术和烧结强力混合与制粒新技术；涂层制粒技术是将焦粉、石灰石粉混匀后涂于已成型颗粒的表面，物料在烧结过程中会形成铁酸钙来改善烧结矿还原性。涂层制粒工艺简单，不需要对原有的制粒工序进行大的改动，不需要增加设备，根据来料情况，精准控制喷涂时间，可实现平稳操作。强力混合机的强力搅拌混匀工作制度可以使焦粉及原料能够被更好地分散，节约焦粉用量；同时由于细粉能更好地被包覆在颗粒表面，提高烧结料层的透气性，增加烧结矿强度。

C 低碳烧结技术

为了大幅度减少烧结生产过程中产生的 CO_2 排放量，通过从烧结机台车侧上方喷吹天然气，能够长时间地保持烧结温度在 1200～1400 ℃，提高烧结矿质量的同时还能够节省焦粉用量，极大地提高烧结机生产效率。在烧结工序点火段之后往烧结料层表面喷射液态天然气用来代替添加的部分焦粉，喷入的天然气从烧结料层中逐次穿过并在烧结料层中燃烧。与常规烧结制度相比，能有效提高烧结料层中不同料层的内部温度和有利温度持续时间，从而提高烧结矿强度，减小返矿率，减小焦粉配比，提高烧结矿还原度，进而高炉生产时的焦比就会降低。从而，高强度、高还原性的烧结矿可有效降低整个生产工序中 CO_2 排放量。

D 烧结烟气循环技术

烧结烟气循环技术是将烧结过程排出的一部分载热气体返回烧结点火器后的台车上再循环使用的一种节能减排方法，其目的是减少烧结生产的外排烟气量，降低烟气净化设施的处理负荷，回收烧结烟气的余热，提高烧结的热利用效率，降低燃料消耗，提高烧结矿产量。现有的冶金企业烧结厂通过对烧结冷却设备（如冷却机用台车罩子、冷却风机、落矿斗等）进行技术改造，再配套余热锅炉、除尘器、循环风机等设备，可对烧结矿冷却过程中释放的大量余热充分回收，将其转化为饱和蒸汽以供用户使用，同时，除尘器所收集的烟尘可返回烧结。

E 低温烧结技术

在较低的烧结温度下对烧结混合料进行烧结而获得质量优良的烧结矿，工艺节能且烧结矿质量提高，可降低固体燃料消耗，是烧结工序节能减排的重要途径，已在国内得到广泛使用。

2.3.2.2 焦化工序

A 焦炉低碳燃料气加热技术

实现焦炉"碳减排"工艺及技术。焦炉加热燃料燃烧 CO_2 减排也可采用前端脱碳、加热过程控制燃料消耗降碳和末端烟气脱碳工艺，优选开发应用低碳燃料气作焦炉加热燃烧燃料，实现焦炉"碳减排"。选用将炼焦炉加热用焦炉煤气中 CO、CO_2 及 C_mH_n 通过精净化和变压吸附或深度净化创新工艺技术制取钾类化工产品等其他脱碳工艺装置予以脱除，或脱出的 CO、CO_2 也可作为富余焦炉煤气制取甲醇生产装置补碳用，增产甲醇产品，经脱碳后的低碳燃料气送回焦炉加热用。低碳燃料气含氢气较焦炉煤气含氢气有所增加，会影响焦炉高向均匀加热和燃烧废气中 NO_x 生成量增加等工艺问题，也可采用焦炉分段加热和烟道废气外循环组合技术等措施予以解决。

B　煤调湿（CMC）技术

将炼焦煤料在装炉前去除一部分水分并控制装炉煤水分稳定在6%左右，然后装炉炼焦。CMC技术可以提高焦炭质量，减少焦炉加热用煤气量。

C　焦炉煤气 H. P. F 法脱硫净化技术

焦炉煤气脱硫脱氰具有多种工艺，国内目前也已经自主开发了以氨为碱源的 H. P. F 法脱硫新工艺。H. P. F 法是在 H. P. F（醌钴铁类）复合型催化剂作用下，使 H_2S、HCN 先在氨介质存在下溶解、吸收，然后再在催化剂作用下使铵硫化合物等被湿式氧化形成硫氰酸盐、元素硫等，催化剂则在空气氧化过程中再生。最终，HCN 以硫氰酸盐、H_2S 以元素硫形式被除去。

D　炼焦炉烟尘净化技术

采用有效的转换连接、烟尘捕集、调速风机布袋除尘器等设施，将炼焦炉生产的装煤、出焦过程中产生的烟尘得到有效净化。

E　焦炉煤气再资源化技术

传统的焦炉煤气主要作用作为加热燃料供钢铁工业设备使用。钢铁联合企业煤气再资源化技术包括焦炉煤气生产直接还原铁（DRI）、富余煤气发电、焦炉煤气生产甲醇、二甲醚等化工产品、焦炉煤气变压吸附制氢气（PSA）等。

2.3.2.3　炼铁工序

A　高炉富氧喷煤技术（PCI）

PCI技术通过在高炉冶炼过程中喷入大量的煤粉并结合适量的富氧，达到提高产量、节能降焦、减少污染和降低生产成本的目的。目前，该技术的正常喷煤量为 200 kg/t-Fe，最大能力可达 250 kg/t-Fe 以上。

B　干式高炉炉顶余压发电技术（TRT）

TRT技术结合干式除尘煤气清洗技术，将高炉副产煤气的热能、压力能转换为电能，既净化了煤气，又回收了减压阀组释放的能量，高炉炉顶压力的控制品质大大改善，由高压阀组控制炉顶压力而产生的超高噪声污染有效降低，不产生二次污染，发电成本低，一般可回收高炉鼓风机所需能量的25%～30%。干式TRT比湿式TRT可提高发电量约30%，节能效果较为突出。

C　热风炉双预热技术

该技术是将热风炉烟道废气和放散的高炉煤气在燃烧炉中燃烧产生的高温废气混合，混合烟气将助燃空气和煤气预热至300℃以上，从而实现高炉1200℃风温。

D　高炉喷吹富氢气体燃料技术

天然气富含甲烷和氢，高炉喷吹以后甲烷在高温条件下经过裂解变成 H_2 和 CO，可以提高炉腹煤气中 H_2 和 CO 体积百分数，提高高炉煤气还原势。在高风温（1200～1250℃）的基础上，匹配富氧鼓风，通过提高富氧率，可以保持合理的风口理论燃烧温度、降低炉腹煤气量，进而促进间接还原、降低碳素燃料消耗，在现有基础上进一步降低 CO_2 排放。因此，常规高炉喷吹富氢/含氢气基燃料（还原剂）是长流程钢铁工艺开展氢冶金的有效途径之一。

2.3.2.4　炼钢工序

A　氢能烧嘴

氢氧集束射流氧枪所采用的燃烧介质完全不涉及碳元素，利用的是清洁能源——氢能，因此，在氢氧集束射流氧枪熔化废钢过程中无 CO_2 排放。氢氧集束射流助熔的目的同样是加快电弧炉炼钢冶炼节奏、降低生产成本。研究表明，由于氢氧集束射流采用的氢气燃烧是无碳化学能的来源，相比传统使用甲烷和乙烷的集束射流比，氢气点火能量低，火焰稳定性好，可燃流速高，满足炼钢生产提速及冷区热量补充的要求。

B　无碳发泡剂

使用新型无碳或生物质发泡剂可以在渣中形成大量弥散微小气泡，且具有良好稳定性，不仅满足钢液脱磷的需要，而且发泡剂中不包含碳单质，如炭粉、焦炭等。目前研究了无碳发泡的替代品主要有生物质粉剂、盐或通过气体喷吹的方式发泡。生物质粉剂主要由各种生物质资源制成，包括植物、微生物等，以及植物、微生物为食物的动物和产生的废物。此外，CO_2 也可作为发泡气体，由于采用循环使用方法参与到了 CO_2 大循环中，该过程不涉及碳排放。

C　炼钢熔池中喷吹 CO_2 的脱氮技术

采用 CO_2-Ar 动态混合喷吹的底吹供气模式，可实现电弧炉冶炼钢液氮含量的稳定控制。在工业应用中，全废钢电炉冶炼时终点氮质量分数由 0.0058% 降低至 0.0043%，低氮钢铁产品的质量明显提升。通过改变传统渣—钢界面反应脱磷方式，利用熔态渣粒直接反应快速深脱磷，解决了快速深脱磷的关键技术难题。

D　钢渣热闷自解处理技术

该技术充分利用钢渣余热，生成蒸汽消解 f-MgO、f-CaO，使其稳定。钢渣中废钢回收率高，而尾渣金属含量小于 1%，基本无污水排放和粉尘。钢渣粉比表面积在 420 m^2/kg 以上，技术指标达到《用于水泥和混凝土钢渣粉》（GB/T 20491—2006）的标准。

E　转炉含磷钢渣回收有价金属

去除钢液中的杂质时产生的含有大量铁、钙、硅等氧化物和磷资源的副产品转炉含磷钢渣，转炉高磷钢渣（P_2O_5 质量分数 >4.0%）经酸浸或改质处理后用于磷化工的工业生产原料。在钢渣循环利用过程产生的部分尾渣（含有大量的硅钙氧化物）经过安定化处理后用于建筑原料。而且尾渣的碱度相对较高，适合作为土壤改良和 CO_2 捕集的原料。

F　转炉煤气净化回收技术

该技术主要有两种实现途径。（1）转炉烟气经冷却烟道、移动裙罩、蒸发冷却器降温和初除尘，进入电除尘器净化，净化后进入切换站切换至煤气冷却器或焚烧放散塔，经煤气冷却器冷却后进入煤气柜。处理后粉尘浓度小于 10 mg/m^3（标态），每吨钢可回收 20 kg 含全铁 70% 的干灰尘，回收 CO 含量为 60% 的转炉煤气约 100 m^3 且无二次污染。（2）转炉烟气经汽化烟道、冷却塔冷却并除去大颗粒灰尘，经过除尘器净化后经过煤气引风机，合格煤气被输送到气柜，其余达标点火放散。与传统湿法工艺相比，本技术可节水 30%，节能 20% ~25%，运行维护工作量小，投资仅为同类进口设备的 20% ~30%。粉尘排放量小于 50 mg/m³，除尘效率大于 99.95%。

2.3.2.5　轧钢工序

A　连铸坯直轧技术

连铸坯直轧技术分连铸坯直接热轧（简称 CC-HDR）和连铸坯直接轧制（简称 CC-DR），前者是钢坯不经过加热炉，仅经电磁感应装置补热，然后直接送入轧机进行轧制；后者是钢坯既不需要加热，也不需要补热，直接送入轧机进行轧制。连铸直轧技术的核心就是将高温铸坯快速输送到轧机进行轧制，尽可能地减少中间环节的热损失。需要保证连铸坯切割后要有足够高的温度和尽可能减少输送过程温降。这是实施连铸直轧工艺的前提条件。连铸坯直轧技术省去了加热炉，没有了加热炉燃料消耗，实现了节能减排，避免了铸坯因在加热炉长时间停留造成的烧损，提高了钢材成材率。

B　轧钢氧化铁皮生产还原铁粉技术

该技术是采用隧道窑固体碳还原法生产还原铁粉，主要工序有还原、破碎、筛分、磁选。铁皮中的 C 则气化成 CO，氧化铁在高温下逐步被碳还原。提高铁粉的总铁含量可通过二次精还原，降低 C、O、S 的含量，消除海绵铁粉碎时所产生的加工硬化并改善铁粉的工艺性能。

综上所述，钢铁企业未来清洁生产发展方向包括：

（1）冶炼装置改进。及时更换掉传统落后的装置并投入环保、新型可持续发展装置以降低污染，金属冶炼装备大型环保化不仅提高冶炼效率，而且最大限度降低污染气体的排放。

（2）热量循环利用。国内部分企业针对余热回收已经取得了初步性成效，并且在不断的实践过程中获得了丰富的经验，如烟气部分的热量实现铁矿石预热处理，包括充分进行燃烧后的烟气热量方面的回收以及炉渣余热回收，是企业实现节能降耗的关键组成部分。

（3）废气和固体废物的可持续发展。在金属冶炼过程中会产生大量的固体废物和废气，随着高炉炼铁工艺的创新，固体废物得到了二次应用，废气也实现循环应用，已经逐渐形成了成熟的工艺，不但可以提升能源的利用率，而且在很大程度上减少了垃圾的排放，对可持续发展目标意义重大。

（4）能源替代。由于煤炭在使用过程中的使用效率和能源转化效率明显低于天然气和燃料油，因此，煤炭的能耗更高。我国钢铁企业中煤炭能耗比重高达 63%，远高于世界其他先进产钢国家（煤炭结构比重 40% ~50%），因此，我国钢铁工业中光煤炭一项比发达工业国家的吨钢能耗高出 15 ~20 kg 标准煤/吨。此外，国内优质冶金焦价格高且资源短缺（占铁水成本的 20% ~30%），急需探索合适的焦炭替代品以实现国家低碳化发展要求。

2.4　钢铁行业的碳达峰与碳中和

2.4.1　碳达峰、碳中和基本概念及其影响

气候变化是人类面临的全球性问题，随着二氧化碳排放，温室气体猛增，对生命系统

形成威胁。在这一背景下，世界各国以全球协约的方式减排温室气体，我国由此提出碳达峰和碳中和目标。

碳达峰指在某一个时点，二氧化碳的排放不再增长达到峰值，之后逐步回落。碳中和指企业、团体或个人测算在一定时间内直接或间接产生的温室气体排放总量，通过植树造林、节能减排等形式，以抵消自身产生的二氧化碳排放量，实现二氧化碳"零排放"。

碳达峰、碳中和目标的提出，对"十四五"时期乃至本世纪中叶应对气候变化工作、绿色低碳发展和生态文明建设提出了更高的要求，有利于促进经济结构、能源结构和产业结构转型升级，推动生态环境保护和生态环境质量持续改善。

2.4.1.1 大力调整能源结构，着力提升能源利用效率

碳达峰、碳中和"3060"目标的提出，为构建清洁低碳、高效的能源体系提出了明确时间表。在保障能源安全前提下，能源系统的清洁转型是实现碳达峰、碳中和的根本途径。一方面要加快清洁能源的开发利用，制定更加积极的新能源发展目标；另一方面要完善能源消费双控制度，严格控制能耗强度，合理控制能源消费总量，建立健全用能预算等管理制度，推动能源资源高效配置和利用，深入推进工业、建筑、交通、公共机构等重点领域节能，着力提升新基建能效水平。

2.4.1.2 加快推动产业结构调整，加速绿色低碳技术研发推广

能源结构的调整，必然带来产业结构的调整。首先，要加快推动产业结构调整。要大力淘汰落后产能、化解过剩产能、优化存量产能，严格控制高耗能行业新增产能，加强能效管理，加快冶金、石化等传统高耗能行业用能转型。要加快推动现代服务业、高新技术产业和先进制造业发展，形成节约资源和保护环境的产业结构和生产方式。其次，要坚持政府和市场两手发力，强化科技创新是实现产业结构调整和碳达峰、碳中和"3060"目标的关键。一方面政府要推动绿色低碳技术实现重大突破，抓紧部署低碳前沿技术研究，建立完善绿色低碳技术评估、交易体系和科技创新服务平台。另一方面要坚持以市场为导向，更大力度推进节能低碳技术研发推广应用，加快推进规模化储能、氢能、碳捕集利用封存等技术发展，推动数字化信息化技术在节能清洁领域的创新融合。

2.4.1.3 加速建设全国统一的碳市场，进一步完善碳金融体系

通过碳市场控制碳排放总量是实现碳达峰、碳中和"3060"目标的重要路径。2021年2月1日起，《碳排放权交易管理办法（试行）》正式施行，标志着全国碳市场的建设和发展进入了新阶段，分工明确、协同推进的碳市场建设工作机制正在加速推进。生态环境部门重点负责"一级市场配额管理"，服务碳排放的总量控制，做好配额总量的核发、初始分配、清缴、超排惩罚等全流程管理。金融监管部门重点负责"二级市场交易管理"，参照现行金融基础设施业务规则，指导交易所制定碳市场交易规则，明确碳排放权在内的环境权益的法律属性，鼓励金融机构参与，进一步完善碳市场在价格发现、资产配置、风险管理和引导资金等方面的功能，做好金融监管。

2.4.1.4 努力增加生态碳汇，倡导绿色低碳生活

大气中二氧化碳浓度是人为化石燃料排放与陆地、海洋生态系统吸收两者平衡的结果。提升生态系统碳汇能力，吸收更多二氧化碳的固碳对"中和"碳排放贡献巨大。一方面要强化顶层设计，通过国土空间规划和用途管控，加快森林城市、森林小镇、森林乡

村建设，织密织牢森林绿色网络和水系生态网络，持续开展大规模造林绿化和生态修复，推动生态旅游、森林康养、林下经济等新兴业态的融合发展，有效发挥森林、草原、湿地、海洋、土壤、冻土的固碳作用，提升生态系统碳汇增量。另一方面要倡导绿色低碳生活，鼓励绿色出行，反对奢侈浪费，通过宣传教育，提升全社会应对气候变化意识，让绿色低碳生活方式成为人民群众的广泛共识和自觉行动。

2.4.2 钢铁行业碳排放现状和问题

作为能源消耗高密集型行业，钢铁行业是制造业中碳排放量最大的，占全国碳排放总量15%左右。近年来，尽管钢铁行业在节能减排上付出很大努力，碳排放强度逐年下降，但由于体量大和工艺流程的特殊性，碳排放总量控制压力仍十分巨大。

2.4.2.1 钢铁行业碳排放现状

中国钢铁行业已经成为世界钢铁的中心，钢铁工业节能减排方面取得了巨大进步，"十三五"期间，吨钢综合能耗（折标准煤）由 572 kg 下降到 546 kg，下降率4.54%，超额完成了既定的节能目标；烧结、炼铁、转炉冶炼、电炉冶炼工序能耗指标分别下降了2.67%、1.38%、28.62%、12.39%。2020 年重点大中型钢铁企业烧结工序能耗企业能耗基准值达标率为98.8%，炼铁工序能耗基准值达标率为100%，转炉工序能耗基准值达标率为80.0%，焦化工序能耗基准值达标率为100%，吨钢转炉煤气回收量平均值达到117 m^3，企业平均自发电比例超50%。钢铁行业节能工作为全国及工业行业节能工作进步奠定了基础。

2.4.2.2 钢铁行业碳排放存在的问题

（1）钢铁行业能源消费和碳达峰总量压力巨大。钢铁行业能源消费总量5.75亿吨标准煤约占全国11.6%，碳排放量贡献全球钢铁碳排总量的60%以上。"十四五"期间，我国粗钢产量总体仍将处于高位，面临的能源消耗总量压力依然巨大，尤其是碳排放、碳达峰压力巨大。

（2）钢铁行业平均能耗指标仍有下降空间。我国钢铁生产工艺以长流程为主，电弧炉短流程炼钢工艺生产的粗钢产量仅占总产量10%左右，以废钢为原料的电弧炉短流程，能耗为长流程的1/3。虽然钢铁行业在各生产工序节能取得了巨大成绩，但与国外在工艺流程上的差距将使得钢铁行业平均能耗指标仍有下降空间，工序能耗中，炼铁和炼钢工序达到钢铁行业能效标杆水平的产能比例还有很大提升空间。

（3）节能降碳管理水平亟待提高。我国节能技术和装备水平已处于国际先进行列，但能源管理水平与先进国家相比，差距仍然较大。多数冶金企业未形成完整的能源管理体系，尤其自动化、信息化能源管控水平仍然有待大幅提高。

（4）节能技术创新能力不足。常规节能措施如干熄焦、高炉炉顶压差发电、烧结余热发电、高参数煤气发电等技术逐渐普及，但节能新技术的自主研发和创新进度慢，钢铁渣余热利用、中低温余热利用、低碳冶金等节能技术与国外先进国家相比还存在差距。

2.4.3 钢铁行业碳达峰的路径

2.4.3.1 钢铁行业二氧化碳减排的路径

从我国钢铁行业流程结构来看，高炉—转炉长流程占主导，目前仍然是以煤炭消费为主。未来要实现国家碳达峰、碳中和承诺,我国钢铁工业将面临着巨大的压力,必须走低碳发展之路。节能、控煤、减碳、循环是实现绿色高质量发展的重要标志(表 2-11)。

表 2-11 钢铁行业低碳发展主要方向、路径与代表性技术措施

方 向	路 径	代表性技术措施
结构优化	原料结构	增加废钢等铁素资源高效回收利用量
	能源结构	清洁能源与生物质能源替代;富 H_2 燃料利用
	工艺结构	逐步优化长短流程比例;逐步增加球团比例
能效提升	界面技术	更高效衔接匹配的界面技术的升级应用
	副产煤气等二次能源	提高各类钢铁二次能源利用提升改造
	高效电能转换	高效电机及电气化改造升级
低碳突破性创新	氢冶金等低碳技术 非高炉冶炼技术	基于煤气分离循环利用低碳高炉关键技术; 氢在钢铁冶炼流程高效利用的关键技术
多产业低碳合作	与建材建筑化工机械农业社会协同减碳	公转铁、清洁燃料运输技术 低温余热余能利用技术
智能制造赋能低碳	5G 智能制造管控优化	智能制造技术、智慧物流仓储
绿色低碳钢材消费	研发应用推广低碳高性能钢材	用钢高效化轻量化减量化技术

2.4.3.2 钢铁行业二氧化碳减排的关键技术体系

钢铁行业应通过清洁能源与二次能源协同利用实现余能高效回收利用;通过废钢与清洁炉料高效资源利用实现含铁资源高效循环利用;在钢铁生产制造过程中进一步减少新水的使用,使各工序空气输入量减量化,从而实现钢铁绿色制造过程中的低消耗。通过更高效衔接匹配的界面技术的升级应用使工艺更趋于紧凑化、高效化,推进智能制造是实现钢铁质量变革、效率变革、动力变革的基础保障,是实现钢铁低碳升级的突破口,将智能化融入钢铁制造和运营决策过程中,做到"精准、高效、优质、低耗、安全、环保"。

高强钢筋、高强度高性能汽车板、建筑用复合型抗震耐火钢、免涂装耐厚桥梁钢、免涂装结构钢、耐磨长寿工程机械用钢等系列高性能绿色钢材,可满足资源节约、环境友好要求,促进用钢减量化、轻量化。绿色钢材的研发生产应用是提升钢铁材料供给质量水平的重要举措,相关产业链的产品及装备水平提高,产品轻量化和使用寿命的延长,对全社会低碳减排会产生比较大的贡献。

推进低碳工作不是孤立的,低碳与节能环保循环经济等密切关联,碳排放大多与大气超低排放污染物排放同根同源,应加强协同钢铁绿色低碳生产和污染治理,挖掘系统性和结构性减排空间,通过钢材产品高质化、低碳化,物流清洁化、便捷化,系统性减少能源消耗和二氧化碳、大气污染物的排放。在区域间和流域层面,借助区域交通运输结构优化,优化物流结构,结构性减少大宗货物长途运输中的二氧化碳和大气污染物排放总量,并积极推动厂内外运输车辆的绿色化升级,提升新能源车辆占比,逐步实现运输环节的低碳化发展。

2.4.3.3　加快 CO_2 捕集利用和封存技术（CCS/CCUS）开发及示范

二氧化碳捕集与封存技术（carbon capture and storage，CCS），是指通过碳捕捉技术，将工业和有关能源产业所生产的二氧化碳分离出来，并通过储存手段将其储存起来。二氧化碳捕集、利用与封存技术（carbon capture，utilization and storage，CCUS），是 CCS 技术的新发展趋势，即把生产过程中排放的 CO_2 进行提纯，继而投入新的生产过程中循环再利用，而不是简单地封存。CCUS 与 CCS 技术相比，可以将 CO_2 资源化，能产生经济效益，更具有现实操作性。

近年来在生态环境部、科技部、发改委等部门的共同推动下，CCUS 相关政策逐步完善，科研技术能力和水平日益提升，试点示范项目规模不断壮大，整体竞争力进一步增强，已呈现出良好的发展势头。但我国面向碳中和的绿色低碳技术体系需要建立和完善，重大战略技术发展应用尚存缺口，现有减排技术体系与碳中和愿景的实际需求之间还存在差距。我国 CCUS 技术整体处于工业示范阶段，CCUS 技术的成本是影响其大规模应用的重要因素，随着技术的发展，我国 CCUS 技术成本未来有较大下降空间。

从实现碳中和目标的减排需求来看，依照现有的技术发展预测：到 2050 年，需要通过 CCUS 技术实现的减排量为 6 亿~14 亿吨；到 2060 年，需要通过 CCUS 技术实现的减排量为 10 亿~18 亿吨 CO_2。CCUS 技术将成为我国实现碳中和目标不可或缺的关键性技术之一，需要根据新的形势对 CCUS 的战略定位进行重新思考和评估，并在此基础上加快推进、超前部署。

2.4.3.4　大力促进 CO_2 资源化利用技术的研究开发

CO_2 资源化利用是一种可行的减排思路，但必须找到正确途径并克服诸多挑战。从产业链来看，CO_2 利用是 CCU/CCUS 技术创新突破的难点。尽管 CO_2 很常见，但其不易活化的化学性质、复杂的反应路径和较低的产品选择性使其转化利用困难。例如，将突破高温高压环境瓶颈、寻找合适的催化剂作为碳回收利用技术的研究重点之一。

从 CO_2 减排的角度来看，中国科学院院士包信和曾指出，有效的 CO_2 利用途径必须满足两个条件，一是保证持续的可再生能源供给，二是能从非碳资源获得氢气。"转化利用途径主要包括热催化、电催化及光化学过程。目前来看，前两者比较有希望，能够通过 CO_2 加氢反应得到我们需要的产品。而在此过程中，绿氢才是真正实现减排的关键。"

当前 CO_2 利用市场存在着利用率低、成本高等问题，CCU/CCUS 的能耗和成本主要集中在捕集环节，占总成本的 70%~80%。尤其是对于钢铁厂、燃煤电厂、水泥厂等低浓度源，捕集成本仍然偏高。未来碳利用成本的下降主要依赖技术创新和规模效应。由于捕集和转化过程中的能耗是成本的主要构成，未来能否获得清洁廉价的能源也是决定技术成本能否大幅下降的关键。

除了持续致力于降低碳捕集成本，进行低能耗、高附加值的 CO_2 资源化利用是 CCU/CCUS 技术商业化的必然选择。通过优化开发高附加值碳利用技术及创新拓展应用场景，实现碳价值增值，使该技术更具市场竞争力。

2.4.3.5　加快新能源体系建设

钢铁行业要加快提升企业余热余能自发电率，积极推广应用先进适用、成熟可靠的技术，促进高能效转化工艺、装备、管理技术开发及应用；鼓励钢铁企业及以钢铁为核心的工业园区建设智慧绿色微电网。推进能源管控系统优化，通过精益化管理节能降碳。

以绿色低碳产品构建更高水平的供需动态平衡，以创新驱动持续提升有效供给水平，以清洁能源和绿色原料构建或优化流程结构，以清洁能源和绿色原料构建或优化流程结构，以循环经济理念打造新型产业链，大力发展具有轻量化、长寿命、耐腐蚀、耐磨、耐候等特点的绿色低碳产品，努力提高新能源和可再生能源的使用占比。

此外，随着工业化进程推进，废钢资源逐步积聚，发展电炉炼钢短流程是必然趋势。根据《中国钢铁工业节能低碳发展报告（2020）》显示，我国电炉钢占比和欧美、日韩等传统钢铁强国相比，比例严重偏低，造成我国平均吨钢综合能耗指标和国外平均吨钢综合能耗指标相比，在结构用能上差距较大。

2020 年和 2015 年相比，钢铁行业平均吨钢综合能耗同比下降 3.5%，超额完成"十三五"既定目标。2020 年和 2010 年相比，钢铁行业平均吨钢综合能耗同比下降 8.8%。在 2030 年碳排放达峰前提下，必然倒逼钢铁行业能源加快转型，进一步提高新能源使用比例，提高电炉钢占比，加强氢冶金等低碳冶金革命性工艺变革。

2.4.3.6　加快智能化能源管理系统建设

我国大部分钢铁企业的能耗水平与国际先进企业存在差距，提高能源利用效率，降低综合能耗是企业降低成本的重要途径之一，也是企业可持续发展的重要手段。随着钢铁企业对能源管理重视程度的增加，能源生产和管理已经逐渐从"配角"向"主角"转变，提高能源使用效率、提升全局优化意识已经成为钢铁企业能源管理的主要需求，原有的能源管理系统已不能从本质上支撑这一要求。随着国家智能制造、两化融合、工业互联网深入推广，钢铁企业已经逐步进入数字化、网络化、智能化时代，新一代信息技术的有效应用可以为企业节能降耗、提产增效提供有力支撑，最终为企业提升产品质量和竞争力保驾护航。

能源生产和管理并不是孤立的，能源智能管控系统在能源业务上，将设备、控制系统、信息系统和智能系统进行纵向集成；横向上将能源各个专业，如燃气、供电、发电、给水、制氧等进行融合，通过智能化的能源流分析、预测和多介质耦合优化，实现能源介质之间系统性的平衡优化；从企业纵深角度，通过系统间的协同生产计划、设备检修、调度、财务等各类数据，实现能源在整个公司范围内的价值最优化；从而建立一套完整的、基于能源价值和钢铁产品价值综合优化的能源管控体系。系统应用不但让原有的操作人员远离现场的危险环境，而且可以大幅降低人员成本、提高生产管控效率、提高人员劳动效率，为能源集约化生产以及能源管控降本增效发挥重大作用。

2.4.3.7　钢铁企业低碳化措施

2016 年 11 月《巴黎协定》生效，2020 年中国向全世界宣布"努力争取 2030 年左右达到 CO_2 排放峰值、2060 年前实现碳中和"。2021 年 7 月 30 日中央政治局"当前经济形势和经济工作"会议要求做好碳达峰、碳中和工作，碳排放大户的钢铁工业面临严峻挑战。近年来，部分钢铁企业吨钢综合消耗降低且能源利用效率已达到世界先进水平，但目前仍以高炉-转炉长流程生产和煤炭作主能源，因此，推广节能设备、改变产品结构、降低煤炭消耗对钢铁企业未来发展尤为重要。低碳化成为当前全世界炼铁工业面临的重要挑战，对此国内外钢铁企业开展了不同的措施。低碳转型是推动钢铁工业碳达峰目标进程和企业高质量发展的重要引擎，减碳实施路径主要包括以下工作内容。

A　开展碳排放管理和实施工作

钢铁企业应建立碳排放专业管理团队，提高企业对碳减排、碳达峰工作的认知；制定碳排放计算标准并建立数据库，掌握市场碳交易情况并积极配合碳核查工作，持续挖掘碳减排潜力。钢铁企业内部应加速企业结构转型和落后产能淘汰进度，严格执行新版《钢铁行业产能置换实施办法》和《关于钢铁冶炼项目备案管理的意见》的相关要求，实现余热回收或排放物资源综合利用，开展资源整合和重组，产品高附加值发展、从源头控制企业碳排放量。立足于企业的自身情况，谋划和布局低碳化减排措施，制定企业碳达峰行动方案和路线图，加强企业间交流并及时吸取国内外的经验，持续发展并修正企业低碳化进程。

B　加快流程结构调整

目前钢铁企业生产以长流程为主，调整生产工艺流程结构，可采用非高炉炼铁、球团替代烧结、电弧炉短流程炼钢等降碳工艺。企业可提高球团矿入炉比例和非高炉炼铁的工艺研发。有效利用废钢资源，促进电弧炉发展和提高转炉钢铁比。表 2-12 为典型的几种国内外钢铁企业工艺低碳化措施。

表 2-12　国内外低碳化措施

	企业	低碳措施
国内	河钢集团	建立碳资产管理体系，开展碳排放配额及国家核证自愿减排量（CCER）交易，实现焦炉煤气制取 LNG、氢能重载汽车和加氢站投入使用，并正在建设焦炉煤气自重整生产 DRI 的氢冶金示范工厂
	中国宝钢	开展核能制氢 + 氢气制铁制钢研发，成立了世界低碳冶金创新研究中心、中国宝武低碳冶金创新基金、宝武清能新能源利用公司
	日照钢铁	与中国钢研合作，利用化工行业富余氢气开展全氢冶金新工艺研究
	酒钢	提出建设氢冶金研究院的设想，前期在回转窑回收固废的工艺中使用高含氢煤种
	山西建龙	提出氢冶金熔融还原产业布局
国外	欧盟	提出 ULCOS 计划，吨钢 CO$_2$ 减排 50%，欧洲钢铁工业到 2030 年碳排放水平较 1990 年减少 30%，到 2050 年减少 80%～95%
	荷兰	开发了基于 HIsmelt 的 HIsarna 熔融还原技术，可以使钢铁生产至少降低 20% 的 CO$_2$ 排放
	德国	利用富氢焦炉煤气进行高炉喷吹，用氢作为还原剂取代部分碳
	奥钢联	开展氢气替代焦炭冶炼技术研究
	瑞典	提出 HYBRIT 计划，用氢替代炼焦煤和焦炭的突破性炼铁技术
	日本	COURSE50 项目，包括降低高炉煤气 CO$_2$ 排放的 CCUS 和高炉煤气循环和"铁焦"项目；还将推动核电、可再生能源发电、无碳制氢技术等基础研究
	韩国	COOLSTAR 项目，开展"高炉二氧化碳减排混合炼铁技术"和"替代型铁原料电炉炼钢技术"研究，该项目包括高炉喷吹富氢燃料、富氢气 DRI、核能制氢 DRI 等

C　提高能源利用效率

钢铁企业低碳排放的同时也重视源头减碳，积极开发推广能源梯级利用来提高能源利用效率，可调整能源结构，加大可再生能源技术的使用。研发替代能源或原料，提高燃料利用率和化石能源使用效率，实现钢铁企业生产的节能和燃料替代率的提高，从而降低碳排放。比如富氢燃料、生物质类燃料、低硫低灰兰炭等。

D　研发推广低碳工艺技术

在钢铁企业低碳化发展并改造产业结构的同时，也要以"减污降碳协同增效"为抓手，进一步开展 CCUS（碳捕集、利用和封存）等碳汇技术开发。可借鉴其他行业在碳捕集和利用方面的经验，加快钢铁工业该领域的研发进程，结合"产、学、政"的合作。优化生产工艺，积极开展绿色低碳发展示范，实行低碳技术试点示范或低碳园区创建，及时推广低碳技术应用，高效利用企业二次能源及资源，与其他行业协同推动循环经济发展并实现碳中和。

2.4.4　钢铁行业碳中和方向

钢铁产业实现碳达峰以后，还需要进一步快速降低碳排放量，进入"碳下坡"阶段，直至趋于碳中和。钢铁行业碳中和的关键主要有：

（1）继续落实总量控制和结构调整。

（2）发展长短流程结合，实现流程结构与产业布局的调整。进一步加大废钢资源回收利用，有序引导电炉流程发展，健全电炉钢发展保障支撑体系。

（3）推广节能技术，提升系统能效。由于钢铁产业 CO_2 排放主要是由能源消耗产生的，因此，采用先进的节能技术及装备，降低能源消耗，提高能源利用率，是降低 CO_2 排放的主要途径。如进一步优化原燃料结构，降低燃料比、铁钢比；结合各厂提高球团矿使用比例；提高余热余能自发电率；推进能源管控系统优化，提高系统能效；采用成熟的先进节能减碳的技术；加快数字化、信息化技术推广应用，实现数字化、网络化、智能化赋能绿色化；加快发展非化石能源，提高新能源和可再生能源的利用率。

（4）加强具有自主知识产权低碳技术的完善和开发。首先应加强行业内较成熟低碳技术的推广应用和工程示范，建立低碳技术示范基地，包括：单体节能减排技术，工序间的衔接匹配的界面技术，全流程的动态有序、协同优化技术等。在技术稳定可靠、经济可行前提条件下，对低碳示范项目进行技术评估，制定相应的技术标准或规范，加快低碳冶炼技术的推广应用。

（5）发展区域性的循环经济，形成工业生态链（冶金渣、废塑料、副产煤气资源化利用等），实现区域资源能源节约和回收利用、降低 CO_2 环境负荷。

（6）开发高品质生态钢材产品，降低用钢强度。增加对高强高韧、耐蚀耐磨、耐疲劳、长寿命等钢材的使用量；在满足用钢产品使用要求基础上，实现结构轻量化设计、轻量化材料、轻量化制造技术集成应用；提高钢材成材率，优化钢材回收利用系统。

（7）加强碳排放管理，关注国家碳排放权平台的交易与碳税。

（8）发展与各行业合作关系，增加生态碳汇的开发，研究在不同情景下减碳效益及实现可能性，为实现碳中和提供方向。

参 考 文 献

［1］世界球团行业发展报告［R］. 2022.

［2］殷瑞钰. 冶金流程工程学［M］. 北京：冶金工业出版社，2009.

［3］何坤，王立. 中国钢铁工业生产能耗的发展与现状［J］. 中国冶金，2021，31（9）：26-35.

[4] Recycling International Group. World steel association. steel statistical yearbooks [DB/OL]. 2020-03-20 [2021-05-31].

[5] 王维兴. 2017年中钢协会员单位能源消耗评述 [J]. 冶金管理, 2018 (6): 54-58.

[6] 张寿荣. 中国炼铁企业的前景 [J]. 中国冶金, 2016, 26 (10): 7.

[7] 殷瑞钰, 王晓齐, 李世俊. 中国钢铁工业的崛起与技术进步 [M]. 北京: 冶金工业出版社, 2004.

[8] 李新创. 新时代钢铁工业高质量发展之路 [J]. 钢铁, 2019, 54 (1): 1.

[9] 仇晓磊, 孟庆玉, 洪新. 钢铁生产长流程工序能耗数学模型研究 [J]. 冶金能源, 2007, 26 (3): 3-6.

[10] 黄亚蕾. 传统冶金工艺分析及发展现状 [J]. 世界金属, 2021 (23): 1-3.

[11] 柳克勋, 王林森. 长流程钢铁企业发展循环经济的模式 [J]. 再生资源与循环经济, 2009, 2 (7): 3-9.

[12] 谢运强, 张中, 莫龙桂, 等. 铁矿粉烧结基础性能与转鼓指数关系研究 [J]. 烧结球团, 2017, 42 (6): 34-38.

[13] 李超, 于海岐, 尹宏军, 等. 260t转炉负能炼钢生产实践 [J]. 鞍钢技术, 2021, 2: 47-50.

[14] 王新江. 中国电炉炼钢的技术进步 [J]. 钢铁, 2019, 54 (8): 1-8.

[15] 张华伟, 何晓明. 热轧超薄带钢生产装备技术现状与分析 [J]. 宝钢技术, 2020, 4: 1-7.

[16] 王涛. 钢铁企业原料场综合抑尘技术的革命 [C]. 2012中国（唐山）绿色钢铁高峰论坛暨冶金设备、节能减排技术推介会论文集. 唐山, 2012: 258-261.

[17] 印子林, 窦君, 马居安. 钢铁冶金粉尘处置技术 [J]. 中国金属通报, 2020 (1): 102-104.

[18] 谢学荣, 鲁健, 汪磐石. 宝钢污泥粉尘资源综合利用技术 [J]. 宝钢技术, 2019, 3: 7-10.

[19] 李淑清. 钢铁冶金粉尘的特点及处置技术分析 [J]. 中国金属通报, 2019 (8): 30-32.

[20] 金晖. 我国钢铁原料准备技术进步与展望: [J]. 冶金经济与管理, 2010 (1): 15-20.

[21] 刘诗诚, 岳昌盛, 吴龙, 等. 钢铁冶金粉尘的特点及处置技术分析 [J]. 工业安全与环保, 2018, 44 (12): 67-70.

[22] 王艳军. 烧结球团烟气综合治理技术的应用 [J]. 山东工业技术, 2016 (18): 229.

[23] 李瑞军, 赵亮. 包钢高炉出铁场烟尘的治理 [J]. 北方环境, 2010, 22 (6): 72-73.

[24] 张惠儒, 赵玮. 钢渣在包钢炼铁厂烧结机脱硫系统的应用研究 [J]. 包钢科技, 2019, 45 (2): 76-79.

[25] 裴翠红. 包钢炼铁厂氟污染及其治理现状 [J]. 包钢科技, 2002, 28 (3): 64-83.

[26] 项钟庸, 王筱留, 顾向涛. 再论落实高炉低碳炼铁生产方针 [J]. 中国冶金, 2021, 31 (9): 9-14.

[27] 崔晓冬, 曹树志, 范兰涛. 超低排放背景下炼铁清洁生产新技术研究 [J]. 第五届全国冶金渣固废回收及资源综合利用、节能减排高峰论坛论文集河北省金属学会会议论文集, 2023.

[28] 杨绪平. 高炉异常炉况诊断专家系统 [D]. 武汉: 武汉科技大学, 2011.

[29] 张俊杰. 炼铁工业节能减排技术 [J]. 科技传播, 2013 (5): 112-114.

[30] 张春霞, 齐渊洪, 严定鎏, 等. 中国炼铁系统的节能与环境保护 [J]. 钢铁, 2006, 41 (11): 1-5.

[31] 张琦, 张薇, 王玉洁, 等. 中国钢铁工业节能减排潜力及能效提升途径 [J]. 钢铁, 2019, 54 (2): 7-14.

[32] 石磊, 陈荣欢, 王如意. 钢铁工业含铁尘泥的资源化利用现状与发展方向 [J]. 中国资源综合利用, 2008, 26 (2): 12-15.

[33] 朱桂林, 张淑苓, 孙树杉, 等. 钢铁渣"零排放"与节能减排 [C]. 华西冶金论坛第25届（北京）会议暨全国冶金节能减排暨工业炉节能技术研讨会——钢铁及炼钢节能减排技术论文集, 北

京，2010：61-67.

[34] 高本恒，郝以党，张淑苓，等．转炉钢渣资源化处理及热闷生产工艺应用实例研究［J］．环境工程，2016，34（11）：99-101.

[35] 张朝晖，廖杰龙，巨建涛，等．钢渣处理工艺与国内外钢渣利用技术［J］．钢铁研究学报，2013，25（7）：1.

[36] 郎勇．转炉炼钢干法一次除尘系统的发展［J］．科技促进发展，2011（2）：170，169.

[37] 郭小兰．连铸浊环水处理设备系统优化［J］．冶金/矿山通用机械，2015，7：56-57.

[38] 王晓明，欧阳丽．钢厂热轧污泥脱水系统的设计与设备选型［J］．中国给水排水，2007，23（22）：57-60.

[39] 庞惠馨．热轧精轧机排烟除尘简介［C］．北京金属学会第五届冶金年会论文集，北京，2008：108-109.

[40] 杨勇．钢铁冶金清洁生产新工艺［J］．中国金属通报，2020（6）：155-156.

[41] 李戬．钢铁企业冷轧生产过程中的环保问题探究［J］．青海环境，2007，17（4）：186-188.

[42] 张传秀，徐杰．冷轧不锈带钢生产中的环境保护问题［J］．上海金属，2004，26（1）：55-58，39.

[43] 施永杰．钢铁行业清洁生产分析［J］．工程技术研究，2020，18：39-40.

[44] 国家发展和改革委员会．国家重点行业清洁生产技术导向目录（第三批）［J］．中国环保产业，2007（1）：4.

[45] 段海洋，王毅．钢铁冶金清洁生产新工艺探索［J］．中国金属通报，2021（6）：25-26.

[46] 张永红，袁熙志，罗冬梅，等．我国钢铁行业节能降耗现状与发展［J］．工业炉，2013（3）：12-16，33.

[47] 王婷婷．轧钢技术的现状和进展发展分析［J］．科技资讯，2021，19（27）：61-65.

[48] 中国工业节能与清洁生产协会．2012中国节能减排发展报告：结构调整促绿色增长［M］．北京：中国经济出版社，2013.

[49] 李新创，李冰．全球温控目标下中国钢铁工业低碳转型路径［J］．钢铁，2019，54（8）：224-231.

[50] 上官方钦，郦秀萍，周继程，等．中国废钢资源发展战略研究［J］．钢铁，2020，56（6）：8-14.

[51] 张晓华，师学峰，赵凯，等．非高炉炼铁工艺流程发展现状及前景展望［J］．矿产综合利用，2020，2：8-15.

[52] 张龙强，陈剑．钢铁工业实现"碳达峰"探讨及减碳建议［J］．中国冶金，2021，31（9）：21-25，52.

[53] 王新东，郝良元．现代炼铁工艺及低碳发展方向分析［J］．中国冶金，2121，31（5）：5-18.

[54] 李峰，储满生，唐珏，等．非高炉炼铁现状及中国钢铁工艺发展方向［J］．河北冶金，2019，286（10）：8-15.

[55] 朱刚，陈鹏，尹媛华．烧结新技术进展及应用［J］．现代工业经济和信息化，2016，6（5）：57-60.

[56] 朱荣，魏光升，张洪金．近零碳排电弧炉炼钢工艺技术研究及展望［J］．钢铁，2022，57（10）：1-9.

[57] 米科峰．小方坯连铸直轧技术［J］．河北冶金，2016，251（11）：42-43.

3 冶金企业废气处理

本章数字资源

随着经济的发展，大气污染程度日益严重，空气质量进一步恶化，大气污染对公众的健康、生态环境和社会经济产生了巨大的威胁与损害。冶金行业是资源、能源密集型产业，冶金企业生产的耗能量，直接决定着企业的实际发展水平。在冶金企业废气控制的过程中，从根本上降低冶金企业废气数量，需要对企业生产中的原料、工艺和废气余热等进行控制，同时，使冶金企业废气排放满足环保指标要求，实现超低排放的目标。

3.1 大气污染的危害

3.1.1 大气污染物对人体的影响

大气污染对人体健康的危害，分为急性中毒、慢性中毒、致癌作用三种。

（1）急性中毒。当大气中的污染物浓度较高时，在某些特殊条件下，如工厂在生产过程中出现泄漏事故，外界气象条件突变，便会引起附近人群的急性中毒。

（2）慢性中毒。大气污染对人体健康的毒害作用，主要表现为污染物质在低浓度时，经过长时间人体吸入后，出现的某一地区患病率升高等现象。在一些大气排放超标的地方，其附近居民的患病率明显增高。

（3）致癌作用。人们长时间生活在大气污染的环境中，虽然致癌过程很复杂，但大气污染作为一个重要诱因起了很大的推动作用。在一些大气污染较为严重的地区肺癌的发病率明显增高。

3.1.2 对动植物产生危害

大气污染使得动物生病或死亡；植物、农作物枯萎、减产或死亡，其中氯气、二氧化硫等对植物危害最大。

3.1.3 形成酸雨

酸雨使得土壤酸化，杀死土壤中的微生物，危害农作物和森林树木的生长；使江河湖泊生物减少，甚至灭绝，淡水养殖业减产等。

3.1.4 破坏高空臭氧层

大气污染导致臭氧空洞，对人类和生物的生存环境产生危害。

3.1.5 对全球气候产生巨大影响

大气污染会致使全球气温增高，灾害天气增多，21世纪以来全球平均气温升高

0.5 ℃，如果温室气体按目前的速度继续增加，到 2030 年，全球的平均气温再提高 2～3 ℃，灾害天气和异常天气将更加频繁。

3.2 冶金废气

冶金工业的快速发展有力地支撑着国民经济建设，与此同时，冶金工业是高能耗重污染行业，其发展不可避免地造成环境污染和废气的排放。

3.2.1 冶金废气的来源及特点

冶炼过程中形成烟尘的原因主要有两类。一种是机械作用，炉料的细微颗粒被流动的烟气带走而形成的烟尘，如在矿石、熔剂的破碎、筛分、粉煤的制备、输送和精矿的干燥、焙烧等过程中产生烟尘。此类烟尘的颗粒较大（粒径大于 10 μm），其成分与原料相近，易于被普通收尘器所收集；第二种是挥发作用，某些金属常以元素或化合物状态挥发逸出，遇冷而形成细微烟尘。挥发物的大量存在，是冶金厂烟尘的最大特点。此类烟尘的颗粒很细能在滤袋收尘器、电收尘器或某些湿式收尘器中收集。

3.2.2 钢铁厂废气来源

炼钢过程就是根据所炼钢种的要求把铁水中的碳元素去除到规定范围，并使其他元素的含量减少或增加到规定范围的过程。在这一过程中除了得到符合要求的钢水外，还要排除大量的废气、粉尘等。

在原料、燃料的运输、装卸及加工等过程产生大量的含尘废气；各种窑炉在生产的过程中将产生大量的含尘及有害气体的废气；生产工艺过程化学反应排放的废气，如冶炼、焦化、化工产品和钢材酸洗过程中产生的废气。钢铁企业废气的排放量非常大，污染面广；冶金窑炉排放的废气温度高，钢铁冶炼过程中排放的多为氧化铁烟尘，其粒度小、吸附力强，加大了废气的治理难度；在高炉出铁、出渣等以及炼钢过程中的一些工序，其烟气的产生排放具有阵发性，且又以无组织排放多。钢铁工业废气具有回收价值，如温度高的废气余热回收，炼焦及炼铁、炼钢过程中产生的煤气的利用，以及含氧化铁粉尘的回收利用。图 3-1 所示为钢铁企业主要废气污染物来源示意图。

3.2.2.1 烧结厂废气的来源

烧结厂固体废物主要是粉尘，烧结生产过程中由于燃料的破碎、烧结机的抽风、成品矿筛分的各种除尘设施所产生的大量粉尘，它产生的主要部位是烧结机机头、机尾，成品整粒、冷却筛分等工序，细度在 5～40 μm，总含铁量为 50% 左右。每生产 1 t 烧结矿，产生 20～40 kg 的粉尘。这种粉尘含有较高的 TFeO、CaO、MgO 等有益成分，和烧结矿成分基本一致。

原料准备系统的尘源多而分散，原料卸车及翻车机为开放性大面积尘源，锤式破碎机及反击式破碎机形成局部粉尘；烧结矿系统的废气量大、温度高、含尘浓度大，由于目前多生产自熔性或高碱度烧结矿，致使粉尘比电阻高。此外，烧结粉尘磨琢性强，废气中含 SO_2、CaO 等，易产生腐蚀与结垢，这都给粉尘治理造成一定困难。

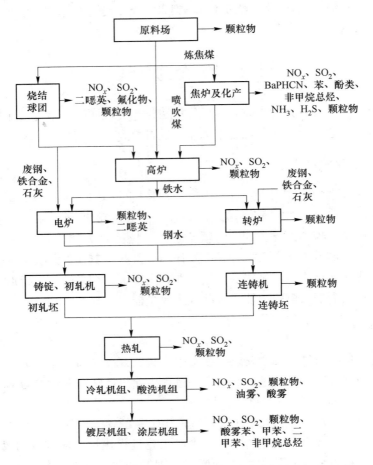

图 3-1　全流程钢铁生产废气污染物示意图

3.2.2.2　焦化厂废气的来源

焦化厂历来是粉尘污染大户，烟尘主要来自备煤、炼焦、化产回收和精制车间，其烟尘污染的主要特点是点多、面广、分散；连续性、阵发性与偶发性并存；烟尘量大，尘源点不固定；污染物种类较多，危害性大；有的含有焦油，粉尘黏度大；有的温度高，且带有明火，如推焦、装煤烟尘，处理难度大。

3.2.2.3　炼铁厂废气的来源

炼铁厂的废气主要来源于以下的工艺环节：高炉原料、燃料及辅助原料的运输、筛分、转运过程中将产生粉尘；在高炉出铁时将产生一些有害废气，该废气主要包括粉尘、一氧化碳、二氧化硫和硫化氢等污染物；高炉煤气的放散等。

3.2.2.4　炼钢厂废气的来源

转炉炼钢厂废气主要来源于冶炼过程，特别是在吹氧冶炼期产生大量的废气。该废气中含尘浓度高，含 CO 等有毒气态物的浓度也很高。

电炉生产时冶炼烟气直接外排，会造成车间内烟尘弥漫，岗位粉尘浓度大，工人操作条件差，而且影响天车工视线。针对电炉烟气来源特点，可采用半封闭罩或大密闭罩集烟集气，然后以袋式除尘器或电除尘器收尘系统加以净化。

3.2.2.5 轧钢厂及金属制品厂废气的来源

轧钢厂生产过程中在以下几个工序产生废气：钢锭和钢坯的加热过程中，炉内燃烧时产生大量废气；红热钢坯轧制过程中，产生大量氧化铁皮、铁屑及水蒸气；冷轧时冷却、润滑轧辊和轧件而产生乳化液废气；钢材酸洗过程中产生的酸雾。

金属制品生产过程中废气来源于以下各个方面：钢丝酸洗过程中产生大量的酸雾和水蒸气，普通金属制品产生硫酸酸雾、盐酸酸雾；钢丝在热处理过程中产生铅烟、铅尘和氧化铅；钢丝热镀锌过程中产生氧化锌废气；钢丝电镀过程中产生酸雾及电镀气体；钢丝和钢绳在涂油过程中产生油烟。

3.2.2.6 铁合金厂废气的来源

铁合金厂废气主要来源于矿热电炉、精炼电炉、焙烧回转窑和多层机械焙烧炉，以及铝金属法熔炼炉。铁合金厂废气的排放量大，含尘浓度高。

3.2.2.7 耐火材料厂废气的来源

耐火材料厂废气主要来源于：各种原料在运输、加工、筛分、混合、干燥和烧成工艺流程中产生的含尘废气；原料煅烧产生的含尘废气；焦油白云石车间和滑板油浸生产过程中的沥青烟气；这些废气的排放量大、温度高、含尘浓度高，粉尘的分散度也高。

3.3 冶金烟气除尘工艺及处理方法

3.3.1 冶金烟尘除尘器

3.3.1.1 除尘器的分类与选择

除尘器的种类很多，按除尘的主要机理，一般可分为四类。

A 机械力除尘器

该类除尘器是利用质量力（重力、惯性力和离心力等）的作用从含尘气流中分离尘粒的装置，主要有重力沉降室、惯性除尘器和旋风除尘器。

B 过滤式除尘器

该类除尘器是使含尘气流通过织物或多孔的填料层进行过滤分离的装置，主要有袋式除尘器、颗粒层除尘器等。

C 电除尘器

该类除尘器主要是利用高压电场使尘粒荷电，在库仑力的作用下使粉尘与气流分离。

D 湿式除尘器

该类除尘器利用液滴或液膜将尘粒从含尘气流中分离出来的装置，可分为冲击式、泡沫塔、文氏管等除尘器。

除尘器的性能指标除了除尘效率、压力损失等主要指标外，还有耐温性、耐蚀性、耗钢量等，在选择除尘器时均应很好地考虑。表3-1为各种除尘器的主要性能及能耗指标。

表 3-1　各种除尘器的主要性能及能耗指标

除尘器种类	除尘效率/%	最小捕捉粒径/μm	压力损耗/Pa	能耗/kJ·m⁻³
重力降尘室	<50	50~100	50~130	
惯性除尘器	50~70	20~50	300~800	
通用旋风除尘器	60~85	20~40	400~800	0.8~1.6
高效（多管）旋风除尘器	80~90	5~10	1000~1500	1.6~4.0
袋式除尘器	95~99	<0.1	800~1500	3.0~4.5
电除尘器	90~98	<0.1	125~200	0.3~1.0
湿式离心除尘器	80~90	2~5	500~1500	0.8~4.5
喷淋塔	70~85	10	25~250	0.8
旋风喷淋塔	80~90	2	500~1500	4.5~6.3
泡沫除尘器	80~95	2	800~3000	1.1~4.5
文氏管除尘器	90~98	<0.1	5000~20000	8~35

3.3.1.2　常用除尘设备

根据烟气、烟尘的特性，选择不同的除尘设备。冶金厂常采用净化烟气的收尘设备按工作原理不同可分为机械除尘、湿式除尘、过滤除尘、电除尘等。

A　机械除尘

机械除尘是利用机械力（重力、离心力、惯性力）将悬浮物从气流中分离出来，如沉降室、旋风收尘器等。这种除尘设备结构简单，气流阻力和功率消耗小，基建投资、维修费用都比较省，适于处理含尘浓度高及悬浮物粒度较大（粒径 5~10 μm 以上）的含尘气体；缺点是除尘效率不高，除不掉细微粒子。

重力沉降室主要是利用含尘气流通过横断面比管道大得多的空间时，流速迅速降低，尘粒在重力作用下自然沉降，落入灰斗。气流中的烟尘，一方面受气体的推动力而作惯性运动，另一方面又受到重力作用而向下沉降，如果在适当的条件下，使重力作用大于气体的推动力，则尘粒就能够沉降下来与气流分离。为了使烟尘沉降，应使进入沉降室的气流速度越小越好。这种除尘设备简单，气流阻力损失小，设备投资与运转费用省，但其体积大，清灰困难，现代冶金工厂采用较少，只能在一些特殊情况下使用。

一般沉降室的阻力损失为 50~100 Pa，收尘效率一般为 40%~60%。沉降室还可以做成多层的，在多层沉降室的气速与单层沉降室的气速保持相同时，由于颗粒沉降到地面的距离短了，所以多层沉降室的效率比单层的高。该设备适用于除去粒径 50 μm 以上的尘粒。一般用于预净化。图 3-2 为单层和多层重力沉降室示意图。

B　惯性力除尘

惯性力除尘器是使含尘气流方向急剧变化或与挡板、百叶等障碍物碰撞时，利用尘粒自身惯性力从含尘气流中分离尘粒的装置。净化效率优于沉降室，可用于收集 10 μm 以上粒径的尘粒。压力损失则因结构型式不同差异很大，其结构形式如图 3-3 所示。

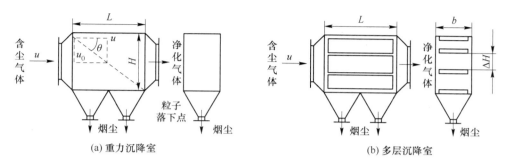

图 3-2 单层和多层重力沉降室示意图

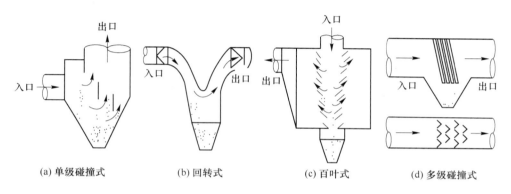

图 3-3 惯性除尘器

C 旋风除尘器

旋风除尘器是利用含尘气流旋转产生的离心力，将尘粒从含尘气流中分离出来的除尘设备，能有效收集粒径为 5 μm 以上的尘粒，且结构简单，造价低廉，维护工作量少，粉尘适应性强，是目前工业领域最通用的一种除尘设备，也是用于从气相中分离固体颗粒首选设备。

旋风除尘器由一个带锥形底的垂直圆筒壳组成。含有悬浮烟尘的烟气气流由口径不大的进口管以高速进入后，烟气在外圆筒与中央排出管之间，自上而下作螺旋线运动。含有微细烟尘的部分烟气沿气体排出管流出，另一部分烟气沿圆锥部分运动，其离心沉降原理如图 3-4 所示。

内层气体随圆锥形的收缩而转向收尘器的中心，受底所阻而返回，形成一股上升的旋流，其方向与外层相反，经出口管逸出管外。当烟气在圆筒内旋转时，烟尘因离心作用而抛向外壁，烟尘质点与烟气以不同的轨迹运动。烟尘失去惯性后，沿旋风收尘器下部锥形部分滑到烟尘卸出口。

冶金工厂广泛采用高效旋风收尘器，其特点是，收尘器入口速度大，出口管径小，圆锥部分长，收尘效率高，但阻力损失较大。

3.3.1.3 过滤式除尘器

过滤除尘是使含尘气体穿过过滤材料，把尘粒阻留下来，使烟尘与烟气分离的收尘设备。该除尘器是一种高效除尘器，除尘效率高达 99% 以上，一般分为袋式除尘器和颗粒层除尘器，图 3-5 为除尘原理示意图。

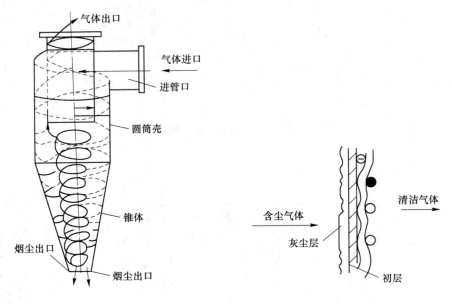

图 3-4　离心沉降原理示意图　　　　图 3-5　滤料的过滤过程示意图

A　袋式除尘器

常用的过滤除尘设备是布袋收尘器。净化气体时，使含尘气体通过一多孔织物，气体分子可以通过纤维间隙，悬浮的烟尘被截留下来。布袋收尘效率很高，可达 99%，结构简单，操作方便，工作稳定，便于回收干料，可以捕集不同性质的烟尘。但占地面积大，不适宜净化黏性强及吸湿性强的粉尘。

袋式除尘器的结构形式有多种多样，按不同特点可分为圆筒形和扁形。圆筒形袋滤器目前应用较为广泛，袋径一般为 120 ~ 130 mm，最大不超过 600 mm，滤袋长度与直径之比常用的是 16 ~ 20，最大为 30，这与清灰方式有关。扁袋的最大特点是单位容积内布置的滤料过滤面积大。袋滤器按进气口的位置有上进气与下进气两种，采用下进气，气流稳定，滤袋容易安装，气流运动方向与灰尘落下方向相反，上进风可以避免上述缺点，但进气分配室要安装在壳体上部，增加设备高度，滤袋安装也复杂；按气流通过滤袋的方向分，有内滤式与外滤式两种，内滤是指含尘气流先进入袋内，灰尘层在滤袋内表面，外滤式则流动方向相反，图 3-6 为袋滤器的结构形式。

滤袋材质应根据烟气性质来选择。在冶炼厂中，烟气经常含有酸性或碱性物质，都会腐蚀某种过滤材料，要根据烟气性质选择滤布，或对滤布事先进行处理。

对滤布性能的要求是寿命长、耐酸、耐碱、耐热、耐磨、机械性能好，捕集效率高、阻力小、易清扫。常用的滤布材料为：棉织品、毛织品、玻璃纤维、合成纤维等。

袋滤器在工作一段时间后，滤料上粘有灰尘层，必须除去才能继续过滤，清灰方式有如下几种，如图 3-7 为袋滤器清灰方式示意图。

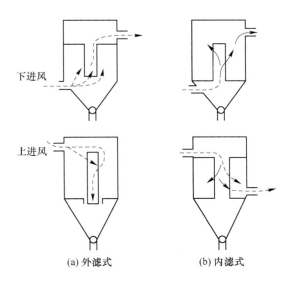

图 3-6　袋滤器的结构形式

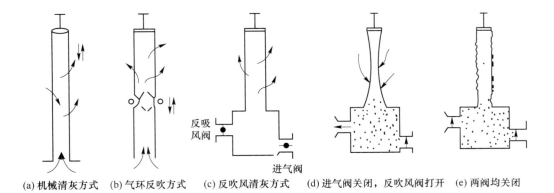

图 3-7　袋滤器清灰方式示意图

　　图 3-7（a）为机械清灰方式，是利用机械振打的方法使滤袋振动，使灰尘层塌落，这种方式使滤袋损伤较大；图中 3-7（b）为气环反吹方式，是利用环状喷嘴的环圈套在滤袋外部，一边用压缩空气反向喷入袋内，一边上下移动，这种方法不用停止过滤气流，能够充分利用全部过滤面积；图 3-7（c）为反吹风清灰方式，正常过滤过程，反吹风阀关闭，进气阀打开，当需要清灰时，进气阀关闭，反吹风阀打开，如图 3-7（d）状态，清灰时间很短，在负压作用下滤袋变形，使灰尘塌落，然后两阀均关闭，如图 3-7（e）状态，滤袋恢复原状后，再重复图 3-7（c）状态。这种方式构造简单，清灰效果好，对滤袋损伤小。

　　目前，我国广泛采用的是脉冲布袋分离器，含尘气体由进口进入中部箱体，中部箱体内装有若干排滤袋，含有微粒的气体经过滤袋时，微粒被阻留在布袋外面，气体则通过滤袋织物的间隙得到过滤。净化后气体经喇叭口进入上部箱体，最后从排气口排出。过滤用的布袋通过笼形钢丝框架和袋夹固定在喇叭口管和短管上。被阻留在外边的微粒由脉冲反吹的压缩空气自动进行清扫。

脉冲清灰方式如图 3-8 所示，含尘的气体由滤袋外部流向袋内，经一段时间后，通过设于滤袋上部的喷嘴，间断的瞬时送入压缩空气，反向吹出，达到消除滤料上灰尘层的目的。

B   颗粒层除尘器

颗粒层除尘器是一种用石英砂、河沙、焦炭、金属屑、陶粒、玻璃球等颗粒状物料构成过滤层的除尘器，能耐高温（选择合适的过滤材料，使用温度可高达 600 ℃），不燃不爆、耐磨损，且滤料来源广，价格低，使用时间长，除尘效率高（可达 99% 以上），捕集灰尘种类多，除尘效率受气温、气量、灰尘波动的影响小，但设备庞大，占地面积大。

颗粒层除尘器的种类很多，一般根据不同的结构特点可以分为以下四种。

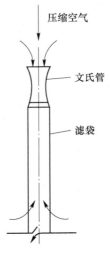

图 3-8   脉冲清灰
示意图

垂直床：垂直床颗粒层除尘器，是将颗粒滤料垂直放置，两侧用滤网或百叶片夹持，气流水平流过滤层。

水平床：将颗粒滤料置于水平的滤网或筛板上，均匀铺设，保证一定的料层厚度，气流由上而下，使床层处于固定状态。

固定床：在过滤过程中床层固定不动的除尘器称为固定床颗粒层除尘器，净化效率高，是目前使用最多的一种。

移动床：在过滤过程中床层不断移动的除尘器称为移动床颗粒层除尘器。

以上所述各种收尘设备都各有优缺点，使用均受到一定的限制。利用重力和离心力收尘的设备，不能收集微细尘粒；湿法收尘设备会使烟尘进入水中，增加了废水处理量，使后续处理复杂化，而且要增加设备的抗腐蚀性能等；袋滤法除尘受到烟气温度、湿度、化学组成等的制约，且维修费较高。

C   静电除尘

电收尘器基本上由两个部分组成，一部分为电器设备，将外线路所供给的交流电（380 V）转变为高压直流电（45000 ~ 90000 V），供给积尘室的电晕电极；另一部分为积尘室，由于电晕电极的放电，形成电场，将气体电离，使烟尘荷电，从而在电场作用下将烟尘捕集起来。静电除尘器除尘过程示意图如图 3-9 所示，图 3-10 为平板式电除尘器示意图。由于电晕放电所形成的电场强度使气体电离，当要净化的含尘气体进入电场区时，烟尘粒子带上电荷，在电场作用下向沉积电极沉积，经振打后沉入灰斗收集，净化后的气体由出口管导出。

静电除尘器与上述各收尘法比较，具有许多优点：能捕集极细烟尘。对烟气的化学组成、温度等条件的适应性大，而且能够起到分类富集的作用，作业过程可以实现机械化、自动化、减轻劳动强度；其缺点是：设备庞大、造价高、投资大。

静电除尘器的特点是气流阻力小，能在高温下进行收尘，适用于处理含尘量低及尘粒很细微的（0.05 ~ 20 μm）气体。除尘效率高，可达 99.9% 以上，但占地面积大，维修和运转费用较高。

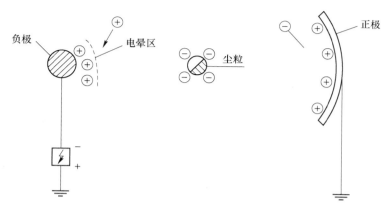

图 3-9 静电除尘器除尘过程示意图

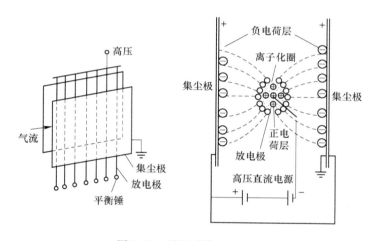

图 3-10 平板式静电除尘器

D 湿式除尘

即湿法收尘，是利用水（或其他溶液）来润湿并捕集含尘气体中烟尘的收尘方法。虽然湿法收尘的设备型式较多，构造各有特点，但都是使含尘气体与液相互相接触，湿润烟尘粒子以增加尘粒的重度和粒度，使之更容易借重力、惯性力或离心力将尘粒捕集下来，或者将尘粒黏着在液膜上与气相分离而转入液相。

湿法收尘的优点是：收尘效率较干法收尘稍高，可以用来捕集粒度更细的尘粒；采用湿法收尘不但可以达到收尘的目的，而且可使气体冷却、增湿。

其缺点是：将固-气相分离的同时产生了固-液相泡浆，带来了废水处理问题，必须相应地进行沉淀、过滤、浓密、干燥等过程，以回收烟尘；冶金工厂废气普遍含有一些腐蚀性气体，二氧化硫、三氧化硫等组分，对设备的腐蚀严重，有些呈硫酸盐形态（如硫酸锌等）的烟尘与水接触时，溶于水中，增加了废水处理的负担；冶金工厂所排废气，多为高温烟气，使大量水分蒸发，烟气中湿度增大，影响下一步的净化处理。而且，还由于水分蒸发使炉气体积增大，也增加了风机的负担。

湿法收尘的设备型式较多，常用的有喷雾塔、泡沫除尘器、文丘里除尘器等。

a   喷雾塔

喷雾塔又称中空洗涤，其除尘示意图如图 3-11 所示，气体由塔的下部进入，逆着上方喷下来的水雾上升，当尘粒和水雾接触时，就被水雾俘获，顺着水流方向流出，净化后的气体由上方管道导出。此种洗涤器效率不高，60%～70%，一般用于烟气的预净化。

b   泡沫除尘器

图 3-12 所示为泡沫除尘器除尘示意图，在器内有一横贯整个断面的多孔筛板，向板面上送水，下方送气。气体从下向上穿过筛板时受到洗涤，并在筛板上吹起一层厚厚的泡沫，筛板上的水一部分以泡沫形式通过溢流管排出，另一部分则带着尘粒或成泥浆通过筛孔流入底部。这类洗涤器经济耐用，净化效率较高，可达 95%～99%。

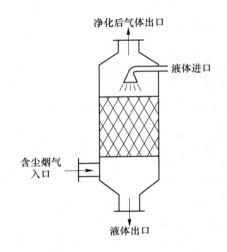

图 3-11   喷雾塔除尘示意图

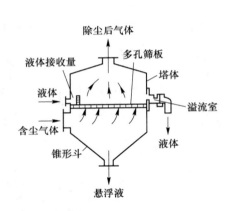

图 3-12   泡沫除尘器除尘示意图

c   文丘里洗涤器

图 3-13 所示为文丘里洗涤器除尘原理，待净化的含尘气体由导管引向文氏管。在管中，因喉管断面很小，气流在这里获得很高的速度，一般为 50～150 m/s，快速的气流与经过水管喷入的水相遇时，就将水分散成非常小的液滴，使尘粒得到润湿而被"捕集"，这些被捕集的尘粒与气流同时进入喉管后面的旋风分离器，尘粒呈泡浆状被收集，气体得到净化。由于水是在喉管处注入并被高速气流雾化，故尘粒和雾粒间相互接触效率极高，除尘效率很高，可达 99% 以上，能除去 0.05～5 μm 大小的尘粒。这种除尘器结构简单、处理量大。但压降大，运转费用高。

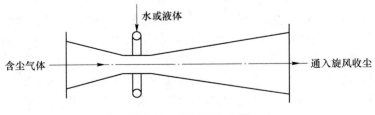

图 3-13   文丘里洗涤器

3.3.2　冶金烟气处理方法

钢铁企业流程长，每个环节都有烟尘产生，表3-2为钢铁企业产生粉尘的工艺、场所及防尘对策。

表3-2　钢铁业的粉尘、烟尘对策

工程/工艺	粉尘发生场所	防止对策
原料装卸	船内舱门、装卸料斗	洒水
原料厂	堆积场、堆矿机、轮式装载机	洒水、表面固化剂
原料处理	破碎、筛分、传送带、传送带连接料仓	集尘、传送带加盖
焦炉	煤炭粉碎机、泥煤机、原煤仓	集尘、无烟装入
石灰窑	排气、传送带、料仓	集尘
烧结机	主排气、冷却排气、传送带、料仓、破碎机、筛分机	集尘
高炉	储矿槽、出铁场、炉顶	集尘、厂房集尘
转炉	炉口、炉周（钢包、辅助原料等）	集尘、厂房集尘
电炉	炉顶、炉周	集尘、厂房集尘
轧钢	轧制	集尘

3.3.2.1　采、选废气除尘

对凿岩、铲运、出矿和运输（机车、汽车和皮带）等作业，大多采用湿式作业来减少粉尘的产生量；对溜井出矿系统、露天穿孔系统及选矿厂的破碎系统和皮带运输系统，大多采用密闭抽尘和净化措施相结合的方法来控制废气中颗粒物的含量。常用的除尘装置有旋风除尘器、布袋除尘器、文氏管、泡沫除尘器、单电极静电除尘器等。

3.3.2.2　原料系统除尘

A　原料场扬尘治理

喷水降尘：国内有些厂主要是采用料堆喷水降尘，并配有专用的泵站。

覆盖：混合料堆上用尼龙防雨布或秸秆编织帘覆盖。

添加扬尘抑制剂：目前，扬尘抑制剂可分为润湿浸透型（使小颗粒物料黏聚成团粒，适用于装卸及输送过程）与保护膜形成型（在物料表面形成保护膜，适用于堆放的物料和露天储存的物料）。

防尘网：日本钢铁企业在原料场（堆）四周竖直设置一定高度的挡尘滤网，我国某些新建原料场也采用了挡尘滤网。

B　原料准备系统除尘

烧结原料准备工艺过程中，在原料的接收、混合、破碎、筛分、运输和配料的各个工艺设备点都产生大量的粉尘，可采用湿法和干法除尘工艺；对原料场，由于堆取料机露天作业，扬尘点无法密闭，不能采用机械除尘装置，可采用湿法水力除尘，即在产尘点喷水雾以捕集部分粉尘和使物料增湿而抑制粉尘的飞扬；对物料的破碎、筛分和胶带及转运

点，设置密闭和抽风除尘系统。

除尘系统可采用分散式或集中式。分散式除尘系统的除尘设备可采用冲激式除尘器、泡沫除尘器和脉冲袋式除尘器等。集中式系统可集中控制几十个乃至近百个吸尘点，并装置大型高效除尘设备，如电除尘器等，除尘效率高。

C　混合料系统除尘

在混合料的转运、加水及混合过程中，产生含粉尘和水汽的废气。热返矿工艺产生大量的粉尘-水蒸气共生废气，该废气温度高、湿度大、含尘浓度高，是治理的重点。冷返矿工艺由于温度低，不产生大量的水蒸气，只在物料转运点产生含尘废气。解决混合料系统废气治理的关键是尽可能采用冷返矿工艺，混合料系统的除尘应采用湿式除尘，除尘设备可采用冲激式除尘器等高效除尘设备。

3.3.2.3　焦炉的烟气控制

焦炉烟气污染源大体上分为两类：一类是阵发性尘源，如装煤、推焦、熄焦等；一类是连续性尘源，如炉内、烟囱等。前一类尘源的排放量约占排尘量 80%；后一类尘源的排放量约占 20%。图 3-14 为焦炉装煤防尘设备示例。

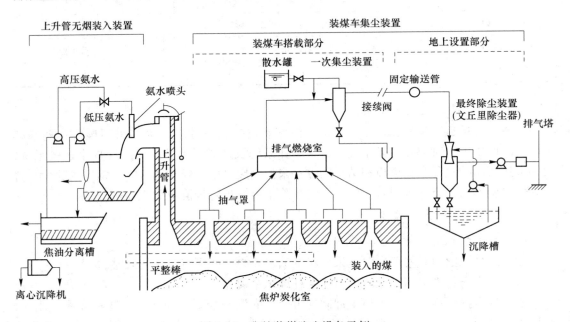

图 3-14　焦炉装煤防尘设备示例

A　备煤车间的烟尘控制

备煤车间是烟尘的主要来源，露天煤场和煤粉碎过程将产生大量的煤粉，对这些煤尘主要采用煤厂喷洒技术来控制煤场扬粉，同时调节煤料含水量。在沿煤堆长度方向的两侧设置竖管喷头，视气候条件安排合理的时间间隔。利用生物脱氰、脱酚废泥水喷洒煤堆表面，能够起到较好的防尘作用，而且为焦化污水提供了一个很好的出路。

95% 大中型机焦企业采用煤转运站、粉碎机室、运煤通廊封闭，避免煤粉尘外逸造成污染。粉碎机室、运储焦系统的转运站设脉冲布袋式除尘器等措施的除尘效率达 99.5%，有效控制了煤粉尘外逸，各排放口排放速率及浓度达标排放。

B　炼焦车间的烟尘控制

煤焦车间的焦炉烟尘比较复杂，既有持续性又有阵发性烟尘，同时具有高温、有毒并伴有明火，所以对其控制相对复杂，投资也相对较大。

a　装煤的烟尘控制

（1）无烟装煤法。采用上升管喷射高压氨水，使上升管根部形成一定的负压，将煤气抽入集气管，以减少烟尘控制。

（2）顺序装煤。利用上升管喷射造成炉顶空间负压的同时，配合顺序装煤可减少烟尘。

（3）连通管。单集气管焦炉，采用连通管将位于集气管另一端的装炉烟尘由该端装煤孔导入相邻的、处于结焦后期的炭化室内。

（4）建立装煤地面净化装置。装煤时，装煤车上的集尘管道与地面净化装置的炉前管道上，对应于装煤炭化室的阀门连通，由地面吸气机抽引烟气。

（5）消烟除尘车。消烟除尘车适用于捣固焦炉。

（6）大型焦化厂采用双集气管的煤气导出设备以减轻装煤烟尘对环境的污染。

b　出焦的烟尘控制

（1）焦侧固定大棚。沿焦炉焦侧全长设置一座钢结构的固定大棚，大棚从焦侧炉顶上空开始一直延伸至凉焦台，依靠大棚顶部的烟气主管将推焦时排出的烟尘导出。

（2）移动罩——地面除尘气体净化系统。熄焦车移动罩可行至任意炭化室捕集推焦烟尘，烟气经水平烟气管道送至地面净化。

（3）移动集尘车。移动集尘车的基本结构是由熄焦车上设有的集尘罩、抽烟机和文丘里洗涤器的集尘车组成。集尘罩内含尘烟气由罩顶吸尘管道进入与熄焦车一起行走的集尘车，车上装有净化和抽烟机等设备，其中文丘里洗涤器通过喷嘴将热水喷出后因降压变成蒸汽而洗涤烟气，同时借助水流的冲击力对气体产生推动作用，减轻抽烟机的负荷。

c　熄焦的烟尘控制

（1）装设除雾器。在熄焦塔中安装除雾器，除尘器中的挡板起除尘作用。

（2）大型焦化干法熄焦。干法熄焦由鼓风机鼓入惰性气体作为热交换介质，将熄焦室内红焦的热量带走。

d　焦炭输送过程焦尘控制

焦炭熄焦后水分为 3% ~5%，在传输过程中，焦尘主要在皮带输送机的落料点产生。根据其产生的部位特点及焦尘的自身特点，在每条皮带机头溜槽和上级皮带机尾溜槽部位，加装集尘罩，组成一个除尘系统，除尘系统由除尘器、通风机、含尘烟气管道以及上、下水路等组成。

e　控制烟尘的其他方案

（1）煤场上设自动加湿系统。在煤堆表面喷洒一层使其表面变硬的水层或将覆盖剂（水或水溶助剂）喷洒到料堆表面，防止粉尘逸出。

（2）改善焦炉炉顶操作环境。安装机械化启闭炉盖装置、实行装煤孔盖炉门的密封等。

3.3.2.4 烧结烟气处理

A 烧结机废气治理

烧结机产生的废气主要含粉尘和 SO_2、NO_x 等有害物质。烧结机废气除尘，可在大烟道外设置水封拉链机，将大烟道的各个排灰管、除尘器排灰管和小格排灰管等均插入水封拉链机槽中，灰分在水封中沉淀后，由拉链带出。除尘设备一般采用大型旋风除尘器和电除尘器。烧结污染源点、污染物种类及治理技术如表 3-3 所示。

表 3-3 烧结污染源点、污染物种类及治理技术

工段	产污源点	主要污染物种类	治 理 技 术
原料准备	破碎、转运、筛分等设备	粉尘	布袋除尘、电除尘
烧结	机头（工业窑炉）	烟尘、SO_2、NO_x	电除尘、多管旋风、水膜除尘
	机尾（工艺过程）	粉尘	电除尘
冷却	带冷机/环冷机	粉尘	直排或进入机头除尘器
整料/冷筛	破碎及筛分设备	粉尘	布袋除尘、电除尘

B 烧结机烟气中二氧化硫的治理

a 烟气脱硫

在烧结机烧结时产生的烟气中，二氧化硫的浓度是在变化的，其头部和尾部烟气含 SO_2 浓度低，中部烟气含 SO_2 浓度高。世界各国烧结机脱硫研究已进入实用阶段。烧结废气中的 SO_2 主要来自铁矿石和烧结用的燃料。铁矿石中的硫含量随产地不同有较大差异，范围在 0.01% ~ 0.3%。国际上自 20 世纪 60 年代后期开始烧结尾气脱硫的研究，我国早在 20 世纪 50 年代就开始从事烟气脱硫的研究，但是大量的工作是从 20 世纪 70 年代开始的，现今绝大多数钢厂已经采取措施，建设烧结废气脱硫设施。目前石灰-石膏法较多，$Mg(OH)_2$ 法也在增加，二者都是湿法；干法主要为活性炭吸附法。

石灰-石膏法脱硫原理：烧结排出的烟气经除尘后进入脱硫吸收塔，经过均流孔板上行，与多层雾化喷淋下来的洗涤液进行充分混合，传质换热，烟气降温的同时，二氧化硫被吸收液吸收。含有细液滴水气的烟气经过喷淋洗涤液时，烟气中的小液滴被较大液滴吸收分离，再经过上部多层脱水除雾装置进一步除雾后经管道排出吸收塔外排放。洗涤液吸收烟气中的二氧化硫后，落入吸收塔下部的氧化池，二氧化硫与石灰反应生成亚硫酸钙，被均布在池底的氧化装置送入的空气进一步氧化成稳定的硫酸钙。氧化池中部分混合溶液被抽吸送入脱水装置进行固液分离，制成工业石膏（$CaSO_4 \cdot 2H_2O$）。

活性炭吸附法烟气脱硫是利用活性炭的吸附性能吸附净化烟气中 SO_2 的方法。当烟气中有氧和水蒸气存在时，用活性炭吸附 SO_2 不仅有物理吸附，而且还存在着化学吸附。由于活性表面具有催化作用，使烟气中的 SO_2 在活性炭的吸附表面上被 O_2 氧化为 SO_3，SO_3 再与水蒸气反应生成硫酸。活性炭吸附的硫酸可通过水洗出，或者加热放出 SO_2，从而使活性炭获得再生。

b 烧结机尾除尘

烧结机尾部卸矿点，以及与之相邻的烧结矿的破碎、筛分、贮存和运输等点含尘废气的除尘，优先选用干法除尘，以避免湿法除尘带来的污水污染，也有利于粉尘的回收利用。烧结机尾气除尘大多采用大型集中除尘系统。机尾采用大容量密闭罩，密闭罩向烧结机方向延长，将最末几个真空箱上部的台车全部密闭，利用真空箱的抽力，通过台车料层抽取密闭罩内的含尘废气，以降低机尾除尘抽气量，除尘设备优选采用电除尘器。

c 整粒系统除尘

整粒系统包括冷烧结矿的破碎和多段筛分，它的除尘抽风点多，风量大，必须设置专门的整粒除尘系统。该系统设置集中式除尘系统，采用干式高效除尘设备，一般采用高效大风量袋式除尘器或电除尘器。

3.3.2.5 球团烟气处理

球团污染源点、污染物种类及治理技术如表3-4所示。

表3-4 球团污染源点、污染物种类及治理技术

工 段	产 污 源 点	主要污染物种类	治 理 技 术
煤粉制备	粉磨机	粉尘	布袋除尘
干燥	干燥机	烟尘	直排
焙烧	焙烧机（工业炉窑）	烟尘、SO_2、NO_x	电除尘、多管除尘、水膜除尘
冷却	带冷机/环冷机	粉尘	直排或进入焙烧烟气除尘器

球团竖炉烟气除尘：在利用铁矿粉和石灰、膨润土等添加剂混合造球时，在竖炉中进行焙烧的过程产生烟气。该烟气大多采用干式除尘处理，除尘设备可采用袋式除尘器或电除尘器。采用旋风除尘器和多管除尘器达不到国家排放标准，故不宜使用。

球团竖炉烟气除硫：处理的方法主要是对高硫燃烧初步脱硫和回收烟气中的二氧化硫。如日本钢铁公司采用$(NH_4)_2SO_3$作吸收剂，吸收废气中的二氧化硫后，再与焦炉煤气中的NH_3反应，使吸收液再生并返回烧结厂再用。吸收液的一部分抽出氧化，然后制取硫酸铵。美国在烧结机废气中加入白云石等物料，配合使用袋式除尘器，既可除尘，又可除二氧化硫。

回转窑除尘：回转窑因煅烧原料的不同、使用燃料的不同、烧结工艺的不同，产生的烟气理化性质也不相同。回转窑烟气中，主要污染物为工业粉尘，而且回转窑烟气具有温度高、流量大、含尘高的特点，给烟气的治理带来了一定的困难。

3.3.2.6 炼铁烟气治理

炼铁污染源点、污染物种类及治理技术如表3-5所示。

表3-5 炼铁污染源点、污染物种类及治理技术

工 段	产 污 源 点	主要污染物种类	治 理 技 术
煤粉制备	粉磨机	粉尘	布袋除尘
配矿及上料	矿槽、转运点、炉顶	粉尘	布袋除尘、电除尘
热风炉加热	热风炉（工业窑炉）	烟尘 SO_2、NO_x	直排
高炉冶炼	高炉	高炉煤气（工业窑炉）	重力 + 布袋除尘
		烟尘、氰化物、挥发酚等	
		煤气洗涤水	混凝沉淀
		SS、氰化物、挥发酚	

工 段	产 污 源 点	主要污染物种类	治理技术
出铁	出铁场（工艺过程）	粉尘	布袋除尘、电除尘
出渣	出渣口	高炉冲渣水（SS）、冶炼废渣	渣滤法

A　高炉煤气除尘

无论大中小型高炉，其煤气粗除尘设备一般采用重力除尘器。

半精细除尘设备有洗涤塔、溢流文氏管等，精细除尘设备有文氏管、滤袋除尘器、电除尘器等；国内大型高炉（1000～2000 m³）采用布袋除尘技术也有进一步的进展，布袋除尘器经过改进和完善，运行效率大幅度提高。各工段除尘装置及除尘效果如表 3-6 所示。高炉全系统除尘示例如图 3-15 所示。

表 3-6　各工段除尘装置及除尘效果

装 置	形 式	气体流量 /m³·min⁻¹	粉尘质量浓度/g·cm⁻³	
			入口	出口
出铁场集尘机	袋式过滤器	13000×2	4	0.01
高炉上部集尘机	湿式除尘器	930	5	0.10
储矿槽集尘机	袋式过滤器	4800	3	0.01
储煤槽集尘机	袋式过滤器	1400	15	0.01
储煤槽上部集尘机	袋式过滤器	600	12～15	0.02

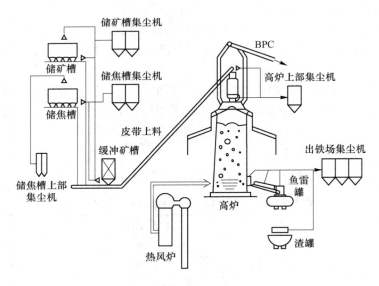

图 3-15　高炉全系统除尘示例

B　炼铁厂废气治理

炉前矿槽的除尘：炼铁厂炉前矿槽的除尘，主要是要解决高炉烧结矿、焦炭、杂矿等原料燃烧在运输、转运、卸料、给料及上料时产生的有害粉尘。控制该废气的粉尘的根本措施是严格控制高炉原料燃烧的含粉量，特别是烧结矿的含粉量。此外，针对不同产尘点的设备可设置密闭罩和抽风除尘系统。密闭罩根据不同的情况采取局部密闭罩（如皮带机转运点）、整体密闭罩（如振动筛）或大容量密闭罩（如在上料小车的料坑处）。除尘器可采用袋式除尘器等。

高炉在开炉、堵铁口及出铁的过程中将产生大量的烟尘。为此，在诸如出铁口、出渣口、撇渣器、铁沟、渣沟、残铁罐、摆动流嘴等产尘点设置局部加罩和抽风除尘的一次除尘系统；在开、堵铁口时，出铁场必须设置包括封闭式外围结构的二次除尘系统。除尘器可采用滤袋除尘器等。

碾泥机室除尘：高炉堵铁口使用的炮泥由碳化硅、粉焦、黏土等粉料制成。在各种粉料的装卸、配料、混碾、装运的过程中将产生大量的粉尘。治理这些废气可设置集尘除尘系统，除尘设备可采用袋式除尘器收集粉尘。

3.3.2.7 转炉炼钢烟气治理

转炉炼钢污染源点、污染物种类及治理技术如表 3-7 所示。

表 3-7 转炉炼钢污染源点、污染物种类及治理技术

工 段	产 污 源 点	主要污染物种类	治 理 技 术
铁水预处理	铁水罐/鱼雷罐	粉尘、SO_2	布袋除尘
上料系统	料仓、转运点	粉尘	布袋除尘
转炉炼钢	转炉	一次烟气（粉尘、CO）	OG 湿法除尘、LT 干法除尘
		煤气洗涤水（SS、pH）	混凝沉淀法
		二次烟气（粉尘）	布袋除尘
		冶炼废渣	—
二次精炼	LF 炉/RH/VD 炉	粉尘	布袋除尘
		冶炼废渣	—
连铸	连铸辊道	直接冷却水（SS、COD、石油类）	化学混凝沉淀

随着氧气转炉炼钢工艺的发展，相应的煤气净化回收技术也在不断地发展完善。转炉煤气的除尘、冷却与回收一般采用湿法、干法或近年来称为"半干法"的技术，以日本"OG"法为代表的湿法技术和以德国"LT"法为代表的干法一直占据着氧气转炉炼钢煤气净化回收技术的主导地位。

A OG 系统

转炉煤气湿法回收按流程大致分传统 OG 系统和新 OG 系统两种，均采用喷水净化方式。区别主要在于传统 OG 的净化设备主要是两级文氏管，新 OG 采用喷淋塔环缝洗涤器。

"OG"法（oxygen gas recovery system）是一种传统的转炉煤气回收方法，于 20 世纪 60 年代由日本新日铁和川崎公司联合开发，目前世界上约有 90% 的转炉采用"OG"法。"OG"法系统主要由烟气冷却、净化、煤气回收和污水处理等部分组成，烟气经冷却烟道后进入烟气净化系统，经过不断改进，现已发展到第四代。转炉冶炼产生的大量高温（1450 ℃）含尘烟气被活动烟罩捕集，经汽化烟道冷却到 1000 ℃左右。初步冷却的烟气通过一次除尘器喷水冷却并除去大颗粒灰尘，再经过二次除尘器除去细小粉尘。净化的烟气经过煤气引风机，合格的煤气（CO 含量大于 35%，O_2 含量小于 2%）通过三通阀切换，经水封逆止阀、"V"形阀被输送到煤气柜，不合格的烟气点火燃烧后经烟囱放散，如图 3-16、图 3-17 所示。

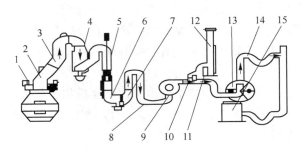

图 3-16　OG 系统工艺流程

1—活动烟罩；2—炉口烟道；3—斜后烟道；4——次除尘器（饱和塔）；5—二次除尘器；6—弯头脱水器；
7—湿气分离器；8—烟气流量计；9—风机；10—旁通阀；11—三通阀；12—烟囱；
13—水封逆止阀；14—"V"形阀；15—煤气柜

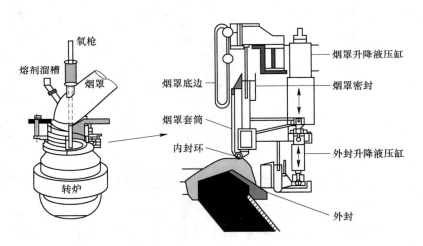

图 3-17　转炉炉口和 OG 烟罩双密封结构示意图

传统"OG"法转炉净化系统存在缺点：处理后的煤气含尘量较高，达 100 mg/m³ 以下，若要利用此煤气，需在后部设置湿法电除尘器进行精除尘，将其含尘量浓度降至 10 mg/m³ 以下，系统存在二次污染，其污水需进行处理；系统阻损大，能耗大，占地面积大，环保治理及管理难度较大。

新"OG"法为德国 L. B 公司专有技术，具有净化效率高、系统阻力小、风机能耗低、洗涤用水量小、系统简单等特点。

B　LT 转炉煤气干法回收技术

"LT"法为德国 Luugi 公司和 Thyssen 钢铁公司于 1969 年研制成功的，主要是由烟气冷却、净化回收和粉尘压块 3 大部分组成。

"LT"法除尘系统主要由蒸发冷却器、静电除尘器、煤气冷却器及切换站组成。与"OG"法相比，"LT"法的主要优点是：除尘净化效率高，通过电除尘器可直接将粉尘浓度降至 10 mg/m³ 以下；该系统全部采用干法处理，不存在二次污染和污水处理；系统阻损小、煤气回收量高，回收粉尘可直接利用，节约能源；系统简化、占地面积小、便于管理和维护。因此，具有更好的经济效益和环保效果。图 3-18 和图 3-19 分别为转炉烟气干式净化回收系统流程和干法除尘工艺流程，图 3-20 为转炉"LT"干法除尘系统。

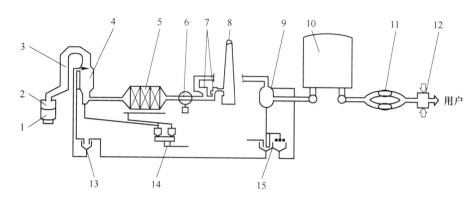

图 3-18　转炉烟气干式净化回收系统流程图

1—转炉；2—活动裙罩；3—汽化冷却烟道；4—蒸发冷却塔；5—电除尘器；6—轴流风机；7—三通切换阀；
8—放散烟囱；9—冷却塔；10—煤气柜；11—加压机；12—混合塔；13—冷却水系统；
14—压块装置；15—二次冷却系统

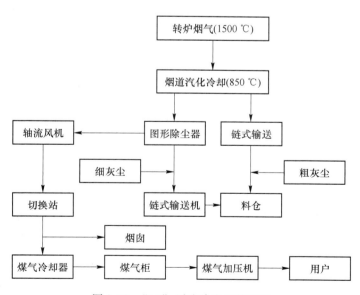

图 3-19　"LT"干法除尘工艺流程

干法相对于湿法除尘系统具有以下优点：烟气含尘量低，考核值平均在 6.6 mg/m³（标态）；节电，其耗电量为 3.05 kWh/t 钢，不到湿式系统的 1/2，节电 3.72 kWh/t 钢，折合 1.5 kgce/t 钢；节水，对 120t 的转炉系统用水量约 0.05 m³/t 钢，是湿法系统的 1/5；

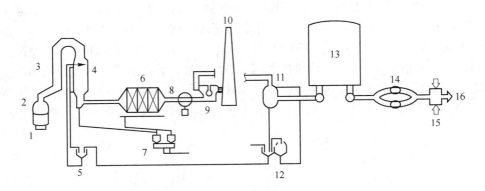

图 3-20　转炉 LT 干法除尘系统

1—LD 转炉；2—裙罩；3—冷却烟道；4—蒸发冷却器；5—冷却水；6—静电除水器；7—热压块；8—风机；
9—切换站；10—放散烟阀；11—气体饱和器；12—循环水系统；13—煤气柜；14—煤气加压站；
15—煤气混合站；16—用户

回收煤气量大，吨钢可多回收热值 8360kJ/m^3，煤气 21.3 m^3 相当于节能 6.10 kgce/t 钢；粉尘利用率高，干法除尘系统吨钢干粉尘回收量可达 14 kg/t 钢占地少，整个工程总占地面积 6000 m^3，约为湿法的 1/2。

目前国内投运的"LT"干法除尘装置并非完美。存在的问题主要表现在：蒸发冷却塔出口气体温度和湿度控制不稳定；电除尘器部分阳极板变形和部分阴极线老化，腐蚀现象较严重，影响除尘效果；蒸发冷却塔喷嘴寿命短，投资偏高，控制和维护要求高。在原有系统上改造，改动量大，所需时间长。

C　"半干法"除尘工艺

转炉"半干法"除尘工艺是针对我国转炉除尘系统存在的问题而提出的一种解决方案。所谓"半干法"，简单地说就是采用干法喷雾蒸发冷却＋湿式电除尘器进行转炉煤气的除尘，但所产生的粉尘由原有污水处理系统回收和处理。"半干法"采用湿式电除尘器，控制要求与湿法基本相同，节省了控制系统费用；粉尘回收处理利用现有的污水处理系统，既节省了投资，又缩短了改造所需时间。

"半干法"除尘工艺的优点是：排放的烟气含尘浓度低于 10 mg/m^3，达到发达国家目前的排放水平；回收的煤气含尘浓度也低于 10 mg/m^3，可以直接使用，无需在煤气柜后再建电除尘器；转炉除尘风机的维修周期可以延长到 1 年，减少维修工作量和热停时间，备件消耗较低；冷却水消耗量仅为湿法的一半，对转炉扩容引起的水处理能力不足有特殊利用意义；系统阻力只有湿法的约 30%，在处理相同烟气量的情况下，风机所需的额定功率只有湿法的 50%，加之采用交流变频调速技术，除尘的电费可以节省约 50%。

3.3.2.8　电炉炼钢废气治理

各工段污染源点、污染物种类及治理技术如表 3-8 所示。电炉大密封罩除尘系统示意图如图 3-21 所示。

表 3-8 各工段污染源点、污染物种类及治理技术

工 段	产 污 源 点	主要污染物种类	治 理 技 术
上料系统	料仓	粉尘	布袋除尘
电炉熔炼	电炉	粉尘、CO	布袋除尘
		冶炼废渣	—
二次精炼	LF 炉/RH/VD 炉	粉尘	布袋除尘
		冶炼废渣	—
连铸	连铸辊道	直接冷却水（SS、COD、石油类）	化学混凝沉淀
模铸	钢锭模	粉尘	散排

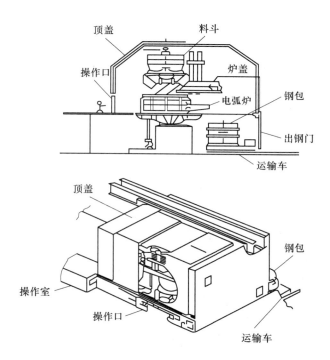

图 3-21 电炉大密封罩除尘系统示意图

3.3.2.9 轧钢厂及金属制品厂废气治理

A 轧机排烟治理

轧机排烟经排气罩收集后加以处理。由于热轧与冷轧机产生的废气都混有水汽，因此，都采用湿法净化装置，如湿泡式除尘器、冲激式除尘器、低速文丘里洗涤器及湿式电除尘器等。

B 火焰清理机废气治理

在钢坯进行火焰清理过程中，将产生熔渣及烟尘废气。可建立烟气净化系统来处理这些废气。该系统将废气加罩收集后进行处理，除尘器可采用湿式电除尘器。

C　酸洗车间酸雾的治理

抑制覆盖法：为了抑制酸雾的散发，在酸洗槽的酸液面上可加固体覆盖层或泡沫覆盖层于酸表面上，以抑制酸雾的散发。覆盖层采用耐腐蚀轻质材料，如泡沫塑料块、管及球等；泡沫覆盖层是利用化学分解作用产生的泡沫飘浮在酸液表面，以抑制酸气的散发。目前采用的泡沫有皂荚液、十二烷基酸钠等。

抽风排酸雾：对酸洗槽建立酸洗槽密闭排气系统，抽风排酸雾。

酸气的处理方法是将酸气在填料塔、泡沫塔等洗涤塔中用水吸收净化，净化效率可达90%左右。它是将酸洗槽和喷淋洗涤槽抽出的酸雾，通过密闭罩及排气罩进入喷淋塔，在喷淋塔中用水洗涤净化；以稀碱液对酸雾进行吸收处理，常用的吸收剂有氨液、苏打、石灰乳等。苏打液的浓度为2%～6%，对初始浓度小于300～400 mg/m³的酸雾，净化率可达93%～95%以上。吸收设备采用喷淋塔或填料塔，并且吸收设备应进行防腐处理。

过滤法以尼龙丝或塑料丝网的过滤器将酸雾截留捕集。

高压静电净化法是在排气竖管中，利用排气管作为阳极板，管内设置高压电晕线，极线间形成高压静电场以净化通过的酸雾。

D　铅浴炉烟气治理

钢丝线材热处理过程中产生铅蒸汽、铅和氧化铅的粉尘，治理这些废气可在铅液表面敷设覆盖剂，并在铅锅的中部加活动密封盖板，在钢丝出铅锅处设置抽风装置。铅烟净化设备一般有湿法和干法两种。湿法可采用冲激式除尘器，净化效率可达98%以上；干法可采用袋式除尘器和纤维过滤器等，净化效率可达99%以上。

3.4　冶金烧结烟气综合治理

钢铁生产工序包括焦化、烧结、高炉炼铁、转炉炼钢、连铸和轧钢等，其中烧结排放的 SO_2 和 NO_x 分别占整个钢铁行业的60%和50%，是烧结烟气中最主要的污染物。国家最新出台的《关于推进实施钢铁行业超低排放的意见》（环大气〔2019〕35号）中提高了烧结烟气污染物的排放标准，要求 SO_2 排放量不大于 35 mg/m³、NO_x 排放量不大于 50 mg/m³、粉尘排放量不大于 10 mg/m³，对钢铁企业的烧结烟气污染物治理提出了更高的要求。

3.4.1　烧结烟气二氧化硫治理

国内目前针对烧结烟气中 SO_2 的控制主要采用源头上在低硫烧结原料、过程采用烟气循环技术等减少污染物排放和末端烧结烟气脱硫法治理。根据脱硫剂的不同将脱硫工艺分为湿法烟气脱硫技术、干法烟气脱硫技术和半干法烟气脱硫技术三大类，根据工艺类型脱硫产物也存在差异。

几种脱硫技术如下：

（1）湿法烟气脱硫技术是将烧结烟气通过水或碱性溶剂进行洗涤，其 SO_2 被液体吸收剂吸收，脱硫效率在95%以上，工艺脱硫反应速度快、对烟气适用范围宽而被广泛应

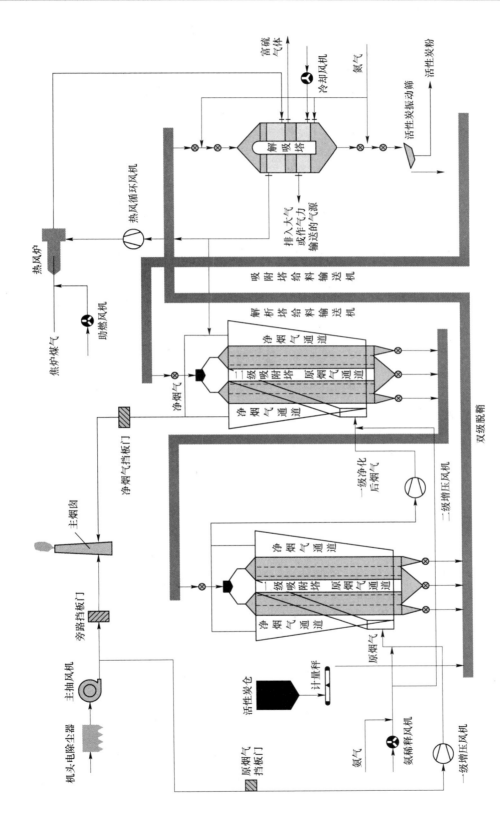

图 3-22 活性炭烟气协同治理工艺

用。缺点是初期投资和运行费用高，除雾器结垢堵塞后影响尾气处理而形成的石膏雨会影响周围环境，脱硫产物成分相对稳定且难以进一步使用，工艺废水中氯离子浓度高对设备有一定腐蚀。主流工艺包括石灰石-石膏法、氧化镁法、氨-硫铵法等。

（2）干法烟气脱硫技术将烧结烟气通过粉状或颗粒状的吸收剂（如活性炭），借助吸附反应、催化反应或者高能电子电离等作用脱去烧结烟气中的 SO_2，也可实现同步脱硝、二噁英、吸附粉尘及重金属，反应产物为干燥的粉体颗粒，过程无液相介入，无废水和腐蚀产生，缺点是反应速度慢且脱硫效率低，目前还有电子束照射法、干法喷射脱硫技术等。吸附的 SO_2 气体可制成高价值硫酸且无二次污染，但解析后产生混合酸，因此，对设备防腐要求高，而且投资及运行费用高。2016 年，邯钢引进德国 WKV 公司和奥地利英特佳公司的专利技术——CSCR 脱硫脱硝（逆流）工艺技术，利用活性炭处理烧结烟气实现脱硫脱硝，工艺如图 3-22 所示。SSC 烧结烟气干式超净技术采用单一反应器实现高效协同脱除 SO_2、NO_x、HCl、HF、二噁英、重金属等多组分污染物而达到超净排放，整个过程以循环流化床干法工艺为主，无腐蚀和废水，工艺如图 3-23 所示。

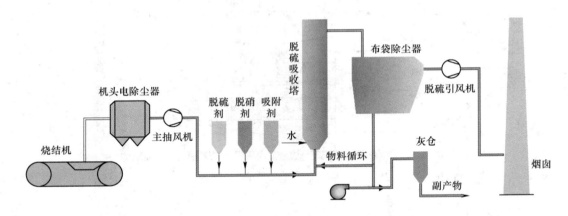

图 3-23　SSC 烧结烟气干式超净工艺流程示意图

（3）半干法烟气脱硫技术。工艺兼具湿法和干法脱硫技术的特点，在烧结烟气中 SO_2 与喷入雾化的石灰浆液反应生成亚硫酸钙（$CaSO_3$）等物质，充分利用烟气自身显热获得干粉状的烟气脱硫产物。工艺最初是 20 世纪 80 年代德国 LURGI 公司开发出循环流化床烟气脱硫工艺和 SIEMENS 集团开发的 MEROS 烧结集烟气净化技术，工艺脱硫效率可达88% ~95% 以上，基建和设备占地面积小，投资和运营成本低，脱硫过程耗水少，具有同时脱除强酸、二噁英和重金属的潜力，缺点是副产品为含 $CaSO_3$ 的灰渣，产生固体废物，应用价值低且易分解。现常用的主流工艺包括循环流化床烟气脱硫工艺、烟道喷射脱硫工艺、旋转喷雾半干法和 MEROS 法等。目前，烧结烟气的处理朝多污染物控制方面发展，在脱硫系统中加入添加剂实现多种污染物的联合防治，如湿法脱硫加电除尘、半干法流化床加 SCR 工艺等。宝钢四烧生产线 2013 年 11 月投运并同步使用半干法循环流化床脱硫工艺，于 2016 年 9 月底增设 SSCR 中温催化脱硝脱二噁英装置，脱硫烟气与脱硝净烟气换热后与加热炉烟气混合升温，并在反应器内结合催化剂氨，产物为无害的氮气和水，二噁英裂解成 CO_2、H_2O 及 HCl，工艺如图 3-24 所示。

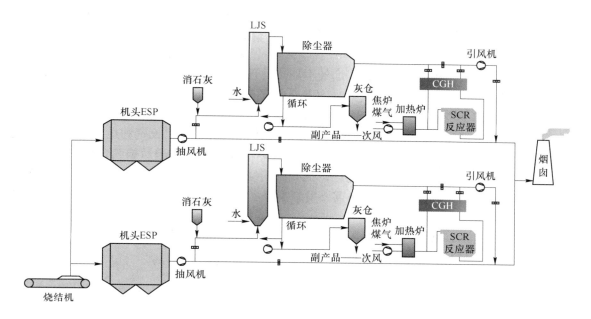

图 3-24 宝钢四烧 CFB + SCR 串联脱硫脱硝工艺

3.4.2 烧结烟气氮氧化物治理

钢铁行业的 NO_x 主要集中在烧结（球团）、炼铁（热风炉）等工序，而且排放量较大；石灰（白云石）焙烧工序有较高浓度的 NO_x 排放但排放量不大，轧钢工序有 NO_x 排放，排放量不大且分散。钢铁行业整体 NO_x 浓度在 $200 \sim 5000 g/m^3$ 的范围内。烧结烟气中的 NO_x，主要是由烧结固体燃料及含铁原料中的氮和空气中的氧在高温下反应产生。燃料型 NO_x 可以占到 80%，热力型 NO_x 也可能占 60% ~ 70%。每生产 1 t 烧结矿产生 NO_x 0.4% ~ 0.65%。烧结烟气中 NO_x 的浓度一般在 $200 \sim 310 \ g/m^3$，这与燃料中的氮的含量有关。

相较于脱硫技术，脱硝技术还不太成熟，已开发的烧结烟气脱硝技术主要有选择性催化还原法（SCR）、选择性非催化还原法（SNCR）、臭氧氧化法、活性炭吸收法、低温等离子法等。使用的吸收剂通常有氨水、石灰石浆液、消化石灰、氧化镁浆液及活性炭等。

3.4.2.1 选择性催化还原法（SCR）与选择性非催化还原法（SNCR）

NO_x 控制技术中将有害烟气中 NO_x 转变为无害 N_2 是一种理想方法，但在氧气存在下该反应很难实现，需还原剂将 NO_x 转化为 N_2，SCR 工艺和 SNCR 应运而生。SCR 工艺是指将预先加热到 300 ~ 420 ℃（视催化剂种类选择）的烧结烟气通入 SCR 反应器，然后与氨气在催化剂作用下，生成无污染的氮气和水。根据脱硝催化剂适用温度的不同，SCR 法可分为高温 SCR（420 ~ 600 ℃）、中温 SCR（300 ~ 420 ℃）和低温 SCR（140 ~ 300 ℃），目前工业应用主要集中在中温 SCR 区段。其选择性在于，在规定的温度场范围下，氨气与 NO_x 发生反应，而不被烟气中的 O_2 氧化。

SNCR 工艺主要是指含有氨基的还原剂（主要指氨气和尿素）与烟气直接反应生成氮

气和水，不需要经过催化剂的催化，具有成本低、流程简单等特点，但同时反应温度窗口较高且脱硝效率相比 SCR 较低。目前 SNCR 法只应用于部分小规模烧结烟气脱硝，应用范围不广。

我国烧结烟气属于低温烟气，若烟气不加热处理，需将 SCR 脱硝工艺置于脱硫除尘工艺前，但未经过脱硫除尘的烟气会对 SCR 催化剂造成不可逆的破坏甚至导致其失去活性。为延长 SCR 催化剂寿命，通常将 SCR 置于脱硫工艺后，此时需要将烧结烟气预先加热到催化剂反应温度范围再通入 SCR 反应器，这将导致脱硝工艺投资和运行成本增加。国内部分烧结厂进行适度改进，以 GGH（烟气换热器）来收集脱硝后烟气余热并对湿法脱硫后烟气进行再热，降低热风炉能耗，提高脱硝经济性，工艺如图 3-25 所示。但该方法治标不治本，彻底解决这一问题还需开发新型低温催化剂。

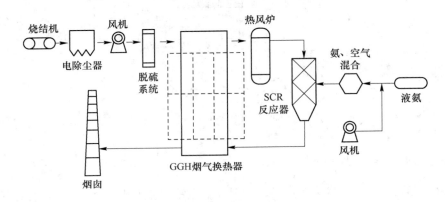

图 3-25　常规选择性催化还原（SCR）脱硝工艺流程

3.4.2.2　活性焦吸附法

活性焦吸附法是西德 BF（Bergbau-Forschung）公司于 1967 年开发、并由日本改进首次用于工业生产应用。此法用于烧结烟气脱硝，一方面是根据其吸附性质，吸附污染物有 2 种作用机理：一种为物理吸附，活性焦具有较多的大孔（>50 nm）、中孔（2~50 nm）和较少的微孔（<2 nm），由于其多孔比表面积大的特性使其具有强烈的吸附性能，烟气通过活性焦过程中，污染物被截留限制在活性焦内；另一种为化学吸附，主要依靠活性焦表面的晶格有缺陷的 C 原子、含氧官能团和极性表面氧化物，利用其化学特征，有针对性地将污染物"固定"在活性焦内表面上。另一方面则是利用活性焦催化作用，以达到类 SCR 脱硝的过程。SCR 脱硝 + CFB/SDA 脱硫耦合如图 3-26 所示。

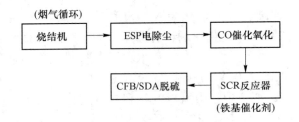

图 3-26　SCR 脱硝 + CFB/SDA 脱硫耦合

活性焦往往与活性炭相提并论，两者区别在于活性炭综合强度低、表面积大，吸附往返过程中损耗严重，造成较大成本消耗，所以研究比活性炭强度更高、表面积小而比表面积更大的活性焦，有利于实现最佳工业应用。活性焦处理技术可同时脱除 SO_2、NO_x、二噁英、重金属及粉尘，是一种一体化烟气污染物处理技术。主要工艺路线为：烧结烟气在增压风机的作用下通入吸附塔，同时将经过稀释风机稀释的氨气通入吸附塔，吸附塔中，SO_2 发生一系列物理化学变化生成 H_2SO_4 并吸附储存于活性焦中，并进一步吸附颗粒物及重金属，NO_x 在活性焦的催化还原下生成 N_2 通过烟囱排放。吸附达到饱和的活性焦丧失吸附功能，经输运到达再生塔，通过加热解析释放 SO_2 并恢复吸附效果，再生后的活性焦经过筛选返回吸附塔循环利用，获取的 SO_2 用于制作硫酸，具体工艺流程如图 3-27所示。在低硫条件下喷氨才能获得高脱硝效率，因此，必须采取两级净化工艺，即先通过一级塔脱除烟气中大部分 SO_2，控制净化后烟气中 SO_2 质量浓度低于 $50\ mg/m^3$，之后在一级塔与二级塔之间喷入氨气，利用二级塔实现高效脱硝。

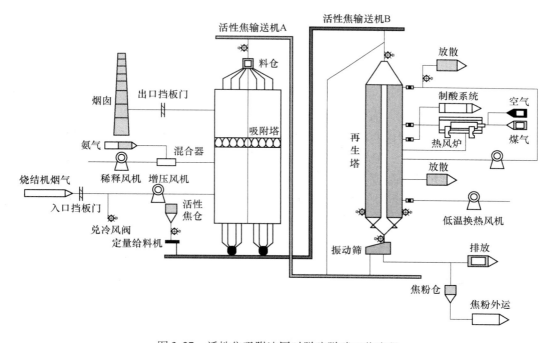

图 3-27　活性焦吸附法同时脱硫脱硝工艺流程

活性焦法兼具脱硫与脱硝功能，具有较多优势，脱硫脱硝一体化技术不仅能够缩短工艺流程，还能降低成本投入；且活性焦法隶属干法，不需额外添加加热和排水设备，无二次污染问题，降低煤炭和水资源的使用；活性焦法对于烟气中多种微量物质同样具有脱除能力，同时兼具除尘能力，可将粉尘浓度降低到适宜标准，适合处理成分复杂的烟气。

3.4.2.3　臭氧氧化法

常规烟气脱硫与 SCR 联合应用可以满足环境排放标准的要求，但针对性地分开治理策略将导致昂贵的投资和运行成本，在目前 SCR 催化剂反应温度窗口较高的情况下，一些技术仍需进一步改良，以实现高效、廉价并同时脱除 SO_2 和 NO_x 的目的。

NO_x 可通过 N 自由基直接转化为 N_2，此外 NO_x 也可通过 O 和 O_3 自由基作用被氧化为 NO_2、NO_3、N_2O_5 等高价氮氧化物。烧结烟气中的 NO_x 约 90% 为 NO，而 NO 不溶于水，NO 的高氧化态如 N_2O_3、N_2O_5 比 NO 更易溶于水。氧化吸收法是通过强氧化剂将 NO 氧化为易溶于水的 NO_2、N_2O_3 或 N_2O_5，然后在洗涤塔内借助碱性吸收剂反应生成硝酸盐排出。臭氧氧化产物为氧气，是作为氧化吸收法脱硝氧化剂的优异选择，具体工艺如图 3-28 所示。

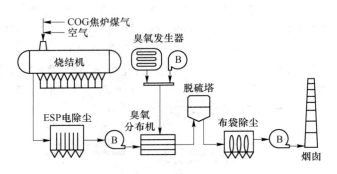

图 3-28　臭氧氧化技术工艺流程

选择性催化氧化法（SCO）作为一种湿法脱硝工艺常与臭氧氧化法相提并论，选择性催化氧化法利用催化剂作用通过 O_2 将 NO 有效氧化为易溶于碱溶液的 NO_2，降低气液相反应的传质困难，而被湿法脱硫系统中碱性吸收剂高效脱除，可实现湿法同时脱硫脱硝。同时 NO 的氧化反应作为一种放热反应，可适应我国烧结烟气的低温环境，避免烟气升温再加热，大幅降低烟气脱硝成本。当 NO 转化率为 50% 左右，NO 与 NO_2 反应生成溶解度更高的 N_2O_3，可实现最佳吸收效果。SCO 同 SCR 工艺相似，研究方向主要集中在开发具有高活性抗硫抗水等效用的复合催化剂。该法投资运行成本低脱硝效率显著，是具有较高价值的脱硝工艺。

臭氧氧化法脱硝技术具有以下优点：

（1）对我国烧结烟气温度适应性较好，可与 SO_2 同时脱除，从而降低成本。

（2）臭氧可以氧化烟气中绝大多数污染物，实现多种污染物协同脱除。

（3）臭氧氧化脱硝效率较高，最高可达到 90% 以上，且不会造成二次污染。

（4）臭氧脱硝的液相副产物是一种潜在的资源，可适当节约成本。

（5）工艺操作简便，可自由控制臭氧量，从而更好满足脱硝要求。

烧结烟气脱硝工艺对比分析如表 3-9 所示。

表 3-9　烧结烟气脱硝工艺对比分析

脱硝工艺	应用典型	脱硝效率/%	脱硝介质	优　点	缺　点
SNCR	国内应用较少	40~60	氨水、液氨、尿素等	投资少，设备简单	脱硝效率低，反应温度窗口高，还原剂消耗大，氨逃逸高
SCR 工艺	宝钢、唐钢	90 以上	氨水、液氨、尿素等	技术成熟，脱硝效率高；应用范围广、系统稳定，不产生二次污染	需加热烟气，增加成本，催化剂中毒导致损耗，产生固体废弃物

脱硝工艺	应用典型	脱硝效率/%	脱硝介质	优　点	缺　点
活性焦炭吸附	宝钢湛江、太钢	70 以上	活性炭	多种污染物系统去除，副产物可利用，不产生固体废物	前期投入成本高，为避免活性焦堵塞，对除尘要求较高，存在易燃安全风险
臭氧氧化法	唐钢、宝钢、梅钢	60 ~ 90	臭氧	占地面积小，管理方便，工艺简单；脱硫脱硝联合进行，运行稳定	拖烟现象，产生固体废物，设备易腐蚀

3.4.2.4 烧结烟气脱硝的新技术

A 等离子体法

低温等离子体脱硫脱硝法是一种区别于传统干法、湿法脱硝的全新方法，包括电子束照射法、脉冲电晕放电法、介质阻挡放电法等多种方法。其中，电子束照射法是目前应用最广泛的等离子体技术，在脱硫脱硝一体化技术上潜力巨大，引起广泛关注。

电子束照射法的基本原理是：将经过一系列基本净化处理后的烧结烟气，通入辐照室，通过高能电子束的照射，烟气中分子发生电离产生各种活性物质，例如 O、OH、HO_2、O_3 等。活性物质将烟气中污染物分子 SO_2、NO_x 氧化成高价氧化物，继而与水蒸气生成硫酸和硝酸，再与通入的氨气生成硫酸铵和硝酸铵等气溶胶颗粒。

等离子体技术与催化剂和吸附剂等技术组合能有效提高烟气中 SO_2、NO_x 去除率，等离子体技术具有多种优势，能够同时处理 NO 和 SO_2，且无二次污染问题，副产物可用作生产肥料以进一步节省成本，对于烟气成分和烟气量的变化能够较好控制，但由于能耗和设备复杂问题并未解决，且需考虑电子束发生器带来的辐射危害，目前无法大规模用于工业生产。

B 微生物脱硝法

微生物脱硝法是一种新兴的脱硝方法，目前国内外研究者相对较少，有很大的拓展前景。其中，主要设备生物过滤器是一种生物化学固定床反应器，微生物在过滤介质上沉积并形成一层生物膜，将通过的气体中 NO_x 吸收并进一步发生反应。微生物脱硝法的实质是反硝化微生物进行反硝化的过程，在有限氧含量条件下，反硝化过程是异化还原过程，主要通过以下简化顺序进行：$NO_3^- \rightarrow NO_2^- \rightarrow NO \rightarrow N_2O \rightarrow N_2$，在这个反硝化过程中，电子供体为有机碳。

3.4.3 烧结烟气脱硫脱硝综合治理

3.4.3.1 湿法烟气脱硫脱硝技术

利用液体吸收剂将 NO_x 溶解的原理来净化燃煤烟气。其障碍是 NO 很难溶于水，往往要求将 NO 首先氧化为 NO_2。为此一般先将 NO 通过与氧化剂 O_3、ClO_2 或 $KMnO_4$ 反应，氧化生成 NO_2，然后 NO_2 被水或碱性溶液吸收，实现烟气脱硫脱硝。湿法为气液反应，反应速度较快，脱硫脱硝效率高，一般均高于 90%，工艺和基本原理都较为简单，可在一套设备中同时脱除烟气中的 NO_x 和 SO_2，并且不存在催化剂中毒、失活等问题，技术应用成熟，应用范围广。湿法脱硫技术是脱硫脱硝技术种类中成熟的技术之一，生产运行安全可靠，在众多的脱硫技术中，始终占据主导地位占脱硫总装机容量的80%以上。

根据吸收原理不同，可将湿式吸收法同时脱硫脱氮技术主要分为氧化吸收法、还原吸收法和络合吸收法。

氧化吸收法是将烟气先通过强氧化性环境，将 NO 转化为 NO_x，进而再将 NO_x 与 H_2O 反应生成 NO，再用碱性溶液吸收。氧化吸收工艺的同时脱除效率较高，一般此方法获得的脱硫效率可到达98%左右，脱硝效率在80%左右。但是因为强氧化剂的造价和运输安全等问题的原因，在开发出新型廉价的氧化添加剂之前，该工艺难以推广应用。

还原吸收法是用液相还原剂将 NO_x 还原为 N_2，目前研究较多的还原剂主要是尿素。脱硫效率接近100%，脱硝效率能达到50%以上，该工艺的副产品硫铵可用作肥料，不产生二次污染；吸收液的 pH 值为 5~9，在中性附近，腐蚀性小，设备的造价较低；吸收剂尿素和副产品硫铵易运输和储放，并且尿素在吸收反应时不易挥发；工艺流程简单，投资（常用湿法脱硫设备的1/3）和运行费用有竞争性。

络合吸收法是向溶液中添加络合吸收剂，将烟气中的 NO 先进行固定而后再进行吸收的工艺。此法铁离子易被溶解氧等氧化，实际操作中需向溶液中加入抗氧剂或还原剂，再加上 Fe（EDTA）和 Fe（NTA）的再生工艺复杂、成本高，给工业推广带来一定困难。

湿法烟气脱硫脱硝技术具有以下特点：（1）脱硫效率高；（2）节省吸附剂，能耗低；（3）性能可靠，使用方便；（4）生成稳定的商用石膏。

湿法烟气脱硫脱硝技术具有不改变原有结构、不改变现行的操作方式、无需占用大量的场地，占地面积小、脱 NO_x 成本低、设施简单等优点。烟气脱硫脱硝技术应用于多氮氧化物、硫氧化物生成烟气净化技术。

湿法烟气脱硫技术缺点是脱硫过程中产生的物质为液体或淤渣，这种残渣处理较难，会对设备造成严重性腐蚀，洗涤后烟气需再热，能源消耗高，脱硫脱硝设备占地面积大，投资和运行费用高，对企业成本投入有一定要求。整体系统操作复杂、设备庞大、耗水量大、一次性投资费用高。

3.4.3.2　干法脱硫脱硝技术

目前干法烟气脱硫脱硝技术主要是基于活性炭（activated carbon，AC），其最初是应用于脱除烟气中 SO_2，接着发展了烟气选择性催化还原（SCR）脱硝的相应技术，形成了活性炭联合脱硫脱硝技术。活性炭具有可同时吸附 SO_2、NO_x、比表面积大（可达 2800 m^2/g）、活性高、化学性质稳定、成本较低等优点，在烧结烟气脱硫脱硝一体化领域已获得广泛关注，是烟气净化技术的发展方向。活性炭技术可以实现粉尘、SO_2、NO_x、重金属和二噁英同时处理，脱硫脱硝效率较高，SO_2 脱除效率可达95%以上，NO_x 脱除效率可达80%以上，无废水、废渣、废气等二次污染产生，脱硫副产物可综合利用，废活性炭可回收利用。

图 3-29 为宝钢湛江钢铁有限公司为两台 550 m^2 烧结机同步配套建造的两台烧结烟气净化设备。烧结烟气由主抽风机和旁路烟气挡板引入吸附塔，AC 在吸附塔内吸附烟气中的 SO_2、NO_x，经吸附塔中的化学吸附处理后，排放的烟气中 SO_2、NO_x 浓度显著降低。吸附塔内活性炭脱硫脱硝的化学反应可分为活性炭脱硫、活性炭脱硝及活性炭解析再生三部分。

活性炭脱硫脱硝一体化净化工艺根据烟气和活性炭运动方式可分为两大类：错流式和

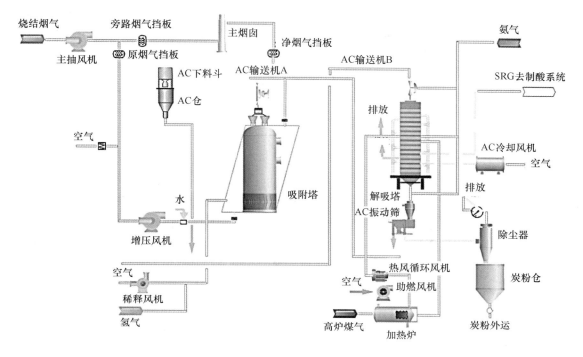

图 3-29   烧结烟气活性炭净化工艺流程

逆流式工艺。

A   错流式净化工艺

错流式净化工艺在国内应用相对较早，典型有太钢、首钢京唐，安阳钢铁等企业。与国内外其他活性炭烟气净化装置相比，错流式净化工艺装置成功克服了烧结烟气量大、烟气成分复杂的技术难题，实现了多种污染物的同时去除和资源回收利用，显著降低了钢铁企业的运行费用。

在错流工艺中活性炭和烟气分别做垂直运动和水平运动，在运动方向上两者垂直接触。错流式净化工艺中的吸附塔内采用分层移动床结构，分为前、中、后室，活性炭分布于多个移动床室内。吸附过程中，烟气从入口一侧进入吸附塔，入口处污染物浓度高，活性炭吸附后饱和程度较高。烟气横向穿过各室活性炭床层后，SO_2、NO_x 逐层被室内活性炭吸收。

图 3-30 为日钢 2 号 600 m^2 烧结机烟气净化系统，其采用了错流式、两级塔工艺。烧结烟气进入进气室后均匀流向两侧吸附层，与活性

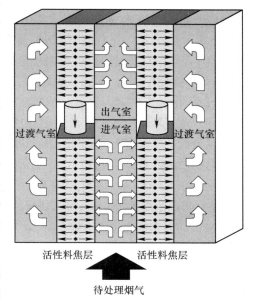

图 3-30   吸附塔结构示意图

炭错流接触。在接触过程中，烟气中的烟尘、SO_2、NO_x 等污染物被活性炭吸附。吸附完毕后，烟气经过充满 NH_3 的过渡气室后进入二级吸附塔，再次与活性炭接触。吸附了 SO_2、NO_x 的活性炭由吸附层下部锥斗排出，送至再生塔再生。该工艺采取的二级吸附，能够进一步提高烟气中 SO_2、NO_x 的去除效率，实现脱硫脱硝一体化。

日钢采用错流式烧结烟气净化工艺后，脱硫效率达到 97.94%，SO_2 排放浓度小于 20 mg/m³；在没有喷加氨气的情况下，脱硝效率达到 33.33%，烟气 NO_x 排放浓度小于 30 mg/m³，均满足国家环保要求。

B　逆流式净化工艺

逆流式净化工艺中活性炭和烟气逆流式相向接触，烟气由下而上均匀穿过活性炭床层，在活性炭下降过程中，同一截面处活性炭床层的饱和程度一致，最终在烟气进口处达到最大饱和度后排出吸附塔。错流式净化工艺中，由于入口一侧污染物浓度较高，导致活性炭吸附后饱和程度较高。在出口一侧，污染物浓度较低，因此，活性炭吸附后饱和程度较低，导致出口侧活性炭的吸附能力没有得到充分发挥，增加了活性炭的消耗量。而在逆流式工艺中，活性炭与烟气做相向运动，两者接触均匀充分，活性炭从吸附塔顶部装入后，在下降的过程中饱和程度逐渐升高，在水平方向活性炭饱和程度一致，运动至吸附塔底部出活性炭饱和程度达到最大后排出。因此，从净化装置整体设计分析来看，逆流式工艺具有更好的动力学优势，活性炭循环量和消耗量低且脱硫脱硝效率更高。同时，逆流式净化技术可以实现两个脱硫脱硝模块的上下层并联，结构紧凑、占地面积小、投资成本低。近年来，逆流式净化工艺在邢台德龙、河钢乐亭、首钢迁安等烧结机脱硫脱硝环节得以应用，在国内得到了迅速发展。

河北邯钢于 2017 年 6 月首次将逆流式活性炭技术应用于烧结烟气处理，该设备脱硫效率可达 99%，脱硝效率高达 85% 以上，实现了烧结烟气同时脱硫脱硝的技术目标。图 3-31 为邯钢逆流式净化系统，其中，烟气由下而上、活性炭由上而下运动，两者逆向接触，SO_2 经过活性炭的吸附解析作用后，被催化氧化制成浓硫酸。脱硫段结束后，向上升的烟气中喷入氨气，NO_x 在活性炭的催化作用下转化为氮气和水。整个过程完成后，活性炭从吸附塔底部排出，输送到解析塔进行解析后进入系统循环使用。该工艺 NO_x 排放浓度小于 50 mg/m³，脱硝效率高达 85% 以上，SO_2 排放浓度低于 10 mg/m³，脱硫效率高达 99%，均处于国内领先地位[5]。

基于活性炭的干法脱硫脱硝技术不仅具有较高的脱硫脱硝效率，还可根据所处理烟气的需求进行有针对性的孔结构优化和表面改性，应用前景十分广泛。

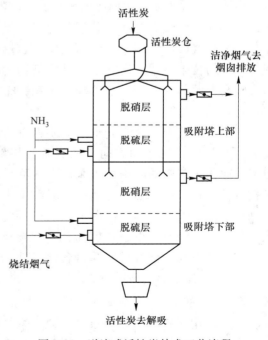

图 3-31　逆流式活性炭技术工艺流程

3.5　冶金废气余热、余压综合利用

通常所说的余热，是以环境为基准，被考察体系排出的热载体可释放的热。余压主要指工业过程中未被利用的压差能量。

工业余热余压主要指经技术经济分析确定的可利用的余热、余能量，通常指在现有条件下有可能回收利用而尚未回收利用的热量或能量。余热余压是一种工业生产过程中大量伴生的、无法储存的、不可推迟的、难以避免的外排能量，如不马上利用，将立即造成污染，这一被动的特性有别于其他形式（生物质、垃圾等）的能量转换。

目前我国工业的余热资源主要来源于高温烟气余热、冷却介质余热、废水废气余热、化学反应余热、可燃废气、废液和废料余热、高温产品和炉渣等余热。余压资源主要存在于高炉的炼铁、气体介质的降压等过程中。在当今的工业过程中，余热资源非常丰富，特别是在钢铁、冶金、化工、水泥、建材、石油与石化、轻工、煤炭等行业，余热资源占其燃料消耗总量的17%~67%，其中可回收利用的余热资源约占余热总资源的60%。有些工业窑炉的高温烟气余热量甚至高达炉窑本身燃料消耗量的30%~60%，利用空间巨大。

3.5.1　余热余压发电原理

目前余热余压资源最有效的利用形式是余热余压发电。余热发电是利用工业窑炉生产过程中连续外排的烟气余热持续加热可循环的液体工质，使之汽化推动汽轮机旋转做功并由其带动发电机发电，从而实现由热能向电能的转换并输出电能。余压发电主要是利用气体介质降压、降温过程中的压差能量及热能驱动透平膨胀机做功，将其转化为机械能，并由其驱动发电机发电从而实现能量的转换并输出电能。

当余热电站仅利用余热来发电时，称为纯余热电站，根据利用的废气余热品位又可进一步分为：纯高温余热电站（余热温度为650℃以上）；纯中温余热电（余热温度为350~650℃）站，纯低温余热电站（废气温度小于350℃时）。由于大部分的废气余热均处于350℃以下，虽纯低温余热电站技术难度较高，但目前纯低温余热电站发展最为迅速，成效最为显著。

3.5.2　余热余压发电优点

（1）典型的清洁生产。余热余压发电不消耗任何燃料及物料，不浪费任何能源，不产生任何污染，同时不改变原生产工艺状况，不牺牲原生产线的能耗，无任何公害。整个热力系统中不燃烧任何一次能源，不会对环境造成二次污染。整个过程零消耗、零排放、零污染。

（2）巨大的节能潜力。

（3）丰厚的经济回报。就目前来讲，对于火电行业，发电原料燃煤约占发电成本的80%，而对于余热余压发电来讲，此项成本为零，电站一旦建成，将长期受益。

（4）显著的环境效益。一是直接形成的，余热发电的废气经余热锅炉后温度大幅度降低从而降低了排入大气的温度，减少了对大气的热污染。二是间接形成的，即余热发电节省了直接燃煤，实质上是减少了对应发电量的燃煤对大气的污染。

（5）突出的资源利用优势。我国是人均资源匮乏的国家，多年来资源的高强度开发及低效利用，加剧了资源供需的矛盾，资源短缺和资源低效利用已成为制约我国经济社会可持续发展的重要瓶颈。余热余压发电是解决可持续发展中合理利用资源和防治污染这两个核心问题的有效途径，既可以缓解资源匮乏和短缺问题，又可以解决环境污染问题，更是缓解资源和环境约束的重要措施。对保障资源的高效、合理利用，促进我国经济"高消耗、高排放、低效率"的粗放发展方式转变具有十分突出的优势。

（6）难得的变废为宝的手段。余热余压发电的显著特点是变废为宝，既可以对废弃资源有效利用，又可以实现节能减排。不仅能为提高能源资源利用效率，优化能源结构，促进资源节约型、环境友好型社会建设起到积极的推动作用，而且其经济效益和社会效益均十分显著。

（7）良好的生产系统优化效果。余热余压发电系统可改善工况条件，优化生产系统。余热发电系统的辅助作用可收集部分工艺生产线烟气的粉尘，降低工艺管道粉尘浓度，减少管道磨损，降低后续除尘负荷及系统运行成本；对于余压发电，TRT装置是高炉系统的一个附属产品，未安装高炉煤气余压透平发电装置的高炉通过减压阀组将高压煤气转换成低压煤气，既浪费了能源，又有巨大的噪声而污染了环境。在安装高炉煤气余压透平发电装置后发电的同时，更好地稳定高炉炉顶压力，保证高炉高效、稳定生产，从而降低冶炼成本，提高高炉的利用系数，产生的TRT附加效益甚至大于TRT效益本身。

3.5.3　冶金企业余热余压的利用情况

钢铁企业是耗能大户，在生产过程中消耗的能源种类繁多，不仅消耗大量的原煤、洗精煤、天然气等一次能源，还需要消耗大量的焦炭、电能、柴油等二次能源。企业在生产过程中产生大量的余热、余压，如其利用率不高，会造成极大的能源浪费，并对环境造成影响。表3-10和表3-11分别为二次能源的种类与品质和各工序二次能源的回收状况。

表 3-10　钢铁企业二次能源的种类与品质

工　序	二次能源的种类	品　　质	国内钢铁工艺利用现状
焦化工序	焦炉煤气	高热值，显热较高	仅回收潜热
	焦炭显热	高温余热	多数钢厂已回收，CDQ技术
	废烟气显热	低温余热	未回收
烧结工序	烧结矿显热	高温余热	一些钢厂回收、余热蒸汽发电
	烧结烟气显热	中低温余热	一些钢厂回收、余热烧结
球团工序	球团矿显热	高温余热	未回收
	竖炉烟气	低温余热	未回收
高炉工序	高炉煤气	热值高，显热低	仅回收潜热
	高炉炉渣显热	高温余热	冲渣水采暖
	高炉炉顶余压	高品质	全部 1000 m³ 以上高炉及部分小高炉
	热风炉烟气显热	中低温余热	煤气、空气双预热

续表 3-10

工 序	二次能源的种类	品 质	国内钢铁工艺利用现状
转炉工序	转炉煤气	高热值、显热较高	回收潜热、湿热
	炉渣显热	高温余热	未回收
轧钢工序	加热炉烟气显热	高温余热	回收显热

表 3-11 各工序二次能源的回收状况

工序	种类	产生量/GJ		回收量/GJ		回收比例/%	国内回收水平/%	所占比例/%	
		吨产品	折吨钢	吨产品	折吨钢			工序	吨钢
焦化	焦炭显热	1.78	0.59	1.42	0.59	80.0	-1.47	16.91	4.14
	COG 显热	7.66	2.55	7.59	2.52	99.0	-7.50	72.89	17.84
	COG 潜热	0.50	0.17	0.11	0.04	21.1	0.11	4.77	1.17
	废烟气显热	0.57	0.19	—	—	—		5.43	1.33
	小计	10.51	3.50	9.45	3.14	89.90		100	24.48
烧结	烧结矿显热	0.62	0.94	0.22	0.33	35.6	-0.15	2.657	6.57
	废气显热	0.45	0.69	—	—	0.0		42.22	4.80
	小计	1.07	1.62	0.22	0.33	20.59		100	11.37
高炉	BFG 潜热	5.29	5.02	5.16	4.90	97.5	4.89	69.80	35.18
	BFG 显热	0.81	0.77	—	—	—		10.73	5.41
	炉顶余压	0.47	0.45	0.47	0.45	100.0	约 0.35	6.25	3.15
	炉渣显热	0.62	0.59	—	—	—		8.19	4.14
	热风炉烟气显热	0.38	0.36	0.21	0.19	53.8		5.03	2.52
	小计	7.58	7.20	5.83	5.54	77.02		100	50.40
转炉炼钢	LDG 潜热	0.90	0.90	0.77	0.77	85.0	0.41	71.58	6.33
	LDG 潜热	0.21	0.21	0.18	0.18	86.9	约 0.10	16.66	1.47
	炉渣显热	0.15	0.15	—	—	—		11.76	1.04
	小计	1.26	1.26	0.95	0.95	75.32		100	8.85
轧钢	加热炉废气显热	0.72	0.70	0.41	0.40	57.1		100	4.91
总计		—	14.28		10.37	72.6			100

通过对烧结、炼铁等生产过程中的余热、余压进行发电和综合利用，并将余能回收用于钢铁生产，使能源得到了高效循环利用，既回收了生产过程中产生的大量能量，又减少了企业外购电能，减少了钢铁生产对环境的污染。

无论选取何种基准温度，各工序二次能源所占钢铁制造流程二次能源总量的比例相差不大，高炉工序二次能源产生量最大，占 50% 以上。

各工序二次能源的理论产生量约为 408.73 kgce/t-s（修正的基准温度下），如果充分利用现有技术，二次能源回收利用率可以达到约 85.6%。

二次能源中，副产煤气占比例最大，约 74.6%，其中 COG 22.29%，BFG 43.66%，LDG 9.02%。若不含煤气和顶压的余热资源约为 104 kgce/t-s。

目前高炉渣、钢渣显热尚无有效回收利用技术；高炉煤气显热、烧结和焦化烟气显热由于工艺操作原因，尚未很好地回收利用。

3.5.3.1 烧结厂废气综合利用情况

在钢铁企业中，烧结工序的总能耗仅次于炼铁，居第二位，一般为钢铁企业总能耗的10%~20%。国内外对烧结余热的回收利用进行了大量的研究，据日本某钢铁厂热平衡测试数据表明，烧结机的热收入中烧结矿显热占28.2%、废气显热占31.8%。由此可见，烧结厂余热回收的重点应为烧结废（烟）气余热和烧结矿（产品）显热回收。

烧结矿余热回收（sinter plant heat recovery）是提高烧结能源利用效率、降低烧结工序能耗的途径之一。烧结系统的显热回收有两部分：一是烧结矿的显热，二是烧结机尾部烟气的显热。目前，烧结废气余热回收利用的方式主要有以下四种：利用余热锅炉产生蒸汽或提供热水，直接利用；用冷却器的排气代替烧结机点火器的助燃空气或用于预热助燃空气；将余热锅炉产生的蒸汽，通过透平及其他装置转换成电力；将排气直接用于预热烧结机的混合料。

烧结的能耗由烧结烟气显热、冷却机废气显热、烧结矿显热、反应热以及辐射热等热耗和驱动设备正常运行的动力消耗两部分组成。冷却机废气和烧结机烟气的显热约占全部热支出的50%，因此，余热回收利用空间很大。尽管烧结烟气和冷却机废气所含显热达总耗热的一半，但其平均温度比较低，仅在150℃左右，温度分布也不均匀。所以能经济有效地利用的仅是烧结机尾部风箱的高温烟气和冷却机给料部的高温废气。可用作点火、保温炉的助燃空气，预热混合料，余热锅炉产蒸汽，余热发电。

A 烧结机烟气余热回收及利用

烧结过程是个热加工过程，烧结层中温度变化随主排风机自上而下抽入空气、烧结台不断前移而变化。其中温度最高烧结过程控制在接近烧结机尾的风箱位置，一般烧结机尾部倒数第二个风箱温度最高。

一般烧结烟气含硫较高，为了确保非回收区的烟气流经机头电除尘器至烧结机主抽风机时，不至于结露，对回收的烟气和非回收的烟气都要严格测算，才能确保烧结机烟气余热回收利用合理。余热回收流程如图3-32和图3-33所示。

余热利用有两种方式：一是热利用，即利用余热来助燃、预热、干燥、供热、供暖等。用作点火炉助燃空气：将冷却机废气除尘后，输送至点火炉空气管道内，以节省点火燃料，一般可节约点火燃料10%以上；预热烧结混合料：在点火炉前设置预热炉，冷却机废气由鼓风机送入预热炉内，对混合料进行预热，以提高混合料温度，降低固体燃料消耗；热风烧结：此方法是在烧结机点火后，继续以300~1000℃热风或热废气向料层提供热量，进行烧结；产生蒸汽供暖、供热，该方法通过余热锅炉产生蒸汽，送至管网供全厂使用。二是动力利用，即将热能用作余热锅炉或其他余热回收装置的热源，生产蒸汽将其转化为电或机械能，如余热发电。

烧结烟气热利用主要停留在生产低品质蒸汽的水平上，此时仍然有大量高温废气或富余低压蒸汽排放，这不仅会对可用能源造成浪费，而且还会对环境造成热污染。而烧结企业对烟气余热进行动力利用，既能有效提高余热回收率，实现企业节能减排，又能提高企业自供电率，取得良好的效益。从能源利用的有效和经济性角度看，利用余热发电是最为有效的余热利用方式。

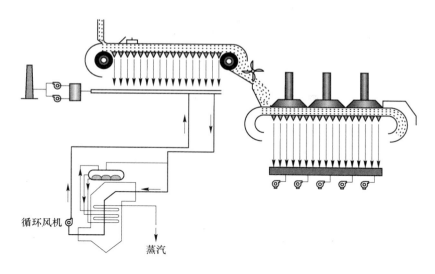

图 3-32　烧结机主排烟气余热利用系统

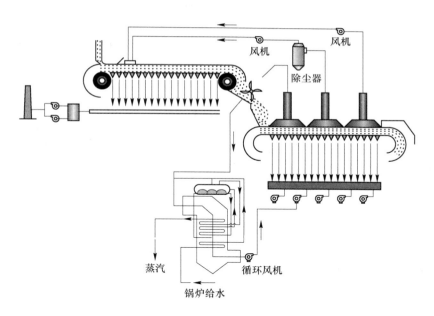

图 3-33　冷却机余热利用系统

a　烧结废气余热用于烧结过程

废气直接用于烧结过程，点火前，将 300 ~ 400 ℃的热气流以 0.7 ~ 1.0 m³/(m²·s)（标态）的空速掠过并预热料层，经过 1 ~ 2 min，表层生料完全干燥后点火。这样，既缩短烧结时间，又因焦炭燃烧温度提高而扩大了烧结带。

图 3-34 为日本某烧结机废气预热生料的流程图。废气取自环冷机的第二个排气筒，回收风机前未设除尘器，300 ℃高温废气分别送预热、点火和保温炉段。技术特点：通常用 300 ℃左右的废气作为点火保温的助燃气，与用常温空气相比可节省 25% ~ 30% 的煤

气消耗量。同时，因焦炭完全燃烧，提高了燃烧效率，降低了消耗量，所以总的效果是焦炭和焦炉煤气的单位消耗分别降低 4.8 kg/t 烧结矿和 1.0 m³/t（标态）烧结矿。

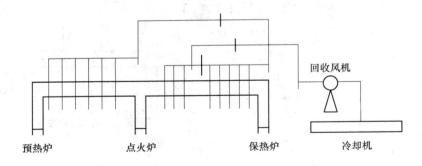

图 3-34　日本某烧结机废气预热生料流程示意图

b　烧结环冷机废气余热锅炉

高温废气从环冷机上部的两个排气筒抽出，经重力除尘器进入余热锅炉进行热交换。锅炉排出的 150~200 ℃的废气由循环风机送回环冷机风箱连通管循环使用，用远程手动操作调节废气量。系统中专设一台常温风机，其作用是当余热回收设备运行时补充系统漏风。余热回收设备不运行而烧结生产仍在进行时，可打开余热回收区的排气筒阀门，启用该风机以保证环冷机的正常运行并使它卸出冷烧结矿的温度低于 150 ℃。

c　烧结主排废气余热锅炉

烧结主排烟气从热回收区抽出经重力除尘处理，进入余热锅炉进行热交换，锅炉排出 150~200 ℃的低温烟气再经循环风机返回烧结机主排烟管。系统中设有旁通管，当最后一个风箱由于漏风而使温度下降时，可将此风箱的烟气送回至前面合适的主排烟管道，以保证抽出的烟气温度在一个较高的水平上，当最后一个风箱温度回升时，这部分烟气可继续回收利用。此外，在热回收区与非回收区之间不设隔板，用远程手动操作调节烟气量，从而保证稳定操作不影响烧结生产，同时确保主电除尘器入口烟气温度在露点以上。

烧结主排废气余热锅炉余热回收工艺流程图如图 3-35 所示。宝钢 495 m² 烧结机主排废气余热回收图如 3-36 所示。

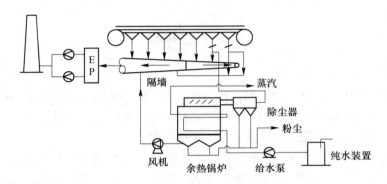

图 3-35　烧结主排废气余热锅炉余热回收工艺流程图

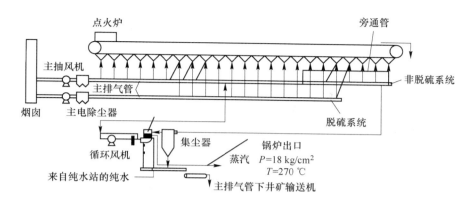

图 3-36 宝钢 495 m² 烧结机主排废气余热回收

d 烧结烟气余热发电

系统组成：烧结机和冷却机余热回收发电系统主要由烟气系统、锅炉热力系统、汽轮发电系统、热工仪表及自动化系统和纯水系统等组成，如图 3-37 所示。

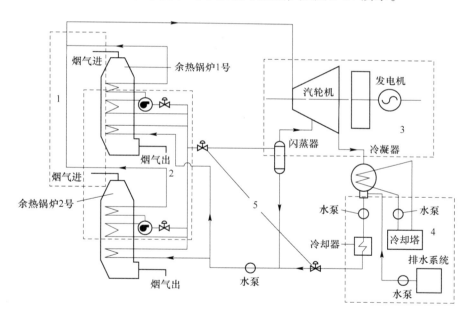

图 3-37 烧结烟气余热发电系统组成

1—烟气系统；2—锅炉热力系统；3—汽轮发电系统；4—纯水系统；5—热工仪表及自动化系统

每台烧结机和冷却机需配备一套烟气回收输送系统。从烧结机和冷却机烟气高温段引出的烟气通过烟气母管送入余热锅炉顶部，经过炉膛，从锅炉下部排出，换热后的烟气通过管道接至风机，加压后，接至烟囱排出，或者尾气采用再循环，作为烧结热风或烧结矿冷却风等用途，实现烟气循环利用。

锅炉热力系统：烧结机和冷却机高温烟气进入余热锅炉，加热受热面中的水，水吸热变为高温高压的蒸汽再进入汽轮机发电，完成联合循环。

汽轮机发电系统：余热锅炉产生的蒸汽通过外网送至汽机间的蒸汽母管，汇合作为主蒸汽送入汽轮机。汽机排汽经过冷凝器后，形成冷凝水，经过冷凝水泵运行抽气器和轴封加热器后，由锅炉给水泵送至余热锅炉。

热工仪表及自动化系统：烧结机和环冷机烟气余热回收工艺过程的实现需要测量、调节、控制、连锁、保护等自动化仪表的控制。包括：汽机间内汽机、发电机组以及相应设施的仪表控制；余热锅炉、除盐水系统和循环水系统等辅助车间的自控。

纯水系统：原水经过滤、脱气、阴阳离子交换处理生成纯水进入纯水箱，纯水经过除氧器、水泵、换热管束和过热器产生过热蒸汽，进入汽轮发电机组发电后，乏汽经冷凝器和凝结水泵返回纯水箱。

下面以某公司烧结余热回收系统为例，介绍烧结机尾部高温段烟气和环冷机烟气余热动力回收工艺流程，如图3-38所示。

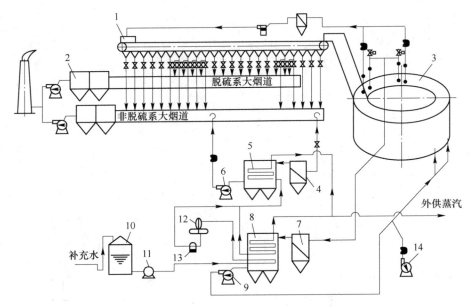

图3-38 某公司烧结余热回收装置工艺流程图

1—烧结机；2—主电除尘器；3—环冷机；4—主排除尘器；5—主排余热锅炉；6—主排引风机；
7—环冷除尘器；8—环冷余热锅炉；9—环冷引风机；10—储水箱；11—补充水泵；
12—除氧器；13—锅炉给水泵；14—备用风机

烧结机尾部烟气余热回收是将烧结机主烟道尾部几个温度较高的风箱的烟气抽出，经除尘器后布置的余热锅炉产生蒸汽，再将换热后的烟气送回主烟道或用于热风烧结。烧结机台车下面设有脱硫烟道和非脱硫烟道，供余热回收的高温烟气是从非脱硫大烟道引出进入余热锅炉。300~400 ℃的烟气把余热锅炉内的软水加热为过热蒸汽后，温度降为170~190 ℃，经引风机、电动蝶阀和烟道（直径为3100 mm）输入非脱硫大烟道，再经电除尘器、主排风机和烟囱排入大气，过热蒸汽经由管网，送至汽轮机发电。在余热锅炉系统发生故障停机时，可以关闭主排余热锅炉前后的电动闸阀和电动蝶阀，确保烧结工艺能继续正常生产。由挡板式除尘器和余热锅炉收集的铁矿粉尘约1 t/h，经两条埋刮板输送机转送至返矿皮带机回收利用。

B 冷却机余热回收的途径

烧结机从烧结矿机尾经过热破碎后卸到冷却机上，卸出的烧结饼温度平均在 500 ~
800 ℃之间。热烧结矿经过冷却机冷却，使得从冷却机排出的烧结矿温度在 150 ℃以下。
热烧结矿在冷却过程中其热能变为废气显热，废气温度随冷却机部位的不同而不同，给矿
部温度最高，在 450 ℃以上，排矿部温度最低。余热可分为高、中、低三个温区分别利
用，高温段余热利用如图 3-39 所示。

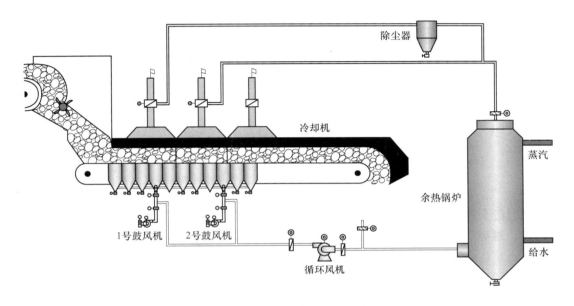

图 3-39 高温段余热利用系统

（1）高温段余热废气能量品位比较高，动力回收形式效率比较高，将热废气的热能
转换为能级较高的电能为回收方式首选。通过余热锅炉将热废气余热转换成蒸汽，再通过
汽轮发电机组有效地转化为电能供烧结厂自用或并入企业电网。

（2）中温段余热利用：中温段余热低于 300 ℃，采用余热锅炉进行回收热效率比较
低，经济性较差，采用直接回收利用更为合理。该段废气为高含氧量的热空气，可以作为
烧结点火助燃空气和热风烧结。热风助燃可以节约能源，高温度助燃空气的显热使烧结温
度得以提高，节省燃料；可以使点火浓度极限范围变宽，从而改善了燃烧，强化和稳定了
点火过程；对于采用高炉煤气等低热值煤气点火的烧结机尤为重要。由于助燃空气温度的
提高，提高了烧嘴的混合喷吹速度，增加了火焰的出口动能，增强了烧嘴火焰的穿透能
力，使高温区更加贴近或侵入点火斜面，加快了垂直点火过程，提高了上层料面保温蓄热
能力。

热风烧结的优点：后序的热风烧结保持和延续了前期热风点火的料层保温和蓄热条
件。热风点火和热风烧结同时应用，则前后两个热工过程的相互促进和温度叠加，对于促
进铁酸钙的生成和厚料层操作十分有利，节能效果十分明显。

冷却机废气烧结点火助燃空气和热风烧结系统如图 3-40 所示。将冷却机中的热废气

抽出经保温送至点火炉直接供点火助燃和点火后的热风烧结，根据冷却机料层上方的压力和管道的阻力损失核算是否需要增加风机。

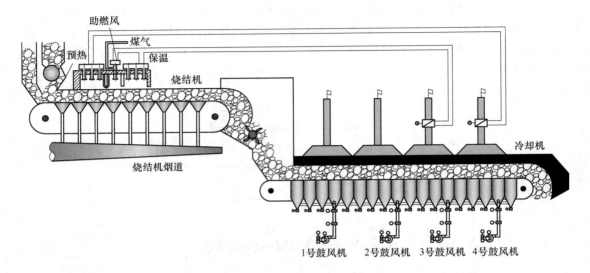

图 3-40   冷却机废气烧结点火助燃空气和热风烧结系统

低温段余热利用：对于低于 200 ℃ 的热废气，可以引至二次混合机和机头布料前混合料矿槽，对烧结前的混合料进行预热，使其达到 65 ℃ 的露点以上。

优点是在烧结过程中，适宜的混合料水分含量为 7% ~ 8%，当混合料温度低于露点时（55 ~ 65 ℃），抽风烧结过程所产生的水蒸气从气态变为液态，使烧结断面的下层混合料水分增加，含水增加所形成的过湿带使混合料料层的透气性变差，恶化烧结过程。因而，提高混合料温度至 65 ℃ 以上，可以减轻烧结机利用系数，提高产量，提高混合料整体温度以降低烧结过程的固体燃料消耗，大幅降低生产成本。

3.5.3.2   炼铁厂废气综合利用情况

高炉炉顶煤气余压发电技术（TRT）是利用炉顶煤气压力和热能使煤气在透平内膨胀做功，推动透平转动，带动发电机发电的技术，回收了压力能和部分热能，是一种既不消耗任何燃料，又不污染环境的高效能源回收技术。

现代高炉炉顶压力高达 0.15 ~ 0.25 MPa，炉顶煤气中存在大量势能。炉顶余压发电技术根据炉顶压力不同，每吨铁可发电 20 ~ 40 kWh。该技术可回收高炉鼓风机所需能量的 30% 左右，实际上回收了原来在减压阀中白白丧失的能量。这种发电方式不消耗任何燃料，发电成本又低，是高炉冶炼工序的重大节能项目，经济效益十分显著。

TRT 工艺有干、湿之分，使用水来降低煤气温度和除尘，并设置 TRT 装置的工艺称为湿式 TRT；而采用干式除尘（布袋或电除尘）并设置 TRT 装置的工艺为干式 TRT。一般说来，不同容积的高炉使用不同类型的 TRT，其经济效果也不同。高炉越大顶压力越高，回收效果越好。TRT 发电在运行良好的情况下，吨铁回收电力可满足高炉鼓风耗电的 30%。目前，国内大多采用的是湿式除尘装置与 TRT 相配，未来的发展趋势是干式除尘配 TRT。TRT 装置如果配有干式除尘，则吨铁回收电力将比湿法多 30% ~ 40%，最高可回收电力约 54 kW·h/t。我国重点大中型企业 1000 m³ 以上高炉都配备 TRT，TRT 普及率达到 100%，其中干式除尘比例达到 30% 左右。

TRT 装置的优点如下：

安装 TRT 装置后，回收能量被用来驱动透平机运转发电，经统计可回收高炉鼓风机所需能量的 30% 左右。这对解决目前钢铁企业电力不足，提高能源综合利用，降低炼铁成本具有重要意义。提高顶压控制水平，TRT 运转后，顶压调节采用计算机自动控制，使高炉炉顶压力更加稳定，为高炉稳定高产创造条件；提高煤气质量，TRT 装置可进一步降低煤气的含尘量，降低煤气中的机械水含量，减少污染；减少了噪声污染，TRT 代替了减压阀组，消除了减压阀组产生的巨大噪声污染，改善了钢铁公司的工作环境。

TRT 装置按煤气干湿情况分干式、湿式及共用型。

湿法 TRT 装置的特点：进口煤气的温度 60 ~ 70 ℃，对高炉煤气的粉尘度要求不是很高，煤气湿度较大。相对于干法 TRT 来讲投资成本小，经济效率低，运行后的维修、保养相对于干法 TRT 要方便。它多了一套静叶喷淋装置和加药系统，对透平机的可调静叶和动叶叶片的冲刷磨损有着很好的保护，不必时常开缸体清理粉尘等大量的工作，且维修、保养成本较低。

干法 TRT 装置的特点：对进口煤气的质量要求较高，包括温度、湿度、粉尘度都有特殊的要求。特别是煤气的粉尘度要求每立方米只有 10 mg。若达不到设计要求，就会冲刷磨损叶片，缸体内部集灰严重，影响运行经济效率，增加维修、保养成本。但干法 TRT 的经济效益高，特别是二合一共用型 TRT，投资成本相对较低，经济效益可观，正在进行大力推广，一般来讲，干法 TRT 发电率高于湿法 TRT 30% 左右。干式 TRT 发展趋势：一是透平机组进气方向已从径流发展到轴流；二是透平叶片型式从冲击式（冲动式）发展到反动式；三是由 TRT 代替调压阀组控制高炉炉顶压力。

共用型 TRT 技术：两座高炉共用一套高炉煤气余压透平发电装置。国内有关企业开发了两座高炉共用一套透平的能量回收装置，利用两座高炉各自的大型阀门系统，把煤气导入同一透平的不同流道，驱动一台发电机发电，使用两套可调静叶同时控制两座高炉的顶压，该机组还可满足一座高炉运行、另一座高炉休风或没有生产的工艺要求。该技术可用于同等规格炉型，也用于不同规格的炉型。两座高炉的高炉煤气经除尘后，分别从两侧进入共用型 TRT，通过机壳导流使气体转成轴向进入叶栅，气体在静、动叶栅组成的各自独立的流道中不断膨胀做功，压力和温度逐级降低，转化为动能使之旋转，带动发电机发电。叶栅出口的气体经过扩压器扩压，以提高其背压达一定值，然后经排气蜗壳从中间排出，进入管道，即两侧进气，中间排气。图 3-41 和图 3-42 分别为湿式和干式 TRT 工艺流程示意图。

3.5.3.3 炼钢厂废气综合利用情况

"负能炼钢"是一个工程概念，20 世纪 70 年代由日本钢铁厂首先提出。其含义是指炼钢过程中回收的能量（煤气和蒸汽）大于炼钢过程中实际消耗的（水、电、风、气等总和）能量。通常，转炉炼钢消耗的能量在 15 ~ 30 kgce/t 钢，而回收煤气和蒸汽的能量可折合 25 ~ 35 kgce/t 钢。因此，转炉工序实现"负能炼钢"，一方面要努力降低炼钢耗能，另一方面要加强能量回收，提高回收效率。

我国转炉煤气回收利用始于 1965 年，直至 2005 年才在一些大型企业普及。目前转炉

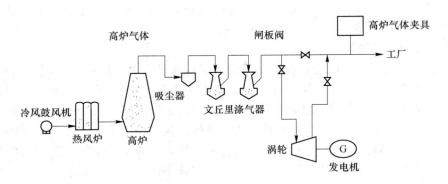

图 3-41　湿式 TRT 工艺流程

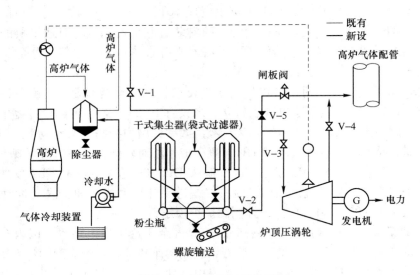

图 3-42　干式 TRT 工艺流程

煤气回收利用水平最高的钢厂可达 110 m³/t 钢，水平差的则低于 60 m³/t 钢。2014 年我国重点钢铁企业转炉煤气平均回收量为 75 m³/t 钢，与日本钢厂普遍高于 110 m³/t 钢的水平相比，还有很大的差距。

　　根据温度的高低，烟气分为高温烟气（≥600 ℃）、中温烟气（230～600 ℃）和低温烟气（<230 ℃）。高温烟气的热能能级较高易于利用，一般都应最大限度地将其转化成机械能，用于动力。中、低温烟气一般需要通过各种热交换设备将烟气的热能传递给不同介质加以利用。

　　A　中、低温烟气回收利用

　　对中、低温烟气来说，根据温度的不同，热能利用的途径主要有动力回收、直接利用和供热泵用三个方面。目前的主要应用有：利用烟气余热预热空气或煤气，通过换热器预热工业炉的助燃空气或低热值煤气；利用烟气余热来预热或干燥物料，可直接节约能源；生产蒸汽或热水。通过余热锅炉回收烟气余热，产生蒸汽或热水，供生产工艺或生活需要；温度在 40 ℃以上的冷却水也可直接用于供暖；余热制冷。用低温余热或蒸汽作为吸收式制冷机的热源，加热发生器中的溶液。

B 高温烟气的余热发电

对高温烟气的余热，采用余热发电更符合能级匹配的原则。根据余热资源的具体条件，高温烟气余热的多级利用，除预热空气以外，同时还可以供余热锅炉产生蒸汽，在进行蒸汽动力回收时，尽可能提高蒸汽参数，采用热电联合循环机组，在发电的同时进行供热；对有一定压力的高温烟气，可先通过燃气轮机膨胀做功，然后再将其排气供给余热锅炉，在余热锅炉中产生的蒸汽还可以供汽轮机膨胀做功，形成燃气-蒸汽联合循环，以提高余热的回收利用率。整个系统可分为烟道蒸汽产生系统、蓄能系统、汽轮发电机系统等。烟道蒸汽产生系统将原有汽化冷却烟道加以改进，提高蒸汽产量和压力，降低湿度，以满足发电需要。转炉烟道产生的蒸汽是周期性、不连续的，必须经过蓄能稳流系统将其变为连续的、参数波动较平缓的蒸汽流，最后，蒸汽通过专用的低参数饱和蒸汽轮机做功发电。

炼钢低压饱和蒸汽发电技术是通过改造炼钢现有烟道蒸汽产生系统，开发应用高效饱和蒸汽蓄能稳压技术和汽轮机机间除湿再热技术等，提高蒸汽压力、产量和干度，将周期性、不连续的蒸汽变为连续的、参数波动平缓的蒸汽，通过专用低参数冲动式低品位热能凝汽式汽轮机发电。

转炉负能炼钢充分释放转炉节能潜力，对转炉能耗中关键参数——煤气回收量及热值、蒸汽回收量及焓值、吹炼氧气消耗、氩气消耗、氮气消耗、转炉炼钢电耗等指标进行采集和对比分析，逐步实现"能量全部回收"，降低氮氩氧气消耗，降低电耗，逐步实现转炉"负能炼钢"。某企业为了将转炉生产过程中产生的煤气全部回收，投资建设收集装置、大口径输送管道，将转炉煤气输送到大型储气柜，供轧钢加热炉和电厂煤气锅炉用。转炉产生的蒸汽、经缓冲装置回收再输送到余热发电机组，回收转炉蒸汽量 35～40 t/h，温度 150～200 ℃，压力 0.8 MPa。该工艺无须补充燃料或其他能源，直接利用低压饱和蒸汽（图3-43）进行发电，从而实现转炉烟道余热蒸汽的全部回收利用。

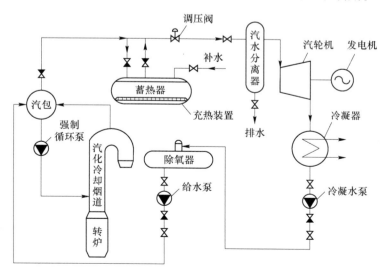

图 3-43 饱和蒸汽发电系统流程

C　从转炉高温烟气中回收热能

JFE 研究利用转炉产生的高温烟气和熔融钢渣中的余热生产 H_2。利用 PCM（phase change material）导热相变材料回收和储存间歇性排放的高温烟气后，作为热源以恒定的温度提供给某一吸热反应。这一系统中，含有 PCM 的反应管安放在炉子上方，如图 3-44 所示。操作期间，反应管内的 PCM 熔融并储存废热。在转炉运行排放废气时，储存的热能供给甲烷和水蒸气的重整反应（$CH_4 + H_2O = CO + 3H_2$，$\Delta H_{298} = 206$ kJ/mol）。JFE 开发的 PCM 球团能储存高温废热，以恒温释放热量，甲烷和水蒸气重整过程使用 PCM 释放的回收热量是可行的。使用热量交换装置进行甲烷和水蒸气的重整反应如图 3-44 所示。

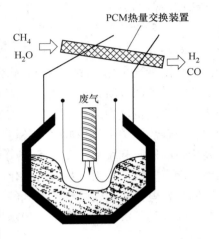

图 3-44　使用热量交换装置进行
甲烷和水蒸气的重整反应

D　电炉余热回收

在电炉冶炼过程中产生大量的高温含尘烟气，其携带的热量约为电炉输入总能量的 11%，有的甚至高达 20%。因此，有效回收高温烟气将会产生巨大的经济效益。

电炉采用的余热回收方法有热管式余热锅炉、汽化冷却余热锅炉、废热锅炉等几种。汽化冷却技术在转炉烟气冷却系统已成功应用将近 50 年，汽化冷却系统是通过汽化冷却烟道的水冷壁管来冷却烟气，一方面降低高温烟气的温度，便于除尘处理；另一方面产生大量蒸汽，达到余热回收的目的。汽化冷却既是一种重要的余热利用设备，同时也是烟气净化必不可少的前置设备。随着全球对环保、节能的高度重视，汽化冷却烟道在电炉冶炼系统中的地位也越显重要，就其技术而言是相当成熟了。

电炉冶炼产生的高温烟气的流量、温度、含尘量等参数，随着电炉冶炼周期的变化而变化，造成烟道工作条件差，热负荷变化大，热强度高。电炉烟气第一类为不回收热能、烟气降温冷却系统，即烟道水冷系统；第二类为回收热能、烟气冷却系统，该类形式有热管式余热锅炉、汽化冷却余热锅炉。

a　全水冷式系统

水冷系统是以满足高温烟气的降温净化为目的，该工艺不能回收利用烟气中的显热，同时还消耗大量冷却水和电能等资源，因此，经济效益比较差。

b　热管式余热锅炉系统

热管是通过密闭真空管壳内工作介质的相变潜热来传递热量，它具有传热能力强，传热效率高的特点。但根据长期的实践证明，热管技术应用于锅炉设备中，普遍存在使用寿命短，换热性能不稳定，较短时间内传热逐渐失效，锅炉热效益逐步降低等一系列问题。

热管余热锅炉由于入口烟气温度不能太高，为此必须兑入大量冷风，大大增加了烟气量；系统阻力增大，则必须加大风机送风能力，运行成本随之增加。同时，系统排烟量增加，降低了余热回收效率。热管自身传热介质的高温性能差，热管锅炉产生的蒸汽品位较低，导致中间缓冲蓄热器不能充分发挥作用，引起蒸汽放散严重，蒸汽利用率低等问题。现代钢铁企业蒸汽用户的压力一般在 0.8 MPa 左右，余热锅炉产生的蒸汽压力在 3.0 MPa 以上，蒸汽的品位较高，这样就可充分发挥中间缓冲蓄热器的作用，回收蒸汽不放散，蒸汽利用率高。国内电炉余热回收情况对比表如表3-12所示。

表 3-12 国内电炉余热回收情况对比表

序号	内 容	单位	钢厂Ⅰ	钢厂Ⅱ	钢厂Ⅲ
1	余热利用形式	—	热管式余热锅炉	热管式余热锅炉	废热锅炉
2	投产日期	—	2007 年	2007 年	2008 年
3	电炉	t	70	50	30
4	铁水比例	%	30～40	35～40	0
5	电炉烟气出口温度	℃	约1300	约1300	600
6	烟气流量	m³/h（标态）	160000～180000	100000	20000
7	余热锅炉入口烟温（设计）	℃	＜800	＜800	＜1600
8	余热锅炉入口烟温（实际）	℃	700	650	600
9	排烟温度	℃	＜200	180	230～300
10	烟气阻力	Pa	约2500	约1000	100
11	锅炉设计压力	MPa	1.6	1.6	1.6
12	产气压力	MPa	≤0.8	0.8～1.35	1.3
13	每炉钢蒸汽量	t	约10	约8	约4
14	蒸汽过热器	—	无	无	有
15	所产蒸汽温度	℃	＜190（饱和）	≤225（饱和）	230（过热）
16	省煤器		省煤器	省煤器	无
17	蓄热器	m³	80	2×250	无
18	蒸汽用户	—	生活（进管网）	部分用于VD	进管网
19	蒸汽放散情况		无	严重	无
20	余热利用装置使用寿命	年	3～5	3～5	15～20
21	除尘系统投资		大	大	小
22	设备运行成本		高	高	低

c 汽化冷却系统

汽化冷却利用汽化冷却管道中水的汽化吸热原理吸收烟气热量，一般分为自然循环系统、强制循环系统和复合式系统（根据烟道不同段的特点分别采用自然循环汽化冷却、强制循环汽化冷却）。

目前国内电炉烟气的余热利用尚不普及。回收利用电炉烟气常用的两种装置是废钢预热器和余热锅炉。从能量质量的角度看，预热废钢回收的热量中可用能较多、能级较高、热价较高；从主体设备的生产工艺来看，也以废钢预热为优。因为电炉炼钢是以炼钢为目的，回收余热预热废钢具有综合效益。20 世纪 80 年代后，日本、德国、美国等国家已普遍在炼钢电炉上推广废钢预热器。其回收的热量可达烟气显热的 30%，相当于电炉输入热量的 6.2%。例如，一台 100 t 电炉废钢预热器的综合效益：废钢平均预热温度可达

200~250 ℃，电能消耗减少 40~50 kWh/t，熔炼时间缩短 5~8 min，电极消耗下降 0.2~0.4 kg/t，电炉热效率达 70%（不预热废钢时，一般为 50%~60%）。但从二者回收能量的总量来看，余热锅炉回收的热能较多，为预热废钢的 2.5 倍。

一般情况下，电炉烟气汽化冷却系统主要由燃烧室、汽化段烟道等部分组成，烟道的布置需根据电炉厂房要求具体调整。因电炉冶炼呈周期性变化，故电炉烟气量和余热锅炉所产蒸汽也呈周期性变化，为稳定余热锅炉对外供蒸汽的稳定性，所产蒸汽将送蒸汽蓄热器站储存，以满足蒸汽用户要求。

电炉烟气汽化冷却回收电炉烟气显热，烟气流程如图 3-45 所示。

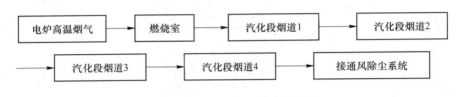

图 3-45   电炉烟气汽化冷却流程

3.5.3.4   轧钢厂废气利用情况

轧钢加热炉排放污染物为煤气（天然气、高炉煤气等）燃烧后产生的废气，烟气温度 90~150 ℃，颗粒物粒径小，工况波动大，煤气的品质和压力波动，烟气中含有颗粒物（30~100 mg/m³）、SO_2（100~300 mg/m³）、NO_x（300~500 mg/m³）和少量 CO，污染物排放对环境造成一定污染。

2019 年 4 月生态环境部、发改委等部门联合发布《关于推进实施钢铁行业超低排放的意见》中指出：轧钢加热炉污染物排放指标在基准含氧量 8%，颗粒物、二氧化硫、氮氧化物小时均值排放浓度分别不高于 10 mg/m³、50 mg/m³、200 mg/m³。目前，我国还缺乏加热炉烟气的颗粒物、SO_2、NO_x 协同治理技术与装备，其已构成重大需求。中钢集团天澄环保科技股份有限公司提出的轧钢加热炉烟气脱硝脱硫除尘协同治理技术，采用"余热升温 + 中高温 SCR 脱硝 + SDS 脱硫 + 袋式除尘"协同工艺（图 3-46），对加热炉排放烟气中的 NO_x、SO_2、颗粒物进行净化。

针对加热炉烟气中 NO_x、SO_2、颗粒物等污染物浓度变化大和烟气温度低而难以控制的问题，提出"余热升温 + 中高温 SCR 脱硝 + SDS 脱硫 + 袋式除尘"协同工艺。针对加热炉煤烟烟气含 CO 问题，从安全角度考虑，提出煤烟间接换热 + 空烟直接混合升温的联合升温的新工艺，该工艺既高效利用了热能，又保证了煤烟侧烟气净化过程的安全性要求，最终达到节能、环保的目的。采用适用于加热炉烟气的中高温催化剂，在适宜烟气温度喷入氨气，与烟气中的 NO_x 进行反应，达到脱除 NO_x 的目的，同时可以有效避免硫酸氢铵的生成，减少设备结垢堵塞。采用适用于加热炉烟气脱硫的小苏打工艺，该工艺是将磨制的小苏打粉在烟气中喷射后迅速分解膨化，增加了比表面积，活性增加，提高脱硫效率。脱硫后烟气无废水产生，脱硫灰随烟气由袋式除尘器收集，此工艺具有节能、运行费用低、固废产生量小等优点。针对加热炉烟气脱硫后粉尘特性，选用由中钢集团天澄环保科技股份有限公司自主研发的直通式袋式除尘器，具有净化性能高、设备运行阻力低、滤袋使用寿命长、排放指标先进等优点。除此之外，整个项目还具有无废水排放、系统简

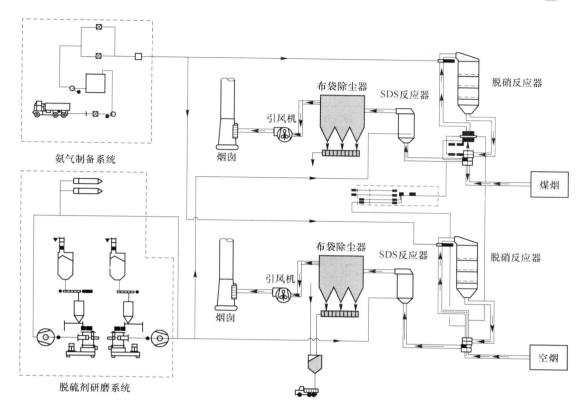

图 3-46 轧钢加热炉烟气脱硝脱硫除尘协同治理技术工艺流程图

单、维护管理方便、脱硫系统能耗低、无"白烟"现象、下游设备无腐蚀现象、系统及烟囱无需防腐处理等优势。

不锈钢酸洗工序产生的废气主要包括硫酸雾、铬酸雾、硝酸雾和氟化物，常见治理措施为湿法喷淋，湿法喷淋一般包括水洗法和碱液中和法，利用酸雾可溶性好的特点，水洗法使酸雾充分与水接触，溶于水中，得以净化；碱液中和法使酸雾充分与碱液接触，酸碱中和，降低酸雾浓度。硫酸酸洗槽挥发出的硫酸雾和硫酸钠电解槽挥发出的铬酸雾，一般浓度低、水溶性好，经湿法喷淋吸收即可达标排放；对于混酸酸洗槽挥发出的混酸雾，其中氟化物水溶性好，可有效被湿法喷淋吸收，但硝酸雾浓度高，NO 水溶性差，因此，湿法喷淋对硝酸雾的净化效率较低，需进一步处理。常见治理措施为在湿法喷淋的基础上增加选择性催化还原处理（SCR）来脱除 NO_x，即利用氨（NH_3）对 NO_x 的还原作用，将 NO_x 还原为氮气和水，SCR 对 NO_x 脱除效率高，可维持在 70% ~ 90%，而且整个工艺产生的二次污染物质很少。但混酸酸雾中的氢氟酸会毒化催化剂，严重影响催化还原效果，因此，前道湿法喷淋去除氟化物的措施必不可少。

湿法喷淋措施可采用洗涤塔或填料洗涤塔型式，在塔中酸雾由塔体下部入口进入，经过填料层与喷淋的水或碱液发生气、液两相接触，经过充分的热、质交换后，酸类物质被水吸收或被碱液吸收中和，流入塔底得到收集；气体则经除雾器去除水雾、液滴后，高空排放。经过喷淋处理后的硝酸雾采用 SCR 处理系统脱硝，该系统主要设备包含气液分离器、换热器、燃烧室、SCR 反应器/催化模块保护系统、液氨汽化及减压装置、排放检测系统和排放烟囱等。NO$_x$ 废气经过预热、换热、与氨气混合、在 SCR 反应器进行催化反应，最后经 SCR 出口 NO$_x$ 分析仪对 NO$_x$ 含量进行分析，低于 NO$_x$ 排放标准的废气经换热器换热后由烟囱排出。酸洗工序废气治理措施流程详如图 3-47 所示。

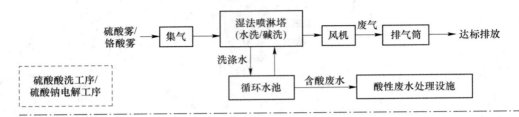

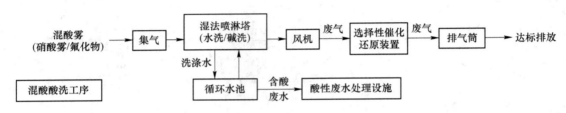

图 3-47　酸洗工序废气治理措施

参 考 文 献

[1] 张红艳，魏春燕，郑秀丽，等．浅谈大气污染的危害、来源及防治措施 [J]．能源与环境科学，2013 (1)：191．

[2] 何承力．大型回转窑烟气除尘及余热利用 [J]．贵州环保科技，1998，4 (2)：42-45．

[3] 周立祥．固体废弃物处理处置与资源化 [M]．北京：中国农业出版社，2007．

[4] 郝冉，李辉，孙丽梅．大气污染的危害及防治措施 [J]．工业安全与环保，2005，31 (6)：27．

[5] 张朝晖，李林波，韦武强，等．冶金资源综合利用 [M]．北京：冶金工业出版社，2011．

[6] 杨晓东，张玲，姜德旺，等．钢铁工业废气及 PM2.5 排放特性与污染控制对策 [J]．工程研究——跨学科视野中的工程，2013，5 (3)：240-251．

[7] 曲梁军．余热余压发电浅析 [J]．资源节约与环保，2012 (3)：39-40．

[8] 杨姣姣．活性炭纤维氧化改性后的脱硫性能研究 [D]．太原：太原理工大学，2019．

[9] Zhang K, He Y, Wang Z, et al. Multi-stage semi-coke activation for the removal of SO$_2$ and NO [J]. Fuel, 2017, 210: 738-747.

[10] 汪庆国，朱彤，李勇．宝钢烧结烟气活性炭净化工艺和装备 [J]．钢铁，2018，53 (3)：87-95．

[11] 向思羽，张朝晖，邢相栋，等．烧结烟气脱硫脱硝活性炭的研究进展 [J]．钢铁研究学报，2023，35 (3)：233-246．

[12] 卢建光，阎占海，邵久刚，等．逆流式活性炭净化烟气工艺在邯钢烧结机的应用 [J]．中国钢铁业，2019，3：52-55．

[13] 中钢天澄．轧钢加热炉烟气脱硝脱硫除尘协同治理技术及应用 [N]．世界金属导报，2021，12．

[14] 郑敏．轧钢企业酸洗工序废气和废水治理研究 [J]．新型工业化，2022，12 (1)：220-221，223．

4 冶金废水资源综合利用

本章数字资源

冶金工业为能源、资源密集型产业，行业水耗占总水耗 10% 左右，废水总排放占工业总废水总排放量的 14%。水资源是一种有限的、可再生的自然资源，也是一种有限的环境资源，水资源利用不仅要适应水资源量再生能力的要求，还要适应水体生态环境的自净能力的要求。随着我国城市化进程加快，钢铁产业规模的扩张，钢铁企业对区域水资源和水环境的影响有所增加，国家和社会对其环境影响关注度增强，必须做好冶金废水的治理工作，并采用科学合理的方式处理冶金废水。

4.1 水体污染的基本概念

水体是地表水圈的重要组成部分，指的是以相对稳定的陆地为边界的天然水域，包括有一定流速的沟渠、江河和相对静止的塘堰、水库、湖泊、沼泽，以及受潮汐影响的三角洲与海洋。把水体当作完整的生态系统或综合自然体来看待，其中包括水中的悬浮物质、溶解物质、底泥和水生生物等。

污染物进入河流、湖泊、海洋或地下水体后，当其含量超过了水体自然净化能力，就会使水体的水质和水体的物理、化学性质或生物群落组成发生变化，从而降低水体的使用价值和使用功能的现象被称作为水体污染。水体污染最初主要是自然因素造成的，如地表水渗漏和地下水流动将底层中某些矿物溶解，使水中的盐分、微量元素或放射性物质浓度偏高而使水体恶化。在当前条件下，工业、农业和交通运输高速发展，人口大量集中于城市，水体污染主要是人类生产和生活活动造成的。

在冶金过程中所使用的水，当其丧失了使用价值时，将废弃外排，称这种被废弃外排的水为冶金废水。此种废水和各种工业废水一样，它们的成分、性质都十分复杂。用肉眼观察只能对它的某些物理性状得到一些感性的认识。要认识和控制废水的水质，必须通过水质分析，已确定的表示水质污染的重要指标有：有毒污染物、耗氧污染物、悬浮物、pH 值、感观污染物等。

4.1.1 冶金废水的来源、特点及处理原则

钢铁工业用水量很大，钢铁废水主要包括矿山废水、选矿厂废水、烧结厂废水、焦化厂废水、炼铁厂废水、炼钢厂废水、轧钢厂废水等，上述废水中主要含有酸、碱、酚、氰化物、石油类及重金属等有害物质，若不经处理外排，将会加重环境污染负荷，导致环境恶化。

（1）焦化废水。这是焦化厂产生的废水，其特点是含有高浓度酚。焦化废水中的酚可回收利用，常用溶剂萃取法和气提法，对蒸氨后废水进行冷却，作为洗氨补充水循环使用。对于生化系统产生的外排水，可将其稀释用于焦炉熄焦补充水。

（2）烧结废水。烧结厂废水主要来自湿式除尘排水、冲洗地坪水和设备冷却排水。烧结厂废水主要目标是去除悬浮物，技术难点在于污泥脱水，因污泥含铁品位较高，沉淀较快，但有一定黏性，故使脱水困难。

（3）高炉煤气洗涤水。高炉煤气洗涤水是炼铁厂的主要污水，其特点是含有大量的固态悬浮物和杂质。这类废水需进行悬浮物去除、水质稳定、冷却处理以达到水的循环使用。目前大型炼钢厂在污水中投加混凝剂，沉淀池采用轴流式，沉淀污泥经浓缩和过滤脱水为滤饼，可作为烧结原料，处理后废水可循环使用。

（4）转炉烟气废水。转炉烟气废水是炼钢厂的主要污水，含有大量悬浮物。这类废水主要采用自然沉降、絮凝沉淀和磁力分离的处理方法，处理后废水可以进入循环水系统。

（5）轧钢废水。热轧废水主要污染物为氧化铁皮、悬浮物和油类。热轧废水主要采用药剂混凝沉淀以去除悬浮物和油类，经冷却后循环使用；冷轧废水主要污染物为悬浮油、乳化油等，悬浮油需用刮油机除去，含乳化油废水必须破乳，然后浮选除去油；另外，还有钢材酸洗废水，其中主要含酸和铁盐。

钢铁工业废水中主要含有酸、碱、酚、氰化物、石油类及重金属等有害物质，这些废水如果不达标外排，造成的危害很大，必须进行治理。

冶金废水治理的原则：

（1）首先压缩用水量，积极研究采用不排污或少排污的工艺；

（2）同时要重复利用，实施清浊分流，一水多用，梯级利用，提高循环率，回收余热；

（3）把生产过程排出的废水及其污染物作为有用资源加以回收利用，并实行高度循环或闭路循环。

4.1.2 冶金废水的危害

冶金过程产生的废水在土壤、人体、农植物、水生生物中逐渐累积并通过食物链进行传递，对环境的毒性影响很强。

（1）酚及其化合物。冶金工业含酚废水主要来自焦化厂，高炉煤气洗涤水也含有酚。酚类化合物有较大的毒性，它可以使蛋白质凝固，其溶液极易被皮肤吸收，而使人中毒。高浓度酚可引起剧烈腹痛、呕吐和腹泻、血便等症状，重者甚至死亡。低浓度酚可引起积累性慢性中毒，有头痛、头晕、恶心、呕吐、吞咽困难等反应。

酚污染严重影响水产品的质量，会使贝类减产、海带腐烂等；酚的毒性还可以抑制一些微生物如细菌、海藻等的生长；用含酚浓度较高的废水直接灌溉农田，会引起农作物枯死和减产，特别是在播种期和幼苗发育期，会使幼苗霉烂。

（2）氰化物。冶金工业的氰化物主要来自选矿废水、高炉煤气洗涤水。水中大多数氰化物是氢氰酸，毒性很大。氰化物对鱼类的毒性较大，当氰离子（CN^-）的浓度为 $0.04 \sim 0.1$ mg/L 时，就可使鱼类致死。除此之外，氰化物对细菌也有毒害作用能影响废水的生化处理过程。

（3）悬浮物。水中含有大量的悬浮物，会妨碍水中生物的正常生长。悬浮物的有机物还会腐败变质，散发出难闻气味，破坏环境。大量的悬浮物沉积于河底、海底，有可能对航运带来不利影响。

（4）重金属离子。含有各种重金属离子的污水排入天然水体会破坏水体环境，危害渔业和农业生产，污染饮用水源。

4.2 冶金废水处理基本方法

冶金废水处理方向：

（1）发展和采用不用水或少用水及无污染或少污染的新工艺、新技术，如用干法熄焦、炼焦煤预热、直接从焦炉煤气脱硫脱氰等。

（2）发展综合利用技术，如从冶金工业废水废气中回收有用物质和热能，减少物料燃料流失。

（3）根据不同冶金工业废水水质要求，综合平衡，串流使用，同时改进水质稳定措施，不断提高水的循环利用率。

（4）发展适合冶金工业废水特点的新的处理工艺和技术，如磁法处理钢铁废水，具有效率高、占地少、操作管理方便等优点。

4.2.1 物理法处理

物理法是通过物理或机械作用分离或回收废水中不溶解的、呈悬浮状态的污染物的废水处理方法。根据其固液分离的原理可分为两类：一类是废水受到限制，悬浮物质在水流动中被去除，前提是悬浮物与水存在密度差，如重力沉淀、离心和气浮等；另一类是悬浮物质受到一定限制，废水流走而将悬浮物阻挡，这取决于阻挡悬浮物的介质，如格栅、筛网和各类过滤过程。物理法也称机械处理法，常用的有过滤法、沉淀法、气浮法和离心分离法。

4.2.1.1 过滤法

过滤法是去除悬浮物，特别是去除浓度比较低的悬浊液中微小颗粒的一种有效方法。过滤法主要分为阻力截留法和粒状介质过滤法两大类。阻力截留法主要是借助处理设备的孔隙来阻挡和截留废水中的悬浮固体，如格筛过滤、微孔过滤和膜过滤等。粒状介质过滤法主要是利用粒状介质填料层净化废水，就净化机理而言，不同的粒状介质有着不同的作用，大体可分为活性粒状介质与半活性粒状介质两大类。在污水处理中，过滤法常作为吸附、离子交换、膜分离法等的预处理手段，也作为生化处理后的深度处理，使滤后水达到回用的要求。

废水处理过程中的过滤依靠滤池实现。过滤的过程是：当废水进入滤料层时，较大的悬浮物颗粒被截留下来，而较微细的悬浮颗粒则通过与滤料颗粒或已附着的悬浮颗粒接触，产生吸附和凝聚而被截留下来。一些附着不牢的被截留物质在水流作用下，随水流到下一层滤料中去，或者由于滤料颗粒表面吸附量过大，孔隙变得更小，致使水流速度增大，在水流的冲刷下，被截留物也能被带到下一层。因此，随着过滤时间的增长，滤层深处被截留的物质越来越多，甚至随水带出滤层，使出水水质变差。

4.2.1.2 沉淀法

沉淀是水中的可沉固体物质在重力作用下下沉，从而与水分离的过程。水中的悬浮颗粒，因两种力的作用而发生运动：悬浮颗粒受到的重力，水对悬浮颗粒的浮力。重力大于浮力时，下沉；两力相等时，相对静止；重力小于浮力时，上浮。沉淀法一般适用于去除 $100~\mu m$ 以上的颗粒。胶体不能用沉淀法去除，需经混凝处理，使颗粒变大后去除。根据废水中可沉物质的性质、凝聚性能的强弱及其浓度的高低，沉淀可分为四种类型。

A 自由沉降

自由沉降也称离散沉降，是一种无絮凝倾向或弱絮凝倾向的固体颗粒在稀溶液中的沉降。由于悬浮固体浓度低，颗粒间不发生聚合，因此，在沉降过程中颗粒的形状、粒径和密度都保持不变，各自独立地完成沉降过程。

B 絮凝沉降

絮凝沉降是一种絮凝性颗粒在稀悬浮液中的沉降。虽然废水中的悬浮固体浓度也不高，但在沉降过程中各颗粒之间互相聚合成较大的絮体，因而颗粒的物理性质和沉降速度不断发生变化。

C 成层沉降

成层沉降也称集团沉降。当废水中的悬浮物浓度较高，颗粒彼此靠得很近时，每个颗粒的沉降都受到周围颗粒作用力的干扰，但颗粒之间相对位置不变，成为一个整体的覆盖层共同下沉。此时，水与颗粒群之间形成一个清晰的界面，沉降过程实际上就是这个界面的下沉过程。由于下沉的覆盖层必须把下面同体积的水置换出来，二者之间存在着相对运动，水对颗粒群形成不可忽视的阻力，因此，成层沉降又称为受阻沉降。化学混凝中絮体的沉降及活性污泥在二次沉淀池中的后期沉降即属于成层沉降。

D 压缩过程

当废水中的悬浮固体浓度很高时，颗粒之间互相接触，彼此支撑。在上层颗粒的重力作用下，下层颗粒间隙中的水被挤出界面，颗粒相对位置发生变化，颗粒群被压缩。活性污泥在二次沉淀池泥斗中及浓缩池内的浓缩即属于此过程。

4.2.1.3 气浮法

气浮法是一种有效的固液和液液分离的方法，利用高度分散的微小气泡作为载体去黏附废水中的污染物，常用于那些颗粒密度接近或小于水的细小颗粒的分离。在水处理中，水和废水的气浮法处理是将空气以微小气泡形式通入水中，使微小气泡与在水中悬浮的颗粒黏附，形成水—气—颗粒三相混合体系，颗粒黏附上气泡后，密度小于水即上浮水面，从水中分离，形成浮渣层。冶金工程气浮法处理工艺必须满足以下基本条件：一是向水中提供足够量的细微气泡；二是使污水中的污染物质能形成悬浮状态；三是必须使气泡与悬浮的物质产生黏附作用。

气浮过程包括气泡产生、气泡与颗粒（固体或液滴）附着以及上浮分离等步骤。按照气泡产生的方法，气浮法分为电解气浮法、分散空气气浮法、溶解空气气浮法。

电解气浮法是将正负相间的多组电极浸泡在废水中，当通以直流电时，废水电解，正负两极间产生的氢和氧的细小气泡黏附于悬浮物上，将其带到水面而分离。电解气浮法产生的气泡小于其他方法产生的气泡，故特别适用于脆弱絮状悬浮物。由于电耗高、操作运行管理复杂及电极结垢等问题，较难用于大型生产。

分散空气气浮法又包括微气泡曝气气浮法和剪切气泡气浮法：前者是将压缩空气引入

靠近池底处的微孔板，并被微孔板的微孔分散成细小气泡；后者将空气引入一个高速旋转混合器或叶轮机的附近，通过高速旋转混合器的高速剪切，将引入的空气切割成细小气泡。溶解空气气浮法从溶解空气和析出条件来看，分为真空气浮法和加压溶气气浮法。真空气浮法是空气在常压下溶解，真空条件下释放，其优点是无压力设备，缺点是溶解度低，气泡释放有限，需要密闭设备维持真空，运行维护困难。加压溶气气浮法是空气在加压条件下溶解，常压下使过饱和空气以微小气泡形式释放出来，需要溶气罐、空压机或射流器、水泵等设备（图4-1）。

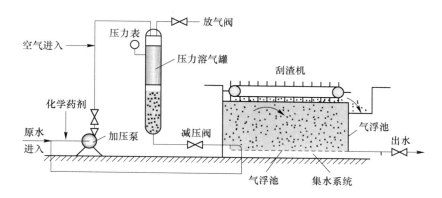

图4-1　部分溶气气浮工艺流程

与沉淀法相比，气浮法具有如下特点：

（1）由于气浮池的表面负荷高，水在池中停留时间短，而且池深只需 2 m 左右，故占地较少，节省基建投资。

（2）气浮池具有预曝气作用，出水和浮渣都含有一定量的氧，有利于后续处理或再用，泥渣不易腐化。

（3）对那些很难用沉淀法去除的低浊含藻水，气浮法处理效率高，甚至还可去除原水中的浮游微生物，出水水质好。

（4）浮渣含水率低，一般在96%以下，比沉淀池污泥体积少，这对污泥的后续处理有利，而且表面刮渣也比池底排泥方便。

（5）可以回收利用有用物质。

（6）气浮法所需药剂量比沉淀法节省，但气浮法电耗较大，处理每吨废水比沉淀法多耗电 0.02 ~ 0.04 kWh。

4.2.1.4　离心分离法

物体高速旋转时会产生离心力场。利用离心力分离废水中杂质的处理方法称为离心分离法。废水作高速旋转时，由于悬浮固体和水的质量不同，所受的离心力也不相同，质量大的悬浮固体被抛向外侧，质量小的水被推向内层，这样悬浮固体和水从各自出口排出，从而使废水得到处理。

4.2.2　化学法处理

化学法是通过向被污染的水体中投加化学药剂，利用化学反应来分离和回收污水中的胶体物质和溶解性物质等，从而回收其中的有用物质，降低污水中的酸碱度、去除金属离子、氧化某些有机物等。这种处理方法可使污染物质和水分离，也能够改变污染物质的性质，可以达到比简单的物理处理方法更高的净化程度。化学法通过化学反应方程式来计算所需投加的药量，不容易造成浪费，而且操作技术容易实现，水量少时可以进行简单的手工操作，水量大时可以采用大型设备进行自动化操作。化学法包括中和法、化学沉淀法、化学混凝法、氧化还原法等。

由于化学处理法常需要采用化学药剂或材料，所以处理费用较高，运行管理也较为严格。通常，化学处理还需要与一定的物理处理法联合使用。化学处理方法的适用范围及处理对象如表 4-1 所示。

表 4-1 化学处理方法的适用范围及处理对象

处 理 方 法	适 用 范 围	处 理 对 象
化学沉淀法	溶解性重金属离子如 Cr、Hg 和 Zn	中间或最终处理
化学混凝法	胶体、乳状油	中间或最终处理
中和法	酸、碱	最终处理
氧化还原法	溶解性有害物质，如 CN^-、S^{2-} 和染料等	最终处理
化学消毒	水中的病毒细菌等	最终处理

4.2.2.1 中和法

在废水中加入酸或碱进行中和反应，调节废水的酸碱度（pH 值），使其呈中性或接近于中性或适宜于下一步处理的 pH 值范围。含酸废水和含碱废水是两种重要的工业废液，一般而言，酸含量大于 5%，碱含量大于 3% 的高浓度废水称为废酸液和废碱液，这类废液首先要考虑采用特殊的方法回收其中的酸和碱。酸含量小于 3% 或碱含量小于 1% 的酸性废水与碱性废水，回收价值不大，常采用中和处理方法，使其 pH 值达到排放废水的标准。冶金生产过程产生的废水，其中可能含有酸也可能含有碱，部分酸性废水中含有必须除去的重金属盐。为了防止净化设备腐蚀，避免破坏水和生物池中的生化过程，以及防止从废水中沉淀出重金属盐等，无论酸性还是碱性废水都要进行中和处理。最典型的反应是氢离子和氢氧根离子之间的反应，生成难解离的水。

选择中和方法时应考虑以下因素：

（1）含酸或含碱废水所含酸类或碱类的性质、浓度、水量及其变化规律。

（2）首先应寻找能就地取材的酸性或碱性废料，并尽可能地加以利用。

（3）本地区中和药剂或材料（如石灰、石灰石等）的供应情况。

（4）接纳废水的水体性质和城市下水管道能容纳废水的条件。

4.2.2.2 化学沉淀法

化学沉淀法是将要去除的离子变为难溶的、难解离的化合物的过程。化学沉淀法的处理对象主要是重金属离子（铜、镍、汞、铬、锌、铁、铅、锡）、两性元素（砷、硼）、碱土金属（钙、镁）及某些非金属元素（硫、氟等）。主要的化学沉淀工艺有：

（1）投加化学药剂，生成难溶的化学物质，使污染物以难溶沉淀的形式从液相中分离析出。

（2）通过凝聚、沉降、浮选、过滤、吸附等方法将沉淀从溶液中分离出来。

4.2.2.3 化学混凝法

各种污水都是以水为分散介质的分散体系。根据分散粒度的不同，污水可分为三类：分散粒度在 0.1~1 nm 间的称为真溶液；分散粒度在 1~100 nm 之间称为胶体溶液；分散粒度大于 100 nm 称为悬浮液，可以通过沉淀或过滤去除。部分胶体溶液一般用混凝法来处理。

混凝就是在污水中预先加化学试剂（混凝剂）来破坏胶体的稳定性，使污水中的胶体和细小悬浮物由于碰撞或聚合搭接而形成可分离的絮凝体，再用下沉或上浮法分离去除的过程。混凝可降低废水的浊度、色度，除去多种高分子物质、有机物、某些重金属毒物和放射性物质等，因此，在废水处理中得到广泛应用。混凝分为凝聚和絮凝两种过程，凝聚是瞬时的，絮凝则需要一定的时间让絮体长大。

4.2.2.4 氧化还原法

氧化还原法属于化学处理方法，是将废水中有害的溶解性污染物质在氧化还原反应的过程中被氧化或被还原，转化为无毒或微毒的新物质或转化为可以从污水中分离出来的气体或固体，从而使水得到净化处理的目的。

化学氧化还原法的运行费用较高，因此，目前的化学氧化还原法仅用于饮用水的处理、特种工业用水的处理、有毒工业污水处理和以回收为目的的污水深度处理等情况。

4.2.3 物理化学法处理

在工业污水的治理过程中，利用物质由一相转移到另一相的传质过程来分离污水中的溶解性物质，回收其中的有用成分，从而使污水得到治理的方法被称为物理化学处理法。尤其当需要从污水中回收某种特定的物质或是当工业污水中含有有毒有害且不易被微生物降解的物质时，采用物理化学处理方法最为适宜。物理化学处理法又简称物化法，常用的物理化学处理法有吸附法、膜分离法、萃取法、蒸发法、结晶法等。

4.2.3.1 吸附法

吸附法是将废水通过多孔性固体吸附剂，使废水中溶解性有机或无机污染物吸附到吸附剂上的废水处理技术。吸附法主要用于脱除水中微量污染物，包括脱色、除臭味、脱除重金属、各种溶解性有机物、放射性元素等。在处理流程中，吸附法可作为离子交换、膜分离等方法的预处理，去除有机物、胶体物和余氯等，也可作为二级处理后的深度处理手段，保证回用水的质量。利用吸附法进行水处理，具有适应范围广、处理效果好、可回收有用物料、吸附剂可重复使用等优点，但对水预处理要求较高，运转费用较贵，系统庞大，操作较麻烦。

吸附机理：固体表面的分子或原子受力不均衡而具有剩余的表面能，当某些物质碰撞固体表面时，受到这些不平衡力的吸引而停留在固体表面上，这就是吸附。固体称为吸附剂，被固体吸附的物质称为吸附质，吸附的结果是吸附质在吸附剂上浓集，吸附剂的表面能降低。

吸附剂与吸附质之间的作用力除了分子之间的引力以外还有化学键力和静电引力。根据固体表面吸附力的不同，吸附可分为物理吸附、化学吸附和离子交换吸附三种类型。

A　物理吸附

吸附剂和吸附质之间通过分子间力（即范德华力）产生的吸附为物理吸附。由于分子引力普遍存在于各种吸附剂与吸附质之间，因此，物理吸附是一种常见的吸附现象，没有选择性。吸附质并不固定在吸附剂表面的特定位置上，而是能在界面范围内自由移动，因而其吸附的牢固程度不如化学吸附。物理吸附的吸附速度和解吸速度都很快，易于达到平衡，主要发生在低温状态下，过程放热较小，可以是单分子层或多分子层吸附。影响物理吸附的主要因素是吸附剂的比表面积和细孔分布。

B　化学吸附

吸附剂和吸附质之间发生化学作用，产生化学键力引起的吸附称为化学吸附。吸附释放热量较大，与化学反应的反应热相近。化学吸附有选择性，即一种吸附剂只对某种或特定几种物质有吸附作用，一般为单分子吸附。这种吸附与吸附剂的表面化学性质和吸附质的化学性质有密切的关系。化学吸附因结合牢固，再生较困难，必须在高温下才能脱附，脱附下来的可能还是原吸附质，也可能是新的物质。利用化学吸附处理毒性很强的污染物更安全。

C　离子交换吸附

离子交换是指溶质的离子由于静电引力作用聚集在吸附剂表面的带电点上，并置换出原先固定在这些带电点上的其他离子。影响交换吸附势的重要因素是离子电荷数和水合半径的大小。

物理吸附和化学吸附随着条件的变化而相伴发生，在一定条件下也可以相互转化的。同一物质，可能在较低温度下进行物理吸附，而在较高温度下所经历的往往是化学吸附。在实际的吸附过程中，几类吸附往往同时存在，在废水处理过程中，多数情况下是几种吸附综合结果。

4.2.3.2　离子交换法

离子交换法是一种借助于离子交换剂上的离子和水中的离子进行交换反应而除去水中有害离子的方法。在工业废水处理中，该方法主要用于回收贵重金属离子，也可用于放射性废水和有机废水的处理。

离子交换法具有去除率高、可浓缩回收有用物质、设备较简单、操作控制容易等优点。但目前应用范围还受到离子交换剂品种、性能、成本的限制，对预处理要求较高。

离子交换的工艺过程是在装有离子交换剂的交换柱中以过滤方式进行的，整个工艺过程包括交换、反冲洗、再生和清洗四个阶段。这四个阶段依次进行，形成不断循环的工作周期。

（1）交换阶段是利用离子交换树脂的交换能力，从废水中分离脱除需要去除的离子的操作过程。

（2）反冲洗阶段是在离子交换树脂失效后，逆向通入冲洗水和空气。其目的一是松动树脂层，使再生液能均匀渗入层中，与交换颗粒充分接触；二是把过滤过程中产生的破碎粒子和截流的污染物冲走。冲洗水可以用自来水或废再生液，树脂层在反冲洗时要膨胀30%～40%，经反冲洗后，便可进行再生。

（3）固定床交换柱的再生方式有两种：再生阶段的液流方向和过滤阶段相同的称为

顺流再生，方向相反的称为逆流再生。顺流再生的优点是设备简单、操作方便、工作可靠，但缺点是再生剂用量大，再生后的树脂交换容量低，出水水质差。逆流再生的再生剂用量少，树脂再生度高，获得的工作交换容量大，但缺点是再生时为了避免扰动滤层，限制了再生液的流速，延长了再生时间。为了克服这一缺陷，需要设置孔板、采用空气压顶等措施，造成设备较为复杂、操作麻烦等缺点。

（4）清洗的目的是洗涤残留的再生液和再生时可能出现的反应产物。通常清洗的水流方向和过滤时一样，也称为正洗。清洗的水流速度应先小后大，后期应特别注意掌握清洗终点的 pH 值，避免重新消耗树脂的交换容量。

4.2.3.3　萃取法

萃取法是用与水不互溶，但能良好溶解污染物的萃取剂，使其与废水充分混合接触后，利用污染物在水和溶剂中的溶解度或分配比的不同，来达到分离、提取污染物和净化废水的目的的一种方法。采用的溶剂称为萃取剂，被萃取的污染物称为溶质。萃取法的实质是利用溶质在水中和有机溶剂中的溶解度有着明显的不同来进行组分分离，只有溶质在溶剂中的溶解度远大于其在水中的溶解度时，溶质才能从水中转到溶剂中去。

4.2.3.4　电解法

电解法是利用直流电进行溶液氧化还原的过程。污水中的污染物在阳极被氧化，在阴极被还原，或者与电极的反应产物相作用，转化为无害成分被分离除去，或形成沉淀析出或生成气体逸出，电解法处理废水是利用电极与废水中有害物质发生电化学作用而消除其毒性的方法，是一种电化学过程，是在电镀原理的基础上发展起来的。

4.2.3.5　膜分离法

膜分离法是利用特殊的薄膜对液体中的某些成分进行选择性透过的方法。溶剂透过膜的过程称为渗透，溶质透过膜的过程称为渗析。常用的膜分离方法有扩散渗析、电渗析、反渗透、超滤和液膜等。

膜分离的作用机理往往用膜孔径的大小为模型来解释，实质上，它是由分离物质间的作用引起的，与膜传质过程的物理化学条件以及膜与分离物质间的作用有关。膜分离过程不发生相变，分离过程在常温下进行，装置简单、操作容易、易控制、易维修且分离效率高。作为一种新型的水处理方法，与常规水处理方法相比，具有占地面积小、适用范围广、处理效率高等特点。

4.2.4　生物化学法

生物化学法是利用自然界中存在的微生物，利用微生物的代谢作用，将污水中有机杂质氧化分解，并将其转化为无机物的功能的方法，要采取一定的人工设施，创造出适合微生物生长繁殖的环境，加速微生物产生及其新陈代谢的生理功能，从而使有机物得以降解、去除。

在好氧条件下，有机污染物质最终被分解成 CO_2、H_2O 和各种无机酸盐；在厌氧条件下污染物质最终形成 CH_4、CO_2、H_2S、H_2O 以及有机酸和醇等。生物化学法根据微生物的生长环境可分为好氧生物处理和厌氧生物处理；根据微生物的生长方式可分为活性污泥法和生物膜法。生物处理法具有费用低，便于管理等优点，是目前处理有机污染废水的主要处理方法。

4.2.4.1　活性污泥法

活性污泥法是以活性污泥为主体的污水好氧生物处理技术。向生活污水注入空气进行曝气，每天保留沉淀物，更换新鲜污水。这样，持续一段时间后，在污水中将形成一种呈黄褐色的絮凝体。这种絮凝体主要是由大量繁殖的微生物群体所构成，它易于沉淀与水分离，并使污水得到净化、澄清。活性污泥是活性污泥处理系统中的主体作用物质，活性污泥上栖息着具有强大生命力的微生物群体，活性污泥微生物群体的新陈代谢作用将有机污染物转化为稳定的无机物质，故此称之为"活性污泥"。活性污泥反应进行的结果是使污水中的有机污染物得到降解、去除，污水得以净化，由于微生物的繁衍增殖，活性污泥本身也得到增长。

4.2.4.2　生物膜法

与活性污泥法并列的污水好氧生物处理技术是生物膜处理法。这种方法的实质是使细菌和真菌类的微生物和原生动物、后生动物一类的微型动物附着在滤料或某些载体上生长繁育，并在其上形成膜状生物污泥——生物膜。生物膜上的微生物以污水中的有机污染物作为营养物质，微生物自身繁衍增殖的同时，使污水得到净化。

4.3　冶金企业各分厂废水处理情况

4.3.1　矿山废水处理及利用

矿山废水是在矿山范围内，从采掘地点、选矿厂、尾矿坝、排渣场以及生活区等地点排出的废水的统称。开采、选矿、运输、防尘及防火等诸多生产及辅助工艺均需要使用大量的水，这些矿山废水排放量大、持续性强，对环境污染严重。大多数金属矿床和非金属矿床都含有黄铁矿等硫化物，若这些硫化物含量低或不含有用元素，则常作废石处理，堆放于废石堆或尾砂库。在地表环境中这些硫化物将迅速氧化，可形成含重金属离子浓度很高的酸性废水，成为矿山开采中最大的污染源。因此，酸性废水是矿山废水主要组成部分。

目前，国内外矿山酸性废水处理方法主要包括中和法、人工湿地法、微生物法、吸附法、硫化物沉淀法、离子交换法等。

4.3.1.1　中和法

中和法是向废水中投入中和剂，使废水中金属离子生成氢氧化物沉淀与水分离，使废水达到排放标准。常见的中和剂有石灰、石灰石、苏打、苛性碱等。由于石灰来源广、价格低、操作简便，故石灰为常用中和剂。石灰石与石灰比较，中和时产生的泥渣体积小，占地较少，含水量较低，易于脱水，但中和反应速度不如石灰快。苏打及苛性碱作中和剂虽然效果好，但价格昂贵，一般不采用。

4.3.1.2　人工湿地法

人工湿地法是低成本并在环境上可持续的方法，其根据天然湿地净化污水的机理，由人工将砾石、砂、土壤、煤渣等材质按一定比例填入，并有选择性地种植有关植物，利用特定植物在湿地中能降低酸性水中金属离子的作用，让酸性水缓慢流过人为的植物群落，达到过滤的目的。同时，湿地也可为微生物群落的附着生长提供界面，缓慢的水流与人工湿地单元基质发生一定的中和作用。

4.3.1.3　微生物法

微生物法是目前国内外处理酸性矿山废水的最新方法，具有成本低，适用性强，无二次污染，能吸收或吸附重金属，分解并生成重金属硫化物沉淀予以回收等特点。其中硫酸盐还原菌能将硫酸根还原为硫化物，并利用光合硫细菌或无色硫细菌将硫化物氧化为单质硫回收，采用氧化亚铁硫杆菌可在低 pH 值时将酸性矿山废水转化成可溶性物质，将废水中的 Fe^{2+} 氧化成 Fe^{3+}，加入中和剂生成 $Fe(OH)_3$ 沉淀，沉淀物含水率低，体积小。

4.3.1.4　吸附法

吸附法在矿山酸性废水处理中占有重要的地位，是利用多孔性的固体物质，使水中的一种或多种物质被吸附在固体表面从而使其去除的方法。不同吸附剂的吸附机理不尽相同，有的物理吸附占主导，有的化学吸附占主导。目前常用的吸附剂主要有两类，一类是黏土类矿物，如膨润土、蒙脱土、凹凸棒石、硅藻土和海泡石等。黏土矿物具有独特的层状结构从而表现出良好的吸附和离子交换性能，在废水处理中有广阔的应用前景。另一类是生物吸附剂如藻类、细菌、真菌、树皮、果皮等。

4.3.1.5　硫化物沉淀法

硫化物沉淀法是向废水中投入硫化剂，使废水中的金属离子形成硫化物沉淀而去除的方法，通常使用的硫化剂有硫化氢、硫化钠等。此法的 pH 值适应范围大，产生的硫化物比氢氧化物溶解度更小，去除效率高，泥渣中金属品位高，便于回收利用。但是沉淀剂来源有限，价格比较昂贵，产生的硫化氢有恶臭，对人体有危害，使用不当时可能造成空气污染。

矿山酸性废水经过处理后，不仅可使矿山废水达到国家排放标准，还可同时从中回收各种有价金属。以上处理矿山酸性废水的方法各有利弊，选择哪种方法最为合适，要根据废水的性质、废水量的大小和现场具体条件而定。最佳处理工艺方案一般应体现以下优点：保证处理效果，运行稳定；基建投资省；能耗和运行费用低；占地面积少；管理简单，污泥量少。

4.3.2　烧结厂废水处理及利用

烧结的生产过程是把矿粉、燃料和溶剂按一定比例配料，混匀，然后在高温下点火燃烧，利用其中燃料燃烧时所产生的高温，使混合料局部熔化，将散料颗粒黏结成块状烧结矿，作为炼铁原料，在燃烧过程中，同时去除硫、砷、锌等有害杂质。烧结矿经冷却、破碎、筛分成 5～50 mm 粒状料送入高炉冶炼。

4.3.2.1　废水的来源及水质、水量

烧结厂废水主要来自湿式除尘排水、冲稀地坪水和设备冷却排水。湿式除尘排水含有大量的悬浮物，需经处理后方可串级使用或循环使用，如果排放，必须处理到满足排放标准；冲洗地坪水为间断性排水，悬浮物含量高，且含大颗粒物料，经净化后可以循环使用；设备冷却排水，水质并未受到污物的污染，仅为水温升高（称热污染），经冷却处理后，一般都能回收重复利用。所以，烧结厂的废水污染，主要是指含高悬浮物的废水，如不经处理直接外排则会有较大危害，且浪费水资源和大量可回收的有用物质。烧结厂废水

经沉淀浓缩后污泥含铁量较高，有较好的回收价值。

4.3.2.2　废水处理方法

烧结厂废水处理主要目标是去除悬浮物，这类废水治理的主要技术难点在于污泥脱水。烧结厂废水经沉淀后污泥含铁品位很高，沉淀较快，但由于有一定黏性，故使脱水困难。我国烧结厂工艺设备先进程度差距很大，废水处理的工艺也多种并存。国内比较常用的废水处理工艺有以下五种：平流式沉淀池分散处理工艺、集中浓缩浓泥斗处理工艺、集中浓缩拉链机处理工艺、集中浓缩真空过滤机（或压滤机）处理工艺、集中浓缩综合处理工艺。

A　平流式沉淀池分散处理工艺

平流式沉淀池分散处理工艺是一种简单的、相对古老的处理工艺，我国钢铁生产企业在前一段时期运用比较广泛，技术的运用也比较成熟，但其资源的消耗量比较大，生产成本比较高。许多大型企业已经不再使用，目前在一些中小型烧结厂中或大型烧结厂作为辅助生产工艺还在使用。这种处理工艺在原生产工艺的基础上在某些环节运用了新式的机械设备，如在清泥时运用链式刮泥机或机械抓斗起重机等。

B　集中浓缩浓泥斗处理工艺

目前集中浓缩浓泥斗处理工艺在实际运用中技术已经比较成熟，特别是在中小型烧结厂中的运用比较广泛。集中浓缩浓泥斗处理技术是将烧结厂排出的废水先引入浓缩池，废水经过在浓缩池沉淀出沉泥，然后用砂泵将沉泥送到浓泥斗里，浓泥斗主要是架设在返矿皮带口的应用装置。一般情况下将污泥放在浓泥斗里静置 3~6 天的时间为最佳。主要是因为如果静置的时间较长，污泥会沉淀压实，在后面的排污环节造成污泥的排置困难；如果静置时间较短，会使污泥中含水过高。在现代的技术水平下，集中浓缩浓泥斗处理工艺是处理烧结厂废水比较高效的处理方式。

C　集中浓缩拉链机处理工艺

集中浓缩拉链机处理工艺的特点是处理后的水质可达循环用水的水质要求，通过污泥拉链机保证了排泥的连续性。图 4-2 为集中浓缩拉链机处理工艺的示意图。

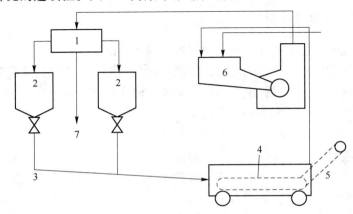

图 4-2　集中浓缩拉链机处理的工艺流程

1—矿浆分配箱；2—浓缩池；3—浓缩低流排水；4—污泥拉链机；5—返矿皮带机；
6—矿浆仓；7—生产循环水

浓缩池的溢流水供循环使用。浓缩后的底部污泥排入拉链机，在拉链机中再沉淀，沉淀的污泥由拉链传送到返矿皮带上，送往混合配料。其含水率可以达到20%～30%，拉链机的溢流水再返回到浓缩池中。

D　集中浓缩真空过滤机（或压滤机）处理工艺

集中浓缩真空过滤机（或压滤机）处理工艺的前部分集中浓缩处理与前述基本相同，而后部分污泥处理则采用真空过滤机（或压滤机），图4-3为集中浓缩真空过滤机处理流程。

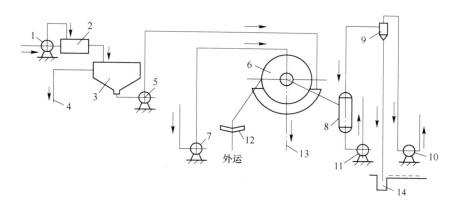

图4-3　集中浓缩真空过滤机处理流程

1—污水泵；2—矿浆分配箱；3—浓缩池；4—循环水；5—泥浆泵；6—真空破碎机；7—空压机；8—滤液罐；
9—气水分离器；10—真空泵；11—滤液泵；12—皮带机；13—回浓缩池；14—水封槽

近年来通过工业试验，带式压滤机在烧结厂污泥脱水方面有良好效果。

E　集中浓缩综合处理工艺

集中浓缩综合处理工艺是烧结厂废水处理的较先进的工艺。它的特点就是按水质不同，分别采用措施，以达到最有效的重复利用，减少废水外排。图4-4为集中浓缩综合处理流程图。

4.3.2.3　烧结厂废水处理技术及发展趋势

随着钢铁工业技术的发展，烧结厂工艺趋向于带式烧结机大型化，而对于大型厂的除尘设备多采用电除尘器代替湿式除尘，主要废水便得到根本的解决。从我国的实际情况来看，湿式除尘设备还要在较长时期和较大范围内采用。根据国内外发展的状况分析，烧结厂废水处理技术的发展趋势，可归纳为以下几方面。

（1）强化处理，实施重复用水技术。烧结厂产生的废水，一般不含有毒有害的污染物，通过冷却、沉淀，就可循环使用或串级利用。对烧结厂废水强化处理，既能节约用水，又可回收有用物质，其经济效益十分可观。只要选择好处理工艺，生产废水可达到或接近零排放的目标。

（2）污泥脱水是关键技术。烧结厂含尘废水处理的难点是泥浆的脱水技术，烧结生产工艺要求加入混合配料的污泥含水率不大于12%，这是当前污泥脱水工艺难以达到的，采用烘干加热等措施在经济上显然没有推广使用价值，故在过滤、压滤工艺中，必须强化

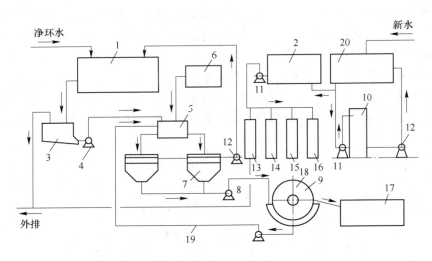

图 4-4　集中浓缩综合处理流程图

1—除尘及冲洗用水；2—设备冷却用水；3—矿浆仓；4—污水泵；5—矿浆分配箱；6—絮凝剂投药设施；

7—浓缩池；8—泥浆泵；9—真空过滤机；10—冷却设备；11—水泵；12—循环水泵；13—除尘用水；

14——次混合用水；15—二次混合用水；16—配料室用水；17—污泥综合利用；

18—压缩空气管；19—回浓缩池；20—空气淋浴冷却用水

效果，比如选择适用的絮凝剂，提高脱水效果，或制成球团，直接用于冶炼。

（3）应用絮凝剂。国外在烧结废水处理中都投加絮凝剂，以便提高出水水质，但无论使用何种絮凝剂，都应事先经过试验，以确定优选药剂及其最佳投药量。

4.3.3　炼铁厂废水处理及利用

炼铁工艺是将原料（矿石和熔剂）及燃料（焦炭）送入高炉，通入热风，使原料在高温下熔炼成铁水，同时产生炉渣和高炉煤气。炼铁产生的高炉渣，经水淬后成水渣，用于生产水泥等制品，是很好的建筑材料原料。炼铁厂包含有高炉、热风炉、高炉煤气洗涤设施、鼓风机、铸铁机、冲渣池等，以及与之配套的辅助设施。

4.3.3.1　废水的来源

高炉和热风炉的冷却、高炉煤气的洗涤、炉渣水淬和水力输送是主要的用水装置，此外还有一些用水量较小或间断用水的地方。炼铁厂的用水可分为：设备间接冷却水、设备及产品的直接冷却水、生产工艺过程用水及其他杂用水。随之而产生的废水也就是间接冷却废水、设备或产品的直接冷却废水及生产工艺过程中的废水。炼铁厂生产过程中产生的废水主要是高炉煤气洗涤水和冲渣废水。

主要的处理技术有：悬浮物的去除、温度的控制、水质稳定、沉渣的脱水与利用、重复用水等五方面内容。

A　悬浮物的去除

炼铁厂废水以悬浮物污染为主要特征，高炉煤气洗涤水悬浮物含量达 1000 ~ 3000 mg/L，经沉淀后出水悬浮物含量应小于 150 mg/L。鉴于混凝药剂近年来得到广泛应用，高炉煤气洗涤水大多采用聚丙烯酰胺与铁盐并用，都取得良好效果。

B 温度的控制

用水后水温升高，通称热污染。循环用水而不排放，热污染不构成对环境的破坏。但为了保证循环，针对不同系统的不同要求，应采取冷却措施。炼铁厂的几种废水都产生温升，由于生产工艺不同，有的系统可不设冷却设备，如冲渣水。水温度的高低，对混凝沉淀效果以及解垢与腐蚀的程度均有影响。设备间接冷却水系统应设冷却塔，而直接冷却水或工艺过程冷却系统，则应视具体情况而定。

C 水质稳定

水的稳定性是指在输送水过程中，其本身的化学成分是否起变化，是否引起腐蚀或结垢的现象。既不结垢也不腐蚀的水称为稳定水。

控制碳酸盐解垢的方法如下：

（1）酸化法。酸化法是采用在水中投加硫酸或者盐酸，利用 $CaSO_4$、$CaCl_2$ 的溶解度远远大于 $CaCO_3$ 的原理，防止结垢。

（2）石灰软化法。在水中投入石灰乳，利用石灰的脱硬作用，去除暂时硬度，使水软化。

（3）药剂缓垢法。加药稳定水质的机理是在水中投加有机磷类、聚羧酸型阻垢剂，利用它们的分散作用，晶格畸变效应等优异性能，控制晶体的成长，使水质得到稳定。最常用的水质稳定剂有聚磷酸钠、NTMP（氮基磷酸盐）、EDP（乙醇二磷酸盐）和聚马来酸酐等。

D 沉渣的脱水与利用

炼铁厂的沉渣主要是高炉煤气洗涤水沉渣和高炉渣，都是用之为宝、弃之为害的沉渣。高炉水淬渣用于生产水泥，已是供不应求的形势，技术也十分成熟。高炉煤气洗涤沉渣的主要成分是铁的氧化物和焦炭粉，将这些沉渣加以利用，经济效益十分可观，同时也减轻了对环境的污染。

E 重复用水

应该指出，悬浮物的去除、温度的控制、水质稳定和沉渣的脱水与利用是保证循环用水必不可少的关键技术，一环扣一环，它们之间又不是孤立的，而是互相联系，互相影响，所以要坚持全面处理，形成良性循环。

4.3.3.2 高炉煤气洗涤水的处理

A 高炉煤气洗涤工艺及废水性质

从高炉引出的煤气称荒煤气，先经过重力除尘，然后进入洗涤设备。煤气的洗涤和冷却是通过在洗涤塔和文氏管中水、气对流接触而实现的。由于水与煤气直接接触，煤气中的细小固体杂质进入水中，水温随之升高，一些矿物质和煤气中的酚、氰等有害物质也被部分地溶入水中，形成了高炉煤气洗涤水。有代表性的洗涤有洗涤塔、文氏管并联洗涤工艺（图 4-5）和双文氏管串联洗涤工艺（图 4-6）。

B 高炉煤气洗涤水处理工艺流程

高炉煤气洗涤水处理工艺主要包括沉淀（或混凝沉淀）、水质稳定、降温（有炉顶发电设施的可不降温）、污泥处理四部分。沉淀去除悬浮物采用辐射式沉淀池为多，效果较好。

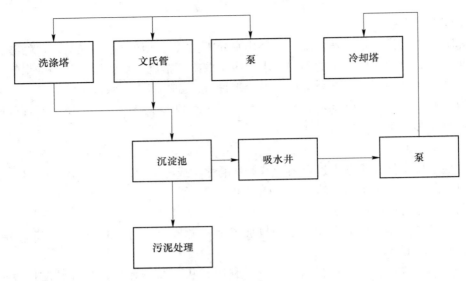

图 4-5 洗涤塔、文氏管并联洗涤工艺流程

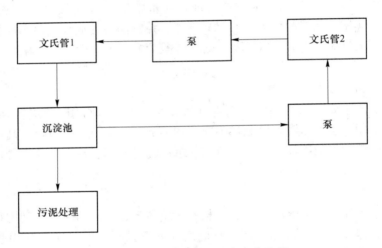

图 4-6 双文氏管串联洗涤工艺流程

国内采用的工艺流程有如下几种：

（1）石灰软化-碳化法工艺流程。洗涤煤气后的污水经辐射式沉淀池加药混凝沉淀后，出水的80%送往降温设备（冷却塔），其余20%由出水泵往加速澄清池进行软化，软化水和冷却水混合流入加烟井，进行碳化处理，然后泵送回煤气洗涤设备循环使用。从沉淀池底部排出的泥浆，送至浓缩池进行二次浓缩，然后送真空过滤机脱水。浓缩池溢流水回沉淀池，或直接去吸水井供循环使用。瓦斯泥送入储泥仓，供烧结作原料。工艺流程如图4-7所示。

（2）投加药剂法工艺流程。洗涤煤气后的废水经沉淀池进行混凝沉淀，在沉淀池出口的管道上投加阻垢剂，阻止碳酸钙结垢，同时防止氧化铁、二氧化硅、氢氧化锌等结合生成水垢。为了保证水质在一定的浓缩倍数下循环，定期向系统外排污，不断补充新水，使水质保持稳定。其工艺流程如图4-8所示。

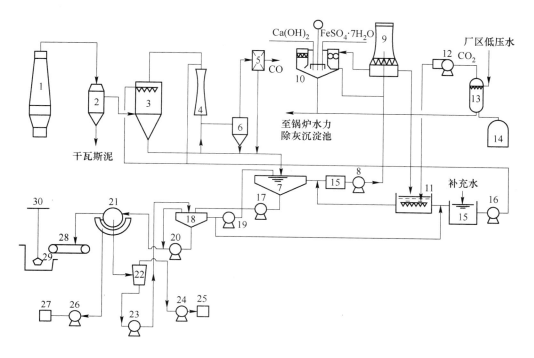

图 4-7　石灰软化-碳化法循环系统流程示意图

1—高炉；2—干式除尘器；3—洗涤塔；4—文氏管；5—蝶阀组；6—脱水器；7—辐射沉淀池；8—上塔泵；
9—冷却塔；10—机械加速澄清池；11—加烟井；12—抽烟机；13—泡沫塔；14—烟道；15—吸水井；
16—供水泵；17—泥浆泵；18—浓缩池；19—提升泵；20，23—砂泵；21—真空过滤机；
22—滤液缸；24—真空泵；25，27—循环水箱；26—压缩机；
28—皮带机；29—储泥仓；30—天车抓斗

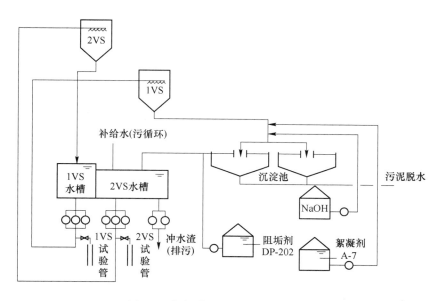

图 4-8　加投药剂法循环系统流程图

（3）酸化法工艺流程。从煤气洗涤塔排出的废水，经辐射式沉淀池自然沉淀（或混凝沉淀），上层清水送至冷却塔降温，然后由塔下集水池输送到循环系统，在输送管道上设置加酸口，废酸池内的废硫酸通过胶管适量均匀地加入水中。沉泥经脱水后，送烧结利用，如图4-9所示。

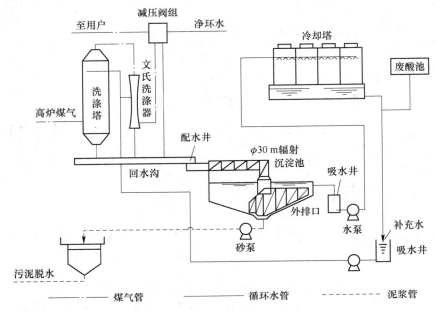

图4-9　酸化法循环系统工艺流程图

（4）石灰软化-药剂法工艺流程。本处理法采用石灰软化（20%～30%的清水）和加药阻垢联合处理。由于选用不同水质稳定剂进行组合配方，达到协同效应，增强水质稳定效果，其流程如图4-10所示。

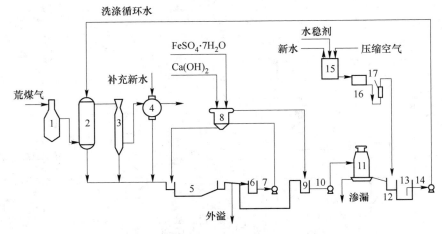

图4-10　石灰软化-药剂法循环系统工艺流程图

1—重力除尘器；2—洗涤塔；3—文氏管；4—电除尘器；5—平流式沉淀池；6，9，13—吸水井；
7—上澄清池水泵；8—机械加速澄清池；10—上冷却塔水泵；11—冷却塔；12—加药井；
14—上洗涤塔水泵；15—配药箱；16—恒位水箱；17—转子流量计

4.3.3.3　高炉冲渣废水处理

高炉渣水淬方式分为渣池水淬和炉前水淬两种，高炉冲渣废水一般指炉前水淬所产生的废水。因为循环水质要求低，所以经渣水分离后即可循环，温度高一些不影响冲渣，因而，在冲渣水系统中，可以设计成只有补充水、而无排污的循环系统。渣水分离的方法有以下几种。

A　渣滤法

将渣水混合物引入一组滤池内，由渣本身作滤料，使渣和水通过滤池将渣截流在池内，并使水得到过滤。过滤后的水悬浮物含量很少，且在渣滤过程中，可以降低水的暂时硬度，滤料也不必反冲洗，循环使用比较好实现。但滤池占地面积大，一般都要几个滤池轮换作业，并难以自动控制，因此，渣滤法只适用于小高炉的渣水分离。

B　槽式脱水法（RASA 拉萨法）

将冲渣水用泵打入一个槽内，槽底、槽壁均用不锈钢丝网拦挡，犹如滤池，但脱水面积远远大于滤池，占地面积较少。脱水后的水渣由槽下部的阀门控制排出，装车外运；脱水槽出水夹带浮渣，一并进入沉淀池，沉淀下的渣再返回脱水槽，溢流水经冷却循环使用。

C　转鼓脱水法（INBA 印巴法）

将冲渣水引至一个转动着的圆筒形设备内，通过均匀的分配，使渣水混合物进入转鼓，由于转鼓的外筒是由不锈钢丝编织的网格结构，进入转鼓内的渣和水很快得到分离。水通过渣和网，从转鼓的下部流出，渣则随转鼓一道做圆周运动，当渣被带到圆周的上部时，依靠自重落至转鼓中心的输出皮带机上，将渣运出，实现水与渣的分离。由于所有的渣均在转鼓内被分离，没有浮渣产生，不必再设沉淀设施，极大地提高了效率。

4.3.4　炼钢厂废水的处理与利用

炼钢是将生铁中含量较高的碳、硅、磷、锰等元素去除或降低到允许值之内的工艺过程。

炼钢废水主要分为三类：

设备间接冷却水：这种废水的水温较高，水质不受到污染，采取冷却降温后可循环使用，不外排。但必须控制好水质稳定，否则会对设备产生腐蚀或结垢阻塞现象。

设备和产品的直接冷却废水：主要特征是含有大量的氧化铁皮和少量润滑油脂，经处理后方可循环利用或外排。

生产工艺过程废水实际上就是指转炉除尘废水。炼钢废水的水量，由于其车间组成、炼钢工艺、给水条件的不同，而有所差异。

4.3.4.1　转炉除尘废水治理

炼钢过程是一个铁水中碳和其他元素氧化的过程。铁水中的碳与吹氧发生反应，生成CO，随炉气一道从炉口冒出。回收这部分炉气，作为工厂能源的一个组成部分，这种炉气叫转炉煤气，含尘烟气一般均采用两级文氏洗涤器进行除尘和降温，通过脱水器排出，即为转炉除尘废水。

A   转炉除尘废水处理技术

解决转炉除尘废水的关键技术，一是悬浮物的去除；二是水质稳定问题；三是污泥的脱水与回收。

（1）悬浮物的去除。纯氧顶吹转炉除尘废水中的悬浮物杂质均为无机化合物，采用自然沉淀的物理方法，虽能使出水悬浮物含量达到 150～200 mg/L 的水平，但循环利用效果不佳，必须采用强化沉淀的措施。一般在辐射式沉淀池或立式沉淀池前加混凝药剂，或先通过磁凝聚器经磁化后进入沉淀池。最理想的方法应使除尘废水进入水力旋流器，利用重力分离的原理，将大颗粒大于 60 μm 的悬浮颗粒去掉，以减轻沉淀池的负荷。废水中投加 1 mg/L 的聚丙烯酰胺，即可使出水悬浮物含量达到 100 mg/L 以下，效果非常显著，可以保证正常的循环利用。由于转炉除尘废水中悬浮物的主要成分是含铁物质，采用磁凝聚器处理含铁磁质微粒十分有效，氧化铁微粒在流经磁场时产生磁感应，离开时具有剩磁，微粒在沉淀池中互相碰撞吸引凝成较大的絮体从而加速沉淀，并能改善污泥的脱水性能。

（2）水质稳定问题。由于炼钢过程中必须投加石灰，在吹氧时部分石灰粉尘还未与钢液接触就被吹出炉外，随烟气一道进入除尘系统，因此，除尘废水中 Ca^{2+} 含量相当多，它与溶入水中的 CO_2 反应，致使除尘废水水质失去稳定。采用沉淀池后投入分散剂（或称水质稳定剂）的方法，在螯合、分散的作用下，能较成功地防垢、除垢。投加碳酸钠也是一种可行的水质稳定方法。Na_2CO_3 和石灰[$Ca(OH)_2$]反应，形成 $CaCO_3$ 沉淀：$CaO + H_2O \rightarrow Ca(OH)_2$，$Na_2CO_3 + Ca(OH)_2 \rightarrow CaCO_3 \downarrow + 2NaOH$，而生成的 NaOH 与水中 CO_2 作用又生成 Na_2CO_3，从而在循环反应的过程中，使 Na_2CO_3 得到再生，在运行中由于排污和渗漏所致，仅需补充少量的 Na_2CO_3 以保持平衡。利用高炉煤气洗涤水与转炉除尘废水混合处理，也是保持水质稳定的一种有效方法。由于高炉煤气洗涤水含有大量的 HCO_3^-，而转炉除尘废水含有较多的 OH^-，使两者结合，发生如下反应：$Ca(OH)_2 + Ca(HCO_3)_2 \rightarrow 2CaCO_3 \downarrow + 2H_2O$，生成的碳酸钙正好在沉淀池中除去，这是以废治废、综合利用的典型实例，在运转过程中如果 OH^- 与 HCO_3^- 量不平衡，适当在沉淀池后加些阻垢剂做保证。

B   废水处理工艺流程

（1）混凝沉淀——水稳药剂处理流程。从一级文氏管排出的除尘废水经明渠流入粗粒分离槽，在粗粒分离槽中将含量约为 15%、粒径大于 60 μm 的粗颗粒杂质通过分离机分离，被分离的沉渣送烧结厂回收利用；剩下含细颗粒的废水流入沉淀池，加入絮凝剂进行混凝沉淀处理，沉淀池出水由循环水泵送二级文氏管使用。二级文氏管的排水经水泵加压，再送一级文氏管串联使用，在循环水泵的出水管内注入防垢剂（水质稳定剂），以防止设备、管道结垢，加药量视水质情况由试验确定。沉淀池下部沉泥经脱水后送往烧结厂小球团车间造球回收利用。

（2）药磁混凝沉淀——永磁除垢工艺。转炉除尘废水经明渠进入水力旋流器进行粗细颗粒分离，粗铁泥经二次浓缩后，送烧结厂利用；旋流器上部溢流水经永磁场处理后进入污水分配池与聚丙烯酰胺溶液混合，随后分流到立式（斜管）沉淀池澄清，其出水经冷却塔降温后流入集水池，清水通过磁除垢装置后加压循环使用；立式沉淀池泥浆用泥浆泵提升至浓缩池，污泥浓缩后进真空过滤机脱水，污泥含水率达 40% ~ 50%，送烧结利用。

（3）液力压榨脱水工艺。板框压滤机（图 4-11）和隔膜压滤机是工业上常用的机械过滤设备，两者都存在液力过滤过程，常用的压滤机，按照结构不同可分为三种：板框压滤机、厢式压滤机、气动隔膜压滤机。板框式压滤机广泛应用于污水处理行业，其滤机支撑架上间隔排列若干个滤板和框架，工作时，液压杆推动压板向前运动，相邻的滤板和框架形成一个密封的空间，滤板表面有滤布，污泥进入后，固体颗粒被截留到滤室内逐渐形成泥饼，液体穿过滤布从滤板表面突起的凸点形成的凹槽流出到集液系统回收再利用。板框压滤机的工作步骤可分为：压实、进给、洗饼、出料。压实是滤板和框架在受到液压推杆的作用下，两者之间紧密接触，形成一个可密封的空间。厢式压滤机与板框压滤机最大的不同之处在于它不使用滤框，而是滤板自带凹槽，两块滤板挤压后，凹槽之间形成一个密闭的滤室，滤布的安装不变。隔膜压滤机的工作原理是：由厢式压滤机的普通滤板和带有橡胶隔膜的滤板间隔排列组成，相邻的滤板间形成封闭的滤室。喂料泵将泥浆输送到滤室内，在进料压力的持续作用下，滤液通过滤布回收到集水槽内，大颗粒的固体被滤布拦截在滤室内，并随着过滤的进行，滤室内固体含量逐步增加，水含量逐步减少，初步形成含水率较低的滤饼。当滤液排出速度明显减慢或是无滤液排出时，这时，停止喂料泵的恒压过滤，开启气动泵，向带有隔膜的滤板内充入空气，使隔膜鼓动再一次对滤饼进行挤压脱水，进一步降低了滤饼的含水率。隔膜压滤机所产生的滤饼含水率可达到 50% 以下，滤饼含固率明显高于普通压滤机。

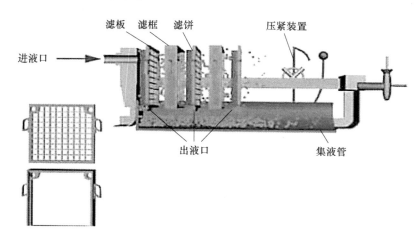

图 4-11　板框压滤机

（4）磁凝聚沉淀——水稳药剂工艺。转炉除尘废水经磁凝聚器磁化后，流入沉淀池，沉淀池出水中投加 Na_2CO_3 解决水质稳定问题，沉淀池沉泥送过滤机脱水。磁凝聚沉淀——水稳药剂工艺流程如图 4-12 所示。

4.3.4.2　连铸废水处理

在连铸过程中，供水起着重要作用，为了提高钢坯的质量，对连铸机用水水质的要求越来越高，水冷却效果的好坏直接影响到钢坯的质量和结晶器的使用寿命。连铸生产中水主要形成以下三组循环系统。

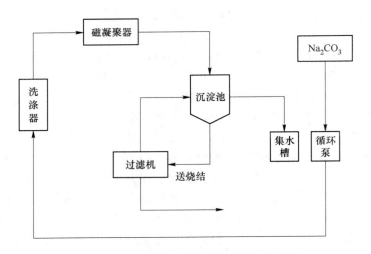

图 4-12   磁凝聚沉淀——水稳药剂工艺流程

A   设备间接冷却水（软化水系统）

此类冷却循环水系统是密闭循环，主要指结晶器和其他设备的间接冷却水。由于水质要求高，一般用软化水，必须处理好水质稳定问题。采用脱硬后的软水，伴随着低硬水腐蚀速度加快，防蚀为主要矛盾。采用投药方法控制水质稳定应考虑定量强制性排污，以防止盐类物质的富集。

B   设备和产品的直接冷却水

设备和产品的直接冷却水主要是指二次冷却区产生的废水，大量的喷嘴向拉辊牵引的钢坯喷水，进一步使钢坯冷却固化，此水受热污染并带有氧化铁皮和油脂。含氧化铁皮、油和其他杂质，以及水温较高，这是二次冷却水的特点。处理方法一般采用固液分离（沉淀）、液液分离（除油）、过滤、冷却、水质稳定措施，以达到循环利用。图 4-13 表示了连铸直接冷却废水处理流程。废水经一次铁皮坑，将大颗粒（50 μm 以上）的氧化铁皮除掉，用泵将水送入沉淀池，在此一方面进一步除去水中微细颗粒的氧化铁皮，另一方面利用除油器将油除去。为了保证沉淀池出水悬浮物含量低一些，保证冷却喷嘴不致阻

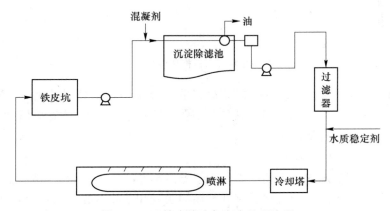

图 4-13   连铸直接冷却废水处理流程

塞，所以一般投药，采取混凝沉淀的方式。

C　净循环水系统

此系统是用于冷却软水的，水源一般来自工业给水系统，由泵将水送入热交换器，交换软水中的热量，而净循环水系统的热量由冷却塔降温，降温后循环使用。由于冷却塔和储水池与外界接触，应考虑水量损失和风沙污染。

4.3.5　轧钢厂废水处理及利用

轧钢分热轧和冷轧两类。热轧一般是将钢锭或钢坯在均热炉里加热至 1150～1250 ℃后轧制成材；冷轧通常是指不经加热，在常温下轧制。生产各种热轧、冷轧产品过程中需要大量水冷却、冲洗钢材和设备，从而产生废水和废液。轧钢厂所产生废水的水量和水质与轧机种类、工艺方式、生产能力及操作水平等因素有关。

热轧废水的特点是含有大量的氧化铁皮和油，温度较高，且水量大，经沉淀、机械除油、过滤、冷却等物理方法处理后，可循环利用，通称轧钢厂的浊环系统。冷轧废水种类繁多，以含油（包括乳化液）、含酸、含碱和含铬（重金属离子）为主，要分流处理并注意有效成分的利用和回收。

4.3.5.1　热轧废水的处理

热轧厂的给排水，包括净环水和浊环水两个系统。净环水主要用于空气冷却器、油冷却器的间接冷却，与一般循环水系统一样，这里不再赘述。含氧化铁皮和油的浊循环水是主体废水，所谓热轧厂废水的处理，就是指这部分废水。主要技术问题是：固液分离、油水分离和沉渣的处理。

热轧废水的处理工艺，热轧浊环水常用的净化构筑物，按治理深度的不同有不同的组合，但总的都要保证循环使用条件。常用流程如下。

A　一次沉淀工艺流程

仅用一个旋流沉淀池来完成净化水质，既去除氧化铁皮，又有除油效果，国内还是比较常见的流程，如图 4-14 所示。与平流沉淀池相比，占地面积小，运行管理方便，构造示意图如图 4-15 所示。

图 4-14　一次沉淀工艺流程

B　二次沉淀工艺流程

系统中根据生产对水温的要求，可设冷却塔，保证用水的水温。二次沉淀工艺流程如图 4-16 所示。

C　沉淀—混凝—沉淀冷却工艺流程

这是完整的工艺流程，用加药混凝沉淀，进一步净化，使循环水悬浮物含量可小于50 mg/L。沉淀—混凝—沉淀冷却系统工艺流程如图 4-17 所示。

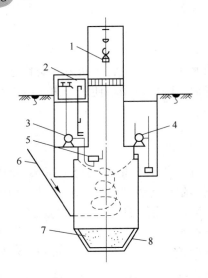

图 4-15　旋流氏沉淀池

1—抓斗；2—油箱；3—油泵；4—水泵；
5—撇油管；6—进水管；
7—渣坑；8—护底钢板

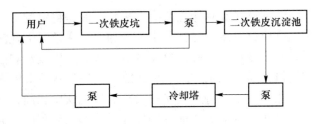

图 4-16　二次沉淀工艺流程

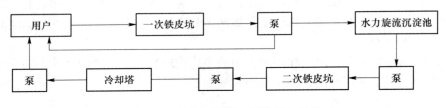

图 4-17　沉淀—混凝—沉淀冷却系统

D　沉淀—过滤—冷却工艺流程

为了提高循环水质，热轧废水经沉淀处理后，往往再用单层和双层滤料的压力过滤器进行最终净化。二次沉淀压力过滤冷却系统如图 4-18 所示。

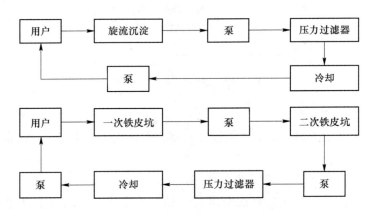

图 4-18　二次沉淀压力过滤冷却系统

E　沉泥处理

沉淀于铁皮坑和一次旋流沉淀池的氧化铁皮颗粒较大，一般用抓斗取出后，通过自然脱水就可利用。从二次沉淀池和过滤器分离的细颗粒氧化铁皮，采取絮凝浓缩后，经真空滤机脱水、滤饼脱油后回用，如图 4-19 所示。

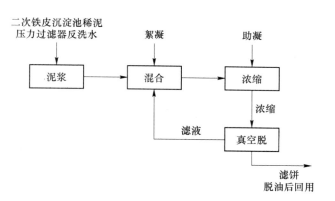

图 4-19　细颗粒铁皮及污泥处理系统

F　含油废水废渣处理

含油废水用管道或槽车排入含油废水调节槽，静止分离出油和污泥，浮油排入浮油槽，废油再生利用。去除浮油和污泥的含油废水经混凝沉淀和加压浮上，水得到净化，重复利用或外排。上浮的油渣排入浮渣槽，脱水后成含油泥饼，流程如图 4-20 所示。

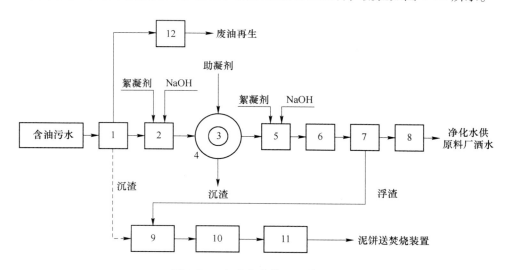

图 4-20　含油废水处理工艺流程

1—调节槽；2——一次反应槽；3——一次凝聚槽；4—沉淀池；5—二次反应槽；6—二次凝聚槽；
7—气浮池；8—净化水池；9—混渣储池；10—混渣混凝槽；
11—离心脱水机；12—浮油储槽

废油再生方法为加热分离法，其工艺流程如图 4-21 所示。

轧钢厂的含油泥饼经焚烧处理，灰渣冷却后送烧结厂或原料场回收利用。

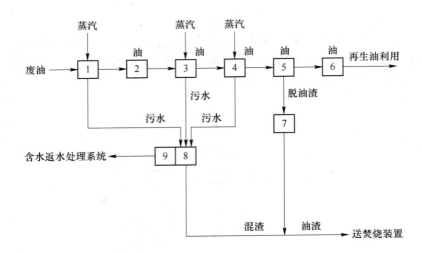

图 4-21　废油再生工艺流程

1—废油接受槽；2—调节槽；3——次加热槽；4—二次加热槽；5—压滤机；6—分离油槽；
7—脱油渣接收槽；8—混渣接收槽；9—分离水槽

4.3.5.2　冷轧废水处理

冷轧钢材必须清除原料的表面氧化铁皮，采用酸洗清除氧化铁皮，随之产生废酸液和酸洗漂洗水，还有冷却轧辊的含乳化液废水。除此以外，轧镀锌带钢产生含铬废水。

A　中和处理

轧钢厂的酸性废水一般采用投药中和法和过滤中和法。常用的中和剂为石灰、石灰石、白云石等，投药中和的处理设备主要由药剂配制设备和处理构筑物两部分组成。由于轧钢废水中存在大量的二价铁离子，中和产生的 $Fe(OH)_2$ 溶解度较高，沉淀不彻底，采用曝气方式使二价铁变成三价铁沉淀，出水效果好，而且沉泥也较易脱水，流程图如图 4-22 所示。过滤中和就是使酸性废水通过碱性固体滤料层进行中和。滤料层一般采用石灰石和白云石，过滤中和只适用于水量较小的轧钢厂。

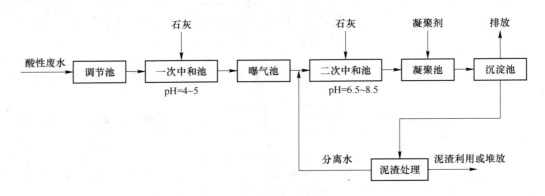

图 4-22　二次中和流程图

B　乳化液废水处理

轧钢含油及乳化液废水中，有少量的浮油、浮渣和油泥。利用储油槽调节水量、保持废水成分均匀、减少处理构筑物的容量，还有利于以上成分的静置分离，所以槽内应有刮油及刮泥设施，还设有加热设备。乳化液的处理方法有化学法、物理法、加热法和机械法，以化学法和膜分离法常见。化学法治理时，一般对废水加热，用破乳剂破乳后，使油、水分离，化学破乳关键在于选好破乳剂。冷轧乳化液废水的膜分离处理(图 4-23)主要有超滤和反渗透两种，超滤法的运行费用较低。

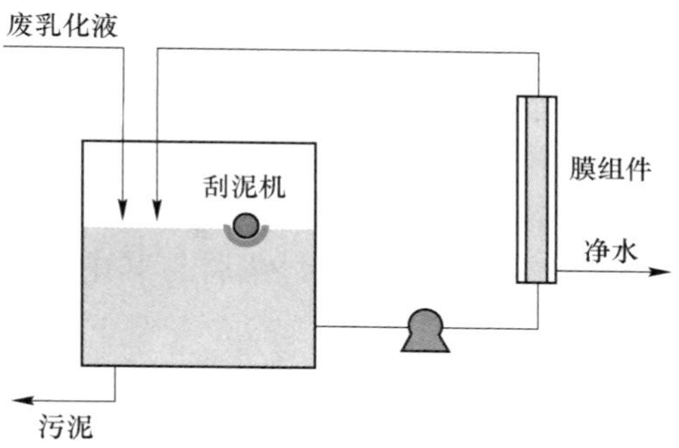

图 4-23 膜分离处理轧钢乳化液流程图

C 废液的处理与利用

轧钢酸洗车间在酸洗钢材过程中，酸洗液的浓度逐渐下降，以致不能再用，需要排出废酸更换新酸，这种不能继续使用的酸液叫作酸洗废液。用硫酸酸洗产生硫酸废液，含有游离硫酸和硫酸亚铁；用盐酸酸洗产生含盐酸的氯化亚铁的废液；在酸洗不锈钢时，用硝酸-氢氟酸混合酸液，废液除含游离酸外，还含有铁、镍、钴、铬等金属盐类。所有的废酸液均含有有用物质，应予以回收利用。

用硫酸酸洗钢材的废液，一般含有硫酸 5% ~ 13%，含硫酸亚铁 17% ~ 23%。这种酸洗废液回收方法较多。

a 真空浓缩冷冻结晶法（减压蒸发冷冻结晶法）

由于硫酸亚铁在硫酸溶液中的溶解度随硫酸浓度的升高而下降，因此，要使过饱和的硫酸亚铁结晶析出，就需要提高硫酸的浓度。

本法就是在真空状态下通过加热和蒸发除去废酸中的部分水分，来提高硫酸和硫酸亚铁的浓度，然后再经冷冻降温到 0 ~ 10 ℃，使硫酸亚铁结晶，再经固液分离，便得到再生酸和 $FeSO_4 \cdot 7H_2O$ 副产品。前者可返回酸洗工艺使用，后者可外售作为净水混凝剂和化工原料。真空浓缩冷冻结晶工艺流程如图 4-24 所示。

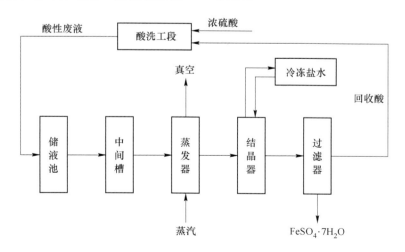

图 4-24 真空浓缩冷冻结晶法回收硫酸流程

b　加酸冷冻结晶法（无蒸发冷冻结晶法）

加酸冷冻结晶法与真空浓缩冷冻结晶法基本相同，唯一区别是，后者通过真空蒸发来提高废酸浓度，而前者则采用加浓硫酸来提高酸浓度。此法比真空浓缩冷冻结晶法工艺简单，投资较少，不需要加热。

c　加铁屑生产硫酸亚铁法

将铁屑加入废酸中，铁屑与其中的游离酸反应生成硫酸亚铁，工艺流程如图 4-25 所示。

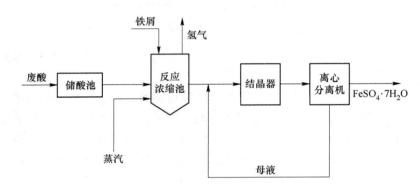

图 4-25　铁屑生产硫酸亚铁法流程图

本法工艺流程简单，投资较少，废酸量较少的场合使用较多。缺点是工作环境较差，最后残液仍呈酸性（pH 值为 1.5~2.0），并含有一定量的 $FeSO_4$，仍需中和处理后才能排放。此外，因反应放出氢气，故采用此法时需注意防火，并应将反应气体排出室外。

d　自然结晶-扩散渗析法

利用自然结晶回收硫酸亚铁，用扩散渗析回收硫酸。渗析器由阴离子交换膜和硬聚乙烯隔板组成，其扩散液补加新酸后即可回用于钢材酸洗。

e　聚合硫酸铁法

聚合硫酸铁法是使硫酸酸洗废液经过催化氧化聚合反应，从而得到一种高分子絮凝剂——聚合硫酸铁，这种絮凝剂有良好的混凝沉淀性能，其澄清效果比硫酸亚铁、三氯化铁、碱式氯化铝要好，所以此法较快被企业接受，予以推广应用。

盐酸酸洗钢材所产生的废液，一般含游离盐酸 30~40 g/L，氯化亚铁 100~140 g/L，可用下述方法处理利用：

（1）喷雾燃烧法。它是将盐酸通过喷雾燃烧变成气态，使氯化亚铁分解成为 HCl 和 Fe_2O_3。

（2）真空蒸发法。真空蒸发法是利用真空蒸发装置，在低温下使游离盐酸变为气相，而后采用冷凝回收得到酸，氯化亚铁则结晶析出，其工艺流程如图 4-26 所示。在蒸发器中加入硫酸与 $FeCl_2$ 起置换反应，取得更好的回收效果。

（3）硝酸-氢氟酸的回收。酸洗不锈钢材是用硝酸-氢氟酸的混合酸，采用减压蒸发法回收这种混酸液。减压蒸发法回收硝酸-氢氟酸的工作原理是利用硫酸的沸点远大于硝

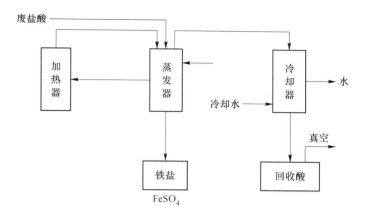

图 4-26　真空蒸发法回收盐酸工艺流程

酸和氢氟酸的特点，向废酸中投加硫酸并在负压条件下加热蒸发，则硫酸与废酸中的金属盐类发生复分解反应，使其中的金属盐转化为硫酸盐。H^+ 与 F^- 和 NO_3^- 结合生成 HNO_3 和 HF，它们同废酸中的游离酸均变成气相，经冷凝即得到再生的混合酸。

4.4　钢铁企业废水"零排放"

我国是贫水国家，钢铁企业是高耗水行业之一，节水是钢铁行业需要及早解决的一大课题。由于个别钢铁企业向江河湖泊水体排水，造成水体污染，影响钢铁企业环保形象。鉴于这种现状国家必将通过环保减排等倒逼机制，淘汰落后产能，促使其可持续发展。合理控制钢铁企业生产废水的排放，成为钢铁行业发展的必由之路。

所谓"零排放"，是指无限地减少污染物排放直至为零的活动，包括资源、能源和环境的过程控制和再生利用等。从 20 世纪 90 年代初日本有人提出"零排放"的概念至今，这一通俗的称谓已风靡世界。

为缓解区域水资源供需矛盾和改善水环境生态状况，使企业经济和社会环境效益相协调，赢得良好的生存空间，企业节水和水环境改善需求逐渐增强，而废水"零排放"正是满足这一需求的最有效途径。

在这一大背景下，近年来，我国钢铁行业对废水"零排放"进行了广泛研究和实践，如干熄焦、环保熄焦、环保冲渣、水雾喷淋和设备风冷等不用水或少用水生产工艺技术；煤气和烟气的干式除尘净化等节水环保技术；循环用水、串接用水、废水再生利用等水处理技术等得到广泛应用，成效显著。

目前钢铁企业的现状是各用水单位建有自己的水处理系统（如软水循环系统、净循环水系统、浊循环水系统等），尽可能避免外排，部分废水中浓缩的钙、镁等结垢离子及其他腐蚀性离子，不能回用，一般废水经物理方式处理后外排到江河湖泊等水体，如图 4-27 所示。

钢铁企业梯级补排水、系统大循环工艺就是采用分质补水、将高水质用户的排水作为低水质用户的补水并进行系统大循环（将炼钢余热锅炉、轧钢气化冷却、炼铁软水循环

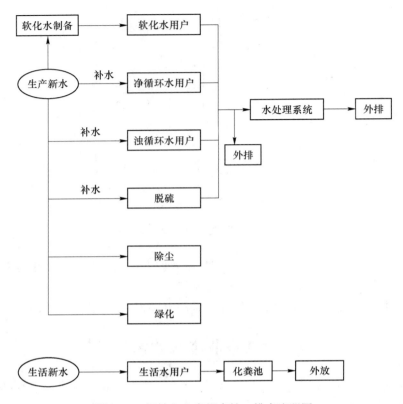

图 4-27　钢铁企业常规直补、排水流程图

系统等的软水排入各分厂净循环水系统作为补充水，将各分厂的净循环水系统的排水作为各分厂浊循环水系统的补充水，各分厂浊循环水系统的排水排入废水处理系统，经处理后用于双膜法除盐水制备系统，将制备的除盐水用于余热锅炉、气化冷却、软水循环系统等高水质用户的补水，完成一个大循环），生产新水只作为大循环的补充水。采用双膜法除盐水工艺分离出的浓盐水用于浇洒道路、绿化、除尘、渣处理等杂用水消耗掉。经废水处理后的回用水也可直接用于对水质要求不高的浊循环水和杂用水。本工艺可以收集雨水经废水工艺处理后加入大循环，从而实现废水"零排放"和节约用水的目标，再配合干法除尘等节水工艺，一般可将吨钢耗新水量控制在 2 m³ 左右。采用梯级补排水，系统大循环工艺、优化水系统运行模式、采用恒压变频供水技术、量身定制供水设备等方式，不仅节约了水资源，而且降低水系统运行成本。因此，梯级补排水、系统大循环工艺是一种系统解决目前高水耗、高排放、高成本运行的问题，是低水耗（节水）、废水零排放（环保）、低成本运行（节能）的有效系统解决工艺（图 4-28）。

比如，为解决水源问题，某企业通过采取节水措施及废水处理提质回用的方式，将外排的生活污水全部回用。工艺流程如图 4-29 所示。

钢铁企业要想实现生产废水零排放，通常需要做好以下几方面的工作：（1）制定和完善用水定额指标体系，减少用水；改变用多少给多少的保生产的落后供水模式，从生产源头上加以控制，促使后续流程改进工艺或挖掘生产工艺潜能，这是最经济的办法。

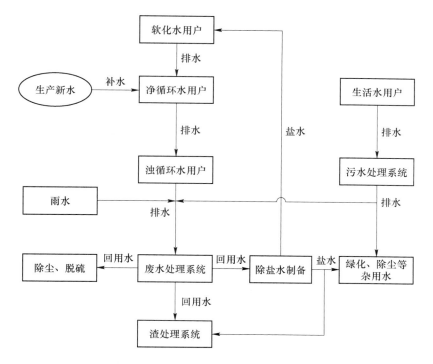

图 4-28 梯级补排水、系统大循环工艺流程图

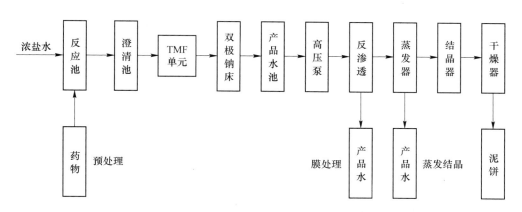

图 4-29 工业废水零排放方案工艺流程图

（2）分质供水，建立完善的分质供水管网，满足生产工艺需要，如建设原水、软水、除盐水、中水等不同的管网，满足不同工艺需求。（3）科学合理实现一水多用，串级使用，保证水系统的高效运用，以最大限度减少生产单元排水量。（4）积极推广应用少用水或不用水的工艺技术装备，如高炉干法除尘技术、转炉干法除尘技术、加热炉汽化冷却技术、干熄焦技术。（5）清污分流，分别处理，最大限度减少药剂等处理费用。（6）建设综合废水处理厂，对生产废水进行再次处理回收利用，加强废水处理站的建设，充分利用处理后的废水，用于冲厕、洗车、道路洒水、绿化等。（7）积极采用新技术、新工艺，多渠道解决焦化废水、冷轧酸洗废水、钢渣粒化（闷渣）排水、高炉冲渣排水等废水处

理回用等问题。

钢铁企业从原材料进厂、生产粗钢直至加工成钢铁产品，都需要水资源。因此，钢铁企业必须科学运用废水回收利用技术，不断提升生产工艺中水资源的重复利用效率，实现生产废水的"零排放"才能实现可持续、健康发展。

参 考 文 献

[1] 张朝晖，李林波，韦武强，等. 冶金资源综合利用 [M]. 北京：冶金工业出版社，2011.

[2] 刘凯. 浅谈钢铁企业废水处理技术方法 [J]. 中国高新技术企业，2010（17）：2.

[3] 马尧，胡宝群，孙占学. 矿山废水处理的研究综述 [J]. 铀矿冶，2006，25（4）：199-203.

[4] 王钧扬. 矿山废水的治理与利用 [J]. 中国资源综合利用，2000（3）：4.

[5] 张鑫，张焕祯. 金属矿山酸性废水处理技术研究进展 [J]. 中国矿业，2012，21（4）：45-48.

[6] 李娟. 烧结厂废水处理技术初探 [J]. 北方环境，2011，23（5）.

[7] 程继军. 钢铁企业应科学合理实施废水零排放 [J]. 节能减排，2007，6：14-17.

[8] 吕典舞. 钢铁企业生产废水零排放的实践与探讨 [J]. 科技创新与应用，2014，3：106.

[9] 程志民，翼岗. 我国钢铁企业废水零排放探索与研究 [J]. 科技情报开发与经济，2010，20（24）：139-141.

[10] 魏铭，马红刚，张献德，等. 污水回用技术在安钢废水处理中的应用 [J]. 河南冶金，2009，05：51-53.

[11] 李芸. 浅谈工业废水的处理方法 [J]. 科技致富向导，2012，35：276.

[12] 邵红，庄新贺，李辉. 钢铁冶金高浊废水处理技术 [J]. 科技导报，2010，2：101-104.

[13] 彭方芽. 工业废水的处理与利用 [J]. 科技风，2010，16：76.

[14] 翼岗. 钢铁企业节水减排技术的探索与研究 [D]. 西安：西安建筑科技大学，2010.

[15] 吴晓，黄静，彭海芳. 钢铁废水处理及回用实例分析 [J]. 江西科学，2013，5：656-658，668.

[16] 杨永壮，刘冬梅. 浅谈工业废水常见分类以及处理方法 [J]. 价值工程，2013，30：324-325.

[17] 刘扬，曹麟，刘家宏，等. 我国钢铁行业用水区域模式分析 [J]. 中国水利，2014，7：26-28，31.

[18] 王福龙，姜剑，罗富金. 钢铁企业综合废水处理与回用工程设计及管理研究 [J]. 给水排水，2014，3：48-51.

[19] 李梅. 冶金轧钢行业废水膜处理技术超滤预处理工艺研究 [J]. 广东化工，2014，20：37-38 +41.

[20] 张玉成，吴蓓. 废水综合治理技术 [J]. 河北冶金，1997，6：54-56.

[21] 胡晓. 天钢工业废水处理回用现状及对策 [J]. 天津冶金，2003，3：44-46，62.

[22] 张立才. 膜分离技术在冶金废水中的应用 [J]. 中国建设信息（水工业市场），2011，1：74-77.

[23] 张瑞雪，姜朝辉. 浅析工业废水处理 [J]. 黑龙江科技信息，2011，33：58.

[24] 宁艳春，段巧丽，王兆花，等. 膜分离技术在废水处理方面的应用与进展 [J]. 化工进展，2011（S1）：828-830.

[25] 韦兆欣，阎思思，吴同锁. 冶金三废的污染与治理 [A]. 河北省冶金学会. 2012 年河北省轧钢技术暨学术年会论文集（下）[C]. 河北省冶金学会，2012：3.

[26] 付本全，王丽娜，卢丽君，等. 钢铁企业用水与节水减排 [J]. 武钢技术，2012，4：50-53，61.

[27] 李国一. 无机陶瓷膜在废水处理中的应用 [J]. 天津科技，2012，5：59-60.

[28] 蔡宏科，谢宏钟. 冶金工业综合废水集中处理实践 [J]. 冶金动力，2002，2：45-49.

[29] 邓雁希，许虹，钟佐燊. 冶金炉渣在废水处理中的应用 [J]. 金属矿山，2002，6：42-44.

［30］ 边立槐，翟茹岭. 冶金废水悬浮物分析中需要注意的几个问题［J］. 天津冶金，2006，4：49-50，63.

［31］ 卡斯特罗 MEM，崔锦舫. 沉淀浮选从冶金废水中去除重金属和氰化物［J］. 国外金属矿选矿，1994，7：21-27.

［32］ 徐锐，范秀蓉. 工业废水处理方法及发展趋势探讨［J］. 今日科苑，2009，14：48.

［33］ 李春风. 钢铁企业用水成本和环保成本分析［J］. 冶金经济与管理，2013，2：26-31.

［34］ 蔡荣华，高春娟，张家凯，等. 冶金废水资源及其利用［J］. 盐业与化工，2013，6：1-3，7.

［35］ 周晓龙，吴戈. 我国钢铁企业水资源利用概况［J］. 给水排水，2013（S1）：336-340.

［36］ 王剑飞，冯媛媛. 活性炭吸附法处理冶金废水的工程设计模型［J］. 环境工程，2013（S1）：325-328.

［37］ 张运华，李孟. 冶金工业综合废水回用技术研究与应用效果［J］. 武汉理工大学学报，2009，31（12）：87-90，160.

［38］ 梁思懿. 钢铁行业综合废水资源化实践与展望［C］. 2020 年全国冶金能源环保技术交流会会议文集，2020：53-78.

5 　冶金矿山固体废弃物综合利用

　　矿产资源是人类赖以生存和发展的重要物质基础，因此，矿产资源的开发与利用一方面可以促进我国经济的快速发展、推动社会的进步，另一方面，大量固体废弃物的产生对人类所居住的社会环境造成了巨大的污染，严重危害人类的身体健康。冶金矿山开发过程中所产生的固体废弃物占较大比例，我国矿山开发所产生的大量固体废弃物的处理方式主要为储存至尾矿库或者排土场中，也有些矿山的废弃物堆放在自然环境中，这将不仅会占用大量土地资源，而且废弃物中超标的重金属会污染水资源和土壤，同时大量堆积的固体废弃物还存在垮坝的隐患，如不及时处理会对人类的生存环境造成巨大的影响，严重破坏生态平衡，有悖于可持续发展的理念。为了缓解人类生存环境与社会发展之间的矛盾与危机，提高固体废弃物的综合利用率势在必行。

　　近些年，我国在提高固体废弃物的资源化再利用率方面由于人类的资源意识不强，环保理念不足，废弃物的综合利用技术不够，高附加值产品较少，经济效益较低，企业的市场竞争力不足等方面的原因，还存在诸多亟待解决的问题。对于冶金矿山固体废弃物的综合再利用问题，主要的处理方式为：对废弃物进行有用矿物的二次回收再利用，如可对尾矿进行二次再选，回收有价金属，作为冶金原料；对废弃物直接再利用，作为生产相关非金属材料的原料，如建筑材料、耐火材料等；对于无法直接或者间接利用的废弃物，一般进行处理后定点堆存，最大程度化地减少废弃物对人类生存环境的污染和破坏。

　　从我国国情出发，在未来的很长一段时间内，我国经济发展对矿产资源的需求将呈现快速增长的势头。在这种形势下，"开源"和"节流"将是我国未来固体矿产资源开发的主题，而综合利用固体废弃物既是"开源"，也是"节流"，既可以延长矿山的服务年龄，也可提高企业的经济效益。

5.1 　冶金矿山固体废弃物的来源与分类

　　矿山固体废弃物主要包括矿山开采和矿石选矿加工过程所产生的固体废弃物，所产生的固体废弃物主要为废石和尾矿。从充分利用自然资源的观点来看，"废弃物"只是一个相对的概念。矿山固体废弃物虽然是选矿、提取了有用矿物之后的产物，但不应把它看成是废弃物，其中往往含有许多有用的元素和矿物，是宝贵的二次资源，一旦开发出来，形成规模化和产业化，经济价值不可估量，对发展循环经济和落实可持续发展具有重要意义。

　　尾矿是选矿厂在特定技术条件下将矿石磨细选取有用矿物粉后产生的不宜再分选回收利用的矿山固体废弃物，也就是开采的矿石经选出精矿粉后所剩余的废弃物，通常排入矿山附近筑有堤坝的尾矿库里。选矿厂排出的大量尾矿，不仅会造成大量的资源浪费，而且占用大量的土地资源、污染环境。我国铁矿选矿厂尾矿具有数量大、粒度细、类型多、性质复杂的特点。尾矿的综合利用可以回收大量矿物资源，提高矿产资源的利用率，并且可以有效地缓解尾矿大量堆存对生态环境造成的影响，对发展矿山的循环经济，实现矿山节能减排和可持续发展战略方案的实施与落实具有十分重要的意义。

废石是在矿山开采过程中所产生的几乎无工业价值的矿床围岩和矿体夹石。对于坑采矿而言，废石就是坑道掘进和采场爆破开采时所分离出而不能作为矿石利用的岩石；而对于露天矿来讲，废石即为矿床表面剥离的围岩或夹石。一般采用人工拣选的方式将矿石和废石分开，对于废石一般的处理方式为排弃、堆积、覆土造田，排弃的方法主要有：人工排弃、推土机排弃、推土犁排弃、电铲排弃。对于中小型矿山，产生的废石量不大，一般采用人工排弃的方法，运用窄轨铁路和小型矿车，由机车牵引或人力推送，将废石倾倒在选定的废石场储存；绝大部分矿山采用推土机排弃，可节省大量劳动力，提高工作效率，露天开采场排弃废石适用于采用此法；推土犁排土适用于坚硬岩石、排弃量不太大且有足够场地的矿山；电铲排弃效率高，堆置高度大，部分大型露天矿适用于此法。

我国铁矿尾矿的主要类型有：硅质鞍山式铁尾矿、高铝型铁尾矿、高钙、镁型铁尾矿、多金属型铁尾矿。

5.2 冶金矿山固体废弃物综合利用

目前冶金矿山固体废弃物的综合利用率较低，为了落实矿山企业的"可持续发展"，还矿山周围环境一个"绿水青山"，大力开展废弃物综合利用，实现资源开发与废弃物再利用相结合，提高矿产资源的综合利用效率，对促进社会进步以及经济的发展具有重大意义。

开展冶金矿山固体废弃物的资源化再利用主要是回收存于尾矿和剥离废石中的有价金属元素、非金属元素。冶金矿山的废石和尾矿的综合利用主要有以下方面：用于有价金属的提取，以作为精矿用于冶金原料使用；用于生产陶瓷、耐火材料，用于井下的充填料等建筑材料的原料。近些年在这些方面的应用已有许多典型的成功案例。

5.2.1 尾矿的综合利用

冶金矿山的开发与利用对大力促进国民经济的发展具有重要意义，但尾矿的大量堆存严重污染环境，并造成巨大的矿产资源浪费，影响社会经济的可持续发展。因此，对尾矿进行综合化再利用，有利于实现矿山开发的无尾化处理，降低其对社会环境的巨大污染及资源浪费，为矿山经济的可持续发展奠定良好的基础。

截至目前，大量尾矿库存在的原因主要是由于选矿工艺技术以及设备条件的限制，致使矿产资源中大量的有用组分弃之不用，造成巨大的资源浪费。随着选矿工艺技术的更新与变革，选矿设备创新与更新，以及选矿所用试剂的开发与利用，从大量堆存的尾矿中进行有用资源的回收再利用成为现实。

铁尾矿是选矿之后的固体废弃物，占工业固体废弃物总量的比例较大。近些年，我国已从多方面对铁尾矿进行综合化再利用，逐步提高铁尾矿的综合利用率，但是随着国民经济的快速发展，每年新排出的铁尾矿数量巨大，因此，进一步提高铁尾矿的综合利用率亟待解决。

5.2.1.1 从铁尾矿中回收有价金属组分

我国矿山所排放的铁尾矿主要是磁铁尾矿和赤铁尾矿，以化学组成进行分类主要有：高硅型、高铝型、高钙镁型、低钙镁铝硅型、多金属型。我国铁矿选矿厂的尾矿具有数量大、粒度细、类型多、性质复杂的特点，这些铁尾矿中除含铁元素之外，还含有一系列有用金属元素，如 Au、Cu、V、Ti 等，因此，对铁尾矿进行有价金属元素的再选已引起钢铁企业的重视，并已采用磁选、浮选、酸浸、絮凝等工艺从铁尾矿中再回收铁，有的还补充回收铜等有色金属，经济效益更高。

例如，某矿是一个以铁、铌、稀土为主的多金属共生矿，选矿厂贫氧化矿生产系列采用弱磁—强磁—浮选工艺流程技术改造后，铁精矿品位 60% ~61%、回收率 70% ~72%。稀土浮选尾矿的赤（褐）铁矿中含铁、Nb_2O_5，是回收铁和铌的重要原料，选矿回收铁时，应兼顾铌的综合回收，最大限度地减少铌在铁精矿中的损失，并为选铌创造良好条件。我国钴资源匮乏，是对外依赖程度最大的有色金属，因此，从尾矿中回收利用钴对我国的国民经济发展具有重大意义，某铁尾矿的 Co 含量为 0.012%，采用脱泥—浮选工艺技术，将细粒尾矿经过旋流器脱泥后，采用羧甲基纤维素钠为调整剂、甲基异丁基甲醇为起泡剂、丁基黄药为捕收剂，通过一粗二精一扫的选矿工艺，可以获得 Co 品位为 0.47%、Co 回收率为 54.41% 的钴精矿，为钴资源的回收再利用奠定了一定的技术支撑。某低品位钒钛磁铁矿选铁尾矿含钛 5.59%，含铁 10.51%，采用高梯度磁选—浮选联合工艺获得 TiO_2 品位为 47.31%、回收率为 39.52% 的钛精矿产品，为钒钛资源的回收再利用提供了技术支撑。此类应用案例众多，对资源的回收再利用，以及循环经济的发展奠定一定的理论及技术支撑。

5.2.1.2 利用铁尾矿制备免烧砖

部分铁矿在对尾矿进行再选之后，根据尾矿的化学组成，对尾矿制备各种砖进行一系列的研究，取得很好的研究成果，主要是以细微矿渣为主要原料，配入少量骨料、钙质凝胶材料以及外加剂，加水搅拌，在压力机上压制成形，然后经过养护，成为成品。

例如，以某铁矿选矿厂的尾矿粉、标准砂、熟石灰和石膏为主要原料，按照一定配比混合后加水搅拌均匀，采用模压成型法成形为 $\phi5 \text{ cm} \times H3 \text{ cm}$ 的圆柱形免烧砖，经 7 天养护后，满足国标对免烧砖的强度等级要求。这一应用不仅可降低对铁尾矿的应用成本，同时进一步拓宽了铁尾矿的应用领域，为大幅提高铁尾矿的综合利用率具有重大意义。

5.2.1.3 利用尾矿生产建筑微晶玻璃

采用铁矿尾矿和废石为主要原料制成了尾矿微晶玻璃花岗岩，其成品的抗压强度、抗折强度、光泽度、耐酸碱性等均达到或超过天然花岗岩。

例如，国内相关学者以某尾矿库现存铁尾矿为主要原料，以废玻璃为增硅剂，$CaCO_3$ 为发泡剂，TiO_2 和 CaF_2 作为复合晶核剂，采用粉末二次烧结法制备一定性能的微晶泡沫玻璃。当铁尾矿的掺量为 40%（质量分数），在 900 ℃的温度下发泡 30 min，在 1120 ℃的温度下微晶化处理 2 h 后，可制得主晶相为透辉石的 $CaO\text{-}MgO\text{-}Al_2O_3\text{-}SiO_2$ 系微晶玻璃。也有学者针对高硅铁尾矿制备一定性能的微晶玻璃，研究了铁尾矿的掺量对微晶玻璃的颜色、体积密度及化学稳定性等性能的影响，实验结果表明当铁尾矿的掺量为 5% ~40%（质量分数）时，可制得符合一定性能要求的微晶玻璃。

5.2.1.4　利用铁尾矿制备多孔陶瓷材料

采用铁尾矿制备多孔陶瓷材料，为铁尾矿在复合相变载体上的应用奠定一定的理论基础。例如，某学者以泥状细颗粒铁尾矿和石墨粉为主要原料，采用碳热还原法制备一种导热增强型铁尾矿多孔陶瓷，可将尾矿中低热导率的氧化物和矿物相转变成高热导率的碳化物，以解决高孔隙率多孔陶瓷热导率低的问题，此类多孔陶瓷可应用于相变载体领域，为铁尾矿的高效资源化再利用提供了新路径。

5.2.1.5　利用铁尾矿制备混凝土

将铁尾矿作为混凝土的掺合料来制造高性能的混凝土并应用到交通工程项目中，不仅可提高铁尾矿的综合利用率，也可促进混凝土产业的进步与发展，是近些年发展绿色环保、循环经济、制备循环高性能混凝土的有效途径。

例如，以某铁矿的铁尾矿微粉、水泥、标准砂、细集料、粗集料、减水剂为主要原料，混合均匀后加入水搅拌均匀，浇注成标准立方体试模，经养护后可制得具有一定抗压强度和抗折强度的混凝土试件。以某尾矿库的铁尾矿为掺合料制备混凝土试件，当尾矿掺量为30%时，所制备的高性能尾矿再生混凝土的力学性能与变形性能能够达到或略超普通混凝土，可将其应用于道路交通工程中。此类案例较多，铁尾矿在混凝土方面的应用对进一步提高铁尾矿的附加值具有重大意义，且为循环经济的发展奠定一定的基础。

5.2.1.6　利用铁尾矿制备墙体保温材料

铁尾矿的化学组成与黏土等矿物的化学组成类似，同时国家禁止采用黏土制备烧结砖。因此，铁尾矿在制备墙体保温材料方面的大量应用，对响应国家绿色环保、矿山的循环经济具有重要意义。有相关研究以铁尾矿为主要原料，添加适量膨润土、长石和稻壳制备出节能、环保的墙体保温材料，对促进建材行业的发展以及矿山企业的可持续发展具有重要作用。实验中当试样的烧结温度为900 ℃时，试样中的石英、莫来石和钙长石的含量较高，对提高试样的强度有利，且通过显微结构分析可知试样内的晶体发育完整，显气孔率适中，对制备轻质高强的墙体保温材料奠定一定的理论和实践基础。

5.2.2　废石的综合利用

5.2.2.1　作为原料进行"二次利用"

铁矿矿山产生的固体废弃物废石中常含有较多种类的金属化合物和非金属矿物组分，在实际的资源再利用过程中可对废石进行再加工，直接作为原料加以利用。例如，废石成分中含有较多的钙、磷、钾等成分，经过加工之后可以作为土壤改良剂，施于酸性或碱性土壤中达到改良土壤的目的。

5.2.2.2　造田复地

这种废石的处理方法主要是对由于废石常年堆积而占用甚至破坏的土地进行植被的重新再覆盖，以达到稳定岩土、减少水土流失，减少水体及土壤污染的目的。利用废石库进行造地复田，这种方式在我国部分矿山中得到应用，取得了良好的社会和经济效益。

5.2.2.3　作充填料

将冶金矿山所伴生的废石用于井下充填和加工石料。将废石用作采空区的充填料，一般废石充填在矿山有两种方式：一种是干式充填（即全废石充填）；另一种是作为细砂

（包括河砂、尾砂等细粒级充填料）与胶结充填的粗骨料。

20 世纪 50 年代国内开始采用干式充填技术充填矿山，例如，某矿区通过合理的生产调度，将 2020 m 中段及 2085 m 矿山深部优先采掘产生的废石就近充填到采空区，实现了将铁矿废石全部回填至井下采空区的充填目标；再如，某铁矿通过相似模拟试验分析充填散体结构及流动特性，确定出最佳充填井尺寸为 3.5 m，散体自然安息角为 33.2°，合理充填井间距为 20 m，在此基础上进行废石干式充填，使采空区围岩承载能力得到加强，有效解决围岩冒落问题，增强了顶板岩体的稳固性，保障了顶板矿石安全性和高效的回采。

铁矿废石的储量大、强度高并且其力学性能稳定，因此，在对铁矿废石各项指标检测合格的基础上将其用于制备砂石骨料，不仅可以缓解天然骨料的供应压力，还能在一定程度上解决废石堆存过剩的难题，具备较高的经济效益、环境效益和社会效益。在 20 世纪初期，相关学者对铁矿废石用于砂石骨料的制备开展了大量的研究工作，有学者对某铁矿的废石进行物相分析、放射性分析、粒度分布分析以及化学成分的检测分析，根据相关砂石的标准对铁矿山废石破碎后制成的粗骨料与细骨料的相关指标进行检测分析，检测结果可知该铁矿废石可作为生产粗骨料和机制砂。

参 考 文 献

[1] 魏建新. 冶金矿山尾矿资源综合利用的分析与对策 [J]. 冶金经济与管理，2000，6：11-12.

[2] 中建商品混凝土有限公司编. 混凝土低碳技术与高性能混凝土 [M]. 北京：机械工业出版社，2011.

[3] 袁世伦. 金属矿山固体废弃物综合利用与处置的途径和任务 [J]. 矿业快报，2004，9：1-5.

[4] 周少奇. 固体废物污染控制原理与技术 [M]. 北京：清华大学出版社，2009.

[5] 郭敏，卢业授，贾志红，等. 我国大宗尾矿废石资源化对策研究 [J]. 中国矿业，2009，4：35-47.

[6] 程学斌. 露天矿山废石综合利用探讨 [J]. 技术应用，2011：112-146.

[7] 刘文博，姚华彦，王静峰，等. 铁尾矿资源化综合利用现状 [J]. 材料导报，2020，34 (1)：268-270.

[8] 刘志国，郭素红. 从某细粒铁尾矿中回收钴资源的选矿试验研究 [J]. 有色金属，2021 (1)：83-88.

[9] 邹锋，殷志刚，陈思竹. 攀枝花白马选铁尾矿综合回收利用研究 [J]. 矿产综合利用，2020 (6)：19-25.

[10] 刘俊杰，梁钰，曾宇，等. 利用铁尾矿制备免烧砖的研究 [J]. 矿产综合利用，2020 (5)：136-141.

[11] 孙强强，杨文凯，李兆，等. 利用铁尾矿制备微晶泡沫玻璃的热处理工艺研究 [J]. 矿产保护与利用，2020 (3)：69-74.

[12] 于欣. 铁尾矿建筑微晶玻璃的制备及其析晶性能研究 [D]. 沈阳：沈阳建筑大学，2016.

[13] 刘晓倩，周洋，刘旭峰，等. 碳热还原法制备铁尾矿多孔陶瓷的结构与性能 [J]. 矿产保护与利用，2020，40 (3)：56-63.

[14] 李林，姜涛，陈超，等. 攀西钒钛磁铁矿尾矿制备储水泡沫陶瓷的研究 [J]. 矿产综合利用，2020 (6)：1-9.

[15] 田尔布，康海鑫，连跃宗，等. 铁尾矿微粉混凝土的力学性能分析 [J]. 三明学院学报，2021，

38（3）：106-112.

［16］ 黄钟晖，张世荣，王炳华，等. 高性能铁尾矿细骨料再生混凝土碳化力学性能试验研究［J］.
2021，19（1）：28-33.

［17］ 路畅，陈洪运，傅梁杰，等. 铁尾矿制备新型建筑材料的国内外进展［J］. 材料导报，2021，35
（5）：5011-5026.

［18］ 陈永亮，石磊，杜金洋，等. 铁尾矿轻质保温墙体材料的制备及性能研究［J］. 建筑材料学报，
2019，22（5）：721-729.

［19］ 赵永平，孙利，吴智平. 矿山掘进废石充填采空区工艺探索与实践［J］. 世界有色金属，2019
（13）：163-164.

［20］ 曹建立，任凤玉，张东杰，等. 某铁矿采空区治理技术研究［J］. 中国矿业，2019，28（2）：
86-96.

［21］ 张发胜. 铁尾矿废石资源化利用试验研究［J］. 甘肃冶金，2021，43（1）：8-13.

6 烧结厂固体废弃物综合利用

本章数字资源

目前烧结生产工艺成熟，包括低温烧结技术、低温厚料层烧结技术、烧结自动化技术、小球烧结技术、烧结余热回收技术、优化烧结点火技术、选择性制粒技术、复合造块技术、烧结烟气脱硫技术、烧结烟气循环技术、烧结机漏风治理技术、预还原烧结技术、烧结除尘技术、环冷机液密封技术、烧结烟气脱硝技术和二噁英治理技术等。

烧结生产时在高热负压抽风作用下，烧结料层内燃料自上而下燃烧并放热，在燃料中产生一系列物理化学变化，部分混合料颗粒发生软化和液相的产生，并润湿其他未熔化的矿石颗粒，随着料层温度的降低和冷空气的吸入，矿物来不及释放能力而发生液相冷却和析晶，将矿粉颗粒结成块，烧结生产同时也伴随有废弃物的产生。

6.1 烧结厂固体废弃物的来源及处理

由于烧结机的抽风、燃料的破碎、成品矿过筛等过程产生大量粉尘，因此，烧结厂固废主要是粉尘，粉尘主要产生在烧结机机头和机尾，成品整粒及冷却筛分等工序，粉尘细度在 5~40 μm 之间，机尾粉尘的总铁含量 50% 左右，每生产 1 t 烧结矿产出 20~40 kg 的粉尘，与烧结矿成分基本相似，含有 CaO、MgO 和较高的 TFeO 等有益成分，但部分粉尘含较高的碱金属、锌及铅等需处理后才可使用。烧结厂生产过程中除产生粉尘外，烧结过程中产生大量的 SO_2、NO_x、CO_2、CO、Hg、氟化物、氯化物、二噁英和重金属等，其中粉尘和 SO_2 是烧结（球团）厂的主要污染物，新形势下排放标准更为严格，因此，对现有污染物严格控制，脱硫脱硝技术在满足排放要求的同时也会产生其他一些副产物，如脱硫石膏，可以替代自然石膏实现资源化利用，实现脱硫石膏的综合利用具有潜在的经济效益。

对于烧结厂不同来源的粉尘各有特点：原料准备系统的尘源分散而多；混合料系统，尤其当有热返矿参加混合时尘与气是共生的，排气高湿、高温和含尘浓度也较高；烧结矿系统的温度高，废气量大，含尘浓度高。因此，烧结厂固体废弃物的特点为：（1）粉尘大部分颗粒粒度在 5~40 μm 之间，偏小的粒度不利于混合料制粒。粉尘加入烧结混合机以后，与铁矿粉大颗粒很难黏结在一起，矿粉制粒效果不好。（2）烧结粉尘除尘点多，数量较大，很难实现连续定量控制，不利于烧结过程燃料、成分和水的控制。（3）粉尘润湿性能差，难以充分混合和湿润。（4）化学成分差异较大，对稳定烧结矿的理化指标非常不利。此外，烧结机头电除尘灰含有较多的有价资源，回收利用会产生较高的价值。

由于烧结厂固废疏水性强、粒度细，如果用于直接烧结混料则很难混合制粒，会对烧结过程产生不利影响，造成烧结产品质量下降和电耗指标上升，在烧结过程中粉尘的循环也会危害工人身体健康并影响环境卫生，必须控制并减少粉尘带来的不利影响，充分利用烧结固废资源。对于烧结厂粉尘的治理可以从设备自动化水平和工艺的改革多方面入手，从而实现粉尘排放量的减少。

6.1.1 烧结原料场扬尘处理

原料场多为取、堆料机的露天作业，不能采用机械除尘装置，扬尘点无法密闭操作，目前国内企业多采用湿法除尘，即喷洒覆盖剂或喷水抑尘。湿法除尘使物料加湿后扬尘量大大减少，并实现部分粉尘的可捕获。

6.1.2 物料的破碎、筛分和皮带机转运点除尘及收集

在这一阶段内，传统的除尘系统方法多样且分散，通常采用高压静电尘源控制、机械旋风除尘等措施，但除尘效果依旧不是很理想。随着环保要求的提高和烧结厂的自动化、大型化、现代化，烧结厂除尘系统向大型化和集中式发展，并普遍采用大型高效的电除尘器和袋式除尘器。通过电除尘器和袋式除尘器实现高效除尘，收集的除尘灰放入料仓集中，然后通过运灰皮带或螺旋输送机直接输送至混合料中配料利用。对皮带机转运点和物料的破碎、筛分过程可进行密闭，以湿式除尘为辅助，但不可以加水过量，否则容易出现糊筛底等现象。对于许多开放性尘源点的胶带运输机多采用在尘源点喷洒荷电水雾或高压静电尘源控制系统，从而实现开放性尘源的有效抑制。

6.1.3 混合料系统除尘

混合料系统中水汽和粉尘共存，如果采用干法除尘会造成设备和管道的堵塞及黏结，因此，多采用湿法除尘器。根据操作方式和工艺的差异，分别在一次混合圆筒混合机和返矿皮带处设置加水点，这些主要尘源点采用大型冲击式除尘器，在其他次要的尘源点可采用喷淋箱或喷淋管对排气进行净化。

6.1.4 烧结机粉尘收集和处理

烧结采用抽风生产，主抽风烟道烟气是烧结粉尘的主要来源，因此，必须对烧结机在烧结过程中所造成的粉尘进行处理。烧结机烟尘处理主要通过对大烟道除尘，收集后的烟尘集中进入除尘设备，后再经抽风机通过高烟道向大气排放，大烟道和除尘设备收集的粉尘则经过输灰设备进入返矿系统。大烟道捕集的烟气均由集灰斗经双层卸灰阀卸到运输机上运出，由于大烟道灰尘粗，且很容易使阀门卡死，导致卸灰困难，阀门漏风后容易扬尘，因此，采用水封拉链处理，将大烟道各除尘器排灰管、小格排灰管和排灰管等均插入水封拉链机槽内，灰尘在水封中沉淀后由拉链带出，后卸到运输机上输出。烧结过程中，由于烧结机机头烟气中水分含量较高，尤其在烟气的温度低于露点时便很容易引起主抽风机叶片的腐蚀。对于小型的烧结机机头多采用双旋风或多管除尘器串联的二级除尘模式和重力除尘室。目前钢铁企业多数的大中型烧结机机头除尘以电除尘器作为一级除尘。

烧结机机尾 TFe 含量高，烟气温度高，并且含有很多重金属元素，对有价金属回收利用具有很高的经济价值。烧结机机尾除尘系统曾使用过旋风除尘器、湿式除尘器、多管除尘器、颗粒层除尘器等，但是因为上述除尘器存在易造成二次污染、维护工作量大等缺

点，因此，达不到排放标准，目前机尾除尘多采用袋式除尘器、电除尘器，以及电-袋复合除尘器等。

6.2　固体废弃物在烧结生产中的应用

我国环保标准日益严格，加之铁矿石资源日益匮乏和资源紧张，如何高效利用含铁废料，是提高钢铁企业经济和社会效益、降低环境负荷必须面临的重要课题。钢铁企业在生产过程中产生的含铁废料，如高炉瓦斯灰、高炉渣、炼钢污泥、轧钢铁皮、烧结除尘灰、脱硫石膏、转炉钢渣等。如表 6-1 所示，这些含铁废料均含有较高的铁和碱性氧化物，将其用于烧结工艺中可以显著降低燃料和熔剂消耗、改善烧结矿品位。越来越多的钢铁企业将含铁废料用于烧结生产中，随着钢铁企业规模和产能的不断扩大，日益增多的含铁废料量需要得到有效处理。近年来烧结厂通过各类生产实践实现了多类含铁废料在烧结各环节的应用，有效降低企业经济成本，实现废料在企业内部的二次回收利用。具体配加工艺如图 6-1 所示。

表 6-1　含铁废料的化学成分　　　　　　　　　　（质量分数，%）

名　　称	TFe	SiO_2	CaO	MgO
钢渣	19~26	13~16	33~40	8.8~9.4
烧结机机头	46.65	5.71	3.79	1.1.6
除尘灰（高炉矿槽灰）	53.61	5.38	9.8	3.74
出铁厂灰	64.23	2.21	0.7	1.79
污泥	57.52	2.18	11.55	2.35
铁皮	73.25	0.88	—	—

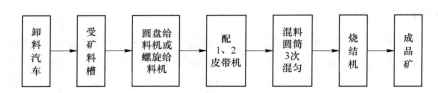

图 6-1　配加工艺流程

6.2.1　配加氧化铁皮

轧钢废料氧化铁皮经筛分加工后具有杂质少、含铁量高的特点，平均粒度在 5 mm 以下，TFe 达到 70% 左右。在烧结过程中其他矿石与氧化铁皮接触紧密，很容易形成液相以促进烧结矿生产，其中 FeO 高达 41%，烧结生产时 FeO 燃烧生成 Fe_2O_3 并释放大量的热，因此，可有效减少焦粉用量并提高烧结矿的品位，但要控制 FeO 含量在 10% 以内，因为过高含量将影响烧结矿的冶金性能，此外也应在保证热量的前提下获得还原性能良好的针状铁酸钙液相。实验研究，当配加氧化铁皮比例为 5% 时，转鼓强度略有提高，烧结矿 TFe 可以提高 0.5%~1.0%。

6.2.2 配加污泥

烧结配含铁污泥主要为炼钢污泥，主要成分为铁氧化物及 CaO，配入烧结原料中可代替含铁原料，但具有水分不稳定、黏度大易成团块等特点，配料不易均匀，影响烧结矿质量，所以很难实现圆盘给料机配料，也可将传统的圆盘给料机改造为对辊挤压式给料，通过定负荷将污泥进行挤压从而达到均匀配加。

6.2.3 配加除尘灰

烧结过程中连续或间断配加除尘灰，容易造成混合料水分波动而使料层透气性恶化。配料室灰、烧结机成品灰、烧结机机尾灰、大烟道灰基本在烧结车间内部自循环使用，有企业对此类除尘灰集中输送到配料室料仓后混合参与配料，有效解决混合料水分波动问题。此外，将矿槽灰、出铁场灰直接运到原料场参与烧结混匀原料的配料，高炉煤气清洗及重力除尘灰收集后先经过磁选晾干，品位为 55% ~ 56%，拉到料场晾干后作为配入烧结原料使用。

6.2.4 配加干熄焦除尘灰

干熄焦除尘灰的特点是粒度细、灰分略高、含碳量高，烧结过程配加干熄焦除尘灰通常采用两种方法，一是按一定比例进行单配，二是和焦粉按比例混合进入焦粉槽参与配料。配加干熄焦除尘灰烧结用燃料消耗及工艺能耗均明显降低。缺点是由于粒度细，添加过量则会影响到燃烧时的透气性，因此，烧结过程配入干熄焦除尘灰时需要严格控制焦灰在燃料中的配比。

6.2.5 配加钢渣

转炉钢渣中 CaO 含量 40% ~ 50%，主要以游离 CaO、硅酸二钙、硅酸三钙及铁酸钙等低熔点矿物形式存在，烧结原料加入一定量钢渣则有利于低温液相生成并改善烧结矿质量和强度，降低固体燃料需求，成品率提高。此外，钢渣内的 CaO 可替代部分烧结熔剂。

6.2.6 配加球团脱硫灰

某企业球团外排废烟气采用 LJS 循环流化床钙基（CaO）干法脱硫工艺进行脱硫处理，利用烧结烟气的"活性炭脱硫 + 制酸"工艺，将球团工序产生的硫进行回收制取浓硫酸再利用，同时利用脱硫灰中的钙基物质替代部分烧结用生石灰和石灰石，减少熔剂消耗，实现资源高效利用。干法脱硫灰中硫元素主要是以 $CaSO_3$ 赋存，球团脱硫灰的配入（配比：0% ~ 0.17%）对烧结单元净烟气排放浓度基本无影响，对烧结矿的硫含量影响较小；球团脱硫灰的配入对活性炭脱硫率无明显影响，但随着脱硫灰配入量的增加，烧结原燃料带入硫总量增加，导致烧结原烟气 SO_2 浓度升高。要想保证烧结良好的排放指标及合理的烧结矿的硫含量必须控制烧结匀矿合理的硫含量。但由于球团干法脱硫灰中含有大量的 $CaCO_3$、$CaSO_3$ 以及 CaO 等，极易吸潮结块，不便于储存，因而球团脱硫灰在匀矿中的配入基本是保持产出和使用平衡。

6.3　烧结厂固体废弃物综合利用

钢铁工业中固体废弃物包括烧结粉尘和脱硫副产品，目前烧结粉尘多用于企业内部返回利用，主要用于烧结和球团，此外，烧结粉尘通过制水泥、制颜料等可进一步提高使用价值及应用范围。

6.3.1　制水泥或混凝土

烧结电除尘灰铁含量较高，烟尘粒度小、质软可用于铁质校正原料，烧结电除尘灰加入水泥窑制备得到的水泥完全符合使用要求。研究发现使用烧结干法脱硫灰替代部分粉煤灰和石灰，辅以废弃混凝土再生碎石替代天然碎石生产路基材料，抗冻性和耐水性均明显提高。某企业采用预处理后的半干法烧结脱硫灰 1%～25%、生石灰 10%～15%、水泥 5%～10%、脱硫石膏 3%～5%、尾矿砂 20%～30%、粉煤灰 35%～50%等制备蒸压加气混凝土，抗压强度和耐久性好，利用烧结除尘灰搭配高炉除尘灰作水泥生产添加剂，显著提高了生料磨的生产效率。

6.3.2　制颜料

粉尘中氧化亚铁或氧化铁的含量比较高、颗粒微细，是理想制取氧化铁红颜料的原料，粉尘制备铁系颜料的研究取得了应用性成果，目前工艺比较成熟且产品的质量也较好，尤其是在粉尘制备铁红的研究方面不仅技术成熟，并且已申请多项国家专利。如某公司提出的以粉尘为原料制取氧化铁红的方法，先对粉尘进行 2 次湿式磁选，磁场强度为 400～1200 kA/m，然后在 457～700 ℃下焙烧 0.5～2.5/h，焙烧后的粉料再经粉碎到费氏粒度小于 2 μm，即得到氧化铁红产品。氧化铁红不仅可以作为建筑材料的添加剂或涂料，也可用于磁性材料颜料，工艺不使用酸且流程短，设备投资和成本较低，杂质含量少，产品稳定。天津大学利用烧结厂粉尘制得铁红及其他铁系颜料，试验用的烧结厂粉尘的主要成分为 C、Fe 及少量的 Mg、Ca、Si 等的氧化物。粉尘经铁碳分离后用硫酸浸洗，硫酸浸洗去除其中存在的 Ca 和 Si，滤液为 $Fe_2(SO_4)_3$ 和 $FeSO_4$ 混合溶液。通过用碱中和或中和氧化滤液后，实现不同的条件下铁黑、铁黄、铁棕、铁绿等颜料的制备，将这些产品高温锻烧后也可得铁红颜料。

6.3.3　制一氧化铅

除尘灰中含有 Fe、Pb、Ca、Mg、K、Al 等元素，同时含有少量 Cu、Bi、Na、Zn，对除尘灰二次烧结回收时脱铅率较低，需添加氯化剂可使铅进一步挥发，因此，在电除尘回收的技术的基础上通过优先回收粉尘中的有价元素或将其制成新产品具有潜在的经济效益。如除尘灰二次烧结回收前利用氨水易与 Cu、Ag、Zn 的化合物形成络合物的特性来提取烧结灰中的 Cu、Ag、Zn 元素。铁矿石中含有少量 Pb 元素，Pb 的沸点 1472 ℃，熔点为 886 ℃，950 ℃时挥发现象很显著；$PbCl_2$ 沸点 954 ℃，熔点 498 ℃。烧结过程中，铁矿石中的 Pb 多数固化在烧结矿中，剩余的 Pb 则以气态的形式进入烟气，烟气经过电除尘器成为烧结机头除尘灰。用盐酸和氯盐（氯化钠）的混合溶液来浸提烧结机头除尘灰中的

PbCl₂ 及其他含铅化合物，即氯化浸出，具体的工艺流程如图 6-2 所示。付志刚等在 85 ~ 90 ℃ 下采用氯化浸出，浸取过程中 Pb 的浸取率在 99.50% 以上，加入碳酸钠发生 Pb 的沉淀，沉淀率为 99.90%，沉淀煅烧 5 h 后得到的 PbO 产品纯度为 99.50%，达到工业一级品的指标要求。

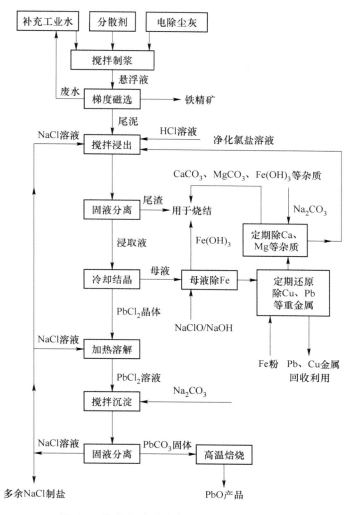

图 6-2　烧结机头除尘灰 PbO 制取工艺流程

6.3.4　参与烧结

　　将烧结粉尘运出系统，与红泥（转炉灰加水形成悬浊液）和部分返矿在地坑中混匀，通过抓斗捞出并输送到混匀料场参加混匀配料参与烧结过程，该工艺粉尘的润湿充分、料批稳定，混料时充分利用了红泥中的水分，灰粒黏附于返矿颗粒表面，避免了"假球"的出现。另外，红泥水分被充分利用后可以减少其对混料机所造成的不稳定因素。缺点是汽车运输量大、处理周期长、加工成本增加等。此外，粉尘成分复杂且粒度较细，烧结直接配入粉尘时影响烧结过程的透气性和烧结矿的质量，对烧结生产影响较大。因此，某企业将烧结配料灰、烧结机尾除尘灰、高炉原料灰、炼钢钢水精炼除尘灰、高炉出铁场灰、高炉二次灰、烧结主电除尘灰烧结成品除尘灰和生石灰强力混合，通过润磨和造球后输送到烧结制粒，实现 100 万吨/年的粉尘造粒工艺，不仅可以改善料层透气性、增加烧结矿的产量及质量，而且能耗显著降低，但是无法减轻粉尘中有害元素在铁中的富集。将粉尘混入烧结返矿，并和返矿混合后加以利用，该工艺需间断放灰，不能连续放灰，因此，导致生产间断性，不利于连续生产的稳定性。在实践中发现烧结烟尘配入烧结原料量增加将使烧结料的烧结性能下降，从而降低烧结矿质量，此外，造成有害元素的不断循环累积和富集，从而影响后续工序设备运转。

6.3.5 烧结机头除尘灰生产复合肥

（1）烧结机头除尘灰生产复合肥工艺如图 6-3 所示，利用烧结机头除尘灰制备复合肥配方为：

1）除尘灰与磷铵、碳铵、硫酸钾和黏结剂等辅料混合而成的适用于玉米、小麦等农作物的复合肥，其具体配比为碳酸钠 18%、尿素 21%、除尘灰 30%、磷铵 13%、硫酸钾 16%，复合肥中养分的比例为 $N : P_2O_5 : K_2O = 1 : 0.5 : 0.77$。

2）除尘灰与磷铵、碳铵、硫酸钾和黏结剂等辅料混合而成的适用于土豆等蔬菜的复合肥，其具体配比为碳酸钠 15%、尿素 16%、硫酸钾 21%、除尘灰 25%、磷铵 16%，复合肥中养分的比例为 $N : P_2O_5 : K_2O = 1 : 0.8 : 1.2$。

图 6-3   烧结机头除尘灰生产复合肥工艺

蒋新民等通过采用活性炭和碳酸氢铵处理烧结烟尘的同时进行脱色处理后，采用硫酸铵复分解反应、两步蒸发结晶制备得到工业一级品纯度的硫酸钾，后续可以进一步加工成农业用复合肥料。

（2）许丽洪等将烧结干法脱硫灰结合污水处理厂污泥、粒径 3～5 mm 锯末和聚丙烯酸按照质量比 0.10:1:0.15:0.005 的比例在自制反应器内模拟好氧堆肥试验，得到外形规则且表面光滑的肥粒，含有 Fe、Mg 等微量元素显著提高土壤肥力，促进白菜种子发芽，堆肥效果好。

6.3.6 制备氯化钾

北京科技大学开发出烧结富钾电除尘灰生产氯化钾的工艺，其工艺主要流程如图 6-4 所示，具体为：在室温下，采用自来水，加入适量的 SDD 浸出，液固比 2:1～1:1，浸出率可达 95%～99.5%，浸出液加热蒸发浓缩至原体积 3/5～4/5，滤渣经干燥后返回烧结工序，缓慢冷却分步结晶得到氯化钠和氯化钾产品，钙镁总量 0.4%～3.0%，纯度高达 95%～98%，结晶母液循环使用并重新用于除尘灰的浸出，剩下的富含硅酸钙废渣可供水泥厂利用，工艺耗能较小，无废水排放，简单易行，降低烧结工艺中碱金属的恶性循环，实现了烧结烟尘的零排放和资源综合利用。

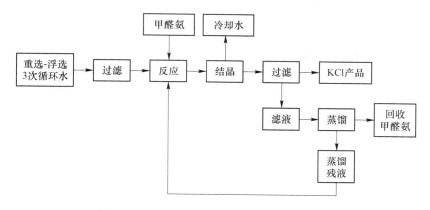

图 6-4 烧结机头除尘灰生产氯化钾工艺流程

此外，为实现铁资源、碱金属及重金属的同步回收，针对烧结机头电除尘灰采用图 6-5 所示工艺流程实现各项资源的综合回收，实现效益最大化和电除尘灰绿色利用。目前钾回收已逐步实现工业化，但由于稀有金属分离成本较高、含量低，难以实现工业化，针对稀有元素的分离技术还有待改进，实现烧结机烟灰固废处理的同时获得较好的经济效益。

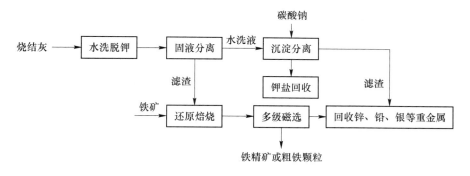

图 6-5 烧结除尘灰综合利用流程图

6.3.7 脱硫石膏制品

国内 90% 的钢厂对烧结烟气脱硫采用石灰石/石灰-石膏法进行，工艺副产品脱硫石膏目前主要被用来生产水泥缓凝剂、纸面石膏板、建筑石膏和石膏砌块等。但是由于脱硫石膏杂质较多且含水量高，因此，未来需要改善工艺实现脱硫石膏品质的进一步提高，加大脱硫石膏的利用率。目前，某厂将脱硫石膏用于水泥基材添加剂，如按生产 1 t 水泥用 4% 的添加量计算，生产 100 万吨水泥可消化脱硫石膏 4 万吨。脱硫石膏还可制成石膏砌块和石膏砂浆等抹灰材料、墙体制品、装饰建筑以及多用途的胶黏剂等。石膏制品厂将脱硫石膏制成石膏砂浆，其具有隔热和保温作用，多功能的使用对保温和节能意义重大。

6.3.8 其他资源回收

稀贵金属银、铷、铯的回收目前处于研究阶段，张俽栋使用硫脲处理烧结粉尘浸出回收银，发现在 50 ℃的 22 g/L 硫脲溶液中搅拌浸出 1.5 h 可回收 90% 的银。吴滨使用氨水处理烧结烟尘，银浸出率高达 70%，进一步使用银镜反应分离 71.2% 的银，后采用碳酸钠沉淀 56.71% 的锌。也可使用乙硫氮法浮选分离烧结烟尘中铁与铅的同时富集银，银品位高达 0.96 kg/t，且回收率 87.85%。

含有重金属和二噁英的烧结粉尘含 K、Na 含量一般较高，也可含有 Rb、Cs，Tang 等采用去离子水浸出烧结烟尘，并用碳酸钠去除 Mg^{2+}、Ca^{2+}，然后煮沸，将冷却液过滤，滤液用于溶剂萃取，主要采用多级连续逆流提取，得到纯度为 99.5%、总 Rb 提取率为 58.26% 的 RbCl，工艺如图 6-6 所示。因此，烧结粉尘是一种新的、潜力巨大的 Rb 来源，为利用该粉尘中的 Rb 提供了一条有前景的途径。

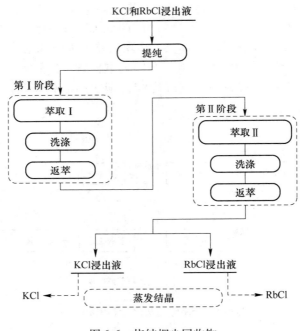

图 6-6　烧结烟尘回收铷

另外，詹光在对烧结电除尘灰水浸后发现浸出液中含有大量 KCl，但提取的时候需要对可溶性硫酸钙进行去除，利用烧结除尘灰水浸液中的钙与碳酸钠沉淀得到球形碳酸钙，因此，获得 KCl 的同时得到比表面积大且密度较小的副产品球形碳酸钙，广泛应用于颜料和墨水的行业。

参 考 文 献

[1] 张咏梅. 烧结除尘技术综述 [J]. 冶金丛刊, 2010（1）: 48-50.

[2] 帅博. 球团竖炉电除尘器效率降低的原因及对策 [J]. 科技传播, 2012: 28-29.

［3］ 刘宪．烧结机头电除尘灰制取一氧化铅试验研究［J］．烧结球团，2012，37（4）：71-74.

［4］ 汪家铭．利用冶金烧结电除尘灰生产氯化钾的新技术［J］．石油化工技术与经济，2013（9）：9.

［5］ 耿海玉，余宏，张倩，等．上海市静脉产业发展研究［M］．北京：中国财政经济出版社，2009，11.

［6］ 王振海，林建峰，金立宏，等．固体废弃物在济钢烧结生产中的综合利用［C］//2010 年全国能源环保生产技术会议文集，2010.

［7］ 齐玉珍，徐海芳，孟建荣，等．含铁废料在烧结生产中的应用［J］．河北冶金，2013（3）：15-17.

［8］ 李凯，袁辉敏，何际多，等．浅谈固体废弃物在张钢烧结生产中的应用［C］//2012 年全国炼铁生产技术会议暨炼铁学术年会，2012：673-678.

［9］ 江剑．除尘灰使用对烧结过程及节能降耗的影响研究［D］．武汉：武汉科技大学，2013.

［10］ 房金乐，张朝晖，王建鹏．钢铁企业粉尘综合利用技术研究［J］．山西冶金，2016，5（163）：53-55.

［11］ 康凌晨，张垒，张大华，等．烧结机头电除尘灰的处理与利用［J］．工业安全与环保，2015，41（3）：41-43.

［12］ 唐卫军，张德国，武国平，等．烧结机头电除尘灰资源化利用技术［J］．现代矿业，2017，581（9）：188-191.

［13］ 张湘鹤，吕先贺，叶鹏，等．烧结机头烟灰资源化利用的研究进展［J］．武汉工程大学学报，2019，41（1）：35-39，45.

［14］ 温志洋，潘雪琴，丘宝增，等．SSC 烟气干式超净技术在烧结球团的应用［C］//第二十二届大气污染防治技术研讨会论文集，2018.

［15］ 廖继勇，何国强．近五年烧结技术的进步与发展［J］．烧结球团，2018，43（5）：1-11.

［16］ 李俊杰，魏进超，刘昌齐．活性炭法多污染物控制技术的工业应用［J］．烧结球团，2017，42（3）：79-85.

［17］ 吴清贤，魏进超．湛江钢铁 1#烧结烟气净化装置的设计与运行［J］．烧结球团，2017，42（6）：1-4.

［18］ 陈活虎．烧结机烟气脱硝脱二噁英技术及应用［C］//中国金属学会．中国金属学会，2016.

［19］ 张璞，王珲，李鹏飞，等．烧结烟气中污染物防治技术应用现状［J］．环境工程，2017，35（7）：101-105.

［20］ 王新东，侯长江，田京雷．钢铁行业烟气多污染物协同控制技术应用实践［J］．过程工程学报，2020，20（9）：997-1007.

［21］ 武猛．烧结干法脱硫灰在再生石路基材料中应用［J］．中国资源综合利用，2017（8）：47-49.

［22］ 董庆广，王娟，徐兵，等．一种预处理后的半干法烧结脱硫灰蒸压加气混凝土及其制备方法［P］．202110830465.X.

［23］ 付志刚，张梅，吕娜，等．钢铁冶金烧结除尘灰中铅的浸取回收和一氧化铅的制备［J］．中南大学学报（自然科学版），2016，47（10）：3302-3308.

［24］ 刘宪，蒋新民，杨余，等．烧结机头电除尘灰中钾的脱除及利用其制备硫酸钾［J］．金属材料与冶金工程，2011（3）：40-45.

［25］ 许丽洪，杨文卿，卓倩，等．干法脱硫灰在堆肥上的应用［C］//全国肥料产业技术创新战略联盟，中国农业科学院农业传媒与传媒研究中心，2016 年第三届新型肥料技术创新暨新产品、新工艺、新设备交流大会论文集，南京，2016：92-98.

［26］Tang H, Zhao L, Sun W, et al. Extraction of rubidium from respirable sintering dust ［J］. Hydrometallurgy, 2018, 175: 144-149.

［27］Zhan G, Guo Z. Preparation of potassium salt with joint production of spherical calcium carbonate from sintering dust ［J］. Transactions of Nonferrous Metals Society of China, 2015, 25 (2): 628-639.

［28］唐鸿鹄, 赵立华, 韩海生, 等. 铁矿烧结烟尘特性及综合利用研究进展 ［J］. 矿产保护与利用, 2019, 6: 89-98.

7 炼铁厂固体废弃物综合利用

本章数字资源

在炼铁厂高炉冶炼时，需要从炉顶加入燃料（焦炭）、铁矿石以及熔剂等原料，原料发生高温反应得到铁水的同时会产生大量的固体废弃物，如高炉渣、高炉瓦斯泥（灰）等。

高炉渣是高炉在炼铁过程中由矿石中脉石、熔剂中的非挥发分、燃料中的灰分和其他一些不能进入生铁中的杂质组成的一种易熔混合物，高炉渣是钢铁冶炼过程中数量最多的一种废渣。高炉瓦斯泥（灰）是在炼铁过程中随高炉煤气（也称瓦斯）经干式或湿式除尘后带得到的固体废弃物，是钢铁企业主要固体排放物之一，主要为原燃料的粉尘以及高温区激烈反应而产生的微粒。其化学成分复杂，主要为铁、碳、锌等元素，铁、碳含量较高，还有较高含量的有色金属，综合利用价值较高。

7.1 高炉渣的处理和利用

7.1.1 高炉渣的来源和性质

高炉冶炼时，从炉顶加入铁矿石（碱性烧结矿配加少量酸性球团矿）、熔剂（白云石或石灰石）以及燃料（焦炭）等原料，在高温区各种物料通过氧交换和热交换发生复杂的化学反应，含铁原料与焦炭和煤气接触发生固液反应和气液反应，从而实现矿石中氧元素和金属元素（主要是 Fe）的分离，同时实现还原的金属与脉石的熔融态机械或物理分离。其中矿石中的脉石、熔剂等非挥发性组分和焦炭中的灰分形成了以硅铝酸盐与硅酸盐为主要成分的熔融物，浮在铁水表面，定期从排渣口排出，经空气或水冷处理后形成高炉渣。高炉渣的产量与焦炭中的灰分含量、矿石品位以及熔剂的质量有关，由二氧化硅、氧化钙以及氧化镁等组成，高炉渣占钢铁企业固体废弃物50%以上，每炼出 1 t 生铁可产高炉渣 300~450 kg。

7.1.1.1 高炉渣的类型

由于操作工艺、炼铁原料品种和成分变化等因素的影响，高炉渣的组成和性质也具有很大差异，高炉渣的分类根据碱度、生铁品种和冷却方式分为三种类别。

A 按高炉渣的碱度分类

高炉渣的碱度是指：主要成分中的碱性氧化物与酸性氧化物的含量比，以 M_0 表示。即：

$$M_0 = (CaO\% + MgO\%)/(SiO_2\% + Al_2O_3\%)$$

按照高炉渣的碱度可把矿渣分为如下三类：

（1）碱性矿渣，碱度 $M_0 > 1$ 的高炉渣。

（2）中性矿渣，碱度 $M_0 = 1$ 的高炉渣。

（3）酸性矿渣，碱度 $M_0 < 1$ 的高炉渣。

这是高炉渣最常用的一种分类方法，我国高炉渣大部分 $M_0 = 1.05 \sim 1.25$。

B　按冶炼生铁的品种分类

（1）冶炼铸造生铁时排出的高炉渣，即铸造生铁高炉渣。

（2）冶炼供炼钢用生铁时排出的高炉渣，即炼钢生铁高炉渣。

（3）用含有其他金属的铁矿石冶炼生铁时排出的高炉渣，即特种生铁高炉渣。

C　按冷却方式分类

常用的熔融高炉渣冷却方式有三种：急冷、半急冷和缓冷，其对应的成品渣分别称为水渣、膨胀渣和重矿渣。

（1）急冷处理即水淬处理或干式处理工艺，水淬工艺最为常用，是将熔融状态的高炉渣置于水中急速冷却的方法。近年来也研究开发了风淬干式处理工艺，以回收炉渣显热，可以根据高炉渣处理位置可以分为渣池水淬和炉前水淬。

1）渣池水淬：渣池水淬是用渣罐将高炉热熔渣运到距高炉较远的沉底池内淬水处理的工艺，目前国内钢铁企业多将溶渣直接倾入水池中，水淬后用吊车抓出水渣并放置在堆场装车外运，沉淀池也称水淬池，因此，这种方法得到的渣也称为泡渣。该工艺节约用水并降低成本，缺点是易产生大量蒸汽、渣棉和硫化氢气体，由设置在冲渣沟上的烟囱直接排空而污染环境。

2）炉前水淬：在高炉炉台前设置冲渣沟（槽），出渣过程中熔渣在冲渣沟（槽）内被高压水淬直接冷却成粒，后输送到沉渣池并经抓斗抓出，脱水后外运。由于热熔渣浆直接在炉前淬水形成，成矿速度快，熔浆温度较高而且相对均匀，伴生及次生矿物较少，水渣质量相对稳定。

（2）半急冷处理高炉熔渣是在适量水冲击和成珠设备的配合作用下，被甩到空气中使水蒸发成蒸汽并在内部形成空洞，再经空气冷却形成一种多孔珠状矿渣的处理方法，处理后的高炉渣称为膨胀矿渣或膨珠。

（3）慢冷处理高炉熔渣是在指定的渣场或渣坑内淋水冷却或自然冷却形成重矿渣（也称块渣）的处理方法，处理后炉渣经挖掘、破碎、磁选和筛分得到碎石材料，但因环境污染问题基本淘汰。

7.1.1.2　高炉渣的性质

A　化学组成

由于冶炼方法和矿石品位的不同，冶炼得到的高炉渣化学成分十分复杂，一般含有15种以上的化学成分，并且成分波动范围很大。但高炉渣主要成分有4种，即 CaO、MgO、Al_2O_3 和 SiO_2，其中 CaO 30% $\sim$ 40%、MgO 0.1% $\sim$ 15%、Al_2O_3 5% $\sim$ 10% 和 SiO_2 27% $\sim$ 35%，这4种成分约占高炉渣总重的95%。此外，也含有一定量的 FeO、MnO、K_2O、Na_2O 以及硫化物等。一些特殊的高炉渣可能含有 TiO_2、V_2O_5、P_2O_5、BaO、Cr_2O_3、Ni_2O_3 等成分。其中，Al_2O_3 和 SiO_2 主要来自矿石中的脉石和焦炭中的灰分，CaO 和 MgO 主要来自于熔剂。我国部分高炉渣的主要化学成分如表7-1所示。

B　矿物组成

高炉渣内 CaO、SiO_2、Al_2O_3 和 MgO 四种成分含量合计超过炉渣组成的95%以上，故

可视为 $CaO\text{-}Al_2O_3\text{-}SiO_2$ 的三元体系。矿物组成在 $CaO\text{-}Al_2O_3\text{-}SiO_2$ 三元相图上处于 C_2AS、CAS_2 和 C_2S 的结晶区。由岩相分析可知，一般高炉渣的矿物组分包括：甲型硅灰石（$2CaO \cdot SiO_2$）、硅钙石（$3CaO \cdot SiO_2$）、假硅灰石（$CaO \cdot SiO_2$）、钙镁橄榄石（$CaO \cdot MgO \cdot SiO_2$）、镁蔷薇辉石（$3CaO \cdot MgO \cdot SiO_2$）、尖晶石（$MgO \cdot Al_2O_3$）、铝方柱石（$2CaO \cdot Al_2O_3 \cdot SiO_2$）、镁方柱石（$2CaO \cdot MgO \cdot 2SiO_2$）、透灰石（$CaO \cdot MgO \cdot 2SiO_2$）、斜顶灰石（$MgO \cdot SiO_2$）等。

表 7-1　我国高炉渣的化学组分　（质量分数，%）

名　称	CaO	SiO₂	Al₂O₃	MgO	MnO	Fe₂O₃	S	TiO₂	V₂O₅	F
普通渣	38~49	26~42	6~17	1~13	0.1~1	0.15~2	0.2~1.5	—	—	—
高钛渣	23~46	20~35	9~15	2~10	<1	—	<1	20~29	0.1~0.6	—
锰铁渣	28~47	21~37	11~24	2~8	5~23	0.1~1.7	0.3~3	—	—	—
含氟渣	35~45	22~29	6~8	3~7.8	0.1~0.8	0.15~0.19	—	—	—	7~8

在碱性矿渣中，一般形成硅酸二钙（C_2S）、钙长石（CAS_2）、钙铝黄长石（C_2AS）、钙镁黄长石（C_2MS_2）、镁橄榄石（$MgO \cdot SiO_2$）、硫化钙、硅灰石、硅钙石和尖晶石等晶体。酸性矿渣中主要是 $2CaO \cdot SiO_2$ 和 CAS_2。当快速冷却时全部凝结成玻璃体，当缓慢冷却时（特别是弱酸性的高炉渣）往往出现洁净的矿物相，如假硅灰石、黄长石、斜长石和辉石。

C　水渣性质

水渣是钢铁企业冶炼生铁时排出的高炉渣经过水冷处理后的产物，高温熔渣用大量的水急冷成粒，其中的各种化合物当快速冷却时来不及形成结晶矿物，而以玻璃体状态将热能转化成化学能，这种潜在的活性可在激发剂的作用下，与水化合生成具有水硬性的凝胶材料，是生产水泥的优质原料。高炉渣水淬处理工艺就是将热熔状态的高炉矿渣置于水中急冷成粒，渣内绝大部分化合物来不及形成稳定化合物，以玻璃体状态被保留下来，形成海绵状的浮石类物质，仅有少数化合物可形成稳定的晶体。而这种玻璃体态将热能转化成化学能，潜在的活性在激发剂的作用下，与水化合可生成具有水硬性的凝胶材料，一般常作为水泥生产的优质原料。高炉水渣以玻璃体为主，多为晶质蜂窝状、块状或棒状的细粒，呈浅黄色（少量墨绿色晶体），玻璃光泽或丝绢光泽，水渣化学成分如表 7-2 所示。

表 7-2　国内几家钢铁公司水渣化学成分　（质量分数，%）

单位	CaO	SiO₂	Al₂O₃	MgO	MnO	Fe₂O₃	S	Ti	K	M
安钢	38.9	33.92	13.98	6.73	0.26	2.18	0.58	—	—	—
邯钢	37.56	32.82	12.06	6.53	0.23	1.78	0.46	—	—	—
首钢	36.75	34.85	11.32	13.22	0.36	1.38	0.58	—	1.71	1.08
宝钢股份	40.68	33.58	14.44	7.81	0.32	1.56	0.2	0.5	1.83	1.01
武钢	35.32	34.91	16.34	10.13	—	0.81	1.71	—	1.81	0.89
马钢	33.26	31.47	12.46	10.99	—	2.55	1.37	3.21	1.65	1.00

水渣虽然化学组成大致相同，但却是一种不稳定的化合物，其活性的波动也十分明

显。水渣活性的大小不仅取决于化学成分，而且取决于结构形态，如急冷处理的粒状高炉渣因来不及形成结晶而处于不稳定状态，因此，形成大量的无定形活性网络结构或玻璃结构，具有较高的潜在活性。

D 膨珠性质

膨珠也叫膨胀矿渣珠，高温熔渣进入流槽后经喷水急冷，后经高速旋转的滚筒击碎、抛甩并继续冷却，工艺流程中熔渣自行膨胀，珠内存有化学能和气体，膨珠外观大都呈球形，表面有釉化玻璃质光泽，珠内有微孔，孔径大的有 $350 \sim 400~\mu m$，小的有 $80 \sim 100~\mu m$，除孔洞外，其他部分都是玻璃体。膨珠外观呈椭圆形或球形，表面有一定光泽，颜色有灰白、棕色或深灰色，颜色越浅，玻璃体含量越高。

膨珠的主要物相为玻璃体（90% ~95%），在玻璃体中包含有少量的硫化物固溶体和黄长石核晶。气孔直径为 $20 \sim 40~\mu m$，气孔占45% ~50%。大部分粒径集中在2.5~5 mm之间，约占膨胀矿渣珠质量的67% ~76%，10 mm 以上、2.5 mm 以下的颗粒较少，表7-3为膨珠的主要物理力学性能。

表7-3 膨珠主要物理力学性能

单位	粒径/mm	容重/kg·m⁻³		吸水率/%		筒压强度/MPa		孔隙率/%
		松散	颗粒	1 h	24 h	压入2 cm	压入4 cm	
北台	自然级配	1032	1689	4.05	4.75	4.8	28.2	38.7
	5~10	857	1667	4.00	5.27	4.1	15.3	42.7
	10~20	810	1481	3.44	4.10	2.1	6.1	44.9
首钢	自然级配	1400	2224	.66	4.17	7.1	29.8	37.2
	5~10	1208	2224	2.55	3.45	4.1	16.9	45.8
	10~20	1010	2167	3.26	4.23	2.2	5.8	49.3
鞍钢	自然级配	1410	2308	1.72	1.60	6.6	40	38.8
	5~10	1357	2320	1.52	1.94	8.7	42.7	41.7
	10~20	1176	2143	2.04	2.36	4.0	13.6	45.3
河钢	自然级配	984	—	—	—	3~3.5	—	—
	5~10	767	1453	14.4	17.5	1.9	—	47.3
	<5	946	1695	11.66	13.7	1.4	—	37.3

由于膨珠是在半急冷作用下形成，珠内存有化学能和气体，具有质轻（松散容重 $400 \sim 1200~kg/m^3$）、多孔及表面光滑的特点，松散容重大于浮石、陶粒等轻骨料，粒径大小不一且孔互不相通，强度随容重增加而增大，自然级配的膨珠强度均在3.5 MPa 以上，不用破碎，可直接用作轻混凝土骨料。除了具有水淬渣所拥有的化学活性外，还具有保温、隔热、吸水率低、质轻、弹性模量高等优点，是生产水泥和建筑用轻骨料的优质原料，也可利用隔热特性作为防火隔热材料。

7.1.2 高炉渣的加工与处理工艺

高炉渣的处理是炼铁生产的重要环节，根据处理方式可分为急冷、半急冷，其主要处理工艺及利用途径如图7-1所示。

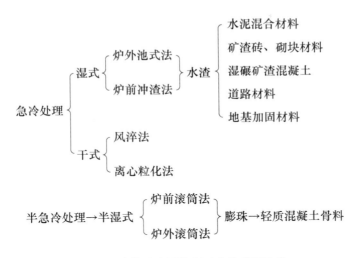

图 7-1　高炉渣主要处理工艺及利用途径

7.1.2.1　高炉渣水淬粒化工艺（急冷方式处理）

高炉渣急冷方式处理包括水淬急冷（湿式急冷）和干渣法（干式急冷），熔融态高炉渣在水中急冷，并在热应力作用下粒化。干渣法利用高炉渣与空气等传热介质直接或间接接触，在不消耗新水的条件下进行热交换，干渣法多处于试验研究阶段。水淬工艺有多种形式，根据粒化方式分为传统的冲渣沟粒化、机械轮粒化、粒化塔粒化；可以根据渣水分离方式分为沉淀过滤法（包括底滤法、池式水淬法）及机械分离法两种，机械分离法以转鼓法、轮法、螺旋法、圆盘法等主，代表工艺包括图拉法、明特法、INBA法等。

A　湿式急冷

a　池式水淬

池式水淬高炉渣的生产工艺流程如下：从渣口流出的热熔渣经渣沟流入渣罐后利用渣罐车将盛满渣的渣罐拉到水池旁，经砸渣机把渣罐上的渣皮砸碎后再倾倒渣罐，熔渣经流槽流入池内，熔渣遇水急剧冷却，淬成粒状水渣，水池内水渣可用吊车抓出，放置于堆场上，脱去部分水分，然后直接装入车皮外运。

此法最大优点是：设备简单可靠，设备损耗少和节约用水；主要缺点是：（1）易产生大量渣棉和硫化氢气体污染环境。高炉热熔渣从渣罐倒入水中时，是从1200～1350℃骤冷到100℃以下，产生大量蒸汽与气浪，把热熔渣抽拉成渣棉，甩至渣池上空，随风飘迁，污染环境。熔渣遇水急冷，其中，硫化物与水作用生成硫化氢等气体在冲渣沟上的烟囱排空，污染大气。（2）干渣量多。熔渣在渣罐经受外界温度冷却，罐边与罐的面层均凝成一层渣壳，占渣量的10%～30%，需一套设备清理渣罐，清理出的干渣、必须进行破碎、去铁、筛分才能使用。（3）需一套运渣罐设施，增加了固定资产投资。（4）倒渣中有放炮现象，伤人伤设备。

国外渣池水淬与国内不同，以日本的广畑厂高炉为例，熔渣用渣罐拉至混凝土搅拌槽，熔渣经水渣沟水淬，产生的蒸汽由15 m高的钢烟囱排出。水渣用泥浆泵输送到5个脱水场脱水，水经排水沟流入循环水池后供再次冲渣用。日本广畑厂的水冲渣工艺如图 7-2 所示。

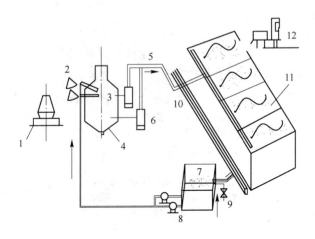

图 7-2　日本广畑厂的水冲渣工艺

1—高炉；2—渣罐；3—水渣沟；4—搅拌槽；5—水渣输送管；6—泥浆泵；7—循环水池；
8—给水泵；9—补充水；10—排水沟；11—水渣脱水场；12—汽车外运

b　炉前水淬

炉前水淬是在炉前设置一定坡度的冲渣槽，利用高压水使高炉渣出渣后在炉前冲渣槽内直接淬冷成粒，并输送到沉渣池中，水渣经抓斗抓出后堆放脱水并外运。炉前水冲渣根据过滤方式不同可以分为：炉前渣池式、水力输送渣池式、搅拌槽泵送法等。此法与炉外池式法相比，具有设备质量轻、投资少、经营费用低，有利于高炉及时放渣的优点，在炉前操作中改善了炉前劳动条件，缩短了渣沟长度，但水和电消耗量高。

（1）炉前渣池式。国内一些小高炉，在高炉旁边建池，水渣经渣池沉淀后，用一台电葫芦抓出，供水一般采用直流方式，不再回收。此法与泡渣法相比优点是取消了渣罐运输，但缺点是池内有害气体排放后污染环境并影响周围设备及工艺操作。

国外也有采用这种水淬方式的，不同的是渣池底部可过滤，并设有冲洗装置底滤法在渣池法基础上进行改造，区别在于其沉淀池上部设置由卵石组成的滤层，渣水混合物由冲渣沟落入底滤池后，水渣留在滤层上方，水经过水渣、卵石层过滤后由出水口排出，该法一般称为 OCP 法（图 7-3）。工艺简单可靠，运行费用低，但滤层清理较繁琐，必须设置双滤池且滤池较深。

（2）水力输送渣池式。熔渣由渣口流出经渣沟流入冲渣槽并在槽内淬化，渣水混合物经水渣沟流入一次沉淀池，大部分渣在此沉淀，

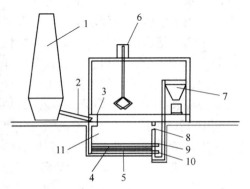

图 7-3　OCP 法水淬工艺示意图

1—高炉；2—冲渣器；3—粒化器；4—保护钢轨；
5—OCP 排水系统；6—抓斗吊车；7—储料斗；
8—水溢流；9—冲洗空气入口；
10—水出口；11—粒化渣

少量细颗粒渣随冲渣水流入二次沉淀池再次沉淀，沉淀后水渣用抓斗抓出并脱水后外运。经二次沉淀池沉淀后的冲渣水流入吸水井，由高压泵重新打至炉台淬化装置循环使用。水力输送渣池工艺流程如图7-4所示。

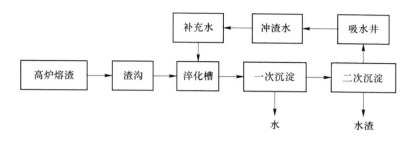

图7-4 水力输送渣池工艺流程

c 滚筒法

滚筒法生产高炉水渣工艺流程如图7-5所示，高炉熔渣经粒化器冲制成水渣后，渣浆经渣水斗（上部为蒸汽放散筒）流入设在滚筒里（转轴中心线下方）的分配器内，分配器均匀地把砂浆水配到旋转的滚筒内脱水，脱水后的水渣旋至滚筒上方并靠自重落到设在滚筒内（转轴中心线上方）的皮带运输机上运走。

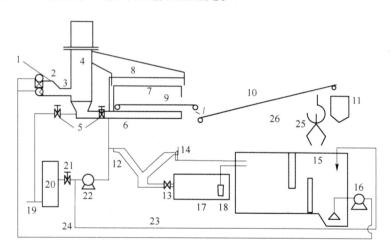

图7-5 滚筒法生产高炉水渣工艺流程

1—高炉熔渣；2—粒化器；3—水渣沟；4—渣水斗（上部为蒸汽放散筒）；5—调节阀；6—分配器；7—滚筒；
8—反冲洗水；9—筒内皮带机；10—筒外皮带机；11—成品槽；12—集水斗；13—方形闸阀；
14—溢流水管；15—循环水池；16—循环水泵；17—中间沉淀池；18—潜水泵；
19—生产给水管；20—水过滤器；21—闸阀；22—清水泵；
23—补充新水管；24—循环水；25—抓斗；26—罩

d 搅拌槽泵送法（拉萨法）

该工艺是由英国的日本的钢管公司和 RASA 公司合作研发，在 1967 年首次应用在日本福山钢铁的 1 号高炉（2000 m³）。工艺流程为：熔渣从渣槽流入粒化器，经吹制箱吹制急冷粒化，水渣先入粗粒分离槽，沉降到底部的渣水混合物经水渣泵、管道输送，浮在分离槽水面的微粒渣由溢流口流入中间槽，由中间槽泵送到沉淀池，经沉淀后用排泥泵送回脱水槽脱水，同粗粒分离器送去的渣水化合物一起进行脱水，脱水后的水渣用车送往用户。拉萨法水渣工艺流程如图7-6所示。

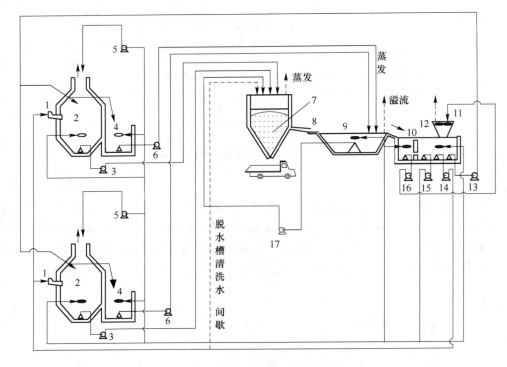

图 7-6　拉萨法水渣工艺流程图

1—冲渣沟；2—粗粒分离槽；3—水渣泵；4—中间槽；5—蒸汽放散筒淋洗泵；6—中间泵；
7—脱水槽；8—集水槽；9—沉淀池；10—温水池；11—冷却塔；12—供水池；
13—水位调整泵；14—供水泵；15—搅拌泵；16—冷却泵；17—排泥泵

此法具有使用闭路循环水、处理渣量大、占地面积小、自动化程度高、水渣运出方便、管理方便等优点，但输送渣浆管道和渣泵磨损严重导致维修费用高，采用橡胶衬里的耐磨泵或硬质合金，使用寿命较长。

　　e　永田法

日本川崎水岛厂在 RASA 法（拉萨法）的基础上形成永田法，取消了沉淀池、中继槽和脱水槽的滤网，粗粒分粒槽和脱水槽滤出的水直接溢流进入热水池，其工艺流程图如图7-7所示。

　　f　INBA 法（印巴法）

INBA 法是由卢森堡 PW 公司和比利时西德玛（SIDMAR）公司共同开发的炉渣处理工艺（也称回转筒过滤法），根据水系统分为热 INBA、冷 INBA 和环保型 INBA 三种类型，INBA 法炉渣处理工艺类型如表7-4所示。热 INBA 中无冷却塔，粒化水直接进行循环；冷 INBA 水系统中设有冷却塔，粒化水经冷却后再循环；环保型 INBA 水系统具有粒化水和冷凝水两个系统，后者用来吸收蒸汽、硫化氢、二氧化硫。环保型 INBA 硫的排放量很低，大部分硫均转移到循环水系统中。

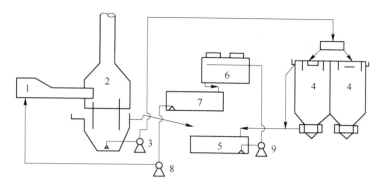

图 7-7 永田法水渣处理工艺流程图

1—冲制箱及水渣沟；2—水渣槽；3—水渣泵；4—脱水槽；5—温水槽；
6—冷却塔；7—冷水槽；8—给水泵；9—冷却泵

表 7-4 INBA 法炉渣处理工艺类型

项 目	热 型	冷 型	环 保 型
粒化	水淬粒化	水淬粒化	水淬粒化
脱水	转鼓脱水器脱水	转鼓脱水器脱水	转鼓脱水器脱水
粒化水系统	有；粒化水直接循环	有；经冷却塔冷却后再循环	有
冷凝水系统	无	无	有，吸收蒸汽、二氧化硫、硫化氢；硫排放量很低

　　冷 INBA 法工艺流程如图 7-8 所示。从渣沟流出的高炉熔渣进入渣粒化器，由粒化器喷吹的高速水流将熔渣水淬成水渣、经水渣沟送入渣水斗，大量蒸汽从烟囱排入大气，水渣则经水渣分配器均匀地流入转鼓过滤器。渣水混合物在转鼓过滤器中进行渣水分离，滤净的水渣由皮带机送出转鼓运至成品槽贮存，在此进一步脱水后，用汽车运往水渣堆场。

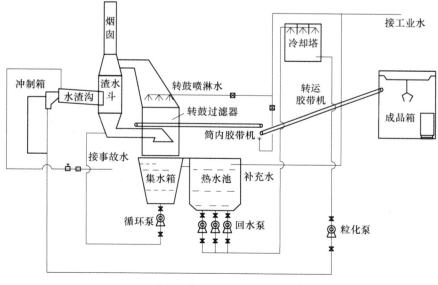

图 7-8 冷 INBA 法工艺流程图

滤出的水经处理后循环使用。

热 INBA 法是马钢在印巴法的基础上，根据生产实际情况，自行改进研发的炉渣处理工艺。冷、热 INBA 法的不同之处仅在水系统：热 INBA 系统较冷 INBA 系统取消了冲渣水冷却系统，包括冷却塔及粒化泵。热水池中的冲渣水由泵加压直接送冲制箱进行冲渣。热 INBA 的粒化水经转鼓下集水槽后溢流到热水池，经粒化泵循环到冲制箱，集水槽中渣水混合物由循环泵抽入转鼓过滤器再过滤，补充新水，使热水池水位保持一定。整个工艺流程电气线路和操作系统都大为简化，成本和能耗均降低，自动化集成度高，工作可靠，但投资相对较大。

INBA 法核心处理设备为转鼓过滤器，在圆周方向上设置两层不锈钢金属网，内网丝较细起过滤作用，外网丝较粗起支撑作用。鼓内焊有 28 块轴向叶片（桨片），其上铺设金属滤网，水渣随转鼓呈圆周运动旋转的同时，渣在离心力作用下自然脱水，同步采用压缩空气和清洗水对滤网进行连续性冲洗以防滤网堵塞，图 7-9 为转鼓过滤器。

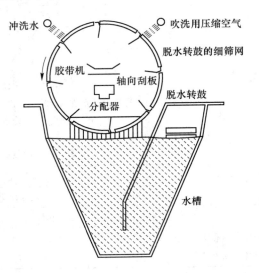

图 7-9　转鼓过滤器

　　g　嘉恒法

嘉恒法炉渣粒化工艺是当液态熔渣经渣沟沟头流入粒化器时，被高速旋转的粒化轮打散成分散的小液滴后抛出，在空中与高压水射流接触以进行水淬过程。渣水混合物从粒化器自然落入脱水器筒体中，靠筒体内的多组"V"字形筛斗实现渣水分离。脱水后的成品渣自然下落后被受料斗收集，滑落到设备外部的皮带机上运至储渣仓，脱出来的水经筒体外部的集水池内后经沉淀过滤后循环利用。集水池的沉渣靠渣浆泵返回筒体，再次脱水后成为成品渣，蒸汽靠集气装置收集，通过烟囱高空排放，整个脱水过程在封闭状态下进行，水、汽对炉前环境无污染。在现有的水渣处理工艺中，此种粒化工艺能在最短时间、最小空间内完成整个渣处理过程，其工艺流程如图 7-10 所示。

　　h　明特法

高炉熔渣与铁水分离后，经渣沟进入熔渣粒化区，水渣冲制箱喷出的高速水流冲击熔渣使其水淬粒化冷却。炉渣在水渣沟内进一步粒化缓冲后，流入装有水渣分离器搅笼的搅笼池中，由带有螺旋叶片的搅笼机（也称螺旋机）将水渣混合物中的炉渣分离出来，经脱水后成为干渣。干渣由皮带机输送到堆场，外运销售。冲渣水经过过滤器过滤成干净水，进入吸水井和储水池，供冲渣泵抽回冲制箱循环使用，工艺流程图如图 7-11 所示。

其主要特点：安全、环境保护好；设备牢固耐用且容易修理，对各种炉况适应性强，对浮渣、大渣流及泡沫渣均能处理；配件消耗少，维护费用低，生产成本低；占地面积小，现场布置灵活；冲渣水全净水路循环使用，对环境友好。

某企业高炉（2650 m³）水渣工艺设备配置情况：2 台过滤器，每台处理能力 >2400 t/h；1 个储水池及吸水井，容积 2360 m³；3 台冲渣泵，每台泵的能力 2400 t/h；2 台水渣搅笼

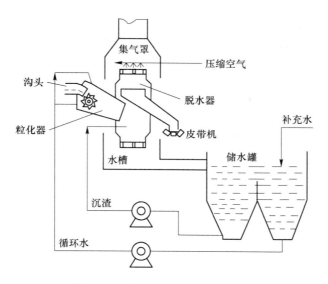

图 7-10   嘉恒法炉渣处理工艺流程

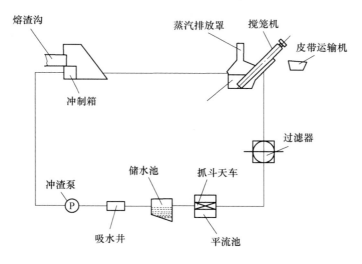

图 7-11   明特法水渣处理系统工艺流程

机，每台处理能力 >480 t/h；渣 1 号皮带宽 100 mm，长 233.7 m，速度 1.60 m/s；渣 2 号皮带宽 1000 mm，长 109.7 m，速度 1.60 m/s；渣 3 号皮带宽 1000 mm，长 249 m，速度 1.60 m/s；水渣过滤器、搅笼机转速可以调节后适应不同工况的需要，高炉水渣系统平面布置如图 7-12 所示。

　　i   图拉法

　　图拉法水渣处理技术是由俄罗斯国立冶金工厂设计院研制，在俄罗斯图拉厂 2000 m³ 高炉上首次应用。该法与其他水淬法不同，在渣沟下面增加了粒化轮实现机械粒化，粒化后的炉渣颗粒水淬，产生的气体通过烟囱排出。该法最显著的特点是彻底解决了传统水淬渣易爆的缺点，熔渣处理在封闭状态下进行，循环水量少、动力能耗低、成品渣质量好、

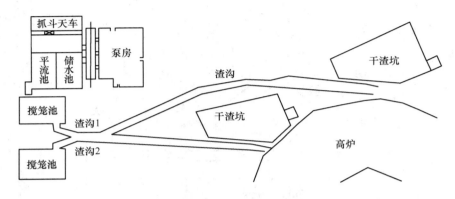

图 7-12 高炉水渣系统平面布置

对环境友好。

图拉法渣处理系统的工艺流程如图 7-13 所示，高炉出铁时，熔渣经渣沟流到粒化器内被高速旋转的水冷粒化轮击碎。同时，从四周向碎渣喷水，经急冷后渣粒和水沿护罩流入脱水器中，渣被装有筛板的脱水转筒过滤并提升，转到最高点落入漏斗后滑入皮带机上被运走。滤出的水在脱水器外壳下部经溢流装置流入循环水罐中，经补充新水后，由粒化泵（主循环泵）抽出进入下次循环。渣粒化过程中产生大量蒸汽经烟囱排入大气，循环水罐中的沉渣由气力提升机提升至脱水器再次过滤。在生产中，可随时手动或自动调整粒化轮、溢流装置和脱水转筒的工作状态实现成品渣的质量和温度的控制。成品渣有 95 ℃左右的余温，依靠此余热可蒸发成品渣自身水分，将水分降到 10% 以下。

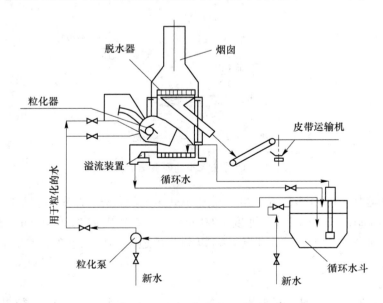

图 7-13 图拉法渣处理系统的工艺流程

j 螺旋法

螺旋法是通过螺旋机将渣、水进行分离，螺旋机呈 10°～20° 倾角安装在水渣槽内，螺旋机通过螺旋叶片的旋转，将水渣从槽底捞起并输送到运输皮带机上，从而达到渣水分离的目的，螺旋法工艺流程如图7-14所示。

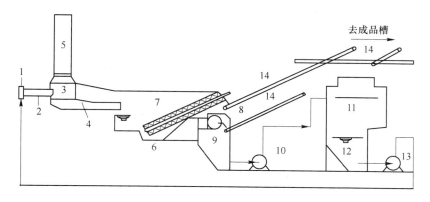

图7-14 螺旋法工艺流程图

1—冲制箱；2—水渣沟；3—缓冲槽；4—中继槽；5—烟囱；6—水渣槽；
7—螺旋输送分离机；8—滚筒分离器；9—温水槽；10—冷却泵；
11—冷却塔；12—冷水输；13—给水泵；14—皮带机

综上所述，现对几种常见的高炉渣处理工艺及经济指标进行对比，如表7-5和表7-6所示。

表7-5 几种典型高炉渣处理工艺

名称	工 艺 过 程	占地面积	投资额
印巴法	熔渣沟+冲制箱，转鼓+皮带机+水池，热水池+冷水池+泵	中	最大
图拉法	熔渣沟+冲制箱+粒化轮，转鼓+斜料槽+水池，热水池+冷水池+泵	中	中
明特法	熔渣沟+冲制箱，水池+螺旋机+滤渣器，净化水池+泵	小	小
拉萨法	熔渣沟+吹制箱，渣泵+中继泵+脱水槽，温水槽+泵+冷却塔+给水槽	较大	较大
底滤法	熔渣沟+冲制箱，水池+天车抓斗，净水池+泵	最大	较大

表7-6 几种典型高炉渣处理工艺主要技术指标

项目	耗电量/kW·h·t^{-1}	循环水耗量/m^3	新水耗量/m^3·t^{-1}	渣含水率/%	国内钢厂应用情况
底滤法	8	1.2	10	24~40	最多
印巴法	5	0.9	6~8	15	多
图拉法	2.5	0.8	3	8~10	较多
拉萨法	15~16	1	10~15	15~20	很少

B 干式急冷

高炉渣温度可达1350~1450 ℃，在高压水下破碎、冷却并产生大量蒸汽，余热资源未有效利用，水资源浪费较大，针对水淬渣存在的问题，干式急冷工艺得到发展。干式急冷粒化工艺是指在不消耗新水情况下，利用传热介质与高炉渣直接或间接接触进行炉渣粒化和显热回收的工艺，几乎没有有害气体排出，是一种环境友好型新式渣处理工艺。采用或进行过工业试验的急冷或半急冷干式粒化高炉熔渣的方法有风淬法、滚筒法、离心粒化法和 Merotec 工艺四种。

　　a　风淬法工艺

　　熔融态高炉渣在高速的气流冲击下被喷射粒化，粒化渣在余热回收设备里进行换热冷却，收集的显热用于蒸汽发电。风淬法在日本、瑞典、韩国、德国等国家均有研究。NKK 转炉钢渣风淬粒化工艺如图 7-15 所示。吹风粒化熔渣流，渣粒在气流中飞行时固化，温度由 1500 ℃降到 1000 ℃，然后在热交换器内冷却到 300 ℃。其中，日本在高温熔渣（包括高炉渣、钢渣）风淬粒化和余热回收方面的工作比较突出，已有工业应用的先例，如日本新日铁、川崎制铁、住友金属等公司已联合进行了高炉渣风淬粒化，新日铁的高炉渣风淬处理工艺如图 7-16 所示。

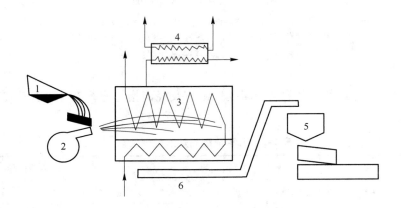

图 7-15　NKK 转炉钢渣风淬粒化工艺流程图
1—渣罐；2—鼓风机；3—锅炉；4—干燥器；5—粒化渣槽；6—皮带

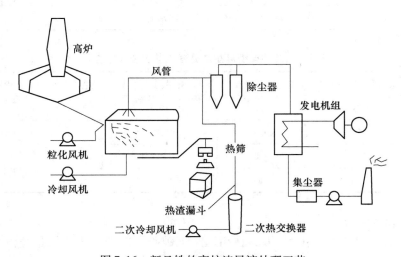

图 7-16　新日铁的高炉渣风淬处理工艺

风淬法在粒化过程中动力消耗很大，相比于水淬工艺冷却速度很慢，为了防止粒化渣在固结之前粘连到设备表面上，因此，必须加大设备的尺寸，风淬法得到的粒化渣的颗粒直径分布范围较宽，不利于后续处理。

b　滚筒法

滚筒法分为双滚筒法和单滚筒法，日本钢管公司（NKK）试验的内冷双滚筒法工艺为：滚筒在电动机带动下连续转动，带动熔渣形成薄片状黏附其上，滚筒中通入的有机、高沸点流体迅速冷却薄片状熔渣，制得玻璃化率很高的渣（质量与水渣不相上下），黏附在滚筒上的渣片由刮板清除，有机液体蒸汽经换热器冷却返回滚筒（循环使用），回收的热量用来发电（热回收率达40％）。该工艺流程如图7-17所示。

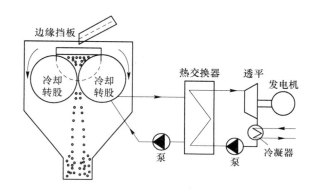

图7-17　双冷却转筒粒化工艺流程图

日本的住友金属与石川岛播磨重工于20世纪80年代曾经建立了采用单滚筒法处理高炉渣的试验工厂，处理能力为40 t/h。它们的滚筒法与上述方法完全不同（图7-18）：当渣流冲击到旋转着的单滚筒外表面上时被破碎（粒化），粒化渣再落到流化床上进行热交换（回收50％～60％的熔渣显热）。这种单滚筒法属于半急冷处理，得到的产品是混凝土

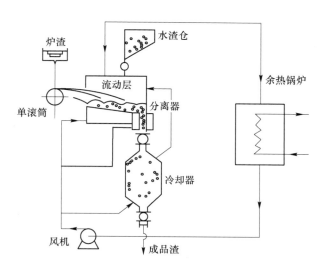

图7-18　日本住友金属的单滚筒法粒化高炉渣

骨料，但单滚筒法热处理能力小、回收率较低。

热媒介质以二苯醚为主的高沸点冷却液，沸点257℃，采用热媒介质进行热交换的热效率较高，热回收率达77%。滚筒法存在着设备作业率低和处理能力不高等缺点，不适合在现场大规模连续处理高炉渣，通常只能接收来自渣罐的熔渣。凝固的薄渣片粘在滚筒上，必须用刮板刮下来，工作效率低并使设备的寿命和热回收效率下降，而且薄片状的渣给后续处理带来麻烦。

　c　离心粒化法

离心粒化工艺根据离心设备区别可以分为离心盘粒化、离心杯粒化和转筒粒化工艺。

Kvaerner Metals 发明了一种干式粒化法，采用流化床技术，增加热回收率，工艺流程如图7-19所示。它是采用高速旋转的中心略凹的盘子作为粒化器，当盘子旋转达到一定速度时，通过渣沟或管道注入到盘子中心的液渣在离心力作用下从盘沿飞出且粒化成粒。液态粒渣在运行中与空气热交换至凝固，凝固后的高炉渣继续下落到设备底部，凝固的渣在底部流化床内进一步与空气热交换，热空气从设备顶部回收。

Mizuochi T 等人采用了如图7-20所示的实验装置，研究了不同转速下和不同旋转杯形状的离心杯用于熔渣粒化的情况。供渣罐（2）内的高炉熔渣由出渣口（1）排出，落入正下方的旋转杯（6），随后，熔渣在旋转杯的离心力剪切作用下，或是在气流喷嘴（7）喷出高速气流的共同作用下破碎并被甩出。粒化的渣粒最后散落到与旋转杯同平面的渣收集器（3）上。

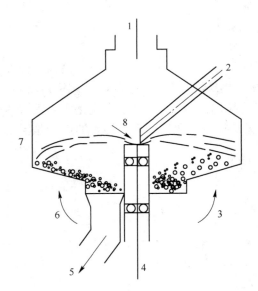

图7-19　旋转杯粒化工艺流程图
1—抽取空气到集尘袋室；2—渣槽；3—冷空
气入口；4—主轴及轴承；5—粒化颗粒；
6—改进的粒化床；7—静态水套筒；
8—旋转杯

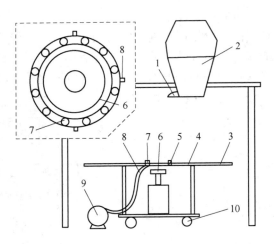

图7-20　旋转杯粒化（RCA）工艺流程图
1—出渣口；2—供渣罐；3—渣收集器；
4—电动机；5—气流；6—杯；
7—气流喷嘴；8—气流进口；
9—压缩机；10—支架轮脚

日本京东大学的 Kashiwaya 设计转筒粒化工艺，将高温熔渣从旋转的转筒中心注入筒身，筒身侧面设有喷嘴，在离心力作用下熔渣被挤入喷嘴并以一定速度喷出。转筒分为多喷嘴和双喷嘴，得到的产品多为高球形度的玻璃相球体。

离心粒化法相较于其他干式粒化方法更有效，操作参数少，通过改变转速即可调整粒化程度，可获得球形度好、玻璃化程度高、尺寸小的均质高附加值成品渣；布置紧凑、处理能力大、单体设备简单；将反应性混合气体与粒化室内粒化的高温渣粒直接接触的方法，使高温熔渣持有的热量更彻底地用于吸热化学反应，将熔渣显热转变成为洁净的化学能，如表 7-7 所示，工作主要从冷态和热态两方面开展。

表 7-7 高炉渣离心粒化法研究进展

时间/年	研究者	实验方法	标 志 性 进 展
2014	于庆波	冷态	转速增加会改变熔渣的破碎模式；丝状破碎模式是熔渣粒化最适宜的破碎模式
2015	朱恂	冷态	将转杯与鼓风结合粒化，其中鼓风冷却效果在粒化过程中起主导作用，系统粒化性能良好；液体黏度的增加会改变破碎模式
2016	Dhirhi R	冷态	增大转速或粒化盘直径，会减小平均粒径，而增大流量会增大平均粒径
2001	Mizuochi T	热态	转速越高，渣滴越小，越接近球形，渣粒大小可用 Frazer 经验方程进行计算
2009	杨志远	热态	温度高于 1400 ℃，粒化盘转速高于 2000 r/min 时粒化颗粒成球度好、粒径小
2009	于庆波	热态	增大转杯转速与转杯直径能获得小粒径渣，同时渣粒向转杯边缘移动，质量分布更均匀；熔渣温度对渣粒粒化影响较弱
2012	张华	热态	渣温度高、流量小、粒化盘直径大或表面光洁度高的条件下，粒化效果良好
2017	凌祥	热态	渣粒的圆度取决于转速和冷却风量，液丝的形成取决于风量和液膜的破碎方式

d Merotec 熔渣粒化流化工艺

该工艺由德国设计开发，如图 7-21 所示。粒化器是充填了介质（细渣粒）的流化床，其温度远低于熔渣的固化温度，熔渣在应力作用下粒化，随后粒化渣进入流化床式换热器换热冷却，再筛分为 0～3 mm 和大于 3 mm 两种粒级分别进入渣仓 1 和 2，细渣粒返回用于循环操作。熔渣热量通过介质的吸热、粒化器的冷却空气和流化床换热器得到回收。流化床内渣粒的温度可通过风量调节，一般为 500～800 ℃。装置的热量回收率约为 64%，有效能利用率偏低。

7.1.2.2 膨胀矿渣和膨胀矿渣珠生产工艺

半急冷作用下处理高炉渣得到膨胀矿渣和膨胀矿渣珠，相较于其他的人工轻骨料相比，其优点是不用燃料，直接利用热态的熔融状高炉渣中的热量与内部气体，制成体积密度为 400～1400 kg/m³ 的人工轻骨料。

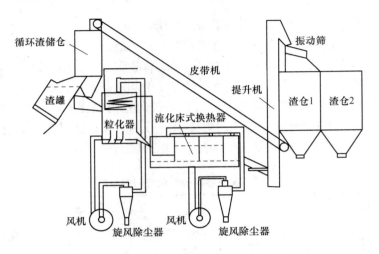

图 7-21   Merotec 熔渣粒化流化工艺流程图

膨胀矿渣和膨胀矿渣珠生产方法很多，前苏联和俄罗斯以喷雾器堑沟法为主，欧美以喷射法为主，滚筒法是我国采用的一种方法，下面介绍几种主要生产方法。

A   喷雾器堑沟法

在生产场地中堑沟长 100 ~ 350 m，宽 15 ~ 20 m，深 3.5 ~ 5 m。堑沟壁几乎是垂直的（80° ~ 85°），沿堑沟壁埋设一条 220 mm 直径的供水管线，喷雾器用 100 mm 水管连接，沿堑沟上边缘装设。水用水泵供应，水压 500 ~ 600 kPa，水能够充分击碎渣流，使熔渣受冷增加黏度，渣中的气体及部分水蒸气固定下来，形成多孔的膨胀矿渣。矿渣浇完后，在堑沟中继续膨胀 2.5 ~ 3 h，直至最后凝固为止，然后用抓斗抓出，破碎、筛分而成不同粒度的膨胀矿渣。

B   溜槽喷射法

生产膨胀矿渣可以分为两种，一种是单级溜槽，另一种是阶梯式溜槽。溜槽装置是一个金属槽，水管在热溶矿渣流的下面喷水，热溶矿渣与水接触后生成大量蒸汽。由于熔渣急剧冷却，析出气体，在熔渣中形成气孔。阶梯式溜槽是由单级溜槽组合而成的，由于单级溜槽生产时熔渣与水混合不均匀，冷却不能非常充分、增多溜槽的数量，连成阶梯形式，如图 7-22 所示，造成熔渣充分冷却的条件。

C   喷气水击法

把高压水与压缩空气混合冲击熔渣，撞至挡板上使熔渣与水、气充分混合，落入坑内膨胀，优点是设备简单，耐用性好，如图 7-23 所示。

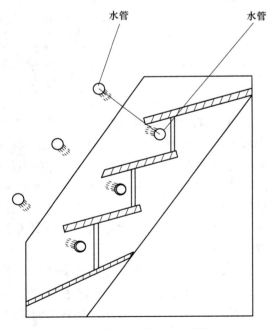

图 7-22   阶梯式溜槽法生产膨胀矿渣

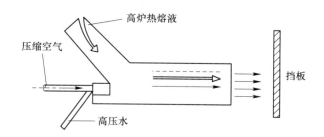

图 7-23　喷气水击法生产膨胀矿渣

D　水击挡板法

水击挡板法生产工艺流程如图 7-24 所示，其生产工艺是从接渣斗流出熔渣，经第一流槽上喷嘴中射出高压水，冲击熔渣并进行混合后流至第一挡板上，使熔渣与水又落入第二流槽上，第二流槽与第一流槽一样，熔渣被水冲击挡板上，使矿渣变成膨胀矿渣。

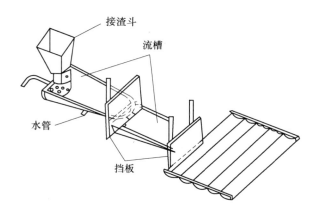

图 7-24　水击挡板法生产膨胀矿渣

E　滚筒法

a　滚筒法生产膨胀矿渣

该生产工艺流程如图 7-25 所示，熔渣从高炉流出进入渣罐，运至膨胀矿渣生产场。渣罐熔渣倒入接渣槽，热溶矿渣通过栅栏流进流槽，流槽水平倾斜为 60°，宽 900 mm，长 1270 mm，流槽下埋有 100 mm 水管，水管边安有上下两排喷嘴。熔渣流过后，受到从喷嘴喷出的 0.6 MPa 压力的水冲击，水与熔渣混合一起流至滚筒上，滚筒长 1190 mm，直径

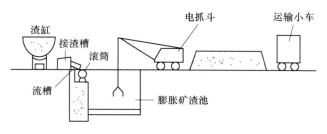

图 7-25　滚筒法生产膨胀矿渣

为 640 mm。滚筒周围焊有 9 个固定叶片，滚筒转速 328 r/min，熔渣与水混合落至滚筒，被滚筒甩出落入坑内（熔渣与水聚在坑内），熔渣冷却过程中放出气体引起熔渣膨胀，冷却后的溶渣用电抓斗抓出，堆置于堆场。然后再运至破碎车间，进行破碎和筛分，得到一定规格的膨胀矿渣。

b　滚筒法生产膨胀矿渣珠

该法是在滚筒法生产膨胀矿渣的基础上作了改进，加速滚筒转速、增大滚筒直径，炉前生产膨胀矿渣珠的工艺如图 7-26 所示。熔渣经渣沟流到膨胀槽，与高压水接触并流至滚筒上，被高速旋转的滚筒甩出，在空气中冷却、成球落地形成膨胀矿渣珠，最后抓斗装车外运。

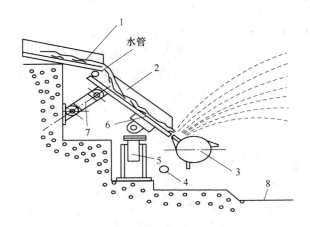

图 7-26　滚筒法生产膨胀矿渣珠

1—流渣槽；2—膨胀槽；3—滚筒；4—冷却水管；5—升降装置；6—调节器；7—调角器；8—膨珠池

热熔高炉渣中除含有多种化学成分外，还含有大量气体，如 CO、CO_2、H_2、O_2、N_2、H_2S 等，当熔渣排出后经过运输转移和冷却过程气体已有部分逸出，但仍有部分留在熔渣中。当这些含气熔渣流至流槽及滚筒时，遇水快速冷却，使熔渣内的气体来不及释放，被包裹在形成硬化的壳体内，形成气孔结构。同时还有水及滚筒的作用，也会使膨胀矿渣珠内部形成一些微孔。水对膨胀矿渣珠的形成有两个作用，一方面，水与熔渣内部的硫化物起化学反应，使部分硫化氢与硫在高温下生成蒸汽和二氧化硫，这些气体也都使膨胀矿渣珠内部生成气孔；另一方面，加快熔渣的冷却并加速固体状形成，使熔渣的黏度增加防止气体逸出。

滚筒对膨胀矿渣珠的形成也起着重要作用，快速旋转的滚筒将大股流下的熔渣分散成小流股，被击散成较小的熔渣颗粒。这些熔融状的颗粒受空气及水的表面张力的作用，使这些颗粒成为珠体。由于滚筒旋转产生的离心力使膨胀矿渣珠在空中飞行一段路程后落地，落地时熔渣已基本冷却，不再黏结，就形成大小不等的膨胀矿渣珠颗粒。在成珠过程中，大大地抑制了 H_2S 气体的产生，气相中的 H_2S 只有水淬时的 1.6%，SO_2 气体只有水淬时的 64%，水蒸气也少。在生产现场盖了密封棚，渣棉危害减少，噪声有效降低，工作环境优于水冲渣，不需安装冲渣沟。

以某高炉滚筒法膨珠生产线为例，采用膨珠工艺吨渣用电 1.5 kW·h（而水渣耗电

9 kW·h），处理成本较低；吨渣耗水量为 1.5 t （包括滚筒冷却水），仅为水冲渣的 1/20 ~ 1/10，节约了用水量，同时也节约了水处理工程投资。

F　振动流槽法

俄罗斯乌拉尔黑色冶金科研院创建了一套生产膨胀矿渣珠的新方法，其生产试验装置建于新利佩茨钢铁公司内，生产工艺装置如图 7-27 所示。

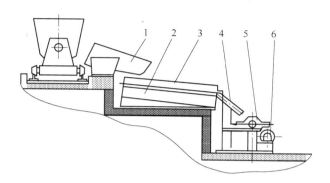

图 7-27　振动流槽法生产膨胀矿渣珠工艺

1—接渣槽；2—流槽；3—振动成孔器；4—导向槽；5—大滚筒；6—小滚筒

热熔矿渣由渣罐经接渣槽送至振动成孔器上，水从钻孔流出，冲进熔渣，这时熔渣被水冲击产生气孔，以及熔渣本身含有的气孔混在一起，成孔状的熔渣经导向槽落至滚筒上，被叶片打击并甩出，粒状的熔渣在飞跃的过程中成球状。相较于生产粉煤灰陶粒、黏土陶粒生产膨胀矿渣和膨珠，具有不用燃料，工艺简单，成本低廉等优点。

7.1.2.3　高炉渣化学粒化法

化学粒化工艺可以对高炉渣的热量以化学反应的形式回收利用，整个循环热回收的过程如图 7-28 所示。其工艺流程是先使用高速气体吹散液态炉渣使其粒化，并利用吸热化学反应将高炉渣的显热以化学能的形式储存起来，然后将反应物输送到换热设备中，进行逆向化学反应释放热量，参与热交换的化学物质可以循环使用。通过水蒸气（H_2O）和甲烷（CH_4）的混合物在高炉渣高温热的作用下，生成一定的一氧化碳（CO）和氢气（H_2）气体，通过吸热反应将高炉渣的显热转移出来，但热量回收过程伴随化学反应，因此，热利用率低。

7.1.2.4　高炉渣处理工艺比较

（1）从处理工艺看：水淬法技术上最为成熟，安全性能最高，国内高炉目前实际应用较多，但其污染环境、严重浪费能源、偏远地区炉渣后期利用困难等弊端已经凸显。

相较于水淬急冷工艺，急冷干式粒化工艺具有更好的发展前景：污染物排放少、水资源消耗少、热量综合回收、维护工作量较小、免去庞大的冲渣水循环系统，虽其还未达到工业应用的程度，但符合未来建设环境友好型、资源节约型社会的发展趋势。因此，在解决干式高炉渣粒化工艺余热回收、冷却速度、炉渣粒化率、使用成本的前提下，干式高炉渣粒化工艺或将成为高炉渣回收和利用的主流工艺。

（2）从高炉渣的后续产品的开发来看：经急冷粒化后的高炉渣产量大且应用面广，还可生产出很多具有高附加值的产品。

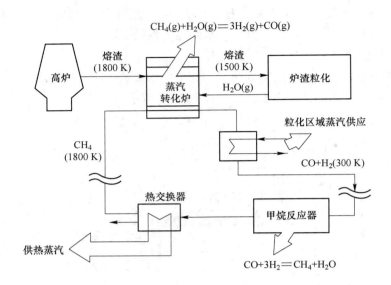

图 7-28   甲烷循环反应热回收过程示意图

7.1.3   高炉渣传统资源化及利用技术

近年来,随着我国钢铁工业的迅猛发展,高炉渣的排放量随之大量增加,目前,高炉渣的利用方式多样,国内高炉渣处理工艺及利用方式发展迅速,资源化利用的研究并不落后于国外。对于高炉渣的利用取决于高炉渣的处理工艺,目前,高炉渣的主要用途有提取有价成分、作建筑材料或水泥、生产肥料、制备复合材料、回收潜热、污水处理等,如高炉渣的热熔约 1719 kJ/kg,高炉渣带走的热量约占高炉总能耗的 16% 左右,有效实现高炉渣的潜热综合回收利用,具有非常大的经济及社会效益。

7.1.3.1   高炉水渣生产水泥

在水泥熟料、石灰、石膏等激发剂作用下,水渣显示出潜在的水硬胶凝性能,可作为水泥生产的优质原料,水渣不仅可以作为水泥混合料使用,而且也可以制成无熟料水泥。

A   矿渣硅酸盐水泥

矿渣硅酸盐水泥是用粒化高炉矿渣与 3% ~5% 的石膏和硅酸盐水泥熟料制得,其中石膏混合磨细或者分别磨后再加以混合均匀。水渣在磨细前必须烘干,但烘干温度不可太高（ <600 ℃ ）,否则会影响水渣的活性。在磨制矿渣水泥时,水泥的抗压强度随着高炉矿渣的掺量的增加而稍有降低,但总体影响不大,高炉矿渣的掺量对抗拉强度的影响更小,高炉矿渣的掺量可以占水泥质量的 20% ~95%,对水泥生产的成本的降低十分有利。

从矿渣硅酸盐水泥的新生成物的性质和硬化过程的特点来看,矿渣硅酸盐水泥具有良好的安定性,通常受水泥中游离 CaO 影响,游离 CaO 遇水消解而发生体积膨胀。但在矿渣硅酸盐水泥中,熟料水化时所产生的 $Ca(OH)_2$ 被矿渣吸收,因而很少发生体积膨胀的现象。

普通水泥与矿渣硅酸盐水泥比较:

(1) 矿渣硅酸盐水泥在硬化过程中放出的热量少,因为硅酸盐水泥中硅酸三钙、铝酸三钙水化时放热量最大，而硅酸二钙放热量较小。矿渣中多为低碱度的硅酸盐，水化时放热量很小，基于此特性，硅酸盐矿渣水泥适用于大体积混凝土构筑物中。

（2）矿渣硅酸盐水泥具有较强的抗溶出性硫酸盐侵蚀性能，试验研究表明，硅酸盐矿渣水泥在硫酸盐溶液的侵蚀下不但没有被破坏，而且强度有所提高，但硅酸盐水泥试件经过 6~12 个月后崩溃。随着矿渣掺量的增加，矿渣硅酸盐水泥的抗溶出性硫酸盐侵蚀性能进一步提高，故矿渣硅酸盐水泥适用海港、水上工程及地下工程等，但在酸性水及含镁盐的水中，矿渣水泥的抗侵蚀性较普通水泥差。

（3）耐热性较强，在高炉基础及高温车间等容易受热的地方，矿渣硅酸盐水泥耐热性比普通水泥好。

（4）硅酸盐矿渣水泥早期强度低，而后期强度增长率高，因此，施工时应注意早期养护。此外，在冻融作用或循环受干湿条件下，其抗冻性较硅酸盐水泥差，所以不适宜用在水位时常变动的水工混凝土建筑中。

B　石膏矿渣水泥

石膏矿渣水泥是将石膏和干燥的水渣、硅酸盐水泥熟料或石灰分别磨细或者按一定的比例混合磨细后再混合均匀得到的一种水硬性胶凝材料。在配制石膏矿渣水泥时，高炉水渣配入量可高达 80% 左右，为主要的原料，石膏属于硅酸盐激发剂，可提供水化时所需要的硫酸钙成分，激发矿渣的活性，一般石膏的加入量以 15% 为宜。碱性激发剂为少量硅酸盐水泥熟料或石灰，对矿渣碱性起到活化作用，能促进铝酸钙和硅酸钙的水化。在一般情况下，如用普通水泥熟料代替石灰，掺入量在 5% 以下，最大不超过 8%；如用石灰作碱性激发剂，其掺入量宜在 3% 以下，最高不得超过 5%。添加工业石膏，利用 CaO 作为碱性激发剂激发高炉矿渣的活性制备新型胶凝材料，可用于水泥替代材料并满足井下充填的要求。

C　石灰矿渣水泥

石灰矿渣水泥是将干燥的粒化高炉矿渣，消石灰或生石灰以及 5% 以下的天然石膏，按适当的比例配合磨细而成的一种水硬性凝胶材料。

石灰的掺入量一般在 10%~30%，它的作用是激发矿渣中的活性成分，生成水化硅酸钙和铝酸钙。石灰掺入量太少时，矿渣中的活性成分难以充分激发，掺入量太多则会使水泥凝结不正常，安定性不良和强度下降。原料中氧化铝的含量影响石灰的掺入量，氧化铝含量高或氧化钙含量低时应多掺石灰，通常石灰在 12%~20% 范围内配制。

石灰矿渣水泥可用于蒸汽养护的各种混凝土预制品，水中、地下、路面等的无筋混凝土和工业与民用建筑砂浆。

7.1.3.2　高炉渣生产建材

建筑材料是高炉渣利用的重要方面，常见的如高炉矿渣微粉、矿渣刨花板、空心砖等。另外，高炉渣半数急冷加工成膨胀矿渣珠或膨胀矿渣可直接做轻混凝土骨料。

A　生产矿渣砖

矿渣砖的主要原料是水渣、石膏、石灰、水泥，一般要求水渣有较高的强度和一定的活性。由于水渣不具有足够的独立水硬性，因此，生产矿渣砖时要加入激发剂。常用的激发剂有：硫酸盐激发剂（石膏）和碱性激发剂（水泥或石灰）两类，可以单独使用也可重复使用。水渣中具有潜在水硬性或独立水硬性的 C_2S 和 C_3AS 等，和石灰中的氧化钙进行水化作用而生成水化产物，凝结硬化后提高强度。砖的安定性受石灰细度的影响，若石灰中含有大于 900 孔/cm^2 筛的颗粒，即使很少量也会引起砖的开裂。这是因为石灰颗粒在砖坯内消化时，体积膨胀产生巨大的内应力的结果。此外，高炉渣制砖不需要烧结或者蒸压养护，能源消耗量较少。生产矿渣砖有两种方法，一种是直接混拌法，另一种是通过混拌、轮碾而制成的。

（1）直接混拌法生产矿渣砖是用水渣加入激发剂水泥或石灰和石膏等，经过称料、搅拌、成型和蒸汽养护而成，其生产工艺流程如图 7-29 所示。用 5% ~8% 水泥，87% ~92% 粒化高炉矿渣，加入 3% ~5% 的水混合所制的矿渣砖可用于地下建筑和普通房屋建筑。此外，将高炉矿渣磨成矿渣粉，按质量比加入 60% 的粒化高炉矿渣和 40% 矿渣粉，加水混合成型后在 0.8 ~1.0 MPa 的蒸汽压力下蒸压 6 h，所得矿渣砖抗压强度较高。

图 7-29   直接混拌法工艺流程

卢红霞结合建筑废玻璃、高炉渣和高石英含量的建筑渣土混合陈化重新搅拌后压制坯体，选取半干压成型坯体方式，925 ℃烧结 2 h，制备高性能烧结砖，烧结砖 24 h 吸水率 16.64%，抗压强度 89.37 MPa，密度 1630 kg/m^3，实现多固废的综合处理，高炉渣实现析晶强化，建筑渣土构成烧结砖的主体骨架，废玻璃的加入降低了烧结温度，性能符合《烧结普通砖》(GB/T 5101—2017) 规定的（MU30）要求。

（2）通过混拌、轮碾制成的矿渣砖，该方法的生产工艺流程如图 7-30 所示。

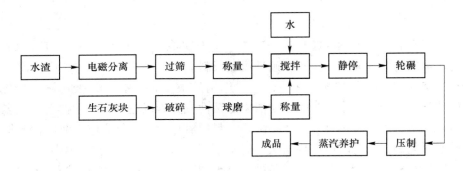

图 7-30   轮碾法矿渣砖生产工艺流程

在生产工艺中需控制几个环节：

（1）配料：原材料按照选择好的配比称量配料，水渣在轮碾前的粒度不大于 1 cm。

（2）搅拌：首先将水渣倒入搅拌机内，打开机器，再倒入生石灰干拌 1 min，使石灰均匀地分布在矿渣的颗粒间，再加水搅拌 2 min。搅拌后的混合料运至消化料仓内静停置 1 h，再运至轮碾机轮碾。

（3）轮碾：轮碾时的加料量，根据轮碾机性能确定，轮碾时间不少于 7 min。

（4）砖坯成型：混合料轮碾后运至压砖机成型，成型前混合料的温度不大于 45 ℃。

（5）养护：矿渣砖坯在封闭的蒸压釜或养护池内进行，矿渣砖坯在养护池内堆放不得超过 12 层，排与排之间距离不得少于 3 cm，养护制度为升温 3 h，恒温 8 h，降温 2 h。该方法生产的矿渣砖具有良好的物理力学性能，矿渣砖的吸水率完全满足建筑用砖要求，矿渣砖的不足之处是容重较大，一般在 2120 ~ 2160 kg/m³。

B　生产湿碾矿渣混凝土

将激发剂（水泥、石灰和石膏）和水渣放在轮碾机加水碾磨制成砂浆后，与粗骨料拌和而成。湿碾矿渣混凝土的各种物理力学性能与普通混凝土相似，如弹性模量、抗拉强度、钢筋黏结力和耐疲劳特性。主要优点为：具有很好的耐热性能，可以用于工作温度在 600 ℃ 以下的热工工程中；具有良好的抗水渗透性能，可以用于作防水混凝土；制成抗压强度 50 MPa 以下的混凝土。

湿碾矿渣混凝土的生产工艺：

（1）原材料准备：包括激发剂、外加剂和掺和料等加工和称量。

（2）湿碾矿渣砂浆的混合：因原材料数量相差较大，一般先用砂浆搅拌机加以拌和混合原材料以保证材料混合均匀，没有搅拌机的时候可先在轮碾机中进行干碾几分钟。

（3）砂浆湿碾：混合均匀的混合料，加入规定的水在轮碾机中进行湿碾。

（4）搅拌机搅拌湿碾后的砂浆与规定数量的粗骨料在混凝土搅拌机中拌和成混凝土。

在生产过程中各个工序的控制影响混凝土的质量，因此，一般建议原材料采用强制式砂浆搅拌机，因为水渣较轻，拌和时加水量又不多，采用强制式砂浆搅拌机才能与激发剂搅拌均匀。生产过程中砂浆细度由投料速度或碾磨时间来控制，砂浆细度的测定可用筛洗法测定，碾磨过的砂浆停放时间不宜超过 2 h，否则混凝土强度会降低。因为砂浆黏结性较大而不易与骨料搅拌均匀，骨料与湿碾砂混合浆搅拌前，在搅拌机中加入适量的水进行搅拌或骨料应预先加水湿润，然后再加入湿碾砂浆和大部分水搅拌。湿碾矿渣混凝土的流动性较小、黏滞性大，与普通混凝土相比，捣固工作应尽可能采用频率较高的振动器，采用插捣式振动棒时应振捣到混凝土不再下沉，才能断定内部已经结实。由于湿碾矿渣混凝土强度发展比较慢，所以浇水养护的时间比普通混凝土长。

为了提高低活性水淬高钛高炉渣利用率，北京科技大学以水淬高钛高炉渣：钢渣质量比为 2∶1、脱硫石膏掺量为 16%、减水剂掺量为 0.28%、水胶比为 0.24 的配比，采用多固废协同激发的技术路线制备全固废混凝土，在脱硫石膏的激发下，水淬高钛高炉渣与钢渣协同水化，水化产物钙矾石晶型稳定，并与网状 C-S-H 凝胶穿插形成的致密结构以促进混凝土强度的增长。

C　水淬高炉渣用作砂子

活性较低的水渣（含铁量较高的渣）一般作砂子，或者因为建筑工程附近无砂子来源、水渣滞销且堆积过多、严重影响高炉运行时，也可以用作砂子，水渣中不含泥土等有害杂质，为建筑工程添加新砂资源。

D　膨珠用作轻骨材料

由于膨珠在半急冷作用下，具有质轻（松散容重 400 ~ 1200 kg/m³）、多孔、表面光滑等特性，膨珠内存有化学能和气体，松散容重大于浮石、陶粒等轻骨料。其不用破碎可直接用作轻混凝土骨料,用作混凝土骨料可节约20%左右的水泥。用膨胀矿渣珠配制的轻质混凝土容重为1400～2000 kg/m³,导热系数为0.407～0.582 W/(m·K),抗压强度为9.8～29.4 MPa,具有良好的物理力学性能。

如前所述,膨珠具有保温、吸水率低、隔热、抗压强度和弹性模量高等优点,而且具有水淬渣相同的化学活性,膨珠也可作为防火隔热材料,高钛型膨珠可以锁住土壤水分并有效改善植物生长情况。通过膨胀矿渣珠生产工艺制取的膨珠,自然级配好、面光、质轻、吸音隔热性能好。

E　矿渣棉

矿渣棉是以矿渣为主要原料,在熔化炉中熔化后获得熔融物,再加以精制而得到的一种白色棉状矿物纤维。它具有绝热、隔音、保温等性能。生产矿渣棉成纤方法有离心法和喷吹法两种,矿渣棉纤维方法工艺对比如表7-8所示,熔渣在熔炉加热后熔化流出,用蒸汽或压缩空气喷吹成矿渣棉的方法叫作喷吹法;原料在熔炉熔化后落在旋转的圆盘上,用离心力甩成矿渣棉的方法叫作离心法。离心法制备的矿物棉质量较高,但是工序多而不易大规模使用。喷吹法生产简单,但矿物棉产品质量较低。

表7-8　制取矿渣棉纤维方法对比

方法	工艺名称	纤维制造主要原理	优　点	缺　点
喷吹法	平吹法	用高速气流将从流料口流出的熔体股吹散并将其牵伸成纤维,气流喷射方向与流股垂直	装置简单,产量大,能耗小	纤维粗,杂质和渣球含量大,产品质量差
	立吹法	原理同上,但高速气流喷射方向与流股平行且包围着流股	产量大,产品质量好	能耗较高
离心法	盘式离心	使熔体流入一高速旋转的圆盘平面上,在离心力的作用下,熔体被分散并拉制成纤维	设备简单,制品纤维长,杂质含量少	产量少,纤维粗
	多辊离心法	使熔体流入三辊或四辊离心机的第一辊子上进行分散并在离心力的作用下制成纤维,余下的熔体甩至第二辊继续制造纤维。第三辊、第四辊以此类推	产量大,质量较好,能耗低	设备复杂,操作技巧要求高
离心吹制	单盘离心吹制法	熔体流入一旋转的碗式盘面上,后者作高速旋转。其外环加设有一环形喷嘴,熔体被离心力分散后,喷嘴中喷出的高速气流将其喷制成纤维	设备结构简单,易操作,产量大,能耗较低,纤维长	铺毡均匀性差
	多辊离心吹制法	在多辊离心机的辊子周围设置一个环形高速喷嘴,这样在纤维成型过程中,被离心力制成的纤维在尚未固化之前再次被气流拉伸和拉细	产量大,可以制取非常长的细纤维,且非纤维杂质极少,能生产出高质量的纤维制品	设备复杂,能耗较大

高炉矿渣可作为矿渣棉的主要原料,占80%～90%,还有10%～20%的白云石、萤石或其他如卵石、红砖头等,传统矿渣棉生产采用冲天炉,高炉渣配加焦炭重熔、调质,生产工艺主要为配料、熔化喷吹、包装3个工序。喷吹法生产矿渣棉的工艺流程如图7-31所示。但此种方法不仅未充分利用高炉熔渣的显热,而且污染环境,纤维质量较

差。现多采用交流电弧炉熔化调质设备，再经过离心机甩至成棉，工艺除尘率高，渣棉质量提高的同时还降低了能源消耗。矿渣棉可用作保温材料、吸音材料和防火材料等，由它加工的成品有保温板、保温带、保温筒、保温毡、窄毡条、吸音带、吸音板、耐热纤维及耐火板等。矿渣棉广泛用于冶金、建筑、机械、交通和化工等部门。

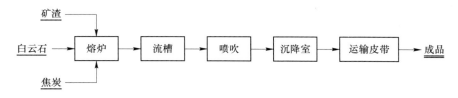

图 7-31　喷吹法生产矿渣棉的工艺流程

7.1.4　高炉渣其他资源化利用

为了进一步充分利用高炉渣，进行了许多研究用于生产微晶玻璃、农肥、玻璃和陶瓷等。日本在高炉渣中加入其他材料经过加工产生多孔的硬化体作为铺路材料，不仅替代60%的沥青、长期抑制路面温度上升，并且具有降噪作用。此外，高炉渣中无放射性元素，如含钛高炉渣制备的光催化剂具有较高的氧化活性、价格低廉，在光催化降解上有比较理想的效果，但使用时应减少高炉渣中其他一些元素对光催化作用的影响。

7.1.4.1　微晶玻璃

微晶玻璃是含有大量玻璃相和微晶相共存的多晶固体材料，是近十几年来发展起来的新型无机材料，既具有陶瓷的多晶特性，也具有玻璃的基本特性，具有很多优异性能，因此，用途很广。微晶玻璃的原料除采用岩石外，还可采用高炉矿渣，微晶玻璃可以很好地固定高炉渣中有害元素，生产成本较低。主原料高炉渣内加入以碱氧化物为主的助熔剂和 S、Fe、Ti 等元素为主的晶核剂，经过合适的热处理制度后得到性能优良的微晶玻璃。目前矿渣微晶玻璃体系为 MAS（MgO-Al_2O_3-SiO_2）CAS（CaO-Al_2O_3-SiO_2）系，莫来石含量较多，矿渣微晶玻璃产品比铝轻、比高碳钢硬、热稳态性好、电绝缘性能接近高频瓷、机械性能优于普通玻璃好、耐磨性不亚于铸石。矿渣微晶玻璃广泛用于化工、煤炭、冶金和机械等行业。

高炉渣制备微晶玻璃工艺包括烧结法、熔融法、溶胶-凝胶法、二次成型工艺、压延法等。其中熔融法和烧结法是最常用的方法，但由于熔融法熔制温度高，玻璃在成型过程中迅速冷却导致形核困难，时间和能量消耗大，因此，生产过程中热制度难以控制。蒲华俊以高炉渣、硅砂、Na_2SO_4、TiO_2、Na_2SiF_6 等为原料，采用直接熔融法制备较好的机械性能、表面闪光的微晶玻璃石材，过程无需热处理，最高的显微硬度 633HV，具有较好的热稳定性，可用于建筑装饰领域。

烧结法熔制温度低，所需时间短，比熔融法更容易晶化。如矿渣微晶玻璃的主要原料是硅石为38%～22%，高炉矿渣为62%～78%或其他非铁冶金渣等。一般矿渣微晶玻璃需要以下化学组成的配比：二氧化硅为40%～70%，氧化钙为15%～35%，三氧化二铝为5%～15%，氧化钠为2%～12%，氧化镁为2%～12%，晶核剂为5%～10%。在回转式或固定式炉内将硅石、高炉渣和结晶促进剂一起熔化成液体，然后经吹、压等一般玻璃成型方法成型，并在 730~830 ℃下保温 3 h，最后升温至 1000~1100 ℃并保温 3 h 后使其结晶，冷却即为矿渣微晶玻璃。

7.1.4.2 生产铸石

少量铬矿石、石英砂和铁矿石配加高钛高炉渣生产铸石，其重要性能不亚于玄武岩铸石。我国也有企业曾进行高钛渣微晶铸石的研究，原料最优配比为石英砂 40%~30%，含钛矿渣 60%~70%，萤石 3%~4%，将原料混合后在 1400~1500 ℃时熔制，然后浇注成型，之后放在 650 ℃的退火窑内恒温 1 h，然后自然缓慢冷却到 60 ℃以下。试块在电炉中处理时，其晶化温度为 950~1019 ℃，核化温度为 815~830 ℃，试块从室温升至核化温度时升温速度为 1~2 ℃/min，到核化温度以后升温速度为 3~5 ℃/min，升至 950 ℃后恒温 1 h。

微晶铸石物理力学性能如下：抗压强度 800 MPa，抗折强度 80~100 MPa，抗冲击强度 10~40 MPa，硬度 8~9 级，体积密度 2.93 g/cm^3，耐磨系数 0.25~0.35 g/cm^2。

7.1.4.3 生产农肥

高炉渣中不含放射性元素和重金属，但含有钙、镁、硅、铁和钛等植物营养元素。我国长江流域 70% 的土壤缺硅，辽东半岛及黄淮海地区也有大量的土壤缺硅，用高炉渣生产硅肥提高高炉渣综合综合利用价值，不仅减少了环境污染，而且能促进长江流域部分省份农业增产。硅肥是一种以含氧化硅（SiO_2）和氧化钙（CaO）为主的矿物质肥料，因此，高炉水渣可以用来制备硅肥改善土壤环境。硅肥作为水稻等作物生长不可缺少的营养补充剂，高炉渣制备硅肥实现了高炉渣的利用价值。硅肥的加工过程为：把高炉水渣磨细（细度 0.175~0.147 mm），添入适量的硅元素活化剂，搅拌混合后装袋（或搅拌混合造粒后装袋）。

直接将高温高炉渣在水淬池内水淬后，用抓斗机将水淬物捞起并配入 10% 的粉煤灰，加水一起进入球磨机湿磨，粒度达到 0.5 mm 以下，经干燥后即得硅肥。制得的硅肥中含氧化钙和氧化镁总量大于 30%，可溶性硅大于 15%。德国高炉渣作为石灰处理剂中和酸性土壤而广泛应用于农林业，工艺如下：将高炉渣粉碎磨细后与磷酸盐成分混合直接施用，或高炉渣粉碎磨到一定细度后直接施用。

7.1.4.4 矿渣超细粉

高炉水渣经研磨后得到的超细粉末称为矿渣微粉，其化学成分主要是 SiO_2、CaO、MgO、Al_2O_3、TiO_2、Fe_2O_3、MnO_2 等；含有 95% 以上的硅酸二钙、玻璃体、钙黄长石和硅灰石等矿物。矿渣微粉一般用于混凝土的矿物外加剂，可直接掺入商品混凝土中替代等量水泥，混凝土掺入矿渣微粉后性能明显得到改善，根据比表面积和活性的不同，一般掺加量在 20%~40%。

A 矿渣微粉优点

（1）搅拌初期，混凝土的流动性易于控制并得到提高，泵送性能好；

（2）降低水化热；

（3）掺入矿渣微粉可降低混凝土内水泥的需求量，混凝土的后期强度增加；

（4）抗硫酸盐侵蚀性强，因为混凝土掺入矿渣微粉后 C_3A 含量降低，因此，相应水化反应产物中时 Ca(OH)$_2$ 的含量减少，因而抗硫酸盐侵蚀性能增加；

（5）抗碱骨料反应；

（6）抗微缩，与钢筋结合力强。

B 矿渣微粉制备

根据现有的装备情况，理论上矿渣微粉的制备可分为立式磨、球磨机、辊压机、振动磨四种终粉磨工艺，或者采用联合粉磨工艺，如辊压机 + 球磨机、立式磨 + 球磨机的联合。生产企业可根据周边市场及当地对矿渣微粉的需求量、企业矿渣年排放量或者矿渣保证供应量来确定合理的生产规模。

a 立式磨的生产工艺

用立式磨生产矿渣微粉工艺发展迅速，并普遍被各个钢铁公司首选。其工艺流程图如图 7-32 所示。随着工艺的发展，立式磨机已逐渐克服了材质磨损和震动的缺点，并用于矿渣微粉的生产，其产品的比表面积一般在 420 ~ 450 m^2/kg，但最高不超过 500 m^2/kg，因为高比表面容易加剧磨辊和磨盘等粉磨部件的震动和磨损。

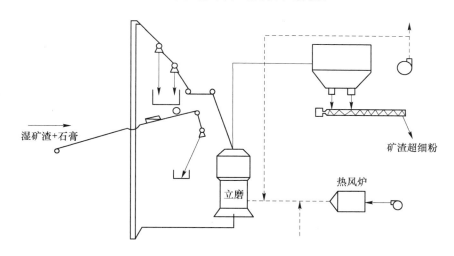

图 7-32 立磨粉磨矿渣的终粉磨系统流程

b 球磨机的生产工艺

国内多数水泥生产企业水泥粉磨设备现多采用球磨机，特别是小规模水泥企业生产，球磨机生产工艺（图 7-33），球磨机生产矿渣微粉可以灵活调节细度，生产矿渣微粉的比表面积在 500 m^2/kg 以上，且矿渣微粉的级配及颗粒形状较好。通过颗粒分析仪分析发现，当用球磨机生产的矿渣微粉比表面积在 480 m^2/kg 左右时，和水泥类似之处在于大多数颗粒分布在 2 ~ 40 μm 之间，对混凝土强度的提升起很大作用。缺点是球磨机生产矿渣微粉时电耗较高。

球磨机生产矿渣微粉有开路和闭路两种生产工艺，开路工艺适合长径比较大的磨机，但当要求产品比表面积为 430 m^2/kg 以上时，开路工艺优势不明显。因为为提高矿渣微粉比表面积和成品合格率，就会存在明显的过粉磨现象，在比表面积要求更高时，过粉磨现象更为严重。此外，磨机过长且仓数较多时，如三仓磨，要求三仓料位基本相同且能力平衡，并且对矿渣的易磨性没有充分了解的情况下，盲目确定研磨体级配以及各仓分布，很

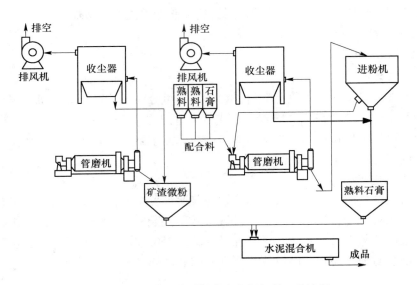

图 7-33 球磨机分别粉磨生产超细粉工艺流程

可能出现三仓料位的动态平衡难以保证的现象，在生产中容易出现意想不到的情况，影响磨机的正常生产和产品性能。

另外，开路工艺多采用磨内筛分装置，隔仓板算缝较小（约 5~8 mm），如果使用中遇到破碎率较高的研磨体或者小球时，很容易造成堵塞，引起磨机通风不畅使磨机产量大幅下降，产品温度过高，影响质量和产量。对于这种现象只有增加磨内通风量、调节风机风门的开度，以降低出磨物料的温度，但如果风机风门操作不当很容易引起磨机出磨物料跑粗现象。

c 辊压机终粉磨的生产工艺

辊压机终粉磨系统生产矿渣微粉，主要由 KHD 和 Polysius 公司提供，其工艺流程如图 7-34 所示。

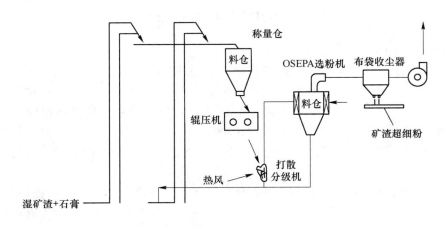

图 7-34 辊压机终粉磨系统粉磨矿渣的工艺流程

该系统主要由辊压机、打散机、烘干选粉机组成，系统要求矿渣含水量在一定的范围，矿渣水分必须适宜，一般以 4% ~ 5% 为宜，水分过大影响烘干选粉机的正常使用，并导致输送困难，若水分过低则很难形成料层。在实际生产中一般将烘干后的干矿渣和湿矿渣按比例混匀，混合后的物料水分一般以 4% ~ 5% 为宜。同时，粉磨矿渣的辊压机将辊面加宽且采用变频调速，以减少振动、降低辊速。

欧洲某厂采用 Polysius 的辊压机终粉磨系统，其操作参数和配置情况如下：矿渣烘干采用 $\phi 0.92\ \mathrm{m} \times 25\ \mathrm{m}$ 烘干塔（热源来自热风炉）进行烘干，采用 Polycom17/10 辊压机，料饼经打散机打散后入选粉机分选，部分料饼和粗粉回辊压机循环辊压，产量 40.6 t/h。

d　辊压机 + 球磨机组成的粉磨工艺

该系统一般由球磨机、挤压机、打散机、选粉机组成，物料入挤压机时水分要求在 4% ~ 5%，磨机采用烘干磨以确保成品水分 ≤1%，国内外已有数条线在运行该系统。

该系统非常适用于水泥企业的老线改造，在球磨机前加辊压机，同时将球磨机改成高细高产磨，工艺流程图如图 7-35 所示。

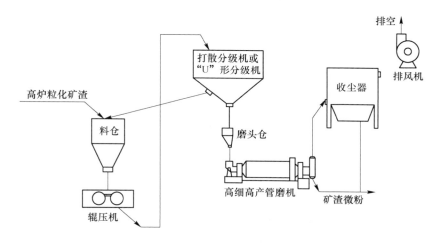

图 7-35　辊压机 + 球磨机联合粉磨工艺流程

C　矿渣微粉利用途径

国内企业已将矿渣微粉以半成品原料和其他物料一起用来生产多用途的产品，主要包括以下几种途径：

（1）钢渣微粉和矿渣微粉双掺生产复合粉。在矿渣微粉中掺入一定量的钢渣微粉生产复合粉，可提高混凝土的液相碱度，钢筋的腐蚀减少，土建构筑物的寿命得到提高，该复合粉非常适合生产大体积混凝土构件，或者用于一些重要工程的关键部位。但是，使用中要加强对钢渣微粉中氧化镁和游离氧化钙的检测，严格控制二者含量，并调控含量不超标，以保证混凝土不遭受破坏。

（2）矿渣微粉、硅灰和其他物质按比例生产高性能混凝土。二氧化硅微粉又称硅灰，是生产工业硅或硅铁时矿热炉产生大量挥发性很强的 SiO 气体与空气迅速氧化并冷凝形成的烟尘，烟尘经收尘器回收后的得到硅灰，其主要成分为 SiO_2，夹带少量 C、Na_2O、K_2O、Fe_2O_3 等，其特点是活性好、颗粒非常细微，其比面积是普通水泥的 50 ~ 100 倍（13 ~ 30 $\mathrm{m^2/g}$），其容重为 0.2 ~ 0.4 $\mathrm{kg/m^3}$，粒径多小于 0.5 $\mu\mathrm{m}$，最细的仅有 0.01 $\mu\mathrm{m}$。

7.1.4.5　污水处理剂

高炉渣具有微孔多、比表面积大等特点，将其作为吸附剂去处理废水潜力巨大，可以用来处理重金属或印染废水，也可以用来除磷，并且可以利用除磷特性作为人工湿地的基质，但处理污水时用量大且容易产生其他废物。高炉矿渣内含有多以配位体 SiO_4^{4-} 为主体结构单元大量的玻璃状结构，部分 Si^{4+} 由于被 Al^{3+} 取代而生成 AlO_4^{5-}，聚合程度较低，潜在活性强；高炉渣在特定的激发剂作用下水化生成硅酸钙及 C-S-H 凝胶，凝胶中的网状结构可以有效地吸附重金属离子，且具有良好的耐久性，因此，可以用于污水处理剂，高炉渣用于处理污水的手段主要有以下几种：

（1）高炉水淬渣是一种多孔质硅酸盐材料，可以很好吸附水中杂质。研究表明，在不调节生活污水 pH 值的情况下，当高炉水淬渣用量为 0.02 g/mL，温度为 25 ℃，吸附时间为 30 min，TP（总磷）的去除率达 85.6%，COD（化学需氧量）去除率高达 79.9%，处理后的水符合国家污水综合排放标准（GB 8978—1996）一级标准，实现了以废治废，应用前景广阔。也可用于重金属吸附，王哲采用等温吸附法分析高炉水淬渣对重金属 Cu^{2+}、Cd^{2+}、Zn^{2+} 的吸附性能，以化学吸附为主，且 Cu^{2+} 吸附效果最好。北京工业大学材料学院通过深入分析高炉渣吸附重金属离子实验，在高炉渣用量为 0.5 g、pH = 9、温度 65 ℃、吸附时间 360 min 时，Cu^{2+} 去除率可达 99.93%，吸附后溶液中 Cu^{2+} 残余质量浓度小于 1 mg/L，且符合国家排放标准。

（2）利用激发剂改性处理高炉渣得到的聚凝剂具有物理吸附、化学吸附的双重效果，适合于多种污水处理。研究表明：经过 PDMDAAC 改性的高炉渣对活性染料和分散染料均有较好的处理效果，而且改性后高炉渣投加量大大减少，吸附率高，改性可以改善高炉渣对染料的处理能力。

（3）利用炉渣余热分解碳酸盐也可处理污水，如黄磷生产过程中的污水处理方法，将磨成 0.15 ~ 25 mm 粉的碳酸盐，连续撒在正出炉的炉渣上，炉渣 1000 ℃ 的高温余热促进了碳酸盐分解，分解后随炉渣一起流入冲渣池，之后已分解的碳酸盐在冲渣池内溶解，并与生产过程中形成的酸发生中和反应，使污水的 pH 值达到 6 以上，适用于黄磷生产过程中的污水处理。

有学者还发现高炉渣可用作覆砂材料，海底污泥上覆盖高炉渣后可以促进海水水质的净化和底泥污染物的分解。一是抑制硫化氢产生，防止青潮暴发；二是向海水供给硅酸盐后可预防赤潮暴发；三是高炉渣覆盖海底泥后提高底栖生物多样性，相比海砂以及未覆盖高炉渣的海底泥，湿重和生物种类个数略高于海砂，并远远高于海底泥；四是高炉渣可以吸收海水中的磷酸盐，有效降低海水的磷酸盐含量，治理海水富营养化，预防赤潮发生。

7.1.4.6　玻璃和陶瓷

高炉渣在玻璃料中一般被用作氧化铝的来源，并且许多国家都选用高炉渣作为玻璃的原料，氧化铝在玻璃中具有稳定剂的作用并提高玻璃的耐久性，但用量一般不超过 3%，用量较少。国外也有采用高炉渣替代玻璃料中部分碱，在瓶玻璃料中矿渣掺入量不大于 14%、平板玻璃料中矿渣掺入量为 8% ~ 10% 时，Na_2O 用量可减少 1% ~ 2%。

刚出炉的高炉渣配入适量（10% ~ 15%）熔剂，混匀后在约 1200 ℃ 温度下重新熔化，作陶瓷原料生产玻璃和陶瓷。熔剂一般选用萤石、长石以及硅铝酸钠等，配加不同的熔剂可得到不同的产品。

乌拉尔汽车玻璃工厂将康斯坦提诺夫卡冶金厂50%的粒状高炉矿渣、硫酸钠砂、焦炭以及氟硅酸钠混合后送入玻璃熔池，使其成为聚体的熔体，然后铸轧成玻璃带，后将玻璃带送进结晶炉进行热处理使其转变成高炉渣陶瓷。高炉渣陶瓷带用加压通风使之冷却，然后两边修剪到宽1.5 m，并切成板材。这种玻璃或陶瓷可制成管、耐磨耐蚀保护层路面砖、地面砖、卫生器具等。

我国有学者以TiO_2含量小于3%的高炉渣为原料制造白色陶瓷，将高炉渣粉碎至小于0.85 mm，磁性除铁，然后球磨粉碎至$0.074 \sim 0.15$ mm，过筛除铁后取筛下料并加入添加剂，加水球磨制浆，经除铁、喷粉、陈腐，压制成型坯后送炉窑煅烧，烧制温度$1100 \sim 1250\ ℃$，烧制周期$60 \sim 110$ min，制得白色陶瓷制品，为高炉渣开拓了一条可利用的途径，制成的陶瓷制品抗折强度、耐磨性、成瓷效果优于普通陶瓷。

7.1.4.7　制备复合材料

因高炉渣含有合成$Ca-\alpha-Sialon$的成分，采用碳热还原氮化法利用高炉渣合成$Ca-\alpha-Sialon-SiC$复合材料，该材料可生产新一代耐火材料，实现高炉渣附加值的提高，与传统采用纯原料制备方法相比，工艺简单，成本低廉。

7.1.4.8　催化剂

二氧化钛光化学性质稳定，具有良好的光催化效果好，攀钢以高钛型高炉渣掺杂偏钒酸铵为原料进行综合利用，充分利用二氧化钛的光催化特性，使用多元固相烧结法制备掺杂钒的光催化剂，紫外光下模拟污染物亚甲基蓝溶液降解率达到83.5%。有学者在不同温度下采用高能球磨技术实现硫酸改性含钛高炉渣，制备含钛高炉渣催化剂，在紫外-可见光下对铬（Ⅵ）光催化还原，SO_4^{2-}的存在利于Cr（Ⅵ）的光催化还原，对改性含钛高炉渣催化剂低温煅烧后催化性能明显提高。

多元金属熔体高炉渣具有大量显热并能促进甲烷及焦油等低分子碳氢化合物的催化转化，童力利用干法离心粒化技术将液态炉渣制备成液-固过渡态的高温炉渣颗粒状的生物质汽化热载体，将低品位、$1200\ ℃$的液态炉渣余热转换成高品位的氢能，气化产物中焦油含量仅2.52%，富氢气体中H_2含量可达53.22%，气体产率达$1.65\ m^3/kg$。

7.2　高炉瓦斯灰（泥）的处理和利用

7.2.1　高炉瓦斯灰（泥）的来源和性质

7.2.1.1　瓦斯灰（泥）来源

高炉冶炼中产生的煤气（也称为瓦斯）是可以回收利用的二次资源，高炉煤气采用重力除尘器净化除尘得到干式粗粒粉尘称为瓦斯灰；经文氏管和洗涤塔中水喷淋吸附的细粒称为瓦斯泥，两者统称为瓦斯灰（泥）。

高炉冶炼产生的大量煤气一般采用干法或湿法进行除尘。干法除尘的煤气除尘系统其设备主要包括板式电除尘器、重力除尘器或布袋箱体；湿法除尘的煤气除尘系统其设备包括重力除尘器、电除尘器脱水器、洗涤塔等。采用这些不同形式的除尘设备，就得到了不同粒级的高炉瓦斯灰（泥）。

7.2.1.2 瓦斯灰（泥）的矿物组成及特点

高炉瓦斯灰（泥）主要矿物包括：磁铁矿（Fe_3O_4）在高炉瓦斯灰（泥）中很少出现单体颗粒，含量约1%，主要存在于假象赤铁矿颗粒中；假象赤铁矿（Fe_2O_3）在高炉瓦斯灰（泥）中含量为30%～40%，大多呈单体存在且为高炉瓦斯灰（泥）主要矿物成分，粒度多在0.02～0.10mm，其中部分假象赤铁矿颗粒中有少量磁铁矿存在；金属铁（MFe）呈单体出现且含量很少（约0.5%～1.0%）；碳含量粒度比铁矿物粗些，含量占15%～20%；铁酸钙含量占1%左右；锌主要以铁酸盐和氧化物固熔体的形式存在；铟存在形式主要为InO_3。

灰色粉末状瓦斯灰粒度较高炉瓦斯泥粗，瓦斯灰铁矿物以FeO为主，干燥且易流动，堆放、运输污染严重。瓦斯泥主要由铁氧化物、铁矿物、CaO、MgO、Al_2O_3、SiO_2、Pb、Bi、Zn等组成，呈黑色泥浆状，粒度较细且表面粗糙，有孔隙，呈不规则形状。瓦斯泥铁以Fe_3O_4和Fe_2O_3为主，含量一般为25%～45%，其颗粒小于75μm粒径的含量占50%～85%，其他化学成分的含量，随不同矿源、不同厂家而异。

高炉瓦斯灰（泥）有如下特点：粒小，质轻，干燥后极易飘散于大气中而污染环境；瓦斯灰（泥）是高温产物，晶格独特，分离较困难，与天然矿物表面性质完全不同。由于多种细粒矿物在高温下熔融在一起，并将脉石成分包裹其中，因此，有价金属回收率低，选矿难度较大；瓦斯灰（泥）中含有相当数量的稀土金属和碱金属，如CaO、MgO、Na_2O和K_2O等，遇水则很容易发生化合反应，产生具有腐蚀性的氢氧化物，腐蚀性强；含有的铜、铅、砷等有较大的毒性成分。

7.2.1.3 瓦斯灰（泥）的分类

高炉瓦斯灰（泥）产生量的成分及大小随工艺流程、原料条件、管理水平、装备的差异而不同，一般根据高炉瓦斯灰（泥）的物理状态、Zn含量、固定碳含量（FC）、全铁（TFe）含量、碱金属（$K_2O + Na_2O$）含量等对其进行分类。

A 全铁（TFe）含量

高炉瓦斯灰（泥）按全铁（TFe）含量可分为低含铁瓦斯灰（泥）（TFe＜30%）、中含铁瓦斯灰（泥）（TFe＝30%～50%）和高含铁瓦斯灰（泥）（TFe＞50%）。

B Zn含量

高炉瓦斯灰（泥）按Zn含量，可分为低锌瓦斯灰（泥）（Zn＜1%）、中低锌瓦斯灰（泥）（Zn＝1%～4%）、中锌瓦斯灰（泥）（Zn＝4%～8%）、中高锌瓦斯灰（泥）（Zn＝8%～20%）、高锌瓦斯灰（泥）（Zn＞20%）。Zn＜1%的瓦斯灰（泥）可直接用于烧结配料，Zn＞1%的含铁尘泥需进行脱锌处理后再返回冶金过程。

C 固定碳（FC）

高炉瓦斯灰（泥）按固定碳（FC）含量可分为低碳瓦斯灰（泥）（FC＜2%）、中碳瓦斯灰（泥）（FC＝2%～50%）和高碳瓦斯灰（泥）（FC＞50%）。

D 碱金属（$K_2O + Na_2O$）含量

高炉瓦斯灰（泥）按碱金属（$K_2O + Na_2O$）含量可分为低碱瓦斯灰（泥）（$K_2O + Na_2O ＜ 0.5\%$）、中碱瓦斯灰（泥）（$K_2O + Na_2O ＝ 0.5\% ～ 1\%$）和高碱瓦斯灰（泥）（$K_2O + Na_2O ＞ 1\%$）。

E　物理状态分类

瓦斯灰（泥）按物理状态可分为湿式污泥和干式除尘灰。干式除尘灰按处理设备及方法分为布袋灰、重力灰和环境灰等。

7.2.2　高炉瓦斯灰（泥）回收有价元素

7.2.2.1　从瓦斯灰（泥）中回收铁、碳

A　回收原理

瓦斯灰（泥）中含有大量的 Fe、Zn、C 等有价元素，对有价金属合理回收不仅保护环境，而且产生经济效益。目前回收铁、碳的基本原理如下：

（1）高炉瓦斯泥（灰）可采用返回烧结工序，但高炉粉尘粒度小于铁精矿，配入烧结后影响料层透气性，还会引起有害金属的富集。高炉瓦斯泥（灰）中的 Fe 主要以 Fe_3O_4 和 Fe_2O_3 形式存在，可采用磁选和重选等方法加以回收。

（2）高炉瓦斯泥（灰）中的 C 主要以焦炭的形式存在，因焦炭表面疏水而亲油，密度较小，因此，适合用浮选方法进行分离。

B　回收工艺

高炉瓦斯泥（灰）的回收根据工艺设置可分为单一回收工艺和联合回收工艺。

a　单一回收工艺

单一回收工艺只采用磁选、重选、浮选、反浮选中的一种方法进行回收。

（1）磁选工艺：该工艺仅采用单一的弱磁或强磁方法回收磁性铁，工艺简单，一般对磁性铁含量较高（大于25%）的含铁尘泥可采用该法，产物为含铁品位为48% ~ 60%的铁矿粉。但是该工艺无法回收磁-赤连生体、赤铁矿、硅酸盐胶结相中的磁铁矿，因此，其金属回收率较低（一般小于30%）。另外瓦斯泥粒度小、质量轻，因此，磁选过程中，非常容易出现"连桥"现象从而影响磁选作业正常进行。因此，在采用单一磁选（弱磁或强磁）方法时需要慎重考虑。

（2）重选工艺：该工艺是采用螺旋溜槽回收含铁尘泥中的磁铁矿和赤铁矿，产物为部分含铁品位为60%左右的铁精矿，但由于瓦斯泥粒径较细，因此，大部分细粒铁矿物无法回收，金属回收率约为30%。

（3）浮选工艺：该工艺常选用的药剂为水玻璃做抑制剂，2号油做起泡剂，煤油做捕收剂，利用浮选设备回收瓦斯泥中的碳。浮选可采用一段粗选/一段扫选/一段精选、一段粗选/一段扫选/二段精选、一段粗选/二段精选等工艺。浮选法可回收60%左右固定碳且浮选碳中其他金属很少。

（4）反浮选工艺：该工艺使用六偏磷酸钠等混合试剂的选择性强化石英、硅酸盐矿物和磁铁矿等的可浮性差异，将含铁尘泥中的铁矿物分选出来。单一反浮选工艺的铁精矿的品位一般小于60%，金属回收率可达80%。

b　联合回收工艺

联合回收工艺是将两种或两种以上单一回收工艺组合使用的工艺，是钢铁企业常用的方法，常用的联合回收工艺有：浮选—重选工艺、粗磨—弱磁—强磁—反浮选工艺、弱磁选—强磁选（全磁选）工艺、磨矿—磁选—重选—浮选工艺、重选—反浮选—磁选工艺

等，达到高效回收资源的目的。

（1）重选—反浮选—磁选联合工艺：该工艺流程如图 7-36 所示。采用该工艺金属回收率达 55%，可得品位为 60% 的合格精矿，精矿产率达 40%。

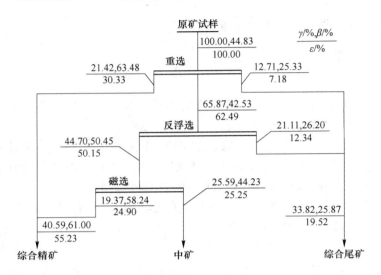

图 7-36   重选—反浮选—磁选联合工艺流程图

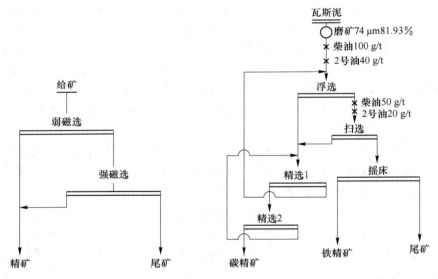

图 7-37   弱磁选—强磁选处理瓦斯泥流程   图 7-38   瓦斯泥选矿流程

（2）弱磁选—强磁选工艺：该流程如图 7-37 所示，工艺指标稳定，不仅投资省且好操作，而且可降低锌含量，产物完全符合冶金行业烧结原料中锌含量≤0.1% 的标准，满足高炉冶炼要求，如配入烧结原料中使用。选择弱磁选—强磁选方案进行连选试验，采用永磁机为磁选设备，可以获得品位 52% 以上铁精矿，工艺产率 53% 以上。

（3）一粗、一扫、两精、中矿循序返回工艺：采用一粗、一扫、两精、中矿循序返回工艺从瓦斯泥中回收 Fe 和 C 的流程如图 7-38 所示。柴油为浮选捕收剂，粗选 100 g/t，扫选 50 g/t；起泡剂松醇油，粗选 40 g/t，扫选 20 g/t，可得碳精矿回收率 58%，品位 72%。浮选尾矿用摇床回收铁，可得回收率 46% 的铁精矿，其品位 61%。该流程操作灵活，并且采用摇床回收铁，生产时可以根据企业需要截取不同铁品位的产品，使瓦斯泥得到较好的综合利用。

（4）还原焙烧—磁选工艺：采用还原焙烧—磁选工艺回收高炉尘泥中的 Fe，工艺流程如图 7-39 所示，主要实验装置有不锈钢密闭脱锌反应器、可控温 $MoSi_2$ 高温电炉一套和锌回收系统一套。选用弱磁选工艺提高磁选获得富铁矿的铁品位，在还原 60 min、还原温度 1373.2 K 时获得的还原矿，在 150～180 mT 的弱磁场条件下磁选。

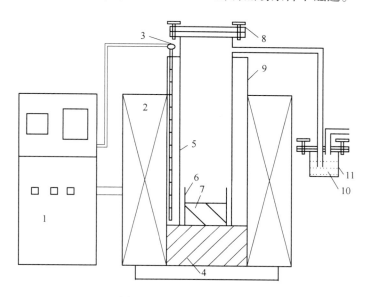

图 7-39　实验装置示意图

1—温度控制器；2—$MoSi_2$ 高温电炉；3—热电偶；4—底架；5—不锈钢反应坩埚；

6—坩埚；7—高炉污泥；8—密封罩；9—刚玉管；10—吸收液；11—吸附罐

（5）浮选脱碳—脱泥—反浮选脱硅工艺：该流程所采用的浮选装置为特制的槽型气升式微泡浮选柱，其便于操作维修、设计新颖且分离效果好。采用浮选脱碳—脱泥—反浮选脱硅的工艺处理微细粒高炉瓦斯泥，流程简单实用便于实施，投资较低且成本低。最终获得碳精矿碳含量 65%，铁精矿品位 56%，附带另一种矿产品，三种分选产品都能回收利用。采用的浮选装置为特制的槽型气升式浮选柱，其截面示意图如图 7-40 所示。

（6）浮选—重选联合工艺：该工艺操作简单，药剂品种用量少，对铁的富集回收效果较好，生产成本低。该生产线工艺数质量流程如图 7-41 所示。

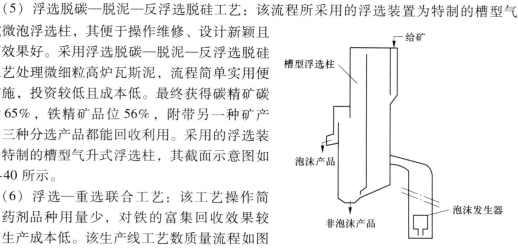

图 7-40　槽型浮选柱示意图

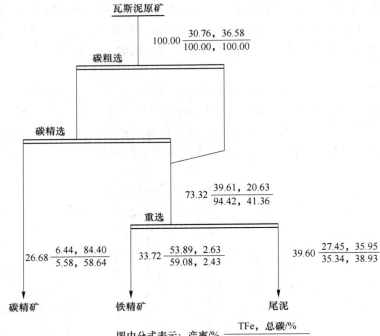

图中分式表示：产率/% $\dfrac{TFe，总碳/\%}{铁收率，碳收率/\%}$

图 7-41   工艺数质量流程

（7）磨矿—磁选—重选—浮选工艺：该工艺主要用于处理高炉瓦斯灰（泥），可以获得全铁回收率为 53% ~61%，且全铁含量大于 61% 的铁精矿、碳回收率大于 88%，且碳含量大于 75% 的碳精矿。其工艺流程如图 7-42 所示。

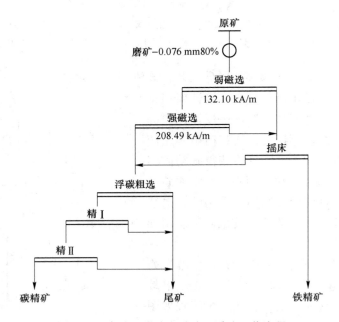

图 7-42   磨矿—磁选—重选—浮选工艺流程

（8）细磨—弱磁选工艺：该工艺流程用于处理瓦斯灰，可选出品位 62.3% 的铁精矿，产率 34.0%，回收率 52.97%，杂质 F 0.21%，$K_2O + Na_2O$ 0.22%，其选矿比 2.9：1。其工艺试验数质量流程如图 7-43 所示。

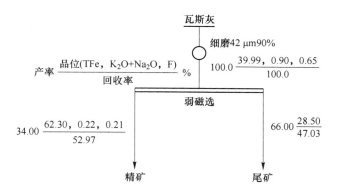

图 7-43　细磨—弱磁选工艺试验数质量流程

（9）重选—反浮选工艺：选择螺旋流槽重选和反浮选来回收铁。最先采用重选进行一次粗选、两次精选，此外，还需要对两次精选尾矿再选，以提高铁精矿的回收率和品位；其次，对螺旋流槽重选所获粗铁精矿采用一道反浮选以降低铁精矿中 ZnO 的含量。工艺流程如图 7-44 所示。

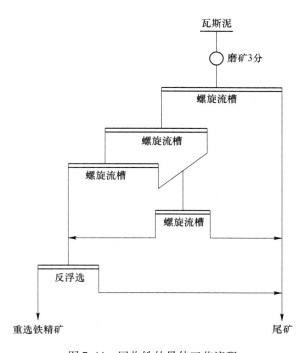

图 7-44　回收铁的最佳工艺流程

通过最佳工艺流程，即重选—反浮选联合流程回收高炉瓦斯泥中的铁矿物，可使瓦斯泥中铁的回收率达到 49.24%，品位由 29.70% 上升到 47.20%，其中仅含锌 2.89%，即有效降低了铁精矿中锌的含量，满足炼铁原料中锌含量的要求。该工艺流程的两大优点是：采用螺旋流槽进行重选，操作简单，流槽能耗小，易于控制、污染小；采用了经济合理的浮选药剂制度，大大降低了精矿中锌的含量，同时也降低了选矿成本，有利于尾矿中锌的回收。

该方法可以较好地回收利用高炉瓦斯泥中的铁矿物，并有效地使氧化锌集中到尾矿中，为后续锌的回收创造良好的前提条件。

7.2.2.2 从含锌瓦斯泥中回收锌

从含锌瓦斯泥中锌回收技术可分为物理法、湿法、火法和化学萃取等，也可以将这几种方法联合运用。

A 物理法

锌主要存在于较细颗粒瓦斯泥内，因含铁颗粒和含锌化合物颗粒表面性质和密度差异，通过物理方法可以达到细颗粒聚集，主要借助磁选、重选、浮选、水力旋流分级以及这几种手段的联合使用。磁选可以实现富含铁的强磁性颗粒与富集锌的磁性较弱的细颗粒分离，但当用于高炉粉尘时，需要借助浮选除碳工艺进一步提高磁性分离的效率。分级法则是利用离心分级较细颗粒从而使锌富集，通过离心分级使含锌二次物料分成含锌高的细颗粒和含锌低的粗颗粒，细颗粒进一步分离提纯锌，而粗颗粒直接返回炼铁系统。物理法处理目前最常用的工艺为机械分离法和磁性分离法两种。

（1）机械分离按分离状态又可分为干式分离和湿式分离。机械分离的原理是利用锌富集于磁性较弱和粒度较小的粒子特性，采用离心或磁选的方式富集锌元素。常用的机械分离方法有水力旋流脱锌工艺、浮选—重选工艺等。机械分离除工艺简单易行外，对处理后的粗粉还可以直接用于炼铁，但该法的富锌产品的锌含量过低，操作费较高，价值较小。

与高温还原脱锌法相比，含锌瓦斯泥湿式旋流脱锌技术具有如下特点：湿式操作，无粉尘污染；工艺简单，能耗低；物理分离无化学反应，无二次污染；设备简单，投资费用少，占用空间小，运行可靠；分离出的低锌泥不用进一步干燥便可使用；系统用水可循环使用；脱锌率较低。

（2）常用磁性分离方法有弱磁选—强磁选联合工艺。当磁性分离方法用于含锌瓦斯泥时，需要借助浮选除碳工艺提高磁性分离的效率。磁性分离工艺较简单易行，但主要缺点是锌的富集率较低。

中低锌（Zn = 1% ~ 4%）瓦斯泥适合选用物理法，一般物理法仅作为火法或湿法工艺的预处理工艺，经过物理法处理后可以得到低锌含铁尘泥和高锌含铁尘泥两类物质，低锌泥则回用于烧结生产工序，而高锌泥用作深度提锌原料。

B 湿法

氧化锌是一种两性氧化物，不溶于水或乙醇，但可溶于酸、氢氧化钠或氯化铵等溶液中。湿法回收技术就是利用氧化锌的这种性质，采用不同的浸出剂，选择性地将锌从混合物中分离出来，再对浸出液中的锌进行提纯、分离、回收，应用广泛且效果好，高锌量高炉粉尘直接采用湿法流程，适用于处理锌含量大于8%的中高锌瓦斯泥，而低锌量粉尘则需物理方法富集后才可使用湿法工艺。工艺流程如图7-45所示，主要包括浸出、净化、沉积和电解。工艺能耗低、设备投资少，但也容易造成设备腐蚀、工作环境差且生产效率低。湿法处理根据选择的浸出液不同，湿法处理工艺又可分为酸浸、碱浸和焙烧 + 碱浸等方法。

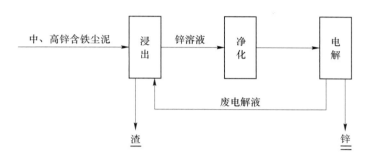

图 7-45　湿法处理中高锌含铁尘泥工艺流程

（1）酸浸。酸浸常用 H_2SO_4、HCl 或 HNO_3 等酸溶液对粉尘浸出，后经过净化、沉积和电解，除去杂质或回收有价金属。在常温常压下，中、高锌含铁瓦斯泥中锌的化合物（主要是铁酸锌和氧化锌）在酸液中被浸出，浸出反应如下：

$$ZnO + 2H^+ \longrightarrow Zn^{2+} + H_2O$$

酸浸有强酸浸出（盐酸浸出、硫酸浸出）和弱酸浸出，提高浸出液的酸度可提高锌的浸出率，所以高温强酸浸出可使锌的浸出率达到最大，但是大量的铁也容易被酸浸后进入溶液，从而加重后续工艺中除铁负担，不仅降低生产率，而且增加了能耗，同时尘泥中的杂质也被浸出，并在电解过程中与锌同时析出，杂质析出后会降低锌产品的纯度。弱酸浸出一般通过改善外部条件使浸出后溶液中氧化锌的溶解度降低，使其结晶析出，因此，可得到较高品位的氧化锌。弱酸浸出虽然没有使用高能耗的电解工艺，但锌的浸出率较强酸低。如 HCl 浸出时浸出液中铁元素可以用来制 $FeCl_3$（作化工原料或净水剂），将过滤后滤渣煅烧氧化得到副产品氧化铁红。典型的酸法流程如图 7-46 所示。

（2）碱浸。碱浸可分为弱碱浸出和强碱浸出，常用 NaOH、NH_4HCO_3 或 NH_4OH，弱碱浸出条件下，常压下锌的浸出速率较快且浸出剂再生容易，最终得到的氧化锌品位较高，对设备的腐蚀较轻，避免了大量铁的浸出。但当尘泥中含有较多的铁酸锌时，锌浸出率仅为 60% 左右，浸出效果差，适合处理含碱性脉石多的矿物。相较于酸浸，碱浸需要更多高浓度的氢氧化钠，浸出剂的消耗量明显高于酸浸，浸出温度较高，对设备的腐蚀相对较轻。同时，硫化锌和铁酸锌等难溶含锌物质在碱浸中基本不被浸出，严重制约了锌的浸出率。

（3）焙烧 + 碱浸。由于含锌瓦斯泥中存在部分尖晶石型晶格的铁酸锌，铁酸锌的晶格结构比氧化锌坚固得多，在强碱和强酸中均难以溶解，铁酸锌是湿法处理工艺中锌浸出率降低的问题所在。由于碱浸一般不考虑除铁，因此，在碱性浸出前补加焙烧工艺使铁酸锌在焙烧时转化成可被浸出的锌的化合物，锌的浸出率可大大提高（可达 90%）。反应如下：

焙烧：　　　　$$ZnFe_2O_4 + 2NaOH \longrightarrow Na_2ZnO_2 + Fe_2O_3 + H_2O \qquad (7-1)$$

浸出：　　　　$$Na_2ZnO_2 \Longrightarrow 2Na^+ + ZnO_2^{2-} \qquad (7-2)$$

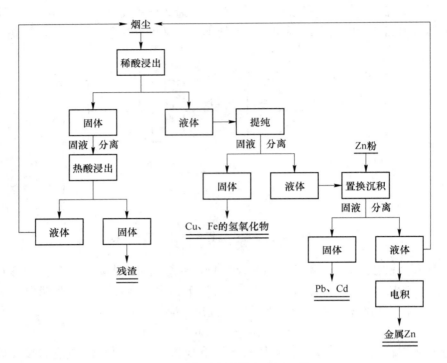

图 7-46　典型含锌粉尘酸浸工艺

$$ZnO + 2\left[OH\right]^- \Longrightarrow ZnO^{2-} + H_2O \qquad (7\text{-}3)$$

某公司进行了高炉含锌瓦斯泥渣制取活性氧化锌的研究。对含锌渣采用 3~4 次富集浸出，即加 H_2SO_4 浸含 Zn 渣为一次浸出，用一次浸出液浸含 Zn 渣为二次富集浸出，二次浸出液浸含 Zn 渣为三次富集浸出。净化时，在浸出液中加入适量的 $(NH_4)_2S_2O_6$ 除去 Fe、Mn 等杂质，然后，再用 Zn 粉置换除去其中的 Cu、F。碳化合成是在净化合格的硫酸锌溶液中加入适量的碳酸铵或碳酸氢铵溶液进行结晶沉淀碳酸锌。经过滤洗涤，干燥后转入马弗炉锻烧后得到产物活性氧化锌。

张金保将钢铁厂的炼钢转炉（或电炉）和高炉瓦斯灰的烟尘经预处理后送入高压釜中，用饱和 CO_2 水溶液在一定的压力和温度下进行 Zn 的浸出回收。经过充分浸出反应，从高压釜送出过滤后的浸出液，除溶有碱式碳酸锌之外，还可能溶有部分铅、铜、铬、铁等杂质元素，可通过用 Zn 粉置换的方法将部分杂质元素从溶液中置换出来。随后溶液被送入蒸汽蒸馏处理，溶液中的低价铁均被氧化为高价铁，高价铁经水解后均从溶液中沉淀出来，后续通过及时过滤的办法除去溶液中的 Fe 杂质。除铁滤液继续用蒸汽蒸馏，蒸汽带入的热量使碳酸锌分解为氧化锌沉淀并释放出 CO_2。

陆凤英等针对某公司瓦斯泥含铁 20%~30%，氧化锌 10%~25%，碳 25%~30%，选择 NH_3-NH_4HCO_3 法来制备活性氧化锌。用 NH_3-NH_4HCO_3 溶液浸出，使锌形成锌氨络离子溶解于浸出液中，反应式为：$ZnO + 3NH_3 + NH_4HCO_3 \rightarrow Zn(NH_3)_4CO_3 + H_2O$。

溶液经净化除杂后，脱氨得碱式碳酸锌沉淀，经洗涤、干燥、灼烧即得产品活性氧化锌。该方法具有原材料消耗低、浸出液可返回利用，废液排放量少，产品质量好等优点。

此外，湿法工艺有以下缺点：

（1）当含锌瓦斯泥中铁酸锌含量较高时，浸渣中锌含量较高，锌的浸出率低，因此，满足不了环保提出的堆放要求，也无法作为原料在钢铁厂循环利用；

（2）浸出剂消耗较多，单元操作过多，成本较高；

（3）大多数操作条件较恶劣，设备腐蚀严重，处理过程中引入的硫、氯等易造成新的污染；

（4）效率较低，对原料要求较高。

C　火法

火法工艺一般在高温炉中加入合适的还原剂并利用锌易挥发的特性，将锌的氧化物还原成锌单质，并在高温下锌以气态形式进入烟尘，在收尘装置中锌被再次氧化为氧化锌，从而获得高品质氧化锌。火法锌回收基本原理可用下述主要化学反应表示：

$$C + O_2 \longrightarrow CO_2 \tag{7-4}$$

$$2C + O_2 \longrightarrow 2CO \tag{7-5}$$

$$ZnO + CO \longrightarrow Zn(g) + CO_2 \tag{7-6}$$

$$CO_2 + C \longrightarrow 2CO \tag{7-7}$$

$$2Zn + O_2 \longrightarrow 2ZnO \tag{7-8}$$

火法处理冶金含锌尘泥的主要工艺有如下两类：

（1）熔融还原法：Z-Star 竖炉熔融还原法（日本川崎）、火焰反应炉还原法（美国）、Romelt 法（俄罗斯和日本新日铁）、等离子法（瑞典）等。熔融还原法较多适用于锌含量大于 30% 的冶金尘泥。我国钢铁厂产出的含铁尘泥锌含量一般在 8% 以下，绝大部分属于低锌尘泥，受成本影响，多采用直接还原火法工艺处理。德国蒂森-克虏伯公司开发的OxyCup 工艺是目前处理钢铁尘泥的代表工艺之一，其工艺流程如图 7-47 所示，可处理含锌粉尘等细颗粒废物，产品铁水经预处理后可用于转炉炼钢，但入炉废物需压块处理得到自还原压块，充分养护后入竖炉，1000 ℃铁氧化物开始还原，1400 ℃形成海绵铁并出现铁、渣融化，经虹吸系统流出竖炉，粉尘中的绝大部分碱性物质和全部锌会在过滤器内聚集、凝结并顺洗涤塔留下从而回收，产生高热煤气、富锌粉尘等副产品。

（2）直接还原法：回转窑法（Waelz 法，日本 SDR 和 SPM 法）、转底炉法、循环流化床法（CFB 法）等。因为锌沸点较低，因此，在高温还原条件下锌的氧化物很容易被还原并气化挥发成金属蒸汽，Zn 蒸汽随着烟气一起排出，达到锌与固相分离的目的，但是在气相中，锌蒸汽又很容易被氧化，最终形成锌的氧化物颗粒，最后随烟尘一起在烟气处理系统中被收集。此外，还有烧结、球团和炼钢处理等。烧结原料配入各种粉尘后在烧结机上烧结，但要控制粉尘配入量以减少对烧结机的影响，工艺简单，但运输过程容易造成污染，烧结过程不能除锌，而且容易出现碱金属富集。高炉粉尘与石灰、黏结剂混合且充分搅拌后造球入高炉，采用氧化球团法和冷固结球团法，球团处理可改善料层透气性、提高操作的稳定性。碳搭配低品位含锌粉尘喷吹返回转炉或电炉中，高温作用下，氧化锌被还原成金属锌气化入收尘系统。此外，高炉粉尘中少量的 CaO 和 FeO，在炼钢炉内可替代部分废钢且具有造渣作用，并起冷却剂的作用，但受限于影响熔渣的成分。国内钢铁企业常用的火法工艺如下。

1）回转窑法。回转窑法一般从钢铁厂废料中分离 Zn，此外同时回收含铁料，工艺流

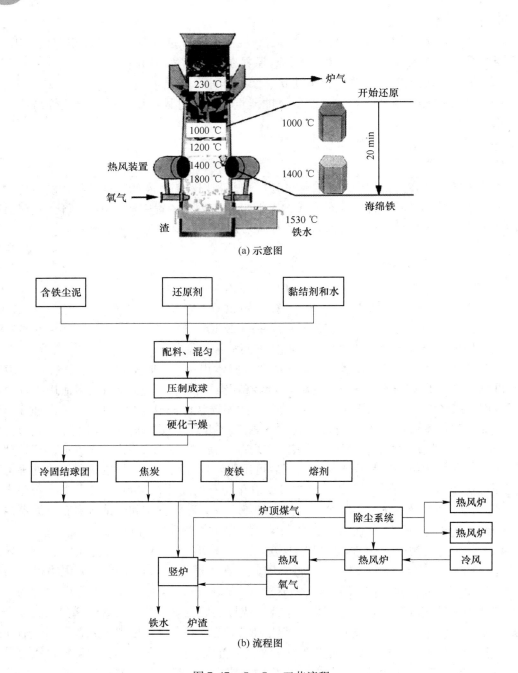

图 7-47　OxyCup 工艺流程

程为，将钢铁厂内各种来源的废料预处理后同还原剂混合送入还原窑，窑内炉料被加热装置加热至一定温度后废料内锌和铁的氧化物被还原，随后 Zn 在窑温下蒸发并随烟气一起排出，排出烟气经收集装置富集锌。直接还原铁产品排入回转冷却器内并用大量的水急冷，然后使用 7 mm 筛孔的筛子进行筛分，小于 7 mm 的送往烧结厂，大于 7 mm 的直接还原铁送至高炉，其工艺流程图如图 7-48 所示。

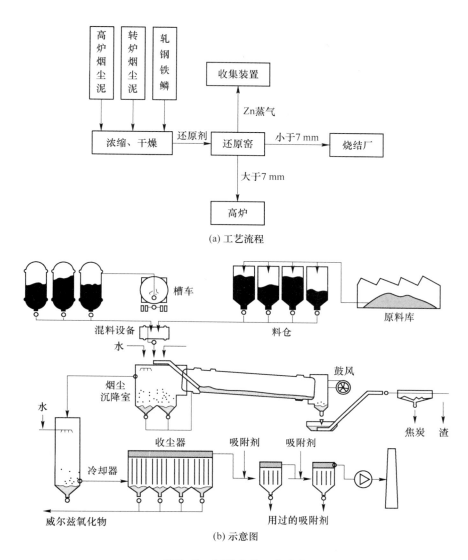

(a) 工艺流程

(b) 示意图

图 7-48 回转窑法工艺流程

回转窑法工艺不需造球，还原出的 7 mm 以上产品（30%）可直接作为高炉原料使用，而小于 7 mm 的粉末（70%）须重新烧结，还原炉内金属化率为 75%，因此，生产效率较低，产品质量差。另外，该工艺设备投资大、成本较高，高温时较易发生结圈，降低温度可减少结圈现象，但锌的回收率降低。

2）转底炉法。转底炉法是将炭粉、含铁尘泥和黏结剂混合造球，经过还原焙烧、处理烟气、成品回收和处理。生球经烘干后置于转底炉内并随转底炉转动而被加热，至 1100 ℃左右时氧化锌被还原，还原出的锌蒸发后随烟气一起排出，经冷却系统时被氧化成细小的固体颗粒而沉积在除尘器内，还原得到的铁可以返回高炉重新利用，其工艺流程如图 7-49 所示。宝钢转底炉 2019 年 12 月投入使用，用于处理含锌粉尘，工艺如图 7-50 所示，将高炉二次灰、出铁场灰等各种含铁粉尘、消解后的电炉灰、配加 CDQ 粉和黏结剂通过气力罐车送至配料仓，按比例混匀后经压球机压球，筛分后布到转底炉环形炉床上，筛下物返回强混合机重新混合，约 20～30 min，借助转底炉炉内高温和球团中的碳发生还原反应，氧化铁大部分还原成为金属铁，同时氧化锌还原为锌进入烟气中再次氧化成氧化锌粉末沉降而被回收。

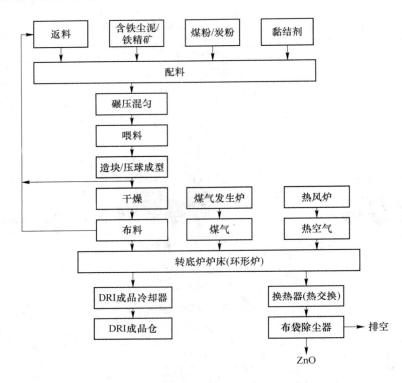

图 7-49　转底炉工艺流程

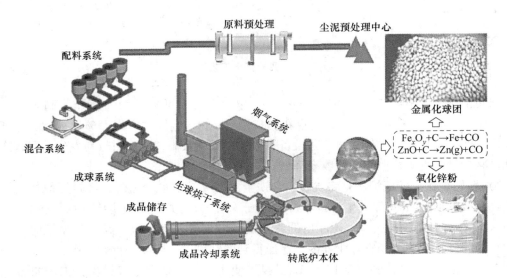

图 7-50　宝钢转底炉工艺流程

3）循环流化床法。通过控制温度和气氛，利用流化床的良好气体动力学条件将锌还原挥发，同时抑制氧化铁的还原，从而使处理过程的能耗降低，其流程如图 7-51 所示。

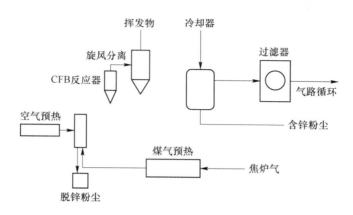

图 7-51　循环流化床法处理含锌粉

当冶金含锌尘泥采用循环流化床法处理时，由于尘泥很细，因此，还原挥发出的锌纯度较低，流化床的操作状态难以控制。低温虽可避免炉料黏结但却使生产效率降低了。

4）转炉高温红渣法。宝钢自主开发研究转炉高温红渣法处理高锌含铁尘泥，将含锌含铁尘泥配加一定量碳制成自还原含碳团块，并将自还原含碳团块预先铺放在钢渣罐中，在出渣过程中让其与兑入的 1600 ℃以上高温红渣混合，高温红渣的显热被用来加热尘泥团块，在运输过程中团块继续被加热至 1300 ℃以上并保持 20～30 min，尘泥团块中的氧化铁被还原为粒铁并进入红渣中。然后，再采用滚筒-热闷罐法或钢铁厂现有的钢渣处理设备及磁选机将钢渣与粒铁分离。同时尘泥团块中的氧化锌被还原挥发得到高锌烟气，高锌烟气通过出渣跨的收尘设备进一步回收，最终作为锌精矿副产品出售。图 7-52 是转炉高温红渣法的工艺流程示意图。

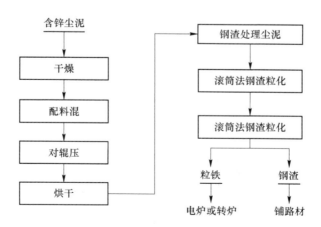

图 7-52　转炉高温红渣法工艺流程

转炉高温红渣法虽回收部分铁资源并具有一定脱锌效果，但消耗了转炉渣的显热，从而在转炉渣后续的资源化利用中带来一定的困难。此外，整个工艺过程中，钢渣本身显热不能保证反应充分进行，加之脱锌反应动力学条件不好，使工艺流程长，工艺操作较难控制，生产成本较高。为充分利用炉渣显热，一种直接还原蒸馏的方法韦氏炉法用于回收氧化锌，将瓦斯泥配加适当的黏合剂与还原剂（煤粉），破碎压制成团，干燥后送韦氏炉还原蒸馏，一般在入炉前需要在炉内预先铺无烟块煤作燃料加热炉子，使炉温达到 1000 ~ 1500 ℃，配加的煤粉既作还原剂，又作燃料，韦氏炉还原蒸馏出的锌蒸气在氧化室发生剧烈的氧化反应并放出大量热量（温度高达 1300 ℃），含有氧化锌的高温烟气经冷却收尘后得到氧化锌粉末。

直接还原工艺处理粉尘范围广且处理量大，污染小，资源回收利用充分，但也存在着设备和工艺复杂，初期投资大等缺点。我国钢铁厂产出的瓦斯尘泥一般为中、低锌尘泥（锌含量一般在 8% 以下），考虑到成本因素，在处理国内含锌尘泥时多采用火法工艺的直接还原法。

D　化学萃取法

张样富研究氯化铵溶液与瓦斯灰（泥）在一定条件下生成稳定的络合物试验，称取一定量的含锌瓦斯灰（泥）和氯化铵，并加入一定量的水后置于恒温萃取槽中，控制温度在 50 ~ 150 ℃，并进行搅拌，反应 0.15 ~ 1.50 h 后及时抽滤，将萃取液冷却至室温即得结晶二氯化二氨合锌。其化学反应方程式如下：

$$ZnO + 2NH_4Cl + H_2O \longrightarrow [Zn(NH_3)_2]Cl_2 + 2H_2O \tag{7-9}$$

将其置于水解槽中加入一定量的水，并调节 pH 值，锌粉置换除杂，氧化水解除铁，可获得纯净的锌氨溶液。在纯净的锌氨溶液中加入一定量的碳铵，反应得到氯化铵溶液和碱式碳酸锌 $[ZnCO_3 \cdot 2Zn(OH)_2 \cdot 2H_2O]$ 沉淀，蒸发浓缩氯化铵溶液得氯化铵固体并可以循环使用，将沉淀置于 500 ~ 800 ℃ 的炉中加热分解则得到活性氧化锌（ZnO 含量为 99.5%），此法萃取率可达 85%。

E　微波法

微波是绿色环保清洁能源，微波加热根据物料自身的介电性质产生热量，具有加热速度快、加热选择性好、加热均匀等优点。尘泥中锌和铁均以其氧化物的形式存在，Fe_2O_3 和 Fe_3O_4 均具有较强的微波吸收能力。因此，在微波条件下，含锌含铁尘泥中加入炭粉和辅助材料的工艺类似于微波加热碳热还原，尘泥具有很好的微波吸收能力可以及时补偿反应所消耗的热量使物料快速升温，促进反应快速进行。日本 Koki Nishioka、美国的 Martin 等也曾提出采用微波处理含锌含铁尘泥。目前微波处理技术还处于实验室研究阶段，未来需加强矿物与微波作用机理研究和大型设备研发实现规模化工业应用。

F　联合法

根据含铁尘泥化学、物理特性，将上述多种方法组合并实现综合运用，寻求最佳的试验流程并取得较好试验效果，回收率高，但缺点是流程长，成本高。某企业针对高炉瓦斯泥含锌量低的特点，采用"火法富集-湿法提纯"技术处理瓦斯泥（灰），利用回转窑工艺富集氧化锌，后采用湿法对其提纯。首先回转窑内将氧化锌富集到 [ZnO] ≥60%，然后采用酸浸处理，经过净化过滤、碳化过滤、烘干热解制备超微碳酸锌，然后热解后得到超微氧化锌在内的氧化锌系列产品，获得了较好的社会效益、环保效益和经济效益。

图 7-53 为高炉瓦斯泥（灰）的六道工序集成处理工艺，瓦斯泥（灰）通过回转窑高

温还原烟化法产出富集了氯和有色金属的氧化锌粉；回转窑窑渣经联合选矿得到铁精矿、炭精粉和建材辅料；含高氯的锌氧粉经浸出、脱氯、净化、电解得到精锌锭；提锌浸出渣经酸浸、萃取、置换、电解得到高纯铟锭；提铟残渣经氯化浸出、置换、碱熔产出金属铋锭；提铋残渣经过高温还原熔炼、精炼产出得到精铅锭和富锡渣。

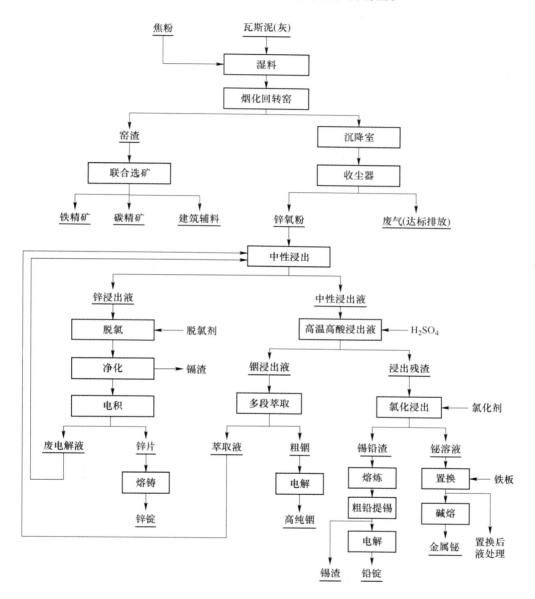

图 7-53 瓦斯灰（泥）综合回收利用工艺流程图

该瓦斯泥（灰）联合处理工艺的特点是：经过火法挥发富集、窑渣联合选矿、湿法提锌、提锌残渣湿法提铟、提铟残渣湿法提铋、终渣火法熔炼实现铅、锡分离等六道工序后，得到的产品种类丰富高达五类九种；使用技术工艺复杂，包括三套湿法冶金工艺、两套火法冶金工艺、一套联合联矿工艺；各工艺基本上均采用适用、成熟、常规的工业设备进行合理必要的组合及改进。闭路循环的一系列工艺中，仅有火法工序不可避免地排放烟气（达标）外，其余工艺无固废、废水的产出与排放。

7.2.3　高炉瓦斯灰（泥）的资源化及利用技术

钢铁企业瓦斯灰（泥）的数量和成分随着原料、生产工艺、操作等因素的差异有着较大的差别。我国钢铁企业瓦斯灰（泥）主要还是以中低锌、中含碳和中低含铁为主，但是大部分瓦斯灰（泥）锌含量相对较高时，直接循环势必将影响高炉生产，故不能直接利用。

7.2.3.1　瓦斯灰（泥）的利用方法

A　企业内部直接回收利用

将高炉瓦斯灰（泥）作为球团矿原料、烧结配料等在钢铁企业内部生产工艺上直接回收利用。由于高炉瓦斯灰（泥）含有有害杂质且品位差别较大，长期直接循环使用会造成有害杂质（主要为锌）含量提高和烧结矿铁品位降低，导致高炉利用系数和炉衬寿命的降低。内部直接回收利用时应严格控制瓦斯灰（泥）中有害杂质的含量，常用的内部直接回收利用方式有：

（1）瓦斯灰（泥）直接用于烧结工艺（混合法、冷固球团法、喷浆法）；

（2）瓦斯灰（泥）经磁选、重选等联合加工处理后返烧结工艺；

（3）高锌和高碱瓦斯灰（泥）脱锌脱碱处理—混匀均化—造粒返烧结工艺。

（4）瓦斯灰（泥）与多种干料混辗后压球，直接经冷压成型或进入炉窑中焙烧，用作炼钢造渣剂，有效起到化渣和降温作用，可避免有害重金属或碱金属对高炉寿命的影响。但球团返回炼钢质量不稳定，二次扬尘导致作业环境差，强度差，废钢加入量等问题也制约着其用量。

B　企业外部集中处置

将杂质含量高、含铁品位较低的瓦斯灰（泥）直接委托外单位集中处理，可以回收有价值的元素（如锌、铁等）。通过优化产业布局，在具有固体废弃物集中处理条件的地区建立钢铁工业循环经济工业园，在工业园内集中加工处理含铁尘泥等固体废弃物，实现了将钢铁生产的废弃物加工成满足钢铁生产原料质量要求的产品，使有用物质在钢铁工业内部循环利用。另外，将危害钢铁生产的物质分离出来，变废为宝，将其用于其他相关工业生产的原料，实现物质在其他相关工业与钢铁工业之间的循环利用，最终达到固废资源100%利用，真正体现循环经济的理念。

7.2.3.2　主要处理流程及特点

高炉烟尘一般在国内外大部分钢铁企业内部作为二次资源在厂内循环利用，结合国内外的研究现状，依据高炉烟尘中的锌的流向将高炉烟尘的利用流程分为三种：闭路循环流程、半闭路循环流程、全开路循环流程。

A　闭路循环流程

闭路循环流程是将未处理的含锌粉尘直接配入烧结、球团工序，可根据高炉瓦斯灰（泥）是否作为冷却剂应用于转炉炼钢，分为小的闭路循环和大的闭路循环。大的闭路循环流程如图 7-54 所示，小的闭路循环流程如图 7-55 所示。

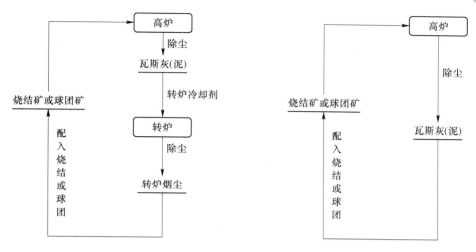

图 7-54　大的闭路循环流程　　　　　图 7-55　小的闭路循环流程

两种闭路循环中均没有对高炉瓦斯灰（泥）进行处理而是直接应用。综合分析，如果将高炉瓦斯灰（泥）或转炉烟尘直接配入球团或烧结混合料中，由于转炉烟尘和瓦斯灰（泥）中铁的品位比较低（一般在 35% 左右），长期直接使用会造成球团矿或烧结矿品位降低，有害杂质的含量不断增高，还有粒度、水分的不稳定会导致高炉炉况恶化，能耗升高，焦比升高，高炉利用系数降低，高炉寿命受到影响。

B　半闭路循环流程

半闭路循环流程是将高炉瓦斯灰（泥）去除大量锌后，按照一定的比例直接用于烧结或球团工艺，然后用于高炉冶炼，脱出锌矿物可以作为二次资源外售或自用。半闭路循环流程可分两种，一种是将高锌高炉瓦斯灰（泥）除锌后转为低锌瓦斯灰（泥）用于循环使用，如图 7-56 所示；另一种是从高炉瓦斯灰（泥）选出铁精矿后再用于循环，如图 7-57 所示。

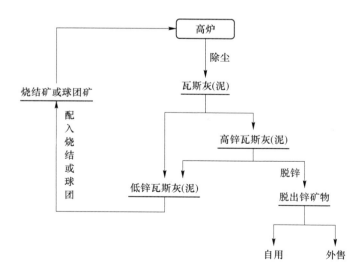

图 7-56　直接脱锌半闭路循环流程

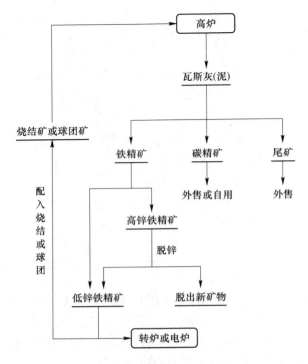

图 7-57　分选铁精矿半闭路循环流程

此种循环流程减轻了高炉冶炼中锌的影响，常以物理法工艺为主，有水力旋流分离和磁性分离。但缺点是锌脱除率较低，常作为湿法或火法工艺的预处理工艺。

C　全开路循环流程

全开路循环是将高炉瓦斯灰（泥）经过处理后加入脱锌率很高的还原脱锌处理装置，实现锌与粉尘的分离，得到脱锌炉料和锌产品，生产出块铁或金属化球团直接用于转炉炼钢或高炉炼铁工艺，而脱出的含锌粉尘继续作为二次资源利用。以火法工艺和湿法工艺为主，全开路循环流程如图 7-58 所示。

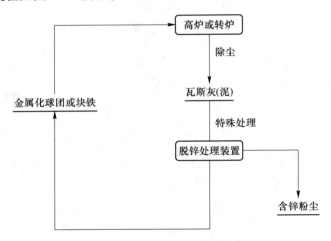

图 7-58　全开路循环流程

7.2.3.3　瓦斯灰（泥）处理情况

瓦斯灰（泥）不管造成小球配入烧结料还是作为原料直接配入，都存在无法脱除有色金属和配料困难等问题；造块返回炼铁工艺时，存在建厂投资大、造块工艺复杂等问题；铁品位较高时瓦斯灰（泥）才可以满足返回炼钢要求，而且部分含铁低的尘泥也存在无法利用等问题。含铁尘泥的企业内部利用途径及其优缺点如表7-9所示。

表7-9　瓦斯灰（泥）的企业内部利用途径及其优缺点

处置方法	应用涉及循环流程	优　点	缺　点
烧结处理	小的闭路循环流程、半闭路循环流程	可利用现有烧结机设备，处理尘泥量大且品质多，企业无需额外大量投资，还可以配入一定量低品位粉尘	运输和收集过程中污染环境，增加配料困难，不仅混合料的均匀度降低，烧结矿质量产量也降低，此外有害元素铅、锌、钾和钠循环富集，影响高炉寿命和生产
球团处理	小的闭路循环流程、半闭路循环流程	能利用现有链算机回转窑或竖炉，无需大量投入，能配入粒度极细的粉尘，用于炼钢、转炉的冷却剂	处理量受到限制，有害元素富集，粒度较粗的粉尘无法处理，对高炉生产带来危害
直接还原处理	全开路循环流程	所有的含铁尘泥均能处理，可以有效利用尘泥中的碳，去除尘泥中的铅、锌、钾和钠等有害元素，锌等元素得到回收，显著降低钢铁联合企业中碱金属及锌负荷，改善高炉炉料结构	需要专门的直接还原设备，初期投资大，生产的海绵铁或金属化球团需要有合适的金属化率和一定的机械强度
炼钢处理	大的闭路循环流程	充分利用粉尘中的 CaO 和 FeO，代替部分冷却剂和造渣剂，对粉尘强度要求不高，成本降低	对高碳、低品位粉尘、高碱金属粉尘等很难使用，加入过程中产生大量二次粉尘，作业环境恶劣

我国钢铁企业高炉瓦斯泥（灰）通常是作为建筑材料或烧结配料的原料，如混凝土空心砌块、无熟料水泥、烧结砖等。多数钢铁企业以直接配入烧结系统的方法回收利用瓦斯灰（泥），但是由于缺乏各类物料均质化与除杂（去除危害钢铁冶金过程的有害元素，如锌、钠、钾等）过程，因此，在回用过程中可能会影响正常生产，使用中也会出现新的环保问题。烧结生产波动较大，烧结透气性变差，从而使烧结矿产品质量与正常生产受影响；由于尘泥中含有钾、钠、锌等有害元素，不能系统去除，导致烧结电除尘不能达标，直接影响烧结电除尘效果，影响环境保护。有害元素锌随烧结矿进入高炉后在炉内循环富集，致使高炉结瘤，严重影响高炉正常生产。因此，直接回用烧结的方式并不能根本解决钢铁尘泥有效回收利用存在的问题。

7.2.4　其他处理利用方式

宝钢在电炉泡沫渣中应用高炉瓦斯泥压块循环，通过实验室和现场试验研究，最终确定了冷压块工艺和现场应用工艺。试验结果表明：高炉瓦斯泥的压块加入后，压块中的铁和碳通过反应参与和强化泡沫渣生成，压块中的锌和铅被快速还原而进入二次粉尘，此外，对渣和钢水也未产生可觉察的影响，因此，实现了瓦斯泥压块内部有价资源的有效利用。

　　杨光华等利用高炉瓦斯泥研制出新型墙体材料——瓦斯泥粉煤灰砖。其主要以瓦斯泥、高炉矿渣、粉煤灰、砂和石灰为原料，采取蒸养的方法制备出瓦斯泥粉煤灰砖。当瓦斯泥用量为 30% 时，砖抗压强度可达 31.2 MPa，25 次冷冻循环后砖块质量损失率小于 2%、抗压强度为 19.4 MPa，工艺简单、成本低，达到现行同类砖一等品的技术要求。

　　唐光临等利用瓦斯泥、铁屑对焦化废水进行预处理，以吸附为主去除焦化废水中的COD，基于铁碳原电池反应与吸附双重作用的结果。

　　另外，因瓦斯灰质软易磨性好，呈细粉状，内部的焦炭末有一定的助磨作用，因此，高炉瓦斯灰还可以作为铁质校正原料生产硅酸盐水泥熟料，研究发现磨机产量大为提高。高炉瓦斯灰做配料与硫酸渣配料相似，氧化铁合格率增加，生料细度降低，易烧性明显得到改善，熟料具有强度较高及色泽较好的特点。

　　因此，未来企业在选择合理的利用途径的时候，需要基于原料的物理化学性质、产品用途、生产规模、技术掌握程度和企业投资能力等综合考虑。

参 考 文 献

[1] 王绍文，梁富智，王纪曾. 固体废弃物资源化技术与应用 [M]. 北京：冶金工业出版社，2013.

[2] 曾抗美，李正山，魏文锟. 工业生产与污染控制 [M]. 北京：化学工业出版社，2005.

[3] 聂永丰. 三废处理工程技术手册. 固体废物卷 [M]. 北京：化学工业出版社，2000.

[4] 赵由才，牛冬杰，柴晓利. 固体废物处理与资源化 [M]. 北京：化学工业出版社，2006.

[5] 李秀金. 固体废物工程 [M]. 北京：中国环境科学出版社，2003.

[6] 汪群慧. 固体废物处理及资源化 [M]. 北京：化学工业出版社，2004.

[7] 李占国，周湘南. 唐钢 2560 m³ 高炉图拉法渣处理工艺设计 [J]. 炼铁，1999，1：22-25.

[8] 韩剑宏. 钢铁工业环保技术手册 [M]. 北京：化学工业出版社，2006.

[9] 吴志宏，邹宗树，吴伟. 钢铁渣的农业资源化利用 [J]. 中国冶金，2005（2）：4.

[10] 刘建忠，李天艳. 工业废渣建材资源化 [J]. 福建建设科技，2001（2）：2.

[11] 朱晓丽，周美茹. 水淬高炉矿渣综合利用途径 [J]. 中国资源综合利用，2005（7）：3.

[12] 徐鹏寿. 资源综合利用现状和展望 [J]. 水泥技术，2002（1）：4.

[13] 谭歆. 高炉水淬渣处理及利用技术 [J]. 新疆钢铁，2004（3）：4.

[14] 王茂华，汪保平，惠志刚. 高炉渣处理方法 [J]. 鞍钢技术，2006（2）：5.

[15] 张倩倩. 探究高炉渣的综合利用及展望 [J]. 冶金与材料，2019，39（2）：178-180.

[16] 诸铮. 高炉矿渣的处理和利用 [J]. 图书情报导刊，2005，15（6）：126-128.

[17] Yuan X, Zhang J L, Mao R. Researchon the low temperature reduction degradation of dust-sludge-carbon composite pellets [C]// Materials Science and Technology，2014：179.

[18] 王飞，张建良，毛瑞，等. 含铁尘泥自还原团块固结机理及强度劣化 [J]. 中南大学学报：自然科学版，2016（2）：367.

[19] 刘新波，房杰，纪召毅. 高炉矿渣制备胶凝材料的影响因素综述 [J]. 四川冶金，2019，41（3）：5-7.

[20] 李浩，邢军，赵英良，等. 高炉矿渣制备新型胶凝材料的试验研究 [J]. 有色金属：矿山部分，2016，68（6）：52-61.

[21] 张雷，王飞，陈霞. 钢铁渣资源开发利用现状和发展途径初探 [J]. 中国废钢铁，2006，1（95）：45-47.

[22] 朱桂林，孙树标，赵群，等. 冶金渣资源化利用的现状和发展趋势 [J]. 中国资源综合利用，

2002（3）：29-32.

[23] 许鹏举，岳钦艳，张艳娜，等．PDMDAAC 改性高炉渣处理印染废水的研究［J］．工业水处理，2006，5：57-59.

[24] 刘红玉，孙元元，周元超，等．晶化温度对高炉渣微晶玻璃性能的影响［J］．稀有金属材料与工程，2009，12：674-677.

[25] 古王胜，邓茂忠．高炉瓦斯灰的无害化处理及综合利用［J］．粉煤灰综合利用，1997，3：54-56.

[26] 刘秉国，彭金辉，张利波，等．高炉瓦斯泥（灰）资源化循环利用研究现状［J］．矿业快报，2007，5：14-19.

[27] 徐柏辉，王二军，杨剧文．高炉瓦斯灰提铁提碳研究［J］．矿产保护与利用，2007，6：51-54.

[28] 李维凯，翁大汉，张勋利．我国高炉矿渣资源化利用进展［J］．中国废钢铁，2007，3：34-38.

[29] 杨霆，何曦．高炉矿渣资源化利用的研究现状及展望［J］．中国环保产业，2020（3）：63-65.

[30] 刘邦军，池鹏飞，赵慧玲．高炉水渣的性能特征及应用途径［J］．河南冶金，2005，6：29-31.

[31] 顾江平，张东，徐春华．马钢 2#2500 m³ 高炉 INBA 渣处理系统设计［J］．鞍山科技大学学报，2007，2：23-27.

[32] 周昌银，徐善明．马钢 2500 m³ 高炉水渣处理技术研究及应用［J］．钢铁研究，2005，4：35-39.

[33] 杨光义，孙庆亮，李志锋．高炉渣处理技术进展［J］．莱钢科技，2009，2：5-8.

[34] 孙鹏，车玉满，郭天永，等．高炉渣综合利用现状与展望［J］．鞍钢技术，2008，3：6-9.

[35] 段文军，吕潇峻，李朝．高炉渣离心粒化法研究进展综述［J］．材料与冶金学报，2020，19（2）：79-86.

[36] 卢红霞，张灵，高凯，等．利用建筑垃圾及高炉渣制备新型烧结砖的研究［J］．新型建筑材料，2019，46（2）：133-137.

[37] 刘智伟，孙业新，种振宇，等．利用高炉矿渣生产微晶玻璃的研究应用［J］．莱钢科技，2006，6：49-50.

[38] 张帅，李慧，梁精龙，等．高炉渣的综合回收利用［J］．中国有色冶金，2019，48（1）：68-70，73.

[39] 曹德秋，李灿华．我国高炉粒化矿渣资源化利用的研究进展［J］．中国废钢铁，2006，5：26-29.

[40] 程云，李菊香．高炉冲渣水余热回收的可行性研究［J］．低温与超导，2009，3：78-80.

[41] 姜学仕，姜宏泽．高炉渣热能利用与一步蒸汽法渣处理工艺设想［J］．炼铁技术通信，2008，2：13-15.

[42] 吴魏．高炉渣显热综合利用浅谈［J］．科技风，2014（22）：1.

[43] 李招君，邢宏伟．熔渣调质制备矿渣棉及棉板综述［J］．矿产综合利用，2019，2：26-29.

[44] 张玉柱，刘卫星，张伟，等．改性高炉渣作为矿渣棉原料的试验研究［J］．功能材料（增刊），2012，43：1969-1973.

[45] 霍红英．偏钒酸铵掺杂高钛型高炉渣的光催化性能优化［J］．2020，6（12）：43-47.

[46] Lei X F, Xue X X. Preparation of perovskite type titaniumbearing blast furnace slag photocatalyst doped with sulphate and investigation on reduction Cr（Ⅵ）using UV-vis light［J］. Materials Chemistry and Physics, 2008, 112（3）：928-933.

[47] 童力，胡松涛，罗思义．高炉渣余热回收协同转化生物质制氢［J］．化工学报，2014，65（9）：3634-3639.

[48] 覃金英，杨茂鑫，邓玉莲．利用粒化高炉矿渣粉生产 P. O52.5 水泥的研究与试生产［J］．企业科技与发展，2014，18：14-16.

[49] 白仕平．高炉瓦斯泥高效利用的研究［D］．重庆：重庆大学，2007.

[50] 马金芳，赵忠诚，王卫平．首钢迁钢 1 号高炉明特法水渣处理系统应用［J］．炼铁，2007，5：42-

44.

[51] 任庆华，赵明琦．利用高炉渣生产硅肥技术综述 [J]．安徽冶金，2005，1：54-59.

[52] 李兴华，王雪松，刘知路，等．高钛高炉渣综合利用新方向 [J]．钢铁钒钛，2009，3：10-16.

[53] 高水静，张文丽．含钛高炉渣的利用现状与展望 [J]．山东陶瓷，2006，5：29-31.

[54] 姜洪泽，刘艳军，姜学仕．高炉渣热能利用与蒸汽循环法渣处理工艺研究 [J]．炼铁技术通，2009，1：12-16.

[55] 王湖坤，陈灵，赵蕊．高炉水淬渣在生活污水处理中的应用 [J]．冶金能源，2006，12：55-57.

[56] 蒋伟锋．水淬高炉炉渣合成硅灰石的方法 [J]．化工矿物与加工，2003，2：17-18.

[57] 郑水林．超细粉碎工艺设计与设备手册 [M]．北京：中国建材工业出版社，2002.

[58] 肖国先，徐德龙，侯新凯．水淬高炉矿渣超细粉的应用与制备 [J]．西安建筑科技大学学报，2003，1：1-4.

[59] 韩云平，石勤学，李世珺，等．大冶特钢380 m^3 高炉炉渣处理系统设计 [J]．河南冶金，2005，3：32-33.

[60] 袁俊华．2200 m^3 高炉嘉恒法渣处理钢制喷嘴改造 [J]．科技信息，2010，12：384-389.

[61] 方音，李震宙．上海一钢750 m^3 高炉炉渣处理新工艺 [J]．炼铁，2002，1：36-37.

[62] 陈绍龙．矿渣微粉生产工艺技术分析 [J]．辽宁建材，2007，8：18-22.

[63] 娄绍军．含铁尘泥高效循环利用的有效途径 [J]．包钢科技，2009，35（1）：75-77.

[64] 杜钢，赵庆杰．钢铁厂含铁尘泥的资源化处理 [C]//中国钢铁年会论文集，2001：186-189.

[65] 林勇．高炉粉尘再资源化应用基础研究 [J]．冶金与材料，2017，37（6）：21-23.

[66] 马星宇，彭军，张芳，等．高炉粉尘有价元素提取的技术现状分析 [J]．中国铸造装备与技术，2021，56（1）：53-60.

[67] 王全利．含铁尘泥的综合利用 [J]．包钢科技，2002，28（6）：75-77.

[68] 王哲，黄国和，安春江，等．Cu^{2+}、Cd^{2+}、Zn^{2+} 在高炉水淬渣上的竞争吸附特性 [J]．化工进展，2015，34（11）：4072-4078.

[69] 王亚丽，杨宁，崔素萍，等．高炉渣对废水中 Cu^{2+} 的吸附率和吸附行为 [J]．北京工业大学学报，2021，47（2）：186-193.

[70] 蒲华俊，曾淋林，徐晓东，等．无需热处理高炉渣微晶玻璃的制备与表征 [J]．人工晶体学报，2018，47（8）：1547-1553.

[71] 邱显冰．冶金含铁尘泥的基本特征与再资源化 [J]．安徽冶金科技职业学院学报，2004，14（3）：54-56.

[72] Das B, Prakash S, Reddy PSR, et al. An overview of utilization of slag and sludge from steel industries [J]. Resources, Conservation and Recycling, 2007, 50（1）：40-57.

[73] 王玉香，赵通林．瓦斯泥物料性质及选别方法的试验研究 [J]．鞍山钢铁学院学报，1995，9（3）：16-21.

[74] 于留春，衣德强．从梅山高炉瓦斯泥中回收铁精矿的研究 [J]．金属矿山，2003（10）：65-68.

[75] 孙体昌，胡永平．济钢高炉瓦斯泥的可选性研究 [J]．矿产综合利用，1997（5）：4-8.

[76] 李辽沙，李开元．回收高炉尘泥中的铁与锌 [J]．过程工程学报，2009，9（3）：468-473.

[77] 丁忠浩，翁达，何礼君，等．高炉瓦斯泥微泡浮选柱浮选工艺研究 [J]．武汉科技大学学报（自然科学版），2001，12（4）：353-354.

[78] 张光荣．马钢含铁尘泥循环利用研究 [J]．Bao Steel BAC，2006：176-178.

[79] 黎燕华，魏礼明，胡晓洪，等．新钢含铁尘泥资源化利用技术研究 [J]．金属矿山（增刊），2005（7）：164-165.

[80] 谢泽强，郭宇峰，陈凤，等．钢铁厂含锌粉尘综合利用现状及展望 [J]．烧结球团，2016，41

（5）：53-61.

[81] 巨建涛，党要均. 钢铁厂含锌粉尘处理工艺的现状及发展 [J]. 材料导报，2014，28（5）：109-113.

[82] 谢学荣，鲁健，汪磐石. 宝钢污泥粉尘资源综合利用技术 [J]. 宝钢技术，2019，3：7-10.

[83] 成海芳. 攀钢高炉瓦斯泥资源综合利用研究 [D]. 昆明：昆明理工大学，2006.

[84] 王运树. 鄂钢含铁尘泥的利用现状及发展方向 [J]. 矿业快报，2005，2（2）：13-15.

[85] 彭开玉，周云，王世俊，等. 钢铁厂高锌含铁尘泥二次利用的发展趋势 [J]. 安徽工业大学学报，2006，4（2）：127-131.

[86] 林高平，邹宽，林宗虎，等. 高炉瓦斯泥回收利用新技术 [J]. 矿产综合利用，2002，6（3）：42-45.

[87] 彭开玉，周云，李辽沙，等. 冶金含锌尘泥资源化的现状与展望 [J]. 中国资源综合利用，2005（6）：8-12.

[88] 张灌鲁. 攀钢高炉瓦斯泥含锌渣制取活性氧化锌的研究 [J]. 攀钢科技，1994（3）：18-23.

[89] 张金保. 从高炉瓦斯灰和炼钢炉的烟尘中回收锌 [J]. 江西冶金，1992（1）：41-45.

[90] 陆凤英，魏庭贤，沈雅君. 从低品位含锌瓦斯泥制备活性氧化锌的研究 [J]. 江苏化工，1999（2）：47-48.

[91] Kelebek S, Yoruk S, Davis B. Characterization of basic oxygen furnace dust and zinc removal by acid leaching [J]. Minerals Engineering, 2004, 17：285-291.

[92] Oda H, Ibaraki T, Abe Y. Dust recycling system by the rotary hearth furnace [J]. Nippon Steel Technical Report, 2006 (94)：147-152.

炼钢厂固体废弃物综合利用

本章数字资源

炼钢方法主要有转炉炼钢和电炉炼钢，在这一过程中除了得到符合要求的钢种外，还要排出固体废弃物。固体废弃物主要有钢渣、除尘系统收集的含铁尘泥和废耐火材料等。排放的钢渣中仍有 15%～25% 的全铁，如果不回收利用，将会有大量废钢流失。同时，渣粉中含有的有害物质，经雨水淋洗进入土壤，破坏土地植被结构，渣粉飞扬会污染空气和水源，危害人体健康。钢渣的处理和利用不但能降低炼钢成本，带来直接的经济效益，而且也保护了环境，有明显的社会效益。通过干法和湿法方式收集的炼钢尘泥含铁较高，作为钢铁冶炼中有价值的铁原料资源，随着钢铁工业的发展，无论是从合理利用资源出发，还是从保护环境消除粉尘污染出发，充分利用好钢铁企业的含铁尘泥，已是现代钢铁企业生产中不可缺少的一个组成部分。

8.1 钢渣特性

钢渣作为炼钢工艺流程的衍生物，主要来源于金属炉料中的硅、锰、磷和少量的铁氧化后形成的氧化物，调节炉渣的性能所加入的造渣剂，如石灰石、白云石、萤石、硅石等，是钢渣的主要来源，再有就是金属炉料带入的杂质以及氧化剂、脱硫产物和被侵蚀、剥落下来的炉衬材料与补炉炉料等，其产生量为粗钢量的 15% 左右，钢渣虽然无毒，但要占地，影响环境，而且钢渣中有大量铁需要回收利用。

8.1.1 钢渣分类

钢渣按冶炼方法不同，分转炉钢渣、电炉钢渣和精炼渣；按不同生产阶段，可分为炼钢渣、浇注渣与喷溅渣，电炉炼钢渣分氧化渣与还原渣；按熔渣性质不同，可分为碱性渣、酸性渣；按钢渣形态可分为：水淬粒状钢渣、块状钢渣和粉状钢渣等。

8.1.2 钢渣形貌及组成

8.1.2.1 钢渣形貌
低碱度钢渣：呈黑色，质较轻，气孔较多。
高碱度钢渣：呈黑灰色、灰褐色、灰白色、质坚硬密实。

8.1.2.2 钢渣化学成分
钢渣的组成比较复杂，随原料、炼钢方法、生产阶段、钢种以及炉次等的不同而变化。一般来说，钢渣是由 Ca、Fe、Si、Mg、Al、Mn、P 等氧化物所组成，其主要化学组成有 CaO、SiO_2、FeO、Fe_2O_3、MgO、Al_2O_3、MnO、P_2O_5 和 f-CaO（游离 CaO）等，有些钢渣还含有 V_2O_5、TiO_2，其化学成分如表 8-1 所示。钢渣组分中 Ca、Fe、Si 氧化物占绝大部分，其中，铁氧化物以 FeO 和 Fe_2O_3 的形式同时存在，以 FeO 为主，总量在 15% 左右，这与高炉渣不同。钢渣中的 P_2O_5 是炼钢过程中脱 P 所致。

表 8-1　国内钢铁企业钢渣化学成分　　　　　　（质量分数,%）

单位	TFe	FeO	SiO_2	Al_2O_3	CaO	MgO	S	P	MnO	f-CaO
韶钢	17.92	13.5	18.94	2.91	40.01	5.36	0.31	0.59	2.79	2.79
柳钢	16.12	12.26	17.12	4.58	38.9	6.99	0.14	0.61	2.1	3.43
邯钢	16.66	12.13	14.84	3.19	44.56	7.5	0.13	0.58	0.17	0.73
马钢	4.45	1.87	7.88	27.99	41.64	9.58	0.38	0.11	0.2	1
济钢	15.78	4.23	14.99	5.06	45.11	6.69	0.14	0.49	1.68	2.88
宝钢股份	24.75	19.23	11.51	1.57	41.06	8.09	0.03	0.50	0.42	2.61
莱钢	18.34	—	14.63	3.54	46.16	8.45	0.3	0.47	—	—

8.1.2.3　钢渣的矿物组成

钢渣的主要矿物组成为钙镁蔷薇辉石（$3CaO \cdot MgO \cdot 2SiO_2$）、钙镁橄榄石（$CaO \cdot MgO \cdot SiO_2$）、硅酸三钙（$3CaO \cdot SiO_2$）、硅酸二钙（$2CaO \cdot SiO_2$）、铁酸二钙（$2CaO \cdot Fe_2O_3$）、RO（R 代表 Mg、Fe、Mn，RO 为 MgO、FeO、MnO 形成的固熔体）、游离石灰（f-CaO）等，有的还有氟磷灰石（$9CaO \cdot 3P_2O_5 \cdot CaF_2$）等。钢渣的矿物组成与钢渣的碱度有一定的关系，如表 8-2 所示。

表 8-2　钢渣矿物组成与碱度的关系

序号	钢渣碱度	矿 物 组 成
1	0.9~1.4	橄榄石、玻璃相、镁蔷薇辉石
2	1.4~1.6	镁硅钙石、玻璃相、镁蔷薇辉石和硅酸二钙
3	1.6~2.4	硅酸二钙和玻璃相
4	>2.4	硅酸二钙、硅酸三钙、铁铝酸钙、铁酸钙和玻璃相

8.1.3　钢渣的性质

钢渣是一种多种矿物组成的固体熔体，其性质随化学成分的变化而变化。一般而言，钢渣有下列性质。

8.1.3.1　碱度

钢渣中碱性氧化物浓度总和与酸性氧化物浓度总和之比称之为熔渣碱度，即 CaO 与 SiO_2、P_2O_5 的含量比，可表示为 $R = CaO/(SiO_2 + P_2O_5)$，常用符号 R 表示。熔渣碱度的大小直接对钢渣间的物理化学反应如脱磷、脱硫、去气等产生影响。根据碱度的高低，通常将钢渣分为：低碱度渣（$R = 1.3 \sim 1.8$）、中碱度渣（$R = 1.8 \sim 2.5$）和高碱度渣（$R > 2.5$），综合利用的钢渣以中、高碱度渣为主。

8.1.3.2　密度

钢渣含铁量较高，因此，它比高炉渣重，密度一般在 $3.1 \sim 3.7 \ g/cm^3$。

8.1.3.3　耐磨性

钢渣含铁量较高，结构致密，较耐磨，钢渣的耐磨性用易磨指数表示，标准砂为1，高炉渣为0.96，而钢渣仅为0.7，这就意味着钢渣比高炉渣难磨。

8.1.3.4　活性

钢渣中硅酸二钙、硅酸三钙等为活性矿物，具有水硬胶凝性。高碱度的钢渣，可作水泥生产原料和制造建材制品。

8.1.3.5　抗压性

钢渣抗压性能好，压碎值为20.4%～30.8%。按照国家标准，压碎值不大于28%，就可用于不同等级的道路建设。

8.1.3.6　稳定性

钢渣含游离氧化钙（f-CaO）、MgO、Ca_3SiO_4和Ca_3SiO_5等，这些组分在一定条件下都具有不稳定性。碱度高的熔渣在缓冷时，Ca_3SiO_5会在1250℃到1100℃时缓慢分解为Ca_2SiO_4和f-CaO；Ca_2SiO_4在675℃时，由β-Ca_2SiO_4相变为γ-Ca_2SiO_4，并且发生体积膨胀，其膨胀率达10%。另外，钢渣吸水后，f-CaO要消解为氢氧化钙$Ca(OH)_2$，体积将膨胀100%～300%，MgO会变成氢氧化镁，体积也要膨胀77%。因此，含f-CaO、MgO的常温钢渣是不稳定的，只有f-CaO、MgO消解完或含量很少时，钢渣才会稳定。

按照国家标准，钢渣的稳定性用浸水膨胀率来表示，测量方法为：采用90℃水浴养护的方法，经过一定时间后使钢渣中的f-CaO、MgO消解，产生体积膨胀，通过体积变化率来评定钢渣的稳定性。

钢渣中含有相当成分的硅酸二钙。硅酸二钙是一种多晶矿物，在钢渣冷却过程中，它可由不稳定的高温型矿物β型转为低温型的γ型，体积增大。在固体矿渣中产生很大的内应力，内应力超过矿渣本身结构的内应力时，就会导致矿渣的破碎或粉化。

钢渣中含有微量的FeS和CaS，它们在干燥的气候下稳定，一旦遇水后就发生化学反应生成氢氧化铁和氢氧化亚铁，体积发生膨胀，从而在钢渣中产生很大内应力，引起钢渣的裂解和破碎。

钢渣的这些变化，使得在处理和应用时必须注意：（1）用于生产水泥的钢渣要求Ca_3SiO_5含量要高，硅酸三钙与水作用时反应较快，水化放热量大，可以制得高强和早强水泥，因此，在处理时最好不要采用缓冷技术。（2）含f-CaO高的钢渣不宜用作水泥和建筑制品生产及工程回填材料。（3）利用f-CaO消解膨胀的特点，可对含f-CaO高的钢渣采用余热自解的处理技术。

8.1.3.7　钢渣的氧化性

钢渣的氧化性是指在一定的温度下，单位时间内钢渣向钢液供氧的数量。在其他条件一定的情况下，钢渣的氧化性决定了脱磷、脱碳以及夹杂物的去除等，它是钢渣的一个重要的化学性质。钢渣的氧化性用氧化亚铁的活度来表示，钢渣中氧化铁的活度为0.35左右，具有较强的氧化性。

8.1.3.8　钢渣的还原性

在平衡条件下钢渣的还原能力（即还原性）主要取决于氧化铁的含量，在还原性精炼时，常把降低熔渣中氧化铁作为控制钢液中氧含量的重要条件，电炉还原渣和炉外精炼渣常降低氧化铁含量。精炼渣中（FeO + MnO）含量对脱硫效果影响显著，（FeO + MnO）含量越低硫分配比越高，对脱硫越有利。

8.2 钢渣的处理工艺

8.2.1 钢渣处理工艺

钢渣处理目的是改善钢渣稳定性，实现对钢渣中铁的回收利用，需要对其进行一些加工处理，实现资源化利用。

8.2.1.1 冷弃法

冷弃法就是将冶炼后排出的钢渣倒入渣罐，直接运到渣场抛弃，堆积量大后便形成了渣山。现在国内的炼钢厂不能采用此种工艺。

优点：设备投资少，主要投资包括运输和装载车辆、渣场土建等。

缺点：这种工艺导致大片的渣山堆积，占用了大面积的土地，陈化时间长，处理后的钢渣块度大，不利于钢渣的加工和利用，有时因排渣不畅而影响炼钢。

8.2.1.2 盘泼水冷法（instantaneous slag chill process，I.S.C 工艺）

盘泼水冷法即 I.S.C 工艺，是日本新日铁公司开发的。该工艺是在钢渣车间设置高架泼渣盘，将炼钢排出的流动性好的炉渣，用渣罐倒入高架泼渣盘中，熔渣自流成渣饼，渣饼厚度在 30 ~ 120 mm 之间，静置 3 ~ 5 min，第一次喷水急冷，喷水 2 min，停水 3 min，重复四次，渣饼龟裂成大块渣。当渣温降至约 500 ℃ 时，把渣由渣盘倒进排渣车上进行第二次淋水冷却，渣块继续龟裂粉化。最后，待渣温降至约 200 ℃ 时，再把渣由排渣车倒入水渣池进行第三次冷却，渣会进一步龟裂粉化。水渣由渣池捞出沥水后，即可送去加工。

优点：用水强制快速冷却，处理时间短，处理能力大；整个过程采用喷水和水池浸泡，粉尘污染少；熔渣经三次冷却后，大大减少了渣中游离氧化钙和氧化镁等所造成的体积膨胀，改善了渣的稳定性；处理后钢渣粒度小，大部分在 30 mm 左右，粒度均匀，可减少后段破碎、筛分加工工序，便于金属的回收；采用分段水冷处理，蒸汽可自由扩散，操作安全；整个处理工序紧凑，机械化程度高，劳动条件好，对环境污染小，钢渣加工量少。

缺点：厂房要求大，设备投资高；钢渣要经过三次水冷，蒸汽产生量较大，对厂房和设备有腐蚀作用，对起重机寿命有影响；操作工艺比较复杂；对钢渣的流动性有一定要求，黏度高、流动性差的钢渣不能用该方法处理，泼渣盘消耗量大，运行成本高。

8.2.1.3 热泼法

热熔钢渣倒入渣罐后，用车辆运到钢渣热泼车间，利用吊车将渣罐的液态渣分层泼倒在渣床上（或渣坑内），喷淋适量的水，使高温炉渣急冷碎裂并加速冷却，然后用装载机、电铲等设备进行挖掘装车，运至钢渣处理间进行粉碎、筛分、磁选等工艺处理。其工艺流程如图 8-1 所示。

优点：技术成熟，生产线流程简单，运行成本低，设备及投资较少；安全可靠；处理速度快，金属回收率高，处理渣的能力大，便于机械化生产；处理后的钢渣比冷弃法块度

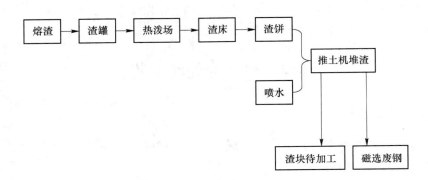

图 8-1　钢渣热泼法工艺流程图

小，便于金属料回收。

缺点：产生的蒸汽对车间环境影响较大，工艺操作环境较恶劣，劳动条件差；占用场地大，渣场周转时间长；钢渣中 f-CaO 达 5% ~15%，浸水膨胀率 5% ~10%，稳定性差。

8.2.1.4　水淬法

水淬工艺原理是高温液态钢渣在流出、下降过程中，被压力水分割、击碎，再加上高温熔渣遇水急冷收缩产生应力集中而破裂，同时进行了热交换，使钢渣在水中进行粒化。

水淬有炉前水淬和室外水淬两种形式。

A　炉前水淬

炉前水淬是在炼钢炉前进行的。熔渣由炼钢炉直接倒入底部带孔的中间渣罐，再由中间渣罐底孔流入水淬渣槽，熔渣沿着渣槽流入水淬室后，遇高速水流急冷形成水淬渣，并与冲渣水一起流入室外的沉渣池。沉淀后的水淬渣用抓斗抓出运到渣场上沥水。沉淀池的水溢流到澄清池澄清后，用泵回送水淬。炉前水淬工艺流程如图 8-2 所示。

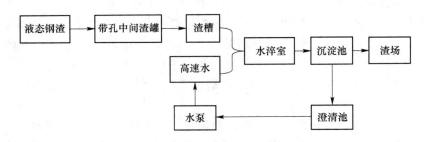

图 8-2　炉前水淬工艺流程图

钢渣炉前水淬法适用于炼钢排渣量控制比较稳定、渣量较少的工艺生产中。

B　室外水淬

炼钢熔渣先倒入渣罐，再把渣罐运到室外水淬渣池边，用高速水流喷射渣孔流出的熔渣进行水淬。水淬渣直接入水淬池。室外水淬工艺流程图如图 8-3 所示。

室外水淬比炉前水淬安全，但炉前水淬可随排渣水淬，水淬率高，省去了熔渣的运输。

熔渣安全水淬的关键是防止水淬爆炸，控制不使熔渣将水包裹。一般应注意以下几

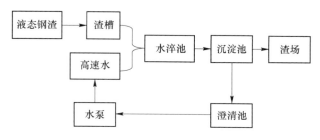

图 8-3 室外水淬工艺流程图

点：渣水比要控制在 1：10~1：15，保持好渣罐出渣孔的孔径，保证冲渣水不中断，并保持 0.2~0.25 MPa 的压力；压力水喷嘴喷出的高速水流要有足够的截面积，保证将渣流冲碎；水淬槽和流渣槽要有 3%~4% 的坡度，使槽内不存渣；水淬渣池要保持足够深度的水；水淬时要先给水后给渣，停止时要先停渣后停水。

钢渣水淬工艺的优点是流程简单、占地少、排渣速度快、运输方便。水淬钢渣因急冷，而潜在较多的内能，抑制了硅酸二钙晶型转变及硅酸三钙分解，性能稳定，产品质量好，为综合利用提供了非常方便的条件。用于烧结配料时，粒度均匀、无粉尘，不需加工；制作水泥时加工简便，性能稳定，在建筑工程中既可代替河砂，又方便回收钢粒，使用价值高。

C 倾斜式钢渣水淬处理方法

将熔融钢渣倒入渣罐车上的渣罐内，运至水淬池处，通过卷扬机的吊钩与渣罐上的吊耳配合，使渣罐倾斜，当转至一定角度后，渣罐上的倾斜导向臂落于柱体上，使渣罐再以柱体的转轴为中心旋转缓慢向水淬池内倾翻钢渣，同时，粒化器上的高压水喷出形成水幕，使钢渣进入水幕后粒化，粒化的钢渣进入水淬池内，经水淬的钢渣置放到存渣场。倾斜式钢渣水淬处理设备示意图如图 8-4 所示。

8.2.1.5 风淬法

渣罐接渣后，运到风淬装置处，倾翻渣罐，熔渣经过中间罐流出，被一种特殊喷嘴喷出的空气吹散，破碎成微粒，在罩式锅炉内回收高温空气和微粒渣中所散发的热量，并捕集渣粒。经过风淬而成微粒的转炉渣，可作建筑材料；由锅炉产生的中温蒸汽可用于干燥氧化铁皮。钢渣风淬系统如图 8-5 所示。

优点：冷却过程中不会生成粉尘，无有害气体排出，污染小；安全可靠，技术成熟，工艺简单，投资少，占地面积较小；一次粒化彻底，处理能力较大，用水量少；渣粒性能稳定，粒度小、均匀且光滑（≤5 mm）。

缺点：对钢渣的流动性有很大要求，需控制渣的温度在 1470 ℃以上，由于钢渣碱度大、黏度高，一般能够风淬处理的钢渣不超过总钢渣的 50%，其他钢渣要使用别的方法处理。

8.2.1.6 热闷法

钢渣综合利用率低的一个主要原因是钢渣中含有的游离氧化钙（f-CaO）、游离氧化镁（f-MgO）等成分和水反应生成氢氧化钙（$Ca(OH)_2$）、氢氧化镁（$Mg(OH)_2$）等物质，其体积大幅度膨胀，用作回填材料、道路材料、水泥和混凝土掺合料、建材制品均会造成

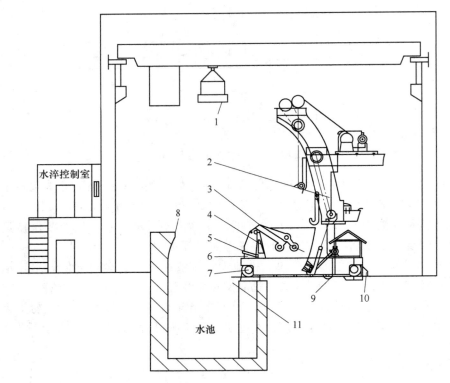

图 8-4 倾斜式钢渣水淬处理设备示意图

1—卷扬机；2—曲臂卷扬机；3—渣罐；4—粒化器；5—喷嘴；6—柱体；
7—渣罐车；8—粒化挡板；9—拔钩装置；10—挡车板；11—水池

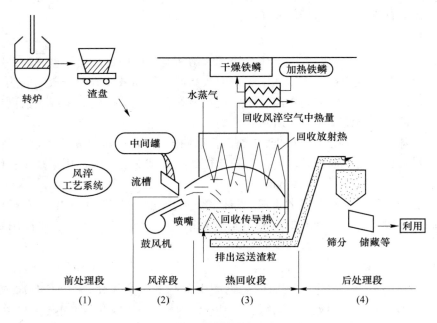

图 8-5 钢渣风淬系统的流程图

不同程度的干裂破坏。因此，通过钢渣的前期处理，消除其膨胀性，是钢渣高附加值利用的关键。目前国内的钢渣前期处理方法有很多，大部分方法都是以冷却粉化为目的，并不能有效消除钢渣的膨胀性。热闷法从物理、化学两方面都对钢渣的性质进行了改变，消解了其中的有害成分，为钢渣真正意义上的高附加值利用创造了条件。

热闷法的操作流程为：将热熔钢渣置于渣盘，用吊车将渣倾翻到热闷池或热闷罐中，压盖密封后适量间歇喷雾或喷水冷却，利用池内渣的余热产生大量饱和蒸汽与钢渣中不稳定的游离 f-CaO、f-MgO 等反应，加上 C_2S 等冷却过程中体积增大，使得钢渣自解粉化，渣钢分离。处理完后用挖掘机或抓斗从池内挖出外运。

钢铁企业中常用的热闷法主要有闷罐法和热闷池法。

A　闷罐法

闷罐法是把钢渣倒在渣坑中，待钢渣温度冷却到 600 ℃左右时装入闷罐中，通过控制向闷罐中喷洒的水量和喷水时间使钢渣在闷罐内高温淬化、冷却。罐内水和钢渣产生复杂的温差冲击效应、物理化学反应，使钢渣淬裂。

优点：钢渣粉化效果较好，废钢与渣分离好，易于回收金属料；游离氧化钙含量比较低，钢渣膨胀性小，性质稳定，有利于钢渣的综合利用；机械化程度高，劳动强度低；粉尘少，蒸汽可以回收，环境污染小；运行费用适中。

缺点：不能直接处理高温渣，生产周期较长；设备、厂房等投资大；对进入闷罐的钢渣温度范围有一定要求。

B　热闷池法

企业中所经常采用的热闷池工艺有以下两种方式：

（1）液态渣热闷处理：转炉出渣后，钢渣由渣罐运送到热闷车间，将液态渣倒入热闷池中，喷水冷却，并用机械抓斗搅翻（防止结块），使液态渣快速固化，加盖，喷水，热闷。

（2）液态渣先固化，再热闷。利用渣罐将钢渣从炼钢厂运至钢渣处理车间，将渣罐中液态渣倾倒在渣场，固化，待凝固成固态渣后，再将固态渣装入渣罐，利用行车将渣倒入热闷池中，装满渣后，加盖，水封，从顶部喷水，热闷。

钢渣热闷有着其他方法无法比拟的优点：

（1）闷渣法使生产流程大幅缩短，提高了生产效率，符合现代化钢铁企业的发展要求。

（2）钢渣热闷处理技术便于从钢渣中提取含铁物料。钢渣中含有的含铁物料被钢渣紧密包裹，含铁物料提取率的高低，很大程度取决于钢渣粉碎的程度，因此，大多数的钢渣磁选工艺都采用多级破碎磁选的方式。闷渣法利用钢渣自身余热，用蒸汽对钢渣进行粉化，钢渣粉化率高，渣铁分离彻底，使后续的钢渣破碎、磁选、加工减少了破碎量，降低了设备磨损和材料损耗，便于钢铁物料的提取。

（3）钢渣热闷也是钢渣实现高附加值应用的前提。由于闷渣避免了钢渣使用时膨胀性的不利影响，磁选后的钢渣可在工程回填、道路施工等建筑行业得到广泛应用。随着近年来钢渣粉磨技术的发展，钢渣研磨加工成超细微粉，可以作为矿物掺合料用于水泥和混凝土的生产。钢渣的高附加值应用符合现代化钢铁企业可持续发展的需要。

钢渣热闷已成为与炼钢生产密不可分的环节，其工艺流程如图8-6所示。转炉车间出渣后由跨车将渣罐运进钢渣处理间，熔融钢渣由行车运至渣处理工位，倒入热闷装置中（图8-7），移动式排蒸汽罩移动到热闷装置上，开始打水冷却直到表面凝固为止；打水产生的蒸汽通过排蒸汽罩有组织排放后，排汽罩移走；用挖掘机松动钢渣，保证装置内钢渣表面无积水，之后进行第二次倒渣（重复上一流程）；在将渣池倒满后，盖上热闷装置盖（图8-8），开始喷水雾；喷水一定时间，停止喷水热闷，再喷水如此反复进行12 h，开盖后用挖掘机将渣挖出运送到钢渣磁选加工生产线。熔融闷渣工艺所带来的短流程、短周期的高效率，以及钢渣的高粉化率，废钢的高提取率和对钢渣膨胀性的消解等效果，将使熔融钢渣热闷工艺成为国内钢渣前期处理的发展趋势。

钢渣有压闷热工艺是在钢渣池式热闷的基础上开发的新型钢渣稳定化处理技术，即钢渣辊压破碎-余热有压热闷技术（简称"有压热闷"），有压热闷技术分为钢渣辊压破碎和余热有压热闷两个阶段。辊压破碎阶段主要是完成熔融钢渣的快速冷却、破碎。余热有压热闷阶段主要是完成经辊压破碎后钢渣的稳定化处理。

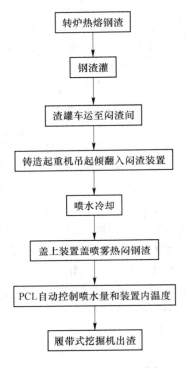

图8-6 某厂熔融钢渣热闷
工艺流程图

辊压破碎阶段主要完成熔融钢渣的快速冷却、破碎，每罐钢渣处理时间约30 min，水渣比为0.15~0.35。经过此阶段处理，可将熔融钢渣的温度由1300 ℃以上冷却至400~800 ℃，粒度破碎至300 mm以下。钢渣余热有压热闷自解处理工艺的原理是：将辊压破碎后的钢渣运至余热有压自解处理装置内，控制喷水产生蒸汽对钢渣进行消解处理，喷雾遇热渣产生饱和蒸汽，消解钢渣中游离氧化钙f-CaO、游离氧化镁f-MgO。此阶段处理时间为2 h左右，热闷喷水总量为渣量的30%~40%，处理后钢渣的稳定性良好，游离氧化钙含量<3%，浸水膨胀率<2%。热闷完成后的钢渣运输

流程图（图8-6）：

转炉热熔钢渣 → 钢渣灌 → 渣罐车运至闷渣间 → 铸造起重机吊起倾翻入闷渣装置 → 喷水冷却 → 盖上装置盖喷雾热闷钢渣 → PCL自动控制喷水量和装置内温度 → 履带式挖掘机出渣

图8-7 钢渣倾倒

图 8-8 钢渣热闷

至钢渣破碎磁选加工线进行金属提取。

但是在实际生产中，钢渣中金属铁、氧化亚铁以及可能存在的碳元素在热闷温度下均能够满足产生可燃气体的热力学条件。热闷过程产生可燃气体有 H_2、CO 和 CH_4，影响可燃气体产生量的主要是反应温度，反应温度越高则反应的速率越快，越有利于可燃气体的生成。

有压热闷罐体内可能出现可燃气体并发生爆炸现象，造成热闷罐无法紧密闭合，罐内压力无法保证，热闷效果不理想。

8.2.1.7 滚筒法

宝钢建成了世界上第一台滚筒法处理液态钢渣的工业化装置，该工艺过程为钢渣进入渣罐后，由吊车吊至滚筒前，顺着流槽将高温熔渣倒入筒体，滚筒边旋转边向桶内急速喷水使钢渣冷却，钢渣落下后被筒内钢球挤压破碎，然后随水从筒下部出口流出滚筒（图 8-9）。

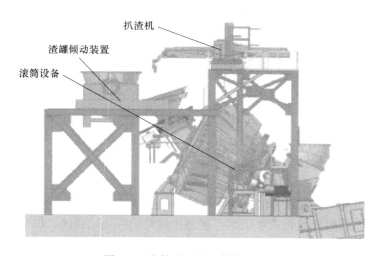

图 8-9 滚筒法三位一体技术模型

优点：钢渣粒度细小，通常小于 100 mm 废钢与渣分离完全，回收废钢非常有利；游离氧化钙含量低，渣比较坚硬，炉渣不需陈化便可直接利用；生产流程短、占地少、生产效率高；粉尘少，蒸汽通过烟囱外排，环保性能好；自动化程度高，劳动强度低。

缺点：设备复杂，投资较大，维修难度大；运行费用较高；不能处理渣罐倾倒不出的固态渣。

8.2.1.8 露天式蒸汽陈化处理钢渣——加压蒸汽陈化钢渣技术

为了提高钢渣陈化效率，日本住友金属工业公司研发了能显著提高陈化速度的工艺。该工艺是将钢渣在高温、高压蒸汽下进行陈化处理，随着温度升高而大大缩短陈化时间。由于在相对封闭容器中，饱和蒸汽温度升高，加压蒸汽陈化水化反应速度比敞开式堆场蒸汽陈化大幅提高。在实际生产过程中，在 0.5 MPaG 下稳态陈化时间只需 2 h，将蒸汽压力升到 0.5 MPaG 大约需要 30 min，降压大约需 15 min，更换料筒进行下一陈化处理的时间也需 15 min，因此，在连续作业过程中一个周期的时间是 3 h。加压蒸汽陈化高压容器如图 8-10 所示。

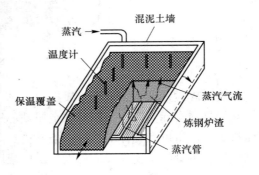

图 8-10　加压蒸汽陈化高压容器

最初的钢渣陈化方法仅仅将钢渣堆放在渣场，雨水中的湿气逐渐与生石灰反应，但反应时间极长。温水陈化大大缩短陈化时间，但仍需要 1 周时间。近来，露天堆场蒸汽陈化技术变得流行，但反应时间至少 2 天。此外，还需要大型的堆放场地，三面墙采用水泥墙围栏，经常需要在钢渣上放一块面罩板，使水合反应均匀。但罩板覆盖工作量大且危险，而且，由于敞开式蒸汽陈化场面积很大，仅采用简单的蒸汽管路和罩板，难以实现均匀水合反应。钢渣陈化方式与时间如表 8-3 所示。

表 8-3　钢渣陈化方式与时间

陈化方式	处理时间	陈化方式	处理时间
自然陈化	2 年	敞开式蒸汽陈化	48 h
热水浸陈化	1 周	加压式蒸汽陈化（0.5 MPaG）	2 h

敞开式蒸汽陈化与加压式蒸汽陈化工艺的比较：加压式蒸汽陈化工艺占地面积小，蒸汽消耗量明显降低。由于完全自动化，劳动强度大大降低。最显著的优点是在均匀的加压蒸汽下，钢渣与水经过均匀水合反应，提高产品质量稳定性。

8.2.1.9 粒化法

钢渣粒化法与滚筒法和水淬法有相似之处，是由水渣粒化装置演化过来的，原理是液态钢渣倒入渣槽，均匀流入轮式粒化器，被高速旋转的粒化轮破碎，粒化后，落入脱水器转鼓内形成渣水混合物，由于转鼓转动使渣粒提升并脱水后，翻落到出料流槽，进入磁选皮带，实现渣铁分离，由汽车外运。

优点：处理后的钢渣粒小于 10 mm，钢粒和渣分离彻底，对回收钢粒非常方便；钢渣粒度细小，不需要再次破碎，而且游离氧化钙含量较低，对于钢渣综合利用非常有利；投资少、占地少、工艺简单；粉尘少、蒸汽通过烟囱排放，环保性能好；劳动强度低，运行成本低；安全性高。

缺点：对钢渣流动性要求高，固态渣和流动性差的渣不能处理；金属料损失大，由于粒化过程把废钢也变成了小颗粒，高温下氧化严重，而且大中粒级废钢变成了小粒钢，金属料回收率较低。

转炉钢渣粒化处理工艺采用机械破碎与水淬相结合的办法，熔渣被高速旋转的粒化轮碎成小颗粒，然后被高压水冷却、水淬而成为产品。该工艺余渣粉磨后金属铁含量小于2%，剩余的粒化渣可做钢渣硅酸盐道路水泥原料、烧结配料、硅肥原料、砼空心砌块砖和彩砖原料等。

8.2.1.10　钢渣处理新技术——凝石技术

液态钢渣倒入渣池中，加入石英砂，并吹入氧气，在渣池中具有一定的温度等反应条件，石英砂和氧化钙发生化学反应生产硅酸钙。向渣池中鼓入氧气是要保持渣池中具有足够的热量，并具有搅拌作用，改善渣池中反应条件。经过此工艺处理后渣的碱度降低，游离的氧化钙减少，处理后钢渣的体积膨胀大约是未处理的钢渣的1/10。

该工艺使钢渣中的氧化钙和氧化镁消解了，消除了钢渣在利用时的膨胀带来的危害，且处理渣的块度也较大，可处理含40%块度大于65 mm的钢渣。经处理的钢渣的性能和传统的筑路、水利工程石料相比差不多，有些方面还优于传统石料。

8.2.2　钢渣处理工艺的选择

风淬法、粒化法、滚筒法工艺处理液态钢渣因处理周期短，设备处理能力强，以及钢渣理化效果好，渣性能稳定，可直接作为道路、混凝土工程材料等利用，因此，在处理液态钢渣方面具有独特的优势，但这3种工艺不适宜于处理固态钢渣，其钢渣处理率只在50%左右，故必须与固态钢渣处理工艺配合使用。

热泼与热闷工艺是目前处理固态及固液混合钢渣效果最好且使用范围最广的，二者对固态及固液混合钢渣处理率均达100%。热闷工艺由热泼发展而来，技术上较热泼先进，处理周期、钢渣处理效果、渣稳定性、回收利用及环境污染方面均比热泼好，因此，在固态渣及固液混合渣处理方面，热闷工艺优于热泼工艺。

选择钢渣处理工艺一般从钢渣综合利用途径、节能和环境保护、投资等几个方面综合考虑。目前我国钢渣流动性不好、稳定性差，不经消解不能直接利用，采用单一的处理工艺，难以达到钢渣低成本处理和高附加值回收利用的目标。

选择和确定钢渣处理方法时，应遵守6个原则：

（1）安全易行；

（2）处理后的成品应用效果好、经济效益高；

（3）生产工艺流程和设备简单；

（4）处理后的成品状态适合于应用；

（5）处理成本低；

（6）处理能力强。

从目前已开发应用的处理方法看，任何一种方法若想全面符合上述6个条件是很难的。但是可根据处理的前提条件，选择一种比较合理的方法。由于处理方法不同，所得到的成品状态也多种多样，其经济价值高低差别也较大，在选择处理方法时，一定要珍惜二次资源的价值。

8.3　钢渣资源化与利用技术

8.3.1　钢渣综合利用中存在的问题

由于处理方法和分选方法不同，钢渣的成分、性能会有很大的差别，影响钢渣的利用途径。综合利用时要考虑不同的处理和分选工艺，不同的处理和分选工艺使渣铁的分离程度、钢渣中 f-CaO、MgO 的含量、金属铁的含量以及成分和性能的不同等，这些都会影响钢渣的利用途径。

8.3.1.1　钢渣的稳定性不良

钢渣形成的温度高、时间短，在陈化过程中膨胀与粉化是其主要原因。

A　游离氧化钙消解

在潮湿的环境下，钢渣中的游离氧化钙（f-CaO）遇水生成氢氧化钙[$Ca(OH)_2$]体积增大达 1~2 倍。

B　硅酸盐晶体转化

钢渣中的硅酸二钙在 500~845 ℃ 温度区间内，由 α 型及 β 型向 γ 型晶体转变，体积增大 10%~20%，使钢渣碎裂。

C　氧化镁消解

钢渣中的氧化镁［MgO］遇水后生成氢氧化镁[$Mg(OH)_2$]，体积增长 75%~80%，引起钢渣的胀裂。但是钢渣内的氧化镁通常以稳定晶体存在，在道路适用的环境中是稳定的。

钢渣中还含有微量的 FeS 和 MnS，当钢渣内含硫量 >3% 时，钢渣中的硫化亚铁［FeS］和硫化锰［MnS］与水生成氢氧化铁[$Fe(OH)_2$]和氢氧化锰[$Mn(OH)_2$]，体积将分别增大 35%~40% 及 25%~30%；钢渣体积发生膨胀，从而在钢渣中产生很大内应力，引起钢渣的裂解和破碎。

8.3.1.2　钢渣的密度过大

钢渣的密度为 3.5 t/m³ 左右，是普通建材的 1.2~1.4 倍。钢渣用于建筑工程中，其运输、使用时的能耗要增加 10% 左右。另外，由于钢渣的密度较大，在地基承载力不足的软土地区不宜作为路基材料使用。

8.3.1.3　钢渣对环境的影响

钢渣的成分复杂，某些特种钢的钢渣内含有害物质，使用这类钢渣，会对环境造成污染。

8.3.1.4　钢渣中金属铁含量高

钢渣中金属铁的存在，一方面，增加了钢渣的磨矿难度，造成粗大颗粒存在；另一方面，使用过程中易出现铁蚀锈现象。由于钢渣比较致密，比较难磨。这也限制了钢渣在建筑、建材方面的利用。

8.3.1.5 钢渣成分波动大

钢渣成分的复杂性和波动性，造成使用过程难度增大。

基于以上原因，使得钢渣在回收利用方面受到限制，造成我国钢渣利用率低。

8.3.2 国内外钢渣利用情况

8.3.2.1 国外利用情况

国外钢渣利用的研究开展得比较早，几个产钢大国钢渣的主要利用途径包括钢厂内循环和钢厂外循环，可作为水泥原料，筑路材料、市政工程材料、肥料、土壤调节剂，一部分钢渣返高炉、烧结等企业内部工序循环利用。

A 美国

早在 20 世纪 70 年代初，美国的钢渣就已经达到排用平衡，实现钢渣利用的资源化与专业化。90 年代后期美国 Chaparral 钢铁公司与 TI 水泥公司联合开展了 STAR 计划研究，发现磨细钢渣粉可以作为原材料烧制成水泥，已在美国地区推广应用。钢渣 37% 用于路基工程，22% 用于回填工程，22% 用于沥青混凝土集料。

B 日本

日本在钢渣资源化方面做了大量工作，钢渣总产量的 22% 用于路基工程，41% 用于土木建筑工程，19% 用于回炉烧结料，8% 用于深加工原材料，9% 用于水泥原材料，1% 用于肥料，仅 4% 用于回填料，利用率接近 95%。

日本钢渣大部分通过粉碎后磁选回收废钢供企业利用外，剩余尾渣几乎全部被用于水泥、道路路基、混凝土骨料和土建材料等方面。

日本钢渣在改善海洋环境方面开发了一些工艺：利用钢渣修复海域环境，钢渣中含有大量的海藻生长所需的二价铁（FeO）和 SiO_2，将钢渣作为在营养贫化海域制造海藻场的基质材料和肥料。同时钢渣中含有 CaO，将导致封闭性海域营养富化的磷变成磷灰石进行固化，钢渣呈碱性并含有铁，可用来抑制富营养物的发生，改善海底质量。日本的 JEE 公司成功开发了利用钢渣造人工礁的技术，将钢渣粉碎回收废钢铁后，通过喷吹 CO_2 与尾渣中 CaO 反应形成带孔 $CaCO_3$ 块状物。将其沉入近海的海底，供昆布等海藻类附在带孔渔礁上生长，有利于改善海洋生态环境。

C 英国

英国早在 20 世纪 90 年代就用钢渣生产沥青混凝土、大体积混凝土，并制定了相应的国家标准。在钢渣处理上，开发了干式成粒法工艺（DSO 法）。在综合利用方面，将钢渣用作柏油路骨架料，其性能已在炎热的新加坡和寒冷的斯堪的纳维亚应用中得到验证。钢渣中的成分与沥青有很强的结合力，同时因具备高强度和耐光性而成为理想的道路建筑材料。最近，United Kingdom 大学研究指出，BOF 和 EAF 炉渣干式颗粒可作为水泥补充剂或填料。

D 德国

德国的钢渣利用率相对较高，大部分钢渣被用作道路工程、建筑工程等的集料，作为原材料生产水泥和用作混凝土集料，作为筑路材料用于做堤坝、各种路基或者堰塘的填充等，作为农肥，用于农业生产。其中 56% 用于土建，如铺路、土方工程和水利工程，

30%用于生产矿渣硅酸盐和高炉渣水泥,7%在钢厂内返回使用,2%用于制作肥料,只有小于5%的炉渣因达不到使用要求而被送往渣场。

E   韩国

浦项转炉钢渣分为转炉渣、脱硫渣和钢包渣三类。钢渣经过破碎和磁性分离后,分成磁性渣和非磁性渣,非磁性渣含有许多钙和硅,可代替生产烧结矿用的石灰石和蛇纹石,使烧结床透气性改善,缩短时间。当加入量增至4%时,烧结矿的常温强度与生产率均提高,但烧结分化率 RDI 恶化。通过试验,转炉渣的最大使用量达到2.34%时,对烧结矿质量、生产率无特殊影响。浦项公司的这一措施可使钢渣的利用率从25%提高到33%,并使烧结生产成本下降。

F   其他国家

土耳其等国也开始将钢渣作为水泥掺合料进行研究;南非钢渣一部分做土壤改良剂,南非土壤是酸性的,其他填埋、堆存;欧洲由于过去30年的深入研究,当今有65%的钢渣被有效的应用于各个领域,但仍有35%未被处理而被扔掉;瑞典采用向熔融钢渣中加入碳、硅和铝质材料,达到回收金属的目的,并将钢渣用于水泥生产。

8.3.2.2   国内钢渣利用情况

近几年来我国钢渣产量及利用率如表8-4所示。

表8-4   近几年来我国钢渣产量及利用率

种类	2015 年		2016 年		2017 年		2018 年		2019 年		2020 年	
	利用量/亿吨	利用率/%	利用量/亿吨	利用率/%	利用量/亿吨	利用率/%	利用量/亿吨	利用率/%	利用量/亿吨	利用率/%	利用量/亿吨	利用率/%
钢渣	0.85	95.94	0.85	95.01	0.92	96.69	0.97	97.92	1.04	98.11	1.12	99.09
年产量/亿吨	1.21		1.21		1.31		1.39		1.49		1.60	

钢渣的综合利用方式如表8-5所示。我国钢渣主要在回收废钢铁、烧结原料等冶金回用、建材原料、建材制品、道路材料、软地基加固和工程回填、土壤改良和农肥、环境治理等方面应用,其中5.14%用于水泥和混凝土中的钢渣粉,28.58%用于钢渣硅酸盐水泥等钢渣系列水泥品种,1%用来制作钢渣砖,60.27%钢渣用于道路材料、回填材料。

表8-5   钢渣的综合利用方式

序号	综合利用方式		相 关 说 明
1	冶金回用	粒钢回收	由于钢水的沸腾喷溅,钢渣中粒钢含量约5%~10%,可深度磁选回用
2		作烧结原料	代替石灰石作熔剂,利于烧结顺行和降本,由于磷富集,配比不宜超过3%
3		作高炉熔剂	回收利用渣中金属铁,节省烧结矿和石灰用量,配用量取决于渣中磷含量
4		作炼钢造渣剂	喷吹入电炉节省石灰添加剂的用量,需避免有害物质的循环累积
5		精炼脱磷剂	利用方式简单,为提高脱磷率而加入的硅酸苏打,对耐材有较大的侵蚀
6		转炉溅渣护炉	可提高转炉炉龄,但溅渣在炉衬上形成10~20 mm厚的渣层,利用量有限
7		热态循环利用	LF精炼后熔渣的热态循环利用,可减少造渣料消耗、提高金属回收率

序号	综合利用方式		相 关 说 明
8	冶金回用	转炉压渣剂	替代高镁石灰调渣，达到不倒炉出钢，缩短冶炼及溅渣时间的目的
9		脱硫渣隔断剂	与脱硫渣成分及耐熔性相似，具有一定的膨胀性和铺展性，起到隔断作用
10		铁水脱磷剂	用作铁水脱磷预处理，适当添加$BaCO_3$和Fe_2O_3，可增强脱磷能力
11	建材原料	钢渣微粉	钢渣细度≥450 m^2/kg，金属铁含量低、活性高，20%以下可等量替代水泥
12		双掺粉	与矿渣微粉双掺时，还具有优势叠加功效，是混凝土掺和料的最佳方案
13		钢渣水泥	以钢渣为主要原料，掺入少量激发剂，磨细而成，强度等级可达42.5或52.5
14		掺合料	掺量10%~30%时，水泥或混凝土强度不降低，具有节能、降耗作用
15		预拌砂浆	粒度<5 mm的钢渣粉在干粉砂浆中可作为无机胶凝材料、细集料
16		铁质校正原料	钢渣中的氧化铁可以替代水泥生料中0~7%的铁粉用作水泥铁质校正料
17	建材制品	混凝土制品	碾压型整铺透水透气混凝土和机压型混凝土透水砖制品等，利于节资减排
18		钢渣砖	以钢渣为骨料，配入水泥，经搅拌在高压制砖机压制成型，养护即得产品
19		水利海工制品	混凝土护面块体、扭王字块、岩块等产品，已广泛用于海工和水利工程
20		生产凝石制品	由钢渣、粉煤灰、煤矸石等废物磨细后再"凝聚"而成，胶凝性能优异
21	道路材料	筑路渣	用作公路垫层、基层及面层材料，性能优越，筑路成本降低
22		钢渣砂	经稳定化和磁选除铁处理后的渣，可代替砂和石子用作道路材料
23		盐碱土地路基	克服了盐碱化土壤在含水量较高时导致的路基基底发软、强度降低等问题
24	软地基加固和工程回填	堆山造景	在钢渣山回填防渗性黏土和种植土，改造成公园
25		钢渣桩	通过钢渣排水和桩柱作用、挤密作用和化学反应三种作用来实现
26		工程回填	对游离氧化钙、粉化率、级配、陈化时间等有一定要求
27	土壤改良	土壤改良剂	钢渣中含有较高的钙、镁，碱度较高，可作为酸性土壤改良剂
28		农肥	可根据钢渣元素含量的不同，制作硅肥、磷肥、钾肥、复合肥等，鉴于钢渣黏滞性、水硬胶凝性和有害元素含量，施用量有限，国外主要用于林业
29	环境治理	废水治理	钢渣钙、铁、铝等元素，可制备聚硅硫酸铁等净水剂
30		固硫剂	可部分取代石灰石或石灰，与钙基固硫剂按比例混合可制得燃煤固硫剂
31		中和剂	钢渣中有大量的游离CaO，可作为中和废酸的碱性物质
32		吸附剂	钢渣孔隙结构特殊，表面积大，对重金属离子具有良好的吸附性能
33		抑制海洋赤潮	利用钢渣混凝土/岩块海洋生物附着率高的生态特性
34	其他利用途径	替代膨润土	将钢渣磨细至74 μm，可替代2%的球团用膨润土作烧结矿中的黏结剂
35		复合胶凝材料	引入脱硫石膏-粉煤灰复合体系，制备新型绿色复合胶凝材料
36		填埋场覆土	钢渣密度大、粒度适宜，可用作生活垃圾填埋场的覆土
37		船用喷磨料	钢渣硬度大、渣流动性好，可替代铜渣用作船用喷磨料
38		生产电石	钢渣中富含较高的氧化钙，可通过碳还原制得电石

A　回收废钢铁

钢渣中废钢粒及大块渣钢中全铁占15%~25%。钢渣经破碎、遴选和精加工后可回收其中废钢，一般钢渣破碎的粒度越细，回收的金属 Fe 越多。将钢渣破碎到100~

300 mm，可从中回收 6.4% 的金属 Fe；破碎到 80~100 mm，可回收 7.6% 的金属 Fe；破碎到 25~75 mm 回收的金属 Fe 量达 9.2% 左右。其中回收的大部分含铁品位高的渣钢作炼钢、炼铁原料。

回收废钢铁可采用方式为人工分拣和磁选两种。

B　回收铁精粉

回收铁精粉的方法主要有干法磁选和湿法两种。

（1）干法磁选铁精粉，经处理后的钢渣利用人工或磁盘吸附大块渣钢，剩余再经过几道破碎、筛分、磁选后得到铁精粉。

（2）湿法选铁精粉。湿法选铁精粉流程示意图如图 8-11 所示。

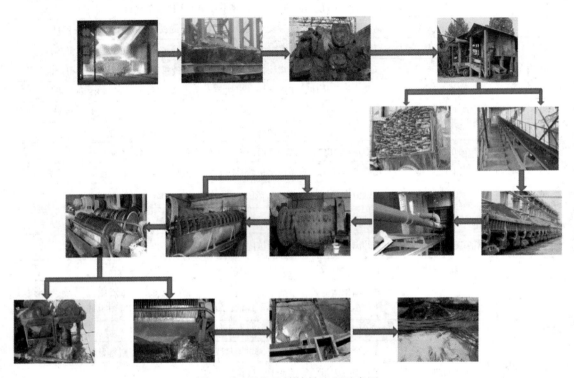

图 8-11　湿法选铁精粉流程示意图

C　用作熔剂

钢渣中的残钢、氧化铁、氧化镁、氧化钙、氧化锰等有益成分，可以作为烧结矿的增强剂，因为它本身是熟料，且含有一定数量的铁酸钙，对烧结矿强度有一定的改善作用，另外转炉渣中的钙、镁均以固溶体形式存在，代替熔剂后，可降低熔剂（石灰石、白云石、菱镁石）消耗，使烧结过程碳酸盐分解热减少，降低烧结固体燃料消耗。我国很多钢铁企业利用钢渣作烧结矿熔剂，取得了良好的社会效益和经济效益。

钢渣代替石灰石、白云石、铁矿石等用作冶炼熔剂。世界上很多国家已积累多年的使用经验，是钢渣合理利用的一条重要途径。

a　烧结矿熔剂

钢渣用作烧结矿熔剂在国内外都有较成熟的经验。钢渣可用作烧结料代替石灰石等，其特点是：提高烧结矿强度，改善烧结矿质量；有利于提高烧结矿产量；有利于降低燃料消耗；有利于降低烧结矿的生产成本。

钢渣一般含 40% ~45% 的氧化钙，钢渣配加量视铁矿石品位及含磷量而定，把钢渣加工成细的钢渣粉，便可代替部分石灰作烧结熔剂用。不仅回收利用了渣中的钢粒、氧化铁、氧化钙、氧化镁、氧化锰等有益成分，而且钢渣具有软化温度低、物相均匀等优点，烧结矿中适量配入钢渣后，显著地改善了烧结矿的质量，使转鼓指数和结块率提高，成品率增加。再加上由于水淬钢渣疏松、粒度均匀，料层透气性好，有利于烧结造球及提高烧结速度。此外，由于钢渣中 Fe 和 FeO 的氧化放热，节省了钙、镁碳酸盐分解所需要的热量，使烧结矿燃耗降低。高炉使用配入钢渣的烧结矿，由于强度高，粒度组成有所改善，尽管铁品位略有降低，炼铁渣量略有增加，但高炉操作顺行，焦比有降低，高炉渣中 Al_2O_3 降低，MgO 高，渣铁流动性好，提高脱硫系数；回收了 Mn 金属，生铁成分中 Mn 含量提高。

钢渣的粒度过大对烧结矿质量会带来不利影响。如钢渣平均粒度过大，较粗的钢渣在烧结混合料中产生偏析，造成烧结矿的碱度波动，给高炉生产带来不利影响。为此应该增强钢渣的破碎和筛分能力，保证粒度的均匀性。

b　作高炉熔剂

钢渣用作高炉熔剂，其优点是：提高铁水含锰量，在某些特定条件下还能富集 V 等有益元素，提高了资源综合利用程度；利用钢渣中的铁，取代部分铁矿石，降低了生产成本；代替石灰石，减少碳酸盐分解热，有利于降低焦比；钢渣中还含有 2% 锰，可提高铁水中的锰含量，渣中的 MnO、MgO 也有利于改善高炉渣的流动性。并且钢渣烧结矿强度高，颗粒均匀，故高炉的炉料透气性好，煤气利用状况改善，焦比下降，炉况顺行。

缺点是：钢渣成分波动大，钢渣的替代数量视具体情况而定。

D　用于转炉炼钢

转炉钢渣直接返回转炉炼钢，一方面，可代替氧化钙和部分萤石，渣中氧化铁可以促进前期化渣，缩短冶炼时间，降低氧气消耗，同时可使渣中氧化钙、氧化镁、氧化锰等有用成分得到有效回收，渣中铁又部分重新回到钢水中。另一方面，转炉钢渣直接返回转炉炼钢不会影响钢水质量，但转炉钢渣毕竟是含氧化钙、二氧化硅较高的高碱度炉渣，直接加入导致转炉渣量增大，喷溅容易发生，金属收得率下降，钢铁料消耗增加，需通过现场试验谨慎使用，而且钢渣作为冶炼熔剂循环使用时，要考虑钢渣成分和组分的波动变化以及其中的 S、P 等有害元素循环累积等因素带来的不利影响。

E　钢渣微粉

将转炉渣磨细为钢渣微粉并掺和在水泥中或与矿渣粉掺合为复合粉应用，是国内外研究与应用的一个热点。钢渣的主要矿物组成为硅酸三钙、硅酸二钙、铁酸二钙、RO 等，与硅酸盐水泥熟料矿物组成相似，这是钢渣可用于水泥做掺和料的根本原因，也是可以大量、高附加值地用作建筑材料的依据。但是钢渣微粉因钢渣粉磨和胶凝材料的活性等问题影响钢渣微粉的广泛应用。

钢渣微粉的粉磨问题：钢渣内部有大量单质铁粒、金属氧化物及 RO 相，其易磨性差；易磨性差导致粉磨能耗高；粉磨过程中，无法有效除铁而造成粉磨效率低，难以粉磨至合适的比表面积；钢尾渣中的单质铁及铁化合物的存在，粉磨过程中造成辊套及磨盘衬板急剧磨损,磨内及选粉机零件磨耗大;磨机难以连续稳定运行,振动大;磨盘需要喷水,造成粉磨烘干热耗高;钢尾渣粉磨生产企业运行、维护成本大。

钢渣微粉内的胶凝材料活性问题:钢渣内含有铁粒(Fe)、磁性氧化铁(Fe_3O_4)、RO 相 MgO、MnO 和 FeO 富铁等惰性矿物,钢渣微粉中的惰性矿物不能最大量地有效去除,限制了其作为胶凝材料的广泛应用,如加入水泥、混凝土中。

目前钢尾渣粉磨工艺是球磨机粉磨、辊压机和球磨机联合粉磨(或辊压机预粉磨)、立磨和球磨机混合粉磨、立磨终粉磨等。现有钢尾渣粉磨技术装备,存在研磨过程的局限性和技术瓶颈,例如,造成粉磨设备运行过程电耗高、粉磨效率低、难以有效除铁、磨机难以连续稳定运行、粉末难以高比表面积或者高比表面积时粉磨效率急剧下降,从而造成生产企业运行、维护成本高,而且活性较差。围绕钢渣微粉在水泥和复合粉中掺和应用,西安建筑科技大学粉体所联合莱歇研磨机械制造(上海)有限公司共同研发出具有专利技术的干法钢尾渣处理新工艺技术、装备。干法钢尾渣处理系统线路图如图 8-12、示意图如图 8-13 所示。

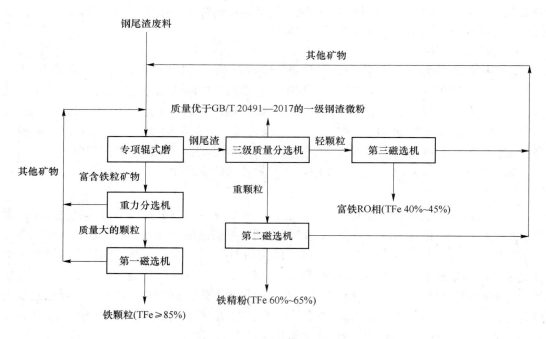

图 8-12   干法钢尾渣处理系统线路图

应用《干法钢尾渣处理系统》的钢渣资源化处理生产线不同于常用的钢渣处理技术,目前常用的钢渣处理技术主要是通过除铁和粉磨将钢渣制备成钢渣粉。由于钢渣中含有20% ~25% 的含铁氧化物和金属固溶物,这些成分本身只具有弱磁性或者非磁性,无法通过除铁器被排出钢渣微粉,铁质矿物提取率极低,所产出的钢渣微粉中以 RO 相为主的惰性矿物和单质铁过多以至于难以提高钢渣微粉的活性,从而导致通过这种工艺处理后的钢渣微粉活性低,应用受限,这是目前钢渣微粉使用受限的最主要的因素。此外,由于大量富铁 RO 相的存在于钢渣中不能及时分离,物料的易磨性很差,生产细度高达 420 m^2/kg以上的钢渣微粉,系统电耗过高,乃至失去其经济性。此技术可以完成对钢尾渣的反复解离

图 8-13 干法钢尾渣处理系统示意图

和预分选，并分选出铁颗粒（TFe≥80%）、铁精粉（TFe≥60%）及富铁 RO 相（TFe≥40%）矿物，其中占钢渣总量约 10%。该技术能够针对钢尾渣进行反复研磨解离和预选，将钢尾渣 100% 地转化成铁颗粒、铁精粉、富铁 RO 相矿物和钢渣微粉。

由于该技术可以在钢渣粉磨过程中，将极度难磨的铁颗粒、碱性铁精粉、富铁 RO 相产品及时分离出系统外，杜绝无效的物料粉磨，可实现处理钢渣系统单位电耗小于 50 kW·h/t，节电效果显著。钢渣经本生产线处理后可产生总量约 90% 钢渣微粉，比表面积可大于 430 m²/kg，其质量优于标准中《用于水泥和混凝土中的钢渣粉》（GB/T 20491—2017）的一级的钢渣微粉性能，在混凝土应用中可实现替代粉煤灰，或替代近 20% ~ 30% 矿渣粉，满足使用要求。

本生产线处理钢尾渣处理结果彻底，纯干法工艺生产，不产生二次废弃物，钢渣中存在所有的活性和惰性成分均得到充分资源化利用。生产线处理钢尾渣节能环保，粉尘排放极少，远低于采用传统技术的排放，实现超低排放。生产线除主机设备外，其他工艺辅助设备均采用集装箱模块化布置、占地面积小，维护成本低。

F 用于压渣调渣剂

在炼钢过程中，通过向炉内加入废钢渣击碎炉渣泡沫，以及快速降低炉渣温度、提高炉渣黏度可以达到压渣调渣的目的。在废钢渣加入后再加入少量碳质材料，对炉渣进行脱氧以降低渣中 FeO，提高炉渣熔点及黏度，同时辅以底吹搅拌强化钢渣界面反应，可以获得更好的压渣调渣效果。对于废钢渣与碳质材料压渣调渣效果而言，废钢渣侧重于物理作用，碳质材料则侧重于化学作用。转炉终点采用废钢渣结合碳质材料压渣调渣，可以获得较好的溅渣护炉效果，缩短了溅渣时间，为转炉自动化炼钢创造了有利的条件。

G 作激发剂

钢渣经细粉磨后，其潜在的化学活性得以充分激发，提高了水化反应速度，消除了对混凝土稳定性的影响，尤其是与矿渣粉按照一定的配比掺合后再用于水泥、混凝土中，具有优势叠加的效果，钢渣的碱度高，其中的 f-CaO 和活性矿物遇水后生成 Ca(OH)$_2$，提高了混凝土体系的液相碱度，正好充当了矿渣微粉的碱性激发剂。

H 制砖

以钢渣为主要原料生产标准砖、多孔砖、空心砌块、路面砖等各种砖产品。

用于制砖的钢渣具有以下要求：钢渣游离氧化钙含量≤4%，压碎值指标≤30%，金属铁含量≤2.0%，滚筒渣和热闷渣基本都符合要求。

各种产品的主要成分及配比如下。

主要成分：水泥、钢渣、矿渣、水。

钢渣骨料：要求粒径10 mm以下综合，粉料含量小于10%。

配比：

墙体砖：钢渣、矿渣、水泥=55%：35%：10%；

地面砖：钢渣、矿渣、水泥、颜料=65%：5%：20%：10%。

I　筑路与回填工程材料

钢渣碎石具有密度大、强度高、表面粗糙不易滑移、抗压强度高、稳定性好、耐磨与耐久性好、抗腐蚀、与沥青结合牢固的特点，广泛用于各种路基材料、工程回填、修砌加固堤坝、填海工程等方面。钢渣用于道路的基层、垫层及面层，一般还需在钢渣中加入粉煤灰和适量水泥或石灰作为激发剂，然后压实成为道路的稳定基层。由于钢渣具有一定活性，能板结成大块，特别适于沼泽、海滩筑路造地。钢渣用作公路碎石，用量大并具有良好的渗水与排水性能，用于沥青混凝土路面，耐磨防滑。钢渣作铁路道渣，除了前述优点外，由于其导电性小，不会干扰铁路系统的电讯工作。

我国城镇化建设的快速发展导致城市面临巨大的环境和资源压力，想让城市像海绵一样，在适应环境变化和应对自然灾害等方面具有良好的"弹性"，下雨时能排水、蓄水、透水，并在需要时释放并利用水，确保水资源的循环利用，改善城市生态环境。传统的城市道路以硬化路面为主，不具备渗水蓄水功能，仅靠管渠、泵站等设施排水，在暴雨天气往往会造成内涝。但是在海绵城市建设中，通过利用钢渣作为骨料的透水混凝土路面，使雨水透过路面渗入透水层，经排水管道进入雨水沟，从而路面不会形成积水，此外，透水混凝土路面还具有防滑性，有利于行人安全。

J　土壤改良剂和农肥

钢渣中含有大量的有益于植物生长的元素如Si、Ca、Mg、P等，而且大部分钢渣内的有害元素含量符合相关农用标准要求，适用于生产农业肥料和土壤改良剂。通过几十年的施用实践证明钢渣应用于农业生产是十分有效的再利用途径。

K　钢渣吸附剂及污水治理

利用钢渣制作吸附剂，尤其是废水处理吸附剂是钢渣综合利用的新方法，所制作的吸附剂是一种新型的吸附材料。可以利用钢渣吸附剂处理含砷废水、含铜废水、含磷废水、含镍废水、含铬废水等。与其他吸附材料相比，钢渣制作吸附剂，尤其是制作废水处理吸附剂的优势明显，吸附性能优异、易于固液分离；钢渣性能稳定、无毒害作用，以废治废，社会效益、经济效益和环保效益显著；钢渣来源广泛，价格低廉，有利于废水处理厂降低废水处理成本。

a　含砷废水

含砷废水主要来自化工、冶金、石油等行业，砷是水体主要的污染元素之一，剧毒，砷化物对人具有致癌作用。砷的氧化物或盐类溶解度高，可溶解于水，其中三价砷毒性最大。

常见的含砷废水处理办法有石灰法、石灰-铁盐法、硫化法、软锰矿法等，其中石灰法和石灰-铁盐法应用最广。用钢渣处理含砷废水，因钢渣粉碎后具有较大的比表面积，含有与砷酸盐有较强亲和力的钙和铁，对水中的砷具有吸附和沉淀作用，其中起主导作用的是吸附作用。用钢渣吸附剂处理废水，砷的去除率最高可达98%。

b　含铜废水

含铜废水的 pH 值在 6.5~6.8 之间，Cu^{2+} 的去除率随振荡时间的增加而增大。钢渣去除铜离子的主要方法有：（1）静电吸附，钢渣表面因带负电荷而对溶液中的阳离子（如 Cu^{2+}、$Cu(OH)^+$）产生静电吸附；（2）表面配合，钢渣颗粒表面的硅、铝、铁的氧化物表面离子的配位不饱和，在水溶液中与水配位，水发生离解吸附而形成羟基化基团 SOH，该基团能够与金属阳离子生成表面配位配合物；（3）阳离子交换，溶液 pH 值较低时，钢渣表面将吸附部分 H^+，Cu^{2+} 可与 H^+ 发生阳离子交换作用而被吸附在钢渣表面；（4）沉淀作用，钢渣表面的部分氧化物在水溶液中发生水解会使 pH 值上升，从而产生 $Cu(OH)_2$ 沉淀，尤其在溶液初始 pH 值较高的情况下，沉淀作用往往是 Cu^{2+} 被去除的重要原因。

钢渣的主要矿物有铁铝钙和镁铁相固溶体，沉淀作用将替代吸附作用成为钢渣去除 Cu^{2+} 的主要方式，钢渣对 Cu^{2+} 的吸附去除效果好。另外，钢渣粒径在 0.09~0.15 mm 之间时，其吸附效果最好，Cu^{2+} 的去除率高达99.14%，而粒径大于或小于此范围均未达到最好的吸附效果，这是因为颗粒较粗，其比表面积和表面能较小，不利于吸附的进行，而颗粒太细，尽管具有较大的比表面积和表面能，但其微观结构在研磨的过程中遭到破坏，同样得不到最佳的吸附效果。

c　含磷废水

传统除磷的方法主要是沉淀法、结晶法、生物法和吸附与离子交换法等。其中通过吸附去除磷，不仅速度快且没有二次污染，操作相对简单。

钢渣用于除磷主要具有两种作用：钢渣的吸附去除作用，通过钢渣特殊的结构特征，可以有效吸附水中的磷；钢渣中的金属离子，如 Ca^{2+} 等溶解在水中，可以与磷形成沉淀，从而达到除磷的效果。吸附与沉淀共同作用，使含磷废水的浓度大大降低，去除率最高可达99%。这对治理含磷较高的生活污水具有很好的参考价值。用钢渣除磷，随着钢渣投加量的增加，磷的去除率上升，但并不与投加量成正比，吸附量的变化随投加量的增加而下降，则说明在投加量较少时效果最好。综合考虑磷的去除率和吸附量两者之间的变化关系，当投加量为 0.5 mg/L 时，磷的去除率可达99%以上，吸附量也达最大，此时，废水中残留磷的浓度小于 0.5 mg/L，低于国家污水综合排放标准的一级标准。另外，搅拌时间对去除磷也有一定的影响，在 0.5 h 内溶液中磷的浓度就能从 10 mg/L 降低到 0.176 mg/L，磷的去除率达到98%；在 1 h 内磷的浓度降到 0.060 mg/L，以后随着时间的增加，磷的浓度变化已经很小，因此，钢渣对磷的吸附平衡时间为 1 h。

d　含镍废水

镍能引起人类 DNA 损伤，使 DNA 或 RNA 复制失真，引起突变、致癌。此外，镍及其化合物对生物酶具有广泛的抑制作用，毒害作用很大。钢渣中的 CaO 成分在水中可以部分溶解，使水质呈碱性，镍离子可部分形成氢氧化镍沉淀被去除。同时，通过钢渣的吸附作用可以进一步去除水中的镍，经试验，使用钢渣处理含镍废水，在充分的搅拌条件下，去除率最高可达 99%，从而达到治理含镍废水的目的。

　　e　含铬废水

铬对人的毒害主要是能引起肾脏、肝脏、神经系统和血液的广泛病变，导致癌变甚至死亡。土壤中过量的铬将抑制水稻、玉米、棉花、油菜等作物的生长。含铬废水主要来自制革、电镀、印染及化工行业，对含铬废水的处理主要采取还原中和法、离子交换法、铬酸钡沉淀法、吸附法等。钢渣对含铬废水的处理作用可以使铬离子形成 $Cr(OH)_3$ 沉淀，同时钢渣的吸附作用可以进一步去除水中的铬。经试验，使用钢渣处理含铬废水，去除率最高可达 98.8%，从而达到治理目的。

　　L　钢渣制备微晶玻璃等陶瓷产品

由于生成微晶玻璃的化学组成有很宽的选择范围，钢渣的基本化学组成就是硅酸盐成分，其成分一般都在微晶玻璃形成范围内，能满足制备微晶玻璃化学组分的要求。微晶玻璃由于其具有机械强度高、耐磨损、耐腐蚀、电绝缘性优良、介电常数稳定、膨胀系数可调、热稳定性和耐高温的特点，除广泛应用于光学、电子、宇航、生物等高新技术领域作为结构材料和功能材料外，还可大量应用于工业和民用建筑作为装饰材料或防护材料。利用钢渣制备性能优良的微晶玻璃对于提高钢渣的利用率和附加值，减轻环境污染具有重要的意义。

国外有关钢渣制备微晶玻璃的报道很早，如美国报道利用钢渣制造富 CaO 的微晶玻璃，具有比普通玻璃高两倍的耐磨性及较好的耐化学腐蚀性。西欧报道用钢渣制造出透明玻璃和彩色玻璃陶瓷，拟用作墙面装饰块及地面瓷砖等。我国这方面研究已经取得了较大的进展，钢渣中铁元素含量高且成分波动较大对制备微晶玻璃具有一些不利影响。已有研究指出，钢渣中铁含量的增加，会降低钢渣微晶玻璃的抗压强度和显微硬度。所以一般制备钢渣微晶玻璃，需要先提取回收其中一部分的铁元素。钢渣还具有高碱度的特点，制备微晶玻璃需要添加大量二氧化硅和氧化铝作为玻璃网络形成体。较高炉渣来讲，钢渣结构紧密质地更坚硬，破碎磨粉较困难，增加了钢渣微晶玻璃制备的工序和能耗，加重了设备的磨损。国内利用钢渣制备微晶玻璃已有较多研究。在实验条件下钢渣制备微晶玻璃并不困难，可以制成良好的建筑结构材料。钢渣微晶玻璃相较于大理石等材料，在多种性能上可以超越天然石材。但是由于提铁、磨料、熔制的能耗等方面限制，使得钢渣微晶玻璃与天然矿物制备微晶玻璃没有显著的成本优势，目前并没有实现大规模产业化。

　　M　保温材料

钢渣可以和水泥、粉煤灰、复合激发剂和防水剂采用物理发泡和化学发泡相结合的工艺方法，制备水泥基复合发泡轻质保温材料。随着物理泡沫掺量的增加，试样的干密度和抗压强度随之降低，导热系数呈先降低后增加的趋势。

　　N　电炉钢渣制造蓄热球

蓄热式燃烧技术是一种能源高效利用技术，其蓄热材料的好坏直接影响到窑炉的燃烧效果以及热能的利用率。在众多的蓄热材料中，应用范围最广、用量最大的是蓄热球。

电炉钢渣制造蓄热球具有强度高、体积密度大、蓄热能力强、抗热震稳定性好等优点，最高使用温度能达 1400 ℃，耐磨损，能满足一般工业窑炉蓄热材料的使用要求。

其制作工艺是：将电炉钢渣水淬、破碎、除铁、粉碎，制得平均粒径为 60 μm 的钢渣粉。按照质量分数为：钢渣粉 40%、镁砂粉 20%、矾土粉 23%、α-Al$_2$O$_3$ 粉 7%、氧化锆 2% 加水搅拌均匀，在搅拌过程中加入 CMC 1.5%，聚乙烯醇 6%，搅拌均匀后得到蓄热球泥料，密封困料 30 h。将蓄热球泥料造粒成球，成型后的球自然放置 28 h，然后进行干燥，缓慢干燥至水分含量在 1.5% 以下后，对球进行表面的修整，在 1430～1450 ℃ 下烧结 1.8 h，得到蓄热球。

O 钢渣用于脱除烟气中的 SO$_2$

煤炭燃烧产生的烟气中，含 SO$_2$ 等多种大气污染物。利用廉价的工业废渣脱硫，有变废为宝、以废治废的优点。该法取材方便，不仅可以降低吸附脱硫成本，而且有着明显的社会效益和环境效益。钢渣吸附 SO$_2$ 的实质并不是吸附过程，而是钢渣中的碱性氧化物溶于水后与 SO$_2$ 发生了化学反应，是一种吸收过程。烟气温度越高，脱硫效率越低。因为烟气温度高，加上钢渣内保持的水分不多，表面水分很快蒸发，CaO 难以溶解，不易与 SO$_2$ 反应。将饱和的钢渣放置 2～3 h 后，钢渣对 SO$_2$ 的吸收能力可以得到恢复，出现这一现象的主要原因是：钢渣以颗粒状态与烟气接触，吸收过程在颗粒表面进行，化学反应迅速消耗表面的碱性物质，吸收过程的继续要靠钢渣颗粒内部碱性物质向外扩散补充，由于扩散速率小于化学反应消耗速率，表面碱性物质不足，因而吸收效率下降，停止吸收后碱性物质仍继续向外扩散，当表面有足够数量的碱性物质时，吸收能力便得以恢复。

P 钢渣的医、药用价值

钢渣中硫、钙、镁、铁等化合物含量较高，将其溶于水中形成矿化水，用来治疗风湿性关节炎、皮肤病以及神经痛等疾病，开辟了钢渣在医学中的使用。头孢类、磺胺类抗生素是目前最常用的抗生素之一，抗生素在制药过程中产生大量废水，并且抗生素在水中溶解性高，具有低的生物降解性和高毒性，它是诱变和致癌化合物，其在水溶液最终的持久性增强了它们的生物积累。为控制抗生素污染，并且膨润土-钢渣制备的复合颗粒可以降低酸度和去除重金属离子，使其对抗生素具有更好的去除效果，从而实现钢渣的资源化作用。

8.4 炼钢除尘灰及其综合利用

8.4.1 炼钢尘泥的性能

8.4.1.1 炼钢尘泥的来源

转炉粉尘的捕集方式有两种：一种是转炉烟尘经活动烟罩—冷却烟道—文丘里饱和洗涤器被捕集；另一种是转炉烟尘经活动烟罩—蒸汽锅炉—转发冷却器—干式静电除尘器被捕集。转炉尘泥是转炉烟气净化后所产生的浓黑泥浆，呈胶体状，含铁高，含水高、颗粒细，难以脱水浓缩，使用压滤机脱水后含水率还很高，氧化亚铁成分较高。电炉粉尘是电炉炼钢时产生的粉尘，粒度很细，除含铁外，还含有锌、铅、铬等金属，具体化学成分及含量与冶炼钢种有关，一般冶炼碳钢和低合金钢的粉尘含有较多的铅和锌，冶炼不锈钢和特种钢的粉尘含铬、镍等，其捕集途径主要是烟尘捕集器—烟道—袋式除尘器。

8.4.1.2 转炉炼钢尘泥的产量

在炼钢工艺过程中，添加到炉内的原料中有 2% 转变成粉尘。转炉尘的发生量约为

20 kg/t 钢，主要成分为氧化钙、氧化铁，电炉尘的发生量为 10~20 kg/t 钢。

8.4.1.3　炼钢尘泥的组成

炼钢粉尘主要由氧化铁、氧化物杂质组成，如氧化钙和其他金属氧化物（主要是氧化锌），炼钢粉尘中其他化合物是锌铁尖晶石、铁镁尖晶石、碳酸钙，还有碳。电炉炉尘中含 Zn、Pb，甚至还有 Cd。处理粉尘的费用日益增加以及日益严格的环保标准要求一直是探索粉尘中氧化铁在炼铁或炼钢工艺中循环利用的经济有效方法的推动力。转炉炉尘和电炉炉尘的化学成分如表8-6~表8-8所示。

表8-6　转炉粉尘的质量分散度　　　　　　　　　　　（%）

740 μm	40~30 μm	30~20 μm	20~10 μm	10~5 μm	<5 μm
20~30	约15	20~30	5~10	约3	10~35

表8-7　转炉炉尘泥化学成分　　　　　　　　　　　（%）

单位	TFe	FeO	Zn	SiO$_2$	CaO
马钢	42.71	52.05	—	2.36	19.92
宝钢股份	48.59	12.90	3.00	3.47	9.23
柳钢	55.36	50.37	0.47	3.34	4.63
河北唐钢	50.76	54.17	—	4.23	9.58

表8-8　某厂电弧炉炉尘化学成分

成 分	含量/%	成 分	含量/%
TFe	30.2	MnO	2.8
FeO	2.8	P$_2$O$_5$	0.5
Fe$_2$O$_3$	40.0	Na+K	0.4
ZnO	24.2	Cu+Ni	0.9
PbO	4.1	C	1.7
CaO	5.1	S	0.6
SiO$_2$	4.8	Cl	3.3
MgO	1.3	其他	5.3
Al$_2$O$_3$	2.4		

转炉和电炉炉尘的粒度分布如图8-14所示，可见大部分炉尘的粒度在 10 μm 以下。转炉湿法除尘得到的除尘污泥经真空过滤或压滤，一般含水 15%~30%，呈胶体状，水分不易蒸发。

8.4.1.4　炼钢尘泥的性质

炼钢尘泥含水量高时呈黑色泥浆状，脱水后呈致密块状，粒度较细，分散后比表面积较大。研究表明，炼钢尘泥具有以下特性：

（1）粒径小，分散后比表面积较大。炼钢尘泥中 74 μm 含量大于 70%，43 μm 含量占 50% 以上。由于尘泥粒度较细，表面活性大，易黏附，干燥后易扬尘，会严重污染周围环境。

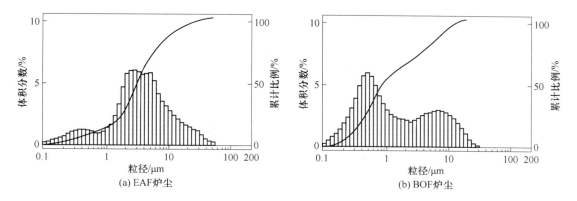

图 8-14   转炉和电炉炉尘的粒度分布

（2）TFe 含量高，杂质少。绝大多数炼钢尘泥组成简单，铁矿物含量高，杂质相对较少，有利于综合回收利用，若适当处理，可以制备成多种化工产品。

（3）炼钢尘泥中含有较多的 CaO、MgO，一些尘泥中还含有 K_2O、Na_2O，这些氧化物吸水后生成呈强碱性的氢氧化物，造成周围水体和土壤的 pH 值偏高，影响了作物的生长。

（4）毒性较大。由于电炉炼钢的特殊性，其粉尘中含有较高的 Zn、Pb、Ni、Cr 等重金属元素，且一般以氧化物的形式存在，露天堆放过程中，易受雨水的浸蚀而溶出，造成水体和土壤的重金属污染。

8.4.2   炼钢尘泥的处理技术

利用湿式除尘收集的粉尘称为尘泥。炼钢尘泥相对于炼铁尘泥来说，含铁量较高，杂质较少，富含 Fe、CaO 等有益成分，属于一种高品位、可利用的含铁原料，但由于其具有粒度细、黏性大等缺点，给进一步回收处理带来了很大困难。炼钢尘泥又分为转炉尘泥和电炉尘泥。

8.4.2.1   转炉炉尘处理方法

转炉炉尘的发生量和组成取决于排气处理和收尘方式。转炉炉尘含铁量高，颗粒很细，其中的 Zn 含量与废钢用量有关，如果大量使用外购废钢时，转炉炉尘中 Zn 含量也能高达 2%～3%。Zn 含量低的转炉炉尘可与高炉炉尘一起用湿法分级后回收。Zn 含量高的转炉炉尘不能返回烧结循环利用，单纯回收其中的 Zn 又因为其 Zn 含量不够高而没有经济利益。奥地利 Voest Alpine Steel 的 Linz 钢厂将部分转炉尘做成饼加入转炉循环，将炉尘中的 Zn 含量浓缩到 10% 左右，再和电弧炉炉尘一同处理。

国外转炉尘泥处理方法：

（1）将转炉炉尘通过配料器再用氧枪喷入转炉进行循环，该方法可以免去高成本的造块设备。

（2）将造团后的转炉炉尘加入转炉循环。

国内转炉尘泥处理方法：

将转炉炉尘加入其他原料冷压制成复合造渣剂，在转炉吹炼前期加入，促进化渣，回收炉尘中的铁，并使 Zn 在炉尘中富集。该方法改善了转炉造渣过程，提高了脱磷率，降低了渣中的自由氧化钙，但钢水硫含量略有增加。

转炉炉尘直接在转炉中循环有一定的缺点，如钢中 Zn 的积累，对生产的干扰以及降低废钢用量等。为避免这些问题，新开发了炉渣烟化法处理转炉炉尘。该方法是将转炉炉尘和还原剂混合冲入熔融的转炉渣流，在转炉渣的高温下大部分含 Zn 组分被还原成 Zn 蒸气挥发出去，其他成分则熔入转炉渣。而该渣中有 50% 作为高炉炼铁的熔剂循环利用，所以转炉炉尘中的铁和碱性氧化物可被利用。该方法利用了转炉渣的显热。

蒂森钢铁公司近年来开发出了新型竖炉，用于处理钢厂含铁类废物（包括含锌粉尘），其产品为铁水、熔渣和煤气。其主要工艺流程如下：来自钢厂的含铁含锌类尘泥（转炉污泥、高炉污泥、含油氧化铁皮）运到料仓，按照一定配比和黏结剂混合，再经压块机压制成块，养护提高强度，然后和焦炭、废钢、砾石、渣钢渣铁一起按比例加入竖炉（OxyCup）。竖炉鼓入热风和氧气，生成铁水、熔渣和煤气。煤气经湿式净化后作为竖炉空气预热燃料或并入煤气管网，煤气净化产生的污泥富含锌，达到一定浓度可以外售给制锌厂。

8.4.2.2 电炉炉尘处理方法

我国以废钢作为主要原料的电炉钢占全国钢总量的 15% 左右，低于世界平均电炉钢比例 35% 的水平。每处理 1 t 废钢大约可产生 $10 \sim 20$ kg 电炉烟尘。电炉炉尘由于含 Zn、Pb、Cd 等重金属而被归类为危险固体废弃物，世界各地的电炉炼钢厂开发了多种处理工艺。

电炉炉尘的处理目的是低成本地回收 Zn。处理方法可分为湿法和火法两大类。

A 湿法处理

湿法处理由于其残渣无处弃置而难以在钢铁厂内推广。电炉炉尘的湿法处理与火法处理相比，湿法处理工艺占地少，容易建成闭路系统。湿法处理电炉炉尘，可用电解法回收 Zn。电炉炉尘湿法处理工艺概括在表 8-9 中。

表 8-9 电炉炉尘湿法处理工艺

方法	浸出液	反应	特性
酸浸出	硫酸系	一段浸出：pH 值为 $2.5 \sim 3.5$，ZnO 溶解 二段浸出：pH 值为 $1 \sim 1.5$， 200 ℃ 高压浸出 $ZnO \cdot Fe_2O_3$ 分解	容易处理，传统的电解法回收 Zn
	盐酸系	$ZnO + 2HCl \rightarrow ZnCl_2 + H_2O$ $ZnO \cdot Fe_2O_3 + 2HCl \rightarrow ZnCl_2 + H_2O + Fe_2O_3$ 吹入 Cl_2 使溶解的少量 Fe^{2+} 转变成 $Fe(OH)_3$	一步浸出，氯化锌的盐酸溶液电解回收 Zn 或者溶剂萃取
	盐酸硫酸混合系	混酸可一步浸出 ZnO 和 $ZnO \cdot Fe_2O_3$ 残渣用碱处理	一步浸出，浸出环境不比盐酸系差
碱性溶液浸出	氯化铵	30% 的 NH_4Cl 100 ℃ 浸出，最后回收 ZnO $ZnO \cdot Fe_2O_3$ 成为残渣	工艺简单，Zn 回收率难以提高，回收 ZnO 后需要酸浸才能提出 Zn
	氨水	通 CO_2 气体，氨水溶解 ZnO，最后回收 ZnO	应考虑 ZnO 精制
	氢氧化钠	$ZnO \cdot Fe_2O_3$ 经反应 $ZnO \cdot Fe_2O_3 + 2OH^- \rightarrow ZnO_2^{2-} + Fe_2O_3 + H_2O$ 溶解，原 NaOH 溶液中电解	最终残渣中 Pb 含量较低

湿法处理的基本工艺是溶液浸出、过滤分离、净化滤液、电解提 Zn。浸出液可大致分为酸和碱两种。酸一般用硫酸或盐酸，也有用混酸的，碱多用氢氧化钠或氨水。不论酸浸还是碱浸，ZnO 的浸出都没有问题，$ZnO \cdot Fe_2O_3$ 的浸出则较困难，必须用较高浓度的酸或碱，而且需加热，有时需要高压浸出。浸出液的净化一般用置换沉淀或控制 pH 值沉淀，有时也用溶剂萃取。

电炉烟尘湿法处理最早采用硫酸浸出，由于电炉烟尘中铁/锌比率较高，尤其是硫酸锌电解过程中卤素浓度高的问题无法解决，所以一直未能推广应用。碱性浸出工艺由于不进行还原焙烧，无法浸出铁酸锌中的锌，应用同样受到限制。历经多年研究，由于电炉烟尘中氯含量高，采用氯化工艺明显优于硫酸或碱浸出工艺。因而，近年电炉烟尘的湿法冶炼工艺开发集中于氯化浸出工艺，代表性工艺有 ZINCEX、EZINEX。

（1）ZINCEX 工艺。ZINCEX 工艺起源于西班牙的 Tecnicas Reunidas 发明的工艺。它用于处理电炉烟尘等二次资源时，包括浸出、萃取、反萃三个步骤。首先，二次锌物料在 40 ℃和常压下用稀硫酸浸出，残渣浓缩后过滤，浸出液用石灰或石灰石中和净化除铝和铁。其次，将中性浸出液与 DEHPA 的煤油溶液在 pH 值为 2.5 的条件下混合，进行溶剂萃取，锌进入有机相，萃余液返回到浸出，水相小部分排出，以除去碱金属，大部分返回浸出过程。有机相经水洗和电解废液反萃后得到电解前液，送电解车间用传统方法电解生产锌，反萃后的有机相返回萃取过程。

（2）EZINEX 工艺。EZINEX 工艺由 Engitec Impianti（意大利）发明并完成半工业化试验。它主要包括浸出、渣分离、净化、电解及结晶等工艺步骤。EAF 烟尘浸出采用以氯化铵为主要成分的废电解液与氯化钠的混合液为浸出剂，浸出温度为 70~80 ℃，时间为 1 h，主要反应为：

$$ZnO + 2NH_4Cl \Longrightarrow Zn(NH_3)_2Cl_2 + H_2O$$

Pb、Cu、Cd、Ni 和 Au 也按同样的机理参与反应，以离子形式进入溶液，而氧化铁、铁酸盐和二氧化硅留在渣中。浸渣含锌 8%~12%，氧化铁 50%~60%，固液分离后，浸渣与作为还原剂的碳混合，磨匀后再返回电炉工序。浸出液（富含锌溶液）用金属锌置换存在于其中的 Pb、Cu、Cd、Ni 和 Au 金属杂质，置换渣送铅精炼厂以回收铅和其他金属。净化后的溶液含锌 31~36 g/L，铅、铜、镉、镍及银小于 5 mg/L，以钛板为阴极，石墨为阳极进行电解，从中回收锌，电解废液返回浸出，电锌含锌 99.0%~99.5%，该产品可用作热镀锌原料。用该方法第一次进行商业化生产的工厂位于 Udine 附近意大利钢铁公司旁边，年处理电炉烟尘 1 万吨，由于运行情况良好，1 年半后即扩大至 1.6 万吨/年。该工艺回收锌纯度高（>99%），工艺过程可靠。

B 火法处理

火法处理的基本原理是还原蒸发，使 Zn 从炉尘中还原出来成为 Zn 蒸气，以氧化锌或金属锌的形式回收。图 8-15 为 CO/CO_2 混合气体还原铁氧化物及氧化锌的优势区域图。

图中曲线Ⅰ、Ⅱ、Ⅲ、Ⅳ、Ⅴ代表粉尘中 ZnO 活度系数、Zn 蒸气压不同时，ZnO 和 Zn 蒸气的平衡线。从图 8-15 可知，气氛中 CO 比例在 a、d 线以上，温度高于 800 K 时，可以得到固态铁；但只有 1400 K 以上，CO/CO_2 大于 10，才能得到 Zn 蒸气，否则只能得到 ZnO。而液态金属锌的存在区间很窄，用氢还原的情况也与此类似。所以火法处理电炉炉尘的条件比较苛刻，一般情况下只能得到 ZnO。

典型的电炉炉尘火法处理工艺如表 8-10 所示。

a　威尔兹（Waelz）工艺

威尔兹工艺是目前应用最为广泛的电炉烟尘处理工艺，有一段威尔兹工艺和二段威尔兹工艺两种。其中欧洲、日本主要采用一段威尔兹工艺，它采用球团给料，即将烟尘与大约 25% 的焦粉或无烟煤及返回焦混合制成湿球团，然后加入略微倾斜的带有耐火衬的长回转窑内。粗级氧化锌产品一般采用袋式除尘器或电除尘器收集，其中氧化锌含量约为 55%～60%，经进一步处理后作为锌冶炼厂的原料。窑渣则通过进一步磁选回收剩焦，剩焦返回使用，磁选后的余渣呈中性，颗粒状，多孔，半玻璃化，无毒，可用作建筑骨料。二段威尔兹工艺由美国 HRDC 公司开发与应用，其第一段与一段威尔兹工艺相似，即 EAF 烟尘在该回转窑中进行锌、铅、氯与铁的分离，并得到含 TFe 51%～

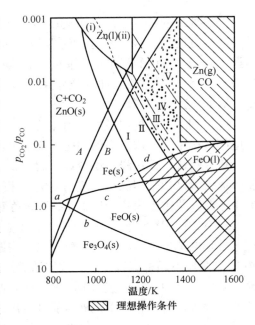

图 8-15　CO-CO_2-ZnO-FeO_x
体系的热力学平衡

58% 的直接还原块，作为电炉原料；含锌、铅、镉、氯的蒸气进入第二个回转窑进行再处理，得到粗级氧化锌和铅镉氯化物，产品粗级氧化锌作为常规锌冶炼原料。威尔兹工艺处理电炉烟尘具有处理能力大（8 万～10 万吨/年）、技术成熟、经济效益好等优点，只要电炉烟尘中（$Zn+Pb$）含量超过 20%，采用威尔兹工艺即有经济效益。

表 8-10　典型的电炉炉尘火法处理方法

名称	方　　法	锌产品	特　　点
Waelz 回转窑	用回转窑的氯化挥发法。原料造球后装入回转窑，以重油、煤粉、液化气等作燃料。操作温度以炉料不熔化为宜	粗 ZnO	可连续生产，设备可大型化，适用于大量处理。很早就用来进行 Zn 和 Pb 的挥发处理，挥发率很高。挥发残渣可作为铁原料返回高炉。曾经有多种尝试开发小型回转窑，但都没成功
电热蒸馏	电炉粉尘与 ZnO 矿混合物造块后经回转窑氯化除 Pb、烧结机烧结除氯后，在电热炉内通电，靠炉料的电阻发热，以焦炭还原并挥发除 Zn，Zn 蒸气氧化为 ZnO	ZnO	本来是生产 ZnO 的方法。ZnO 产品纯度较高，可直接商品化。设备大型，复杂，无须送氧助燃，排气量少，但工艺耗电多
埋弧电炉熔渣还原（MF 法）	使用小型熔矿炉，粉尘必须造块	粗 ZnO	残渣是熔融的炉渣。可作为稳定的炉渣使用。尚无返回电炉利用的例子
竖炉	具有两圈风口的特殊小高炉，上层风口将粉尘直接吹入炉内，不必造球	Zn，ZnO，Zn（OH）$_2$	适合大量处理，根据处理的炉尘或炉渣的情况有时可产生熔融的金属，不仅适用含 Zn 炉尘，也适用不锈钢渣和不锈钢粉尘

续表 8-10

名称	方　法	锌产品	特　点
真空蓄热炉	使用真空还原竖炉，锌化物与还原剂混合压球，依靠外在热源加热，下层是渣料出料系统，上层是金属回收系统，出风口连接真空系统	Zn，（少量）ZnO	适合高锌含量的原料，适用于渣系和烟尘的锌料，所收集的锌粉含量在90%以上
转底炉	粉尘造块后在圆形转底炉上稳定地与还原气流接触，将粉尘中的Zn还原挥发除去。本来这种工艺是为制造还原铁开发的，也有为粉尘处理还原挥发除锌为目的而设的	粗ZnO	气体流动不激烈，尽可能地抑制伴随气体流动而产生的二次粉尘。因此，挥发出来的粉尘中含锌率高，价值较高。批式处理，还原速度快，效率高，挥发残渣主要是还原铁，可返回高炉或转炉

简化的威尔兹工艺流程示意图如图 8-16 所示。

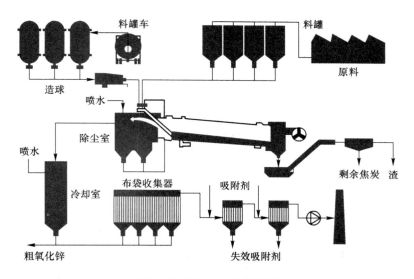

图 8-16　Waelz 工艺流程图

b　转底炉直接还原工艺

采用转底炉处理电炉烟尘可以追溯至 1965 年，由 Midland Ross 公司（Midrex 公司的前身）、国民钢铁公司和 Hanna 矿联合开发的 Heat-Fast 工艺。20 世纪 70 年代末期，由于含铁、有色金属复杂废物处理的需要，以煤作还原剂，采用转底炉的直接还原工艺又重新引起了人们的重视。在 Heat-Fast 工艺基础上，人们相继开发了 INMETCO、FASTMET、DRyIron 等直接还原挥发工艺。目前，技术可靠且商业化应用成熟的处理方法主要有转底炉（FASTMET、INMETCO）、竖炉等工艺。使用直接还原铁的方法处理含铁尘泥的基本思路是将其中的铁氧化物、PbO 和 ZnO 在低于铁的熔点的情况下被还原，使 Pb 和 Zn 气化与 Fe 分离，这种处理原理属于直接还原铁工艺范畴（DRI）。DRI 是在铁的熔点以下还原得到的固态金属铁，也叫海绵铁。它的一个突出优点是有害杂质含量低，这是废钢所不具备的，可以替代废钢作为特钢冶炼的优质原料，很多用废钢不能生产的特种钢都能用海绵铁生产出来。

FASTMET 工艺过程主要包括配料制团、还原、烟气处理及烟尘回收，即电炉烟尘及其他废料与经破碎的还原剂混合（也可不混合）制团、干燥，然后送入转底炉中，在转底炉内，分布在炉膛两侧的蓄热式烧嘴燃烧洁净煤气，补风喷嘴吹入空气使还原反应释出的 CO 燃烧，使料块从常温很快被加热到 1100 ℃ 以上。高温还原区的炉温保持在 1250~1350 ℃。在球团内部，碳粒子与铁的氧化物粒子密切接触，为还原过程创造了良好的传热传质条件，同时球团内的过剩碳在高温下显著地发生气化反应，随着还原过程的不断进行，氧化物处在一个被 CO 还原气体包围的氛围下而逐渐被还原成金属。在高温下 Pb 和 Zn 以金属蒸气的形式从炉料中溢出而进入烟气中，并和转底炉烟气中的 H2O 和 CO_2 等反应生成为 PbO 及 ZnO，并在末端的除尘设备中收集下来得到含 Zn 40%~60% 的粗 ZnO 烟尘。炉料冷却后经球磨机粉碎，再经过多级磁选以实现金属铁和尾渣分离的目的。

采用转底炉的直接还原挥发工艺应用于钢铁厂电炉烟尘处理具有重要意义，以直接还原铁这一优质炼钢原料形式回收电炉烟尘中的铁，实现了铁资源的厂内循环，为电炉烟尘厂内就地处理提供了物质基础与技术支持。同时回收利用了其中的铁与锌、铅等有价金属，实现了废物资源化利用。

转底炉的断面简图和平面图如图 8-17 所示。转底炉床与固定的炉壁内侧有水封以保持气密性。炉壁两侧设若干烧嘴喷入燃气燃烧加热炉料。固体炉料与烟气逆流运动一周，完成还原和挥发反应。图 8-18 为电炉炉尘和铁鳞各占 50% 的球团在转底炉中金属化率以及氧化锌残量随时间变化的曲线图。从图 8-17 可知球团金属化和锌的脱除仅需 10 min。

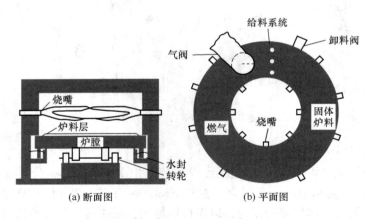

图 8-17　转底炉的断面简图和平面布置图

商业化的 DRyIron 工艺流程如图 8-19 所示。

c　竖炉工艺

川崎制铁（日本 JFE steel）开发了小型竖炉处理炉尘的工艺。该工艺是以直接冶炼粉矿的二段风口式焦炭充填型熔融还原炉来从炉尘中回收有价金属的，用于从不锈钢冶炼炉尘中回收 Ni、Cr 的装置。

从电炉炉尘中分离 Zn 的装置如图 8-20 所示。焦炭和造渣剂称量后从炉顶通过装入管加入炉内，电炉炉尘干燥粉碎后经喷粉罐从上层风口喷入炉膛，破碎机粉尘压缩减容后用

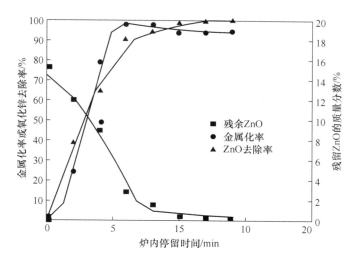

图 8-18 转底炉中电炉炉尘和铁鳞球团的金属化率以及氧化锌残量随时间的变化（1288 ℃）

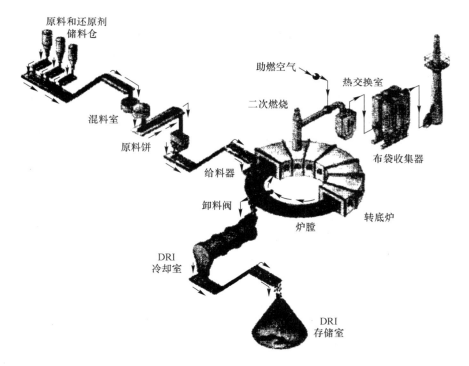

图 8-19 商业化的 DRyIron 工艺流程

给料机推入风口。焦炭与热风反应产生高温还原气体 CO，炉尘中的氧化物 ZnO、Fe_3O_4 等被熔融，熔融的氧化物在滴下过程中穿过两层风口之间的高温焦炭层被还原成金属，下段风口送风补偿还原反应热，上下两段风口之间形成高温、高还原性区间。易挥发的重金属蒸气随炉气上升到炉顶进入尾气处理系统，经喷水冷凝，得到 Zn、ZnO、Zn(OH)$_2$ 混合物。金属铁和熔渣降落到炉缸底部定期放出。

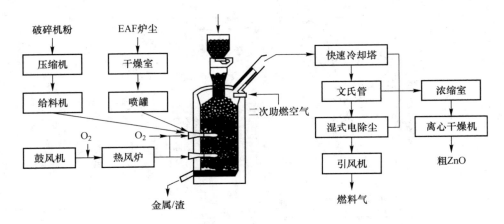

图 8-20 从电炉炉尘中分离 Zn 的熔融还原炉

该工艺回收炉尘中的 Fe、Cr、Ni，从电炉炉尘中将 Zn 和 Fe 分离。该工艺的特点是：

（1）直接使用粉料，不用将粉料造块；

（2）可以将 Fe 与 Zn 分离并回收；

（3）与过去的电炉炉尘处理方法不同的是没有二次废弃物。

该装置 2000 年在冰岛制铁所建立并进行了试生产，称为 Z-Star 工艺。建成的装置日处理量为 30 t，热风用量 2000 m³/h，热风温度为 800 ℃，富氧率 560 m³/h，焦比是 1260 kg/t 炉尘。每小时金属生成量 600 kg，出铁出渣状况良好。排气在 950 ℃急冷至 100 ℃以下，然后可燃气体经文氏除尘器、湿法电除尘，作为厂内燃料使用。气体中二噁英浓度在 0.01 ng/m³ 以下。通过炉顶吹入空气使炉内气体二次燃烧，保持炉顶温度在 950 ℃，这样可以避免炉体内部和急冷塔管道内壁 Zn 结瘤。

C 联合工艺

最典型的电炉烟尘处理联合工艺是 MRT（HST）工艺，该工艺先采用转底炉对电炉烟尘等物料进行直接还原焙烧，使铁与 Zn、Pb、Cd 分离，得到的直接还原铁产品返回电炉中回收利用；含 Pb、Cd、Cu 等金属的粗级氧化锌则进入含热氯化铵的浸出槽中，进行浸出作业，然后在连续过滤机上进行固液分离，滤液进一步处理分离回收 Pb 和 Cd，最后溶液经稀释沉淀、干燥得高纯氧化锌产品。其中转底炉还原焙烧为火法工艺，后面的粗氧化锌热铵浸出净化沉淀则为湿法工艺。MRT（HST）工艺可同时获得直接还原铁、高纯氧化锌、Pb、Cd 等产品，产品回收率高。

1996 年在美国 Ameri Steel 公司的 Jackson 钢铁厂建设了第二家电弧炉烟尘 MRT 处理厂（3 万吨/年）。但 MRT 工艺是间歇性生产，操作成本高。HSB Engineering Finance Corporation 等公司对该工艺进行了进一步的改进，从而实现了连续生产，并显著降低了成本，此即 HST（hartford steel technologies）工艺。采用该工艺在 Mississippi 建立了 1 家年处理 1.8 万吨粗氧化锌物料的厂，年产 1.49 万吨纯 ZnO、1000 t Pb，目前经济效益良好。1998～2002 年，日本以"节能型金属粉尘回收技术开发"为题，研究并开发了从电炉排气中直接将 Fe 和 Zn 分离回收的技术。该技术的概念如图 8-21 所示，通过强化电炉的密封，将电炉的高温排气导入碳材过滤器，粉尘中的 Fe 被碳材捕获，排气中的 Zn、Pb 等重金属蒸气通过过滤器进入重金属冷凝器以金属 Zn、Pb 的形式回收，排气则成为清洁的燃料气。碳材充填的过滤器工作温度范围在 1000 ~ 1100 ℃，排气中 CO/CO_2 大于 2，能起到还原 Zn、Fe 氧化物、集尘、吸附金属 Fe、分解二噁英的作用；陶瓷充填的重金属冷凝器在 1 ~ 2 s 内将 1000 ℃ 的气体冷却到 450 ~ 500 ℃，可将 Zn 和 Pb 蒸气冷凝分离，并能防止二噁英的生成。

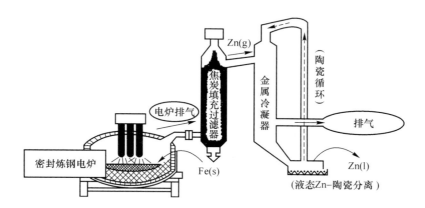

图 8-21　从电炉排气中直接将 Fe 和 Zn 分离回收的工艺概念图

D　电炉炉尘处理的问题

发达国家电炉炉尘处理的现状是建立在经济效益基础上的资源回收。技术上存在的问题可归纳如下：

（1）火法处理实质上是中间处理，产物是粗 ZnO，要得到 Zn 还需要进一步地处理。

（2）炉尘中含有的卤素（Cl、F）对设备有腐蚀，也使粗 ZnO 产品的价值降低。如果不除掉这些卤素，后续的火法提 Zn 工艺密闭式铅锌鼓风炉将无法正常运行。

（3）与卤素共存的还有少量 Pb、Cd 等重金属不纯物。这些不纯物对火法炼 Zn 没有太大的负担，但是如果直接采用湿法处理，这些不纯物的分离就成了问题。

钢铁厂粉尘，尤其是电炉粉尘的处理，无论在技术上还是在整个资源循环系统上都还有需要进一步研究解决的课题。为了构筑循环型社会，有必要将钢铁联合企业、电炉炼钢厂、炉尘处理厂、有色金属冶炼厂联合起来解决粗 ZnO 的处理问题。图 8-22 所示为钢铁工业和有色金属工业在资源循环利用上的互补关系。

8.4.3　炼钢尘泥的综合利用

炼钢尘泥综合利用可分为转炉尘泥的综合利用、电炉尘泥的综合利用及混合利用。

8.4.3.1　转炉尘泥的综合利用

A　转炉尘泥作炼钢冷却剂和造渣剂

转炉尘泥用于炼钢冷却剂可替代铁矿石，促进化渣、降低炼钢石灰及钢铁材料消耗。采用转炉污泥球团造渣，化渣快，除磷效果好，喷溅少，金属收得率高，其工艺可行，冶炼效果好，对钢质量无不良影响，改善了炼钢的化渣条件。转炉尘泥冷固结造块生产炼钢渣料是一种工艺简单、投资少、见效快、经济效益较好的含铁尘泥回收方法，可实现含铁

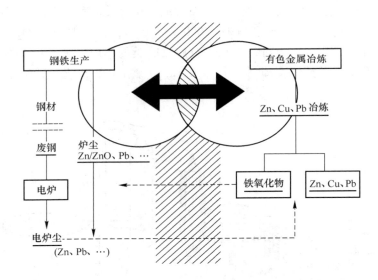

图8-22　钢铁工业和有色金属工业在资源循环利用上的互补关系

尘泥的合理利用，提高其利用价值。

炼钢工艺的特点对尘泥块的强度要求相对较低，因此，用于炼钢的尘泥造块多选用冷固结、加黏结剂压团或热压等工艺。

　　a　冷固结工艺

冷固结工艺有两种，一种是瑞典发明的加水泥法，另一种是由美国密芝根工业大学研究的加 SiO_2 和 CaO 作为黏结剂的方法。

加水泥法是将尘泥干燥磨细后，加8%～10%的水泥造球，在室外自然养护7～8天，成品球的抗压强度达100～150 kg/球。

加 SiO_2 和 CaO 的方法是在混合料中，加1%～2%的 SiO_2 和4%～6% CaO 造成生球，然后在高压釜中通高压蒸汽养护，球团矿的平均强度306 kg/球。

　　b　加黏结剂压团工艺

采用加黏结剂压团，对粉尘粒度要求不高，团块一般在常温或低温下固结，所用黏结剂除水泥外，还有沥青、腐植酸钠（钾、铵）盐、磺化木质素、水玻璃、玉米淀粉以及它们的混合物等。

其技术指标：抗压强度70 kg/球，熔点1250～1350 ℃，游离水＜1%。

　　c　热压团法

将干燥后的尘泥在流态床中喷油点火，着火后靠粉尘中所含可燃物（碳、油）的燃烧供给所需热量，热料从流态床直接进入辊式压机，对辊压力1000～1250 N，用这种方法生产的团块抗压强度272 kg/球。

　　d　塑性挤出成型轮窑生产烧结矿

根据新鲜转炉污泥有一定塑性的特点，用过滤后的转炉污泥，适当堆存，不经干燥，加入一定量的增塑剂，用塑性挤出的方法将转炉污泥造块，经干燥焙烧生产转炉炼钢用冷却剂，为降低烧结矿的烧成温度，可在尘泥中配加一定的燃料。

B 转炉尘泥作烧结料

我国转炉烟尘的净化分干法和湿法，一般采用湿法除尘器，尘泥含铁量56%左右，CaO 和 MgO 含量较高。为充分利用矿物资源，将热瓦斯灰配入转炉尘泥中进行两级搅拌混合，获得松散的转炉尘泥加工物料，粒度均匀，水分稳定，适宜烧结生产使用，干法除尘灰可以直接配入烧结使用。

将热瓦斯灰按比例配入转炉尘泥中，进入一段搅拌机混合后，吸收水分，产生蒸气，使块状尘泥变软，且成松散小块，通过运输皮带再进入二段搅拌机混合，使粒度细化，制成粉粒状物料。使用这种转炉尘泥加工物料，可改善烧结矿质量，节省燃料，经济效果很好。烧结生产中该加工物料的一般配比4%，能加快烧结速度，同时生产出的烧结矿物料熔点低，烧结条件好，成品率高，燃料消耗下降。

8.4.3.2 电炉尘泥的综合利用

A 电炉粉尘作炼钢增碳造渣剂

电炉粉尘代替生铁作电炉炼钢的增碳造渣剂，增碳准确率达到94%，并有一定的脱磷效果。同时，在节电、缩短冷冻时间、延长炉龄等方面有明显的效果，其工艺如下：粉尘＋碳素—配料—混合—轮碾—成型—烘干—成品。

B 电炉尘泥作电炉泡沫渣

电炉含锌尘泥压块应用于电炉泡沫渣，电炉在熔氧期全程喷碳，采用泡沫渣埋弧加快了电炉冶炼，提高生产效率。泡沫渣操作是电炉很重要的工艺手段，进一步强化泡沫渣的形成，对于降低电耗、电极消耗和耐材消耗，改善熔渣的冶金效果将起到很好的作用。高炉瓦斯灰有较高的 TFe 含量和碳含量，但因为含有水分和其他杂质而限制了它的循环利用，可先将瓦斯泥和电炉含锌尘泥通过合理配料后进行冷压块成型，在电炉富氧喷碳造泡沫渣的同时，采用合理的工艺将尘泥压块加入电炉，以此增加外来碳源和氧源，强化泡沫渣的形成，降低发泡剂的用量，提高泡沫渣的冶金效果。

C 电炉尘泥作水泥熟料

从电炉干式除尘器中捕集的烟尘作为铁质原料配制水泥的熟料，通过除尘系统捕集的除尘灰 $Fe_3O_4 > 50\%$，其主要成分一般不因冶炼钢种的变化产生大的波动，这种除尘灰含铁高，成分稳定，粒度和密度适中，是理想的水泥铁质熟料。通过熟料的产品质量对比，回收烟尘熟料和普通熟料在强度方面非常接近，水化基本相同。经有关部门鉴定，用电炉粉尘作原料配制的425号矿渣硅酸盐水泥质量全部符合国家标准。

8.4.3.3 混合利用

A 造渣剂

将转炉粉尘和电炉粉尘的混合物通过添加一定量生白云石和低锰矿并加工成冷压块，在转炉吹炼前期加入，促进了石灰的溶解，改善了前期化渣，提高了炉内脱磷率，石灰和轻烧白云石的用量有所降低，钢水终点锰有所提高，矿石的耗量减少，没有引起钢水的明显增硫，对钢水和炉渣成分基本没有影响。

该造渣剂除含有较高的氧化铁外，还含有多种氧化物，如 MnO、MgO 和 Al_2O_3 等。在吹炼初期加入，进一步提高了渣中的氧化铁含量，加速石灰熔解，使硅酸二钙与 $2FeO \cdot SiO_2$ 作用生成低熔点的钙铁橄榄石 $CaO \cdot FeO \cdot SiO_2$（熔点 1223 ℃），使硅酸二钙壳层疏松,从而促使石灰颗粒逐步溶解。携带加入的其他氧化物,还可以缩小石灰溶解的多相区,推迟硅酸二钙的出现。

在转炉条件下加入冷压块造渣剂,物料中的 Zn 和 Pb 将很快产生与铁水中 C(或 Si)的置换反应并气化,然后在氧化条件下迅速氧化成相应的氧化物,进入烟气中。对应用造渣剂条件下的钢水和终渣进行了取样分析,两者中 Zn 和 Pb 的含量均低于可以检测的最低限度,说明对钢渣没有副作用。粉尘造渣剂加入后锌的物流如图 8-23 所示。除极少量(小于 3%)Zn 进入钢水和熔渣外,大部分 Zn 进入了二次粉尘。

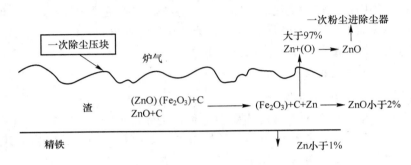

图 8-23   粉尘压块加入转炉后锌的物流

B   直接作烧结生产的原料配料

将炼钢尘泥与其他干粉及烧结返矿等配料混合,作为烧结原料使用,是我国主要的使用方法;或将含铁尘泥金属化球团后送到回转窑还原焙烧,作为高炉炼铁原料,或将含铁尘泥混合料直接送到回转窑进行还原焙烧制成海绵体。烧结分为直接烧结和小球烧结两种。

a   直接烧结法

把干湿尘泥直接与烧结原料混合进入烧结,作为高炉原料。利用颗粒较粗的高炉瓦斯灰、瓦斯泥、烧结尘泥及轧钢铁鳞等,含水较高的尘泥可与石灰窑炉气净化下来的干石灰粉尘一起混合,使水分降低 3%~4%,再与烧结矿配料一起使用。

含铁尘泥金属化工艺是将灰泥按产生量配料、均匀混合、加水湿润、添加黏结剂在圆盘造球机上加水造球,生球经 700~750 ℃ 低温焙烧或在 250 ℃ 以下干燥后,在回转窑内利用尘泥内的碳及外加部分还原剂(无烟煤或碎焦),在固态下还原,经冷却、分离获得金属化球团。回转窑直接还原法处理含铁尘泥能充分利用尘泥中的铁碳资源,可有效地脱除 Pb、Zn、S 等有害杂质,回收部分 Pb、Zn,获得的球团还原后含铁超过 75%,金属化率大于 90%,其高温软化性能接近普通烧结矿,抗压强度可达 60 kg/球以上,在高炉内极少产生粉化现象。该方法不仅有利于环境保护,而且还提供了优质廉价的冶金原料,经济效益相当可观。因此,无论从技术上还是经济上考虑,这种工艺流程是回收利用钢铁厂含铁尘泥较合理的方法,具有明显的优越性。但该法需建设链算机、回转窑等大型复杂设备,因而投资高,占地面积大。

但是,这种处理方法存在许多问题:一是这些尘泥含有较高的有害杂质,如 ZnO、PbO、Na_2O、K_2O 等,而烧结过程氧势较高,难以有效地除去这些有害杂质,故尘泥装入高炉易造成高炉内有害杂质的恶性循环,危及高炉的正常操作及炉衬寿命。二是由于各种尘泥的化学成分、粒度、水分均存在着较大的差异，会造成烧结矿成分和强度的波动，不利于烧结矿产、质量的提高，同时，也影响高炉冶炼的稳定顺行。三是该方法仅能回收部分含铁粉尘，不能将其全部利用，且回收利用的价值不高。

b　小球烧结法

比较细的尘泥适合用此法。其工艺是湿泥浆在料场自然干燥后送到料仓，干湿泥浆与黏结剂混匀送入圆盘造球机造成 2~8 mm 的小球，送成品槽作为烧结原料。小球烧结工艺过程设备简单、投资低、生产操作易于掌握、影响生产的技术问题少，有利于提高烧结矿的产量、质量，而且占地面积小；但脱 Pb、Zn 效果差，不能利用 Pb、Zn 含量高的含铁尘泥。因此，要求将瓦斯泥脱除 Zn 后利用。

c　冷黏球团直接入炉冶炼

将含铁尘泥与黏结剂混合，在造球机上制成 10~20 mm 的小球，经蒸养而固结。一般蒸养固结时间为室内 2~3 天，室外 7~8 天，成品抗压强度达到入高炉的要求，入转炉强度可降低一些，但原料的成分要求较严格。

参 考 文 献

[1] 张朝晖，李林波，韦武强，等. 冶金资源综合利用 [M]. 北京：冶金工业出版社，2011.

[2] Fisher L V, Barron A R. The recycling and reuse of steelmaking slag—a review [J]. Resources, Conservation and Recycling, 2019, 146：244-255.

[3] Rashad A M. A synopsis manual about recycling steel slag as a cementitious material [J]. Journal of Materials Research and Technology, 2019, 8 (5)：4940-4955.

[4] Jiang Y, Ling T C, Shi C J, et al. Characteristics of steel slags and their use in cement and concrete—a review [J]. Resources, Conservation and Recycling, 2018, 136：187-197.

[5] 赵计辉，阎培渝. 钢渣的体积安定性问题及稳定化处理的国内研究进展 [J]. 硅酸盐通报，2017，36 (2)：477-484.

[6] Zhao J H, Yan P Y. Volume stability and stabilization treatment of steel slag in China [J]. Bulletin of the Chinese Ceramic Society, 2017, 36 (2)：477-484.

[7] Mallik M, Hembram S, Swain D, et al. Potential utilization of LD slag and waste glass in composite production [J]. Materials Today-Proceedings, 2020, 33 (8)：5196-5199.

[8] Zhuang S Y, Wang Q. Inhibition mechanisms of steel slag on the early-age hydration of cement [J]. Cement and Concrete Research, 2021, 140：106283.

[9] Guo J L, Bao Y P, Wang M. Steel slag in China：treatment, recycling, and management [J]. Waste Management, 2018, 78：318-330.

[10] Zhang Q, Zhao X Y, Lu H Y, et al. Waste energy recovery and energy efficiency improvement in China's iron and steel industry [J]. Applied Energy, 2017, 191：502-520.

[11] Zhao J H, Yan P Y, Wang D M. Research on mineral characteristics of converter steel slag and its comprehensive utilization of internal and external recycle [J]. Journal of Cleaner Production, 2017, 156：50-61.

[12] Wang Q, Wang D Q, Zhuang S Y. The soundness of steel slag with different free CaO and MgO contents [J]. Construction and Building Materials, 2017, 151：138-146.

[13] Meng H D, Liu L. Stability processing technology and application prospect of steel slag [J]. Steelmaking, 2009, 25 (6)：73-78.

［14］郭文波，苍大强，杨志杰，等．钢渣熔态提铁后的二次渣制备微晶玻璃的实验研究［J］．硅酸盐通报，2011，30（5）：1189-1192.

［15］Guo W B, Cang D Q, Yang Z J, et al. Study on preparation of glass-ceramics from reduced slag after iron melt-reduction［J］. Bulletin of the Chinese Ceramic Society, 2011, 30（5）：1189-1192.

［16］隋一，马丽萍，王立春，等．钢渣的综合利用现状及应用前景［C］//《环境工程》2019年全国学术年会．北京：《环境工程》编辑部，2019：761-765.

［17］赵立杰，张芳．钢渣资源综合利用及发展前景展望［J］．材料导报，2020，34（36）：319-322.

［18］彭犇，邱桂博，王晟，等，钢渣有压热闷爆炸原因分析及预防措施［J］．环境工程，2018，36（11）：159-160.

［19］李嵩．BSSF滚筒法钢渣处理技术发展现况研究［J］．环境工程，2013，31（3）：115.

［20］中国钢渣处理行业发展前景预测与投资战略规划分析报告［R］．2021.

［21］韩甲兴．钢渣在海绵城市透水混凝土中的综合利用研究［J］．上海建材，2022（3）：32-35.

［22］柴蕊．水体中头孢类抗生素降解及吸附效果的研究［D］．阜新：辽宁工程技术大学，2019.

［23］韩剑宏．钢铁工业环保技术手册［M］．北京：化学工业出版社，2006.

［24］王绍文，梁富智，王纪曾．固体废弃物资源化技术与应用［M］．北京：冶金工业出版社，2003.

［25］汪群慧．固体废物处理及资源化［M］．北京：化学工业出版社，2003.

［26］徐惠忠．固体废弃物资源化技术［M］．北京：化学工业出版社，2003.

［27］宋学周．废水、废气、固体废物专项治理与综合利用实务全书［M］．北京：中国科学技术出版社，2000.

［28］聂永丰．三废处理工程技术手册［M］．北京：化学工业出版社，2000.

［29］施惠生．生态水泥与废弃物资源化利用技术［M］．北京：化学工业出版社，2005.

［30］冯裕华，傅仲述．环境污染控制［M］．北京：中国环境科学出版社，2004.

［31］赵由才．实用环境工程手册：固体废物污染控制与资源化［M］．北京：化学工业出版社，2002.

［32］李国鼎．环境工程手册：固体废物污染防治卷［M］．北京：高等教育出版社，2003.

［33］章耿．宝钢钢渣综合利用现状［J］．宝钢技术，2006，（1）：20-24.

［34］管建红．宝钢钢渣处理技术的发展及其产品特点［J］．冶金丛刊，2005（1）：31-33.

［35］王雅惠．本钢120t转炉烟尘治理［J］．炼钢，2003，19（6）：23-24.

［36］张勇，贺力荃．电弧炉炼钢与资源综合利用［J］．新疆钢铁，2004（2）：50-51.

［37］赵爱新，宋青伟，黄炳仁，等．钢渣处理技术及钢渣粉的综合应用［C］//济南市2005年学术年会，2023-08-11.

［38］董晓丹，王涛．钢渣在污水处理及生态治理中的应用［J］．炼钢，2006，22（2）：57-61.

［39］黄勇刚，狄焕芬，祝春水．钢渣综合利用的途径［J］．工业安全与环保，2005，31（1）：44-46.

［40］王全利．含铁尘泥的综合利用［J］．包钢科技，2002，28（6）：75-77.

［41］张则岗，王强，陈洁．钢铁厂工业废弃物的综合利用［J］．新疆钢铁，2002，（4）：19-21.

［42］贺建峰．济钢炼钢炼铁污泥的处理和应用［J］．钢铁，2003，38（5）：57-59.

［43］王社斌，宋秀安，等．转炉炼钢生产技术［M］．北京：冶金工业出版社，2008.

［44］李秀金．固体废物工程［M］．北京：中国环境科学出版社，2003.

［45］黄彩云．钢渣处理工艺浅析［M］．世界金属，2009，（3）：60-61.

［46］曾建民，崔红岩，向华．钢渣处理技术进展［J］．江苏冶金，2008，36（6）：12-14.

［47］王晓娣，邢宏伟，张玉柱．钢渣处理方法及热能回收技术［J］．河北理工大学学报（自然科学版），2009，39（1）：115-117.

［48］冷光荣，朱美善．钢渣处理方法探讨与展望［J］．江西冶金，2005，25（4）：44-46.

［49］舒型武．钢渣特性及其综合利用技术［J］．有色冶金设计与研究，2007，28（5）：32-33.

［50］宋坚民．钢渣的综合利用［J］．上海金属，1999，21（6）：45-47.

［51］杨迪芳，胡斌．浅谈钢渣的综合利用［J］．节能技术与产品，2004（6）：56-57.

［52］韩孝永．浅谈钢渣的综合利用［J］．再生资源研究，2007（6）：40-41.

［53］袁添翼，谭志良，范志辉，等．一种利用电炉钢渣制备蓄热球的方法：CN200910213743.6［P］．2023-08-11.

［54］姜进强，叶书开，陈树国，等．倾翻式钢渣水淬处理方法：CN02135756.0［P］．2023-08-11.

［55］龚洪君．废钢渣用于转炉炼钢压渣调渣的实践与分析［J］．四川冶金，2009，1：12-14.

［56］王加东，陈开明，陈立萍．KHM卧辊磨制备钢渣粉的应用实践［J］．水泥，2012，5：39-41.

［57］赵小燕．钢渣回用潜能评价及相关指标体系的研究［D］．西安：西安建筑科技大学，2007.

［58］姜葱葱，李国忠，张水．水泥基复合发泡轻质保温材料的试验研究［J］．墙材革新与建筑节能，2012，4：30-32.

［59］鲁健．含锌含铁尘泥处理技术研究［J］．烧结球团，2011，6：50-52，56.

［60］兰涛，张晓瑜，武征，等．处理含铁尘泥的DRI工艺优选及废气污染防治［J］．工业安全与环保，2012，5：4-6.

［61］李光强，朱诚意．钢铁冶金的环保与节能［M］．北京：冶金工业出版社，2006.

9 轧钢厂固体废弃物的综合利用

轧制主要是利用金属塑性变形的原理将钢锭或连铸坯放到两个逆向旋转的轧辊之间进行加工，使得轧件受到压缩而发生塑性变形，以获得所需要形状和断面的钢材；与此同时，对钢锭或连铸坯进行轧制还可以改善钢材的内部质量，使钢材的材质致密，晶粒细化均匀，提高钢材的强度和韧性等机械力学性能。轧钢的工序比较复杂，不同联合企业因生产产品的差异而设置不同的轧钢工序过程。按照金属轧制温度的不同可分为：热轧和冷轧。其中，热轧属于热加工的轧制过程，是以钢锭或钢坯为原料，用均热炉或加热炉加热到 $900 \sim 1250$ ℃后，在热轧机上轧至成品或半成品的轧制工艺；冷轧通常用热轧钢卷为原料，经酸洗去除氧化铁皮后在再结晶温度以下进行轧制。

轧钢厂的固体废弃物主要是氧化铁皮，钢在加热炉内加热时，由于炉气中含有 O_2、CO_2、H_2O，钢的表面层会发生氧化反应，每加热一次，有 $0.5\% \sim 2\%$ 的钢由于氧化而烧损。氧化铁皮造成的问题主要为以下几方面：

（1）氧化生锈可以造成金属损失；

（2）由于氧化铁皮的组织比钢材的基体组织疏松，其包覆在钢材的表面使钢材的导热系数降低，使钢材的加热速率减小，进而降低加热炉的生产率；

（3）由于碱性氧化铁皮会对酸性的黏土砖产生侵蚀作用，故会大大影响炉底材料的服役寿命，导致其容易损坏；

（4）氧化铁皮的大量堆积使炉底升高、起包、迫使加热炉停炉清渣，不仅影响加热炉的产量，而且使操作条件恶化，甚至导致加热炉被迫停产；

（5）氧化铁皮也会影响钢材的质量。在轧制时由于氧化铁皮易打滑，会增加对钢材加工时的咬入难度，增加孔型磨损，且在轧制过程中因氧化铁皮压入钢材表面造成斑点和麻坑缺陷，降低产品表面质量。

9.1 氧化铁皮的形成及分类

9.1.1 氧化铁皮的形成机理

钢在常温条件下就会发生氧化生锈，在干燥条件下，其氧化速度非常缓慢，当温度达到 $200 \sim 300$ ℃时，钢的表面会反应生成氧化膜，但若湿度较低时，此时钢的氧化速度还是比较缓慢；温度继续升高，氧化的速度也会随之加快，升至 1000 ℃以上时，氧化过程开始剧烈进行，当温度超过 1300 ℃以后，氧化铁皮开始熔化，氧化过程进行得更加剧烈。

钢的氧化过程是炉内的氧化性气体（O_2、CO_2、H_2O、SO_2）和钢表面层的铁发生化学反应的结果，即当钢材在氧化性气氛中加热时，在钢材的表面将反应生成氧化层，根据氧化程度的不同，从表至里的反应产物分别是赤铁矿（Fe_2O_3）、磁铁矿（Fe_3O_4）、方铁矿（FeO），分别占氧化铁皮厚度的 10%、50%、40%，典型的氧化铁皮的结构如图 9-1 所示。其表面产生氧化层的形成机理为：钢材表面氧化性气体的含量高，与铁发生强烈反应生成致密的 Fe_2O_3 层；而钢的内层氧化性气体的含量较低，与铁发生反应生成氧含量低的 FeO 层，FeO 层的结构疏松、易被破坏。同时随着炉内氧化性气体含量的增加和炉内温度的升高，钢表面氧化层的厚度不断增加。

铁的氧化反应过程如下所示：

O_2：

$$Fe + 1/2 O_2 \Longrightarrow FeO$$
$$3FeO + 1/2 O_2 \Longrightarrow Fe_3O_4$$
$$2Fe_3O_4 + 1/2 O_2 \Longrightarrow 3Fe_2O_4 \tag{9-1}$$

CO_2：

$$Fe + CO_2 \Longrightarrow FeO + CO$$
$$3Fe + 4CO_2 \Longrightarrow Fe_3O_4 + 4CO$$
$$3Fe_2O_3 + CO_2 \Longrightarrow Fe_3O_4 + CO \tag{9-2}$$

H_2O：

$$Fe + H_2O \Longrightarrow FeO + H_2$$
$$3Fe + 4H_2O \Longrightarrow Fe_3O_4 + 4H_2$$
$$3FeO + H_2O \Longrightarrow Fe_3O_4 + H_2 \tag{9-3}$$

SO_2：

$$3Fe + SO_2 \Longrightarrow 2FeO + FeS \tag{9-4}$$

从以上化学方程式可见，氧化铁皮的形成过程也是氧和铁两种元素的相互扩散反应的过程，即氧由表面向铁的内部扩散，而铁则向外部扩散。由于外层氧的浓度大，铁的浓度小，生成铁的高价氧化物 Fe_2O_3；内层铁的浓度大，而氧的浓度小，生成氧的低价氧化物 FeO，因此，在钢表面反应生成的氧化铁皮具有分层结构。铁的氧化过程如图 9-2 所示。

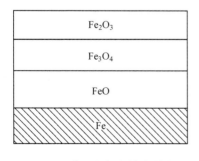

图 9-1 典型的氧化铁皮结构

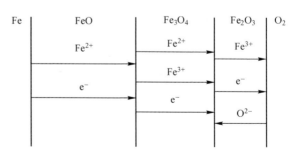

图 9-2 纯铁 570 ℃以上氧化形成氧化膜

氧化铁皮后续的生成和厚度增加的过程，主要依靠铁离子向氧化层外扩散，与氧化性气体进一步发生反应生成新的铁氧化物。若钢材表面的氧化铁皮中具有疏松结构的 FeO 含量较高时，此时外部的氧化性气体很容易通过结构疏松的 FeO 层向内扩散，并与铁和 FeO 反应生成致密的 Fe_3O_4 结构层，Fe_3O_4 致密结构层的产生，可阻止氧和铁两种元素的相互扩散，以减缓钢材内部铁基体的进一步氧化。

9.1.2　氧化铁皮生成的影响因素

9.1.2.1　钢中化学组成对氧化铁皮生成的影响

钢中合金元素对于钢坯表面氧化铁皮生成速度有一定影响，其中，碳、硅、镍、铜、硫促进氧化铁皮生成，锰、铝、铬减缓氧化铁皮生成。例如，硫与钢发生化学反应生成液态的硫化铁，不但促进氧化铁皮生成，而且增加氧化铁皮与金属的接触黏度，增加氧化铁皮的消除难度。

A　硅含量对氧化铁皮生成的影响

热轧钢中常含有一定量的脱氧元素硅，含量一般小于等于 0.5%，虽然较低，但是可在一定程度上提高钢材的耐腐蚀性。Adachi 通过实验表明，热轧钢在反应生成氧化铁皮的过程中，硅元素发生氧化反应后在氧化铁皮和钢基体界面处富集，硅元素的富集使界面处的铁浓度降低，铁元素向钢材基体中扩散的速度降低，同时导致铁与氧之间的接触反应速率降低，即硅氧化物的存在降低了氧化铁皮的增厚速度，并顺利防止钢材在加热炉加热过程的氧化。

有实验研究表明，在钢材中掺入一定含量的硅元素，在加热炉加热的过程中，由于硅原子的热扩散，会逐渐扩散至氧化铁皮的界面处，并与氧气发生氧化反应生成氧化硅，氧化硅再与铁发生化学反应生成铁橄榄石（$2FeO \cdot SiO_2$），这些氧化物的生成会进一步阻止铁与氧之间的化学反应，当加热温度大于等于铁橄榄石的液相线温度时，钢与氧化铁皮的界面处会产生一层 $2FeO \cdot SiO_2$ 液相层，以保护钢材基体表面的氧化铁皮的厚度不再增加。

硅与氧发生氧化反应后，与铁发生化学反应生成以铁橄榄石（$2FeO \cdot SiO_2$）为主要成分的次氧化铁皮界面，使得氧化铁皮在钢材基体上的附着力增强而难以去除。当温度小于等于 1177 ℃时，铁橄榄石（$2FeO \cdot SiO_2$）就会发生凝固，若没有完全去除掉，则会导致钢材基体上形成剩余红锈以及铁皮坑。英国的 Henry Marston 学者认为，含有 1.5% 硅的钢材与普通碳钢相比较，当加热温度为 1100 ℃时，氧化铁皮的生成量较少，但当温度为 1200 ℃时，由于铁橄榄石（$2FeO \cdot SiO_2$）的生成，会使钢材表面产生的氧化铁皮增加。日本专家认为，在高温条件下，钢材中的硅是选择性氧化，在方铁石（FeO）与铁质的界面上形成铁橄榄石（$2FeO \cdot SiO_2$），由于铁橄榄石（$2FeO \cdot SiO_2$）的熔点较低（约为 1170 ℃），当钢材的加热温度达到铁橄榄石（$2FeO \cdot SiO_2$）的熔融温度时，就会以楔形侵入鳞与铁质中，此时就会在鳞与铁的界面上形成错综复杂具有特殊结构的鳞层。有文献资料表明，当钢材中的硅含量大于 0.2% 时，对钢材进行热轧时，完全防止钢材表面麻点的产生是非常困难的。图 9-3 所示钢材中含碳 0.09%，含硅 0.54%，当加热温度为 1173 ℃时，在氧化铁皮与钢材界面处反应产生铁橄榄石（$2FeO \cdot SiO_2$），由于除鳞不彻底，在钢材表面会产生由剩余铁橄榄石（$2FeO \cdot SiO_2$）中一次氧化铁皮产生的红锈。

B　镍对氧化铁皮形成的影响

对于含镍的钢材，在高温加热条件下，镍与加热炉炉气中的氧化硫发生反应生成熔点较低的网状组织结构 NiS（熔点约为 800 ℃），NiS 的熔化破坏了钢材表面的保护膜，使钢材的氧化速度加剧。同时，若发生氧化反应，钢材中镍元素集中存在的部位会产生凸起，使钢材的界面形状凹凸不平，增加氧化铁皮的剥落难度。当钢材中的镍含量超过 0.2%

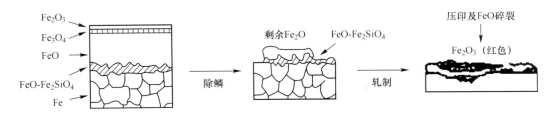

图9-3 0.09%C、0.54%Si 的钢剩余初次氧化铁皮产生的红锈

时，钢材基体表面的平整度更差，使钢材表面氧化铁皮的剥离难度更大。

C 碳对氧化铁皮形成的影响

钢材中的碳会在一定温度下扩散至金属与氧化物的界面处反应生成 CO，CO 会与铁发生化学反应生成结构较为疏松的 FeO。当金属与氧化物界面处有 CO 存在时，会导致金属与氧化铁皮之间的间距增加，导致钢材表面氧化铁皮的黏附力减小。当没有氧化铁皮的粗大裂纹而形成的间隙时氧化速率会降低；但是当钢材中的碳含量较高，且加热炉的温度较高时，在间隙中气体压力会导致氧化铁皮产生粗大裂纹，使得金属和炉气的接触概率增大，氧化速率加快。

D 铬对氧化铁皮形成的影响

在钢材中引入适量的铬元素，可提高其机械性能和抗腐蚀性。钢材中的铬与氧气接触发生氧化反应的产物 Cr_2O_3 可对基体起到保护作用，可减小钢材的氧化速率。但在高温和高压条件下，Cr_2O_3 与氧气反应生成气态的 CrO_3，使保护钢材基体氧化的 Cr_2O_3 产物层变薄，加速钢材的氧化过程。

9.1.2.2 工艺条件对氧化铁皮生成的影响

A 加热温度和加热时间

钢的氧化速度随着加热炉内温度的升高而加快。加热温度的高低直接影响钢材表面氧化铁皮的基本结构组成，常温下钢材的氧化速度很慢；当温度大于600 ℃时，氧化速度加快，氧化铁皮的增厚速率加快；当温度大于900 ℃时，氧化速度急剧加快，使氧化铁皮的生成量增加。

在同样的加热条件下，钢材的加热时间越长，其表面氧化生成氧化铁皮的量越多，烧损量越大。尤其是当钢材在高温条件下加热的时间较长时，氧化铁皮的生成量更多。对于钢材的短时间氧化而言，钢材表面氧化铁皮的结构比较均匀，结构与纯铁相类似；但是当钢材的氧化时间较长时，钢材表面氧化铁皮的存在对于钢材的继续氧化又有一定的阻碍作用，氧化膜的吸附性较差，所形成氧化铁皮的结构较为复杂，且表面出现鼓包、氧化层与基体分离的现象。

由于钢材表面生成氧化铁皮的氧化速率主要是离子的扩散和原子运动，其速率与温度呈指数规律变化，即随着温度的升高，其氧化速率随温度的变化呈指数规律增加。钢材的氧化速率与温度之间的关系由 Arrhenius 方程表征：

$$h \propto e^{\frac{Q}{RT}} \tag{9-5}$$

式中 h——氧化铁皮的厚度，mm；

Q——激活能，J；

T——加热温度，K；

R——气体常数。

由于氧化铁皮的生成过程实际是氧元素和铁元素的相互扩散过程，即此过程是由扩散所控制的过程，氧化速率与时间之间的关系符合抛物线规律，如下式所示：

$$h \propto t^{\frac{1}{2}} \tag{9-6}$$

式中　h——氧化铁皮的厚度，mm；

t——加热时间。

从式（9-6）可见，随着钢材表面氧化铁皮厚度的增加，原子之间的扩散距离增加，其氧化速率降低。图9-4为时间与金属损失量之间的关系曲线，其描述了经典的氧化皮形成模型，可用来估计加热过程中金属的损失量。

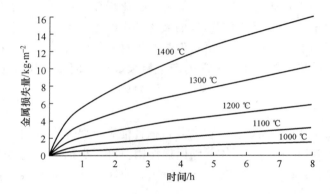

图 9-4　金属损失量与时间的关系曲线

B　终轧温度和卷取温度

钢材热轧的终轧温度一般在 800~950 ℃ 之间，其卷取温度在 520~740 ℃ 之间。由于钢材的卷取温度较高，且有氧气供应条件，故温度越高，钢材的氧化速度越剧烈，氧化铁皮的生成量越多。

通常情况下，即使钢材热处理的工艺条件相同，其边部氧化铁皮也会出现明显差异，这主要是由于板带冷却过程中冷却强度差异导致的，钢材表面的终轧温度越高，氧化铁皮的生成量越多，厚度越厚。远离边部的氧化铁皮生成量主要是由终轧温度的高低所控制，即终轧温度越高，氧化铁皮的厚度越厚，但是卷取温度对厚度几乎无影响。边部区域的氧化铁皮在经过卷取之后会继续增厚，且随着卷取温度的升高而逐渐增厚。边部区域的组成主要是 Fe_2O_3，其厚度是随着卷取温度的升高而逐渐增厚。当卷取温度大于 660 ℃ 时，Fe_2O_3 的生成导致大量氧化铁皮的形成，导致产生难以酸洗的问题。当卷取温度达到 720 ℃ 时，Fe_2O_3 的大量生成使得氧化铁皮的厚度继续增加导致边缘氧化铁皮更为严重的问题。当卷取温度较低时，氧化铁皮的结构组成为：钢卷最外侧区域有一层较薄的 Fe_2O_3 层，依次往里靠近中心区域的主要组成为原始 Fe_3O_4 层，中间层的主要组成为 Fe_3O_4 层，最里层的主要化学组成为 Fe_3O_4 和 Fe 的混合组织层。当卷取温度较高时，中间层的 Fe_3O_4 在边部的厚度明显要比中心位置的厚，且残余的 FeO 有时会在 Fe_3O_4 和 Fe 混合相层中出现。

C 供氧差异

供氧过程对于钢材的氧化过程也会产生一定的影响。例如，热轧带钢卷取后的氧化过程，由于钢卷的热容量较大，故其冷却速度很慢；且带钢通常都是紧密卷取的，使得其在不同区域处的供氧差异非常大。如在钢卷有缝隙的边部区域，供氧较为容易，但在钢卷的中心区域，其供氧较难甚至被限制。有研究表明，在钢卷的边部区域和中心区域所形成的氧化层结构完全不同。供氧的压力差异对钢卷表面所形成的氧化晶须、氧化物晶片以及晶粒的数量和生长速度均会产生一定的影响。

当温度达到 850 ℃ 以上时，供氧速度即气体的流速对钢材的氧化速度会产生一定的影响。通常，当供给的气体种类和热处理温度一定时，钢材的氧化速度有一个临界气体流动速度，若气体流速（供氧速度）小于该临界气体流速，则钢材的氧化速度随着气体流速的减小而降低；但是，当气体流速（供氧速度）大于该临界气体流速时，气体流速对钢材的氧化速度无影响。一般情况下，当供给的气体种类一定时，温度较高时，其临界气体流速的值较大。

D 冷却介质和冷却速率

由于钢材表面的氧化铁皮在水中的生成速度比空气中快，因此，当钢材在水蒸气气氛中停留的时间越久，钢材表面所生成的氧化铁皮的量越多，同时 FeO 的含量降低。因此，调节控制钢材的层冷停留时间，精确调节其冷却速度对于氧化铁皮的生成过程非常重要。有研究表明，若带钢的冷却速度越慢，则所生成的氧化铁皮量越多，厚度越厚。

除以上影响因素之外，炉膛压力、空燃比、加热炉中的煤气量、孔型充满度、道次变形量以及机架间张力等因素对氧化铁皮的生成过程也会产生一定影响。

9.1.3 氧化铁皮的种类及组成

钢的氧化过程是由铁和氧两种元素在相反方向扩散的结果，即炉气中的氧原子通过钢材表面向其内部扩散，而铁离子则由钢材内部向外扩散，在一定条件下，两种元素之间将会发生化学反应生成相应的氧化物。由于内层区域氧气的浓度小，铁的浓度大，则会反应生成铁的低价氧化物；而外层区域氧气的浓度大，铁的浓度小，则会反应生成铁的高价氧化物。反应生成的氧化层结构如图 9-5 所示。

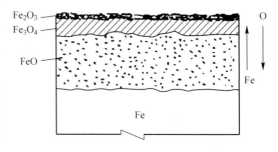

图 9-5 铁离子的扩散示意图

根据实际情况可将氧化铁皮分为一次氧化铁皮、二次氧化铁皮、三次氧化铁皮和红色氧化铁皮。

9.1.3.1 一次氧化铁皮

板坯在热轧之前需在加热炉内加热到 1100~1300 ℃ 并保温，由于加热炉内含有氧化性气氛，使得板坯表面会氧化生成厚度为 1~3 mm 的一次氧化铁皮，其鳞层的主要化学组成为磁铁矿 Fe_3O_4。板坯表面所形成一次氧化铁皮的结构和厚度与加热炉内的加热温度以及保温时间密切相关。高压水除鳞机的喷嘴将高压水直接喷射在从加热炉出来的板坯表面，板坯表面的氧化铁皮由于承受较大的热应力而开裂。在除鳞过程中，高压水会进入氧化铁皮的缝隙中，由于高压水的压力和水冷却作用，此类裂缝会在板坯和氧化铁皮的界面进行扩展延伸，使氧化产生的氧化铁皮逐渐去除，以达到除鳞的目的。

在实际生产中，一次氧化铁皮的除鳞率会随着一次氧化铁皮致密层厚度的增加而增加，主要原因是一次氧化铁皮的松散层中的气孔数量较多，当采用高压水对板坯进行除鳞时，由于高压水使板坯表面氧化铁皮由于热应力而产生的裂纹被松散层中的气孔所缓解，板坯表面的氧化铁皮中的裂纹不能继续扩展，即采用高压水除鳞的效果不佳；反之，当板坯表面所生成的一次氧化铁皮中的致密层增加时，高压水除鳞过程中的热应力会在除鳞过程中充分发挥作用，大大改善板坯的除鳞效果。当致密层的厚度为板坯表面一次氧化铁皮厚度的一半以上时，基本可利用高压水所产生的热应力将板坯表面的一次氧化铁皮完全去除。

9.1.3.2　二次氧化铁皮

热轧钢坯从加热炉中出来，经高压水将表面的一次氧化铁皮去除掉，然后对钢坯进行粗轧。由于此时板坯的温度仍然较高，在短时间的粗轧过程中，钢坯的表面与水蒸气和空气相接触，使板坯表面继续发生氧化反应生成氧化铁皮，将板坯在粗轧过程中表面继续反应生成的氧化铁皮称为二次氧化铁皮。二次氧化铁皮为红色的鳞层，呈明显的长条、压入状，沿轧制方向呈带状分布，其鳞层的主要化学组成由方铁矿（FeO）、赤铁矿（Fe_2O_3）等微粒组成。二次氧化铁皮的形成温度一般为 $600 \sim 1250$ ℃，其厚度一般为 $10 \sim 20$ μm，通常在每个道次或者每几个道次用除磷机除去二次氧化铁皮。由于二次氧化铁皮受水平轧制的影响，相对于一次氧化铁皮厚度较薄，且钢坯与鳞层的界面应力较小，故二次氧化铁皮的剥离性较差。若采用高压除鳞机不能完全除去表面的二次鳞，直接对有鳞层残留的钢坯进行精轧，精轧后的产品表面将会产生缺陷而影响其使用性能。

9.1.3.3　三次氧化铁皮

在热轧精轧过程中，带钢进入每架轧机时表面均会产生氧化铁皮层，轧制后通过最终的除鳞或在每架轧机之间时还将再次反应生成氧化铁皮。因此，带钢在轧辊作用下，其表面条件与进入各架轧机前表面反应生成的氧化铁皮的数量和特性密切相关，此时表面生成的氧化铁皮称为三次氧化铁皮，厚度一般为 10 μm，其是在除鳞之后进入精轧机前所形成的鳞层。在精轧、传输以及钢卷冷却各个工艺过程中三次氧化铁皮的总生成量比例与钢坯的卷取温度等密切相关。当对钢坯进行连续冷却时，钢坯表面反应生成的氧化层结构与终轧温度、冷却温度及卷取后的冷却速度等因素密切相关。

三次氧化铁皮的缺陷肉眼可见，黑褐色、小舟状、相对密集、细小、散沙状地分布在缺陷带钢表面，细摸有手感，酸洗后在带钢表面缺陷处留下深浅不一的针孔状小麻坑，它们在正常热轧带钢的表面上是看不见的。

9.1.3.4　红色氧化铁皮

红色氧化铁皮仅产生于硅含量较高的特定钢种上，主要是由于钢坯在加热炉中加热的过程中，基体表面所生成的氧化物与金属基体之间强烈的啮合而产生的，一般无明显的深度，呈不规则的片状。

红色氧化铁皮主要有以下两种：一种是在钢板宽度方向上呈非均匀分布，主要分布在中间区域，偏向操作侧，红色与蓝色处有明显的水印，在钢板的长度方向上也呈不均匀分布，个别部位的均匀性较好。此种红色氧化铁皮的厚度较厚，矫直时可崩起，可采用高压风吹除，此种红色氧化铁皮也可称为红锈。另一种是红色氧化铁皮沿钢板宽度方向上的分布较为均匀，一般靠近边部 100 mm 内稍重些，而钢卷的外部比内部重些。此种红色氧化铁皮的厚度较薄，且钢板的厚度越厚，红色越重。当然，这种红色氧化铁皮在其他的一些钢种中也会存在，具有一定的普遍性。

9.2 氧化铁皮的去除

针对热轧过程中钢板表面反应生成的氧化铁皮，目前，国内外对钢板表面进行除鳞的方法主要有以下三种：（1）采用机械方法除鳞，用破鳞机压碎表面反应生成的氧化铁皮；（2）采用爆破的方法除鳞，用食盐、柳条、竹条等撒在钢坯表面上，轧制时爆破，将表面的氧化铁皮崩掉；（3）采用高压水冲击除鳞，采用高压水枪清除表面的氧化铁皮。国内外已应用的热态除鳞方法主要有高压水除鳞、机械破鳞和气体吹除法等。由于冷轧钢板的原料是热轧钢带，经过热轧的钢带表面会由于氧化反应而生成一层硬而脆的氧化层，即氧化铁皮。为了获取性能优异的表面性能，必须通过一定措施将表面的氧化层去除掉。

9.2.1 高压水法去除氧化铁皮

高压水法去除氧化铁皮（HPW）是当前热轧厂中去除表面氧化铁皮时最常用的方法。高压水除鳞主要是通过高压水泵喷出高压水，形成高速水射流，以一定角度打到钢坯表面以清除钢坯表面的氧化铁皮。高压水法去除氧化铁皮的主要作用机理如下：当高压水喷射到钢坯表面的氧化铁皮时，氧化铁皮局部急剧冷却而快速收缩，使氧化铁皮与基体之间的裂纹进一步扩展，并且部分氧化铁皮发生翘曲，变性后的氧化铁皮在高压水射流的打击下极易破碎。高压水进入氧化铁皮与钢坯之间产生水楔，起到剥离表面氧化铁皮的作用。与此同时，进入氧化铁皮与钢坯之间的水，在高温条件下会发生爆炸性蒸发成为水蒸气，加速氧化铁皮的脱落。水射流残流会将破碎、剥离的氧化铁皮从钢坯表面冲洗干净，从而实现对钢坯表面氧化铁皮的清除。高压水除鳞机理归纳为以下几个过程：冷却效应、破裂效应、爆破效应和冲刷效应，这 4 种效应虽有先后顺序，但其在时间上存在交错，大部分属于物理变化，其中也伴随化学变化，其中最重要的机理为破裂效应和冷却效应。

由于高压水除鳞技术具有适应的钢种范围广、除净率高、综合成本低等优点，在热态除鳞得到广泛应用，成为当今热态除鳞方法的主流。高压水除鳞机理示意图如图 9-6 所示。

9.2.2 机械法去除氧化铁皮

9.2.2.1 反复弯曲法

用连续的弯曲辊将盘条从不同的角度进行多次弯曲变形，由于表面生成的氧化铁皮相对于盘条基体而言硬而脆且延展性较差，经连续的弯曲辊反复弯曲后容易从表面脱落，此种方法称为反复弯曲法去除氧化铁皮。一般当盘条的伸长率达到3.5%时，表面的氧化铁皮开始发生脱落，达到12%左右时氧化铁皮可完全脱落掉。当弯曲辊的直径越小，盘条的伸长率越大，但是弯曲辊的直径太小将会损伤盘条的表面性能，降低钢丝的性能指标，因此，一般将盘条的伸长率控制在8%左右。通过此种反复弯曲法只能将盘条表面的氧化铁皮去除约70%~90%，残留的氧化铁皮还需要通过酸洗或其他机械方法去除。在实际生产中，经过反复弯曲法处理过的盘条再经酸洗去除氧化铁皮，将可大大缩短酸洗时间，降低酸耗，且可防止盘条过酸洗。

9.2.2.2　抛丸法

抛丸机的摔轮高速旋转时会产生强大的离心力将弹丸以较高的速率连续冲击到盘条表面，以去除表面的氧化铁皮。这种工艺最早出现在欧美地区，主要是用于去除金属或非金属表面的氧化铁皮和杂质。其工作原理是通过高速旋转的摔轮将钢丸从合适的角度抛射到盘条表面，以打碎表面的氧化铁皮，再用配套的除尘器械将钢丸和氧化铁皮粉尘回收，做到无灰尘、无污染，回收的钢丸可以投入下一次使用。抛丸法的工作示意图如图9-7所示。

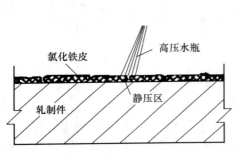

图9-6　高压水除鳞机理示意图

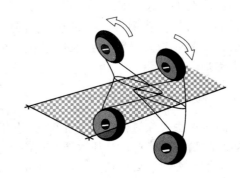

图9-7　抛丸法工作示意图

抛丸法去除氧化铁皮的效率主要跟摔轮的性能相关，摔轮的转速要求在2000~4000 r/min之间，抛出的金属弹丸最多达1000 kg/min，抛出金属弹丸的速度在65~75 m/s之间。摔轮要求布置在不同方位上，使得抛射到盘条表面的金属弹丸能形成均匀的扇形面，为此弹丸抛射处应设置导板，并附有弹丸和铁皮的回收分离器。在对盘条进行处理前，应预先将盘条进行矫直处理。经过抛丸机处理后的金属基体的性能有所改变，如抗拉强度和表面硬度升高，断面收缩率降低；但是硬度影响层厚度较小，抗拉强度的增加量可忽略不计，金属基体这些机械力学性能的改变对金属盘条的拉拔生产几乎无影响。

9.2.2.3　剥壳法

去除氧化铁皮装置的主要部分是五辊剥壳机，剥壳辊由平辊改为较密的尖槽的型辊，增加了局部压力和破坏力，提高了剥壳率。尖槽型剥壳辊如图9-8所示。剥壳机拉料辊由平辊改为较稀的方槽型辊，方槽型辊增加了摩擦阻力，对带钢起到一定的拉伸作用，有助于去除氧化铁皮（国外有的企业为了去除带钢表面的氧化铁皮，给带钢增加1%的拉伸量），另外，可以进一步破碎残存的氧化铁皮，再一次提高剥壳效率。在剥壳机之后，安装了二道钢刷去除已剥离和松动的氧化铁皮。剥壳机拉料辊如图9-9所示。

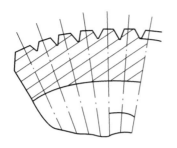

图 9-8　尖槽型剥壳辊

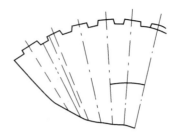

图 9-9　方槽型剥壳拉料辊

五辊剥壳机比三辊剥壳机增加了两个剥壳辊，实际上增加了两次反复弯曲的过程，促使氧化铁皮松脱剥落，三辊剥壳机尽管弯曲变形大，但没有反复弯曲。与七辊剥壳机（矫直机）相比较，该机增加了变形量，更能破坏表面氧化铁皮，致使其断裂脱落。七辊剥壳机的压下量太小，对氧化铁皮的破坏能力太小。

通过剥壳机和钢刷去除氧化铁皮的装置，氧化铁皮的去除率可达 50% ~ 80%。

9.2.2.4　磨削法

利用磨削法去除热轧板表面的氧化铁皮，其设备为磨削辊或铣削辊。它能均匀有效地作用在整个钢板表面，从而能去除表面的氧化物。因此，在轧机机架中装有带压下传动装置的磨削辊，辊中装有辊轴，辊面呈 S 形，该辊面的磨削辊能与钢板紧密配合，与钢板两侧均匀接触，适当移动磨削辊，可保证将钢板表面的氧化物均匀去除掉。

图 9-10 为有调整和带控制装置的轧机工作辊的示意图。该控制装置，通过检测装置得到钢板表面状况的数据，从而控制有一定辊面的磨削辊沿轴方向作相对移动，必要时还需要调整磨削辊的弯曲负荷，使磨削辊的辊面与钢板处于最佳的耦合状态。控制装置还配有光学仪表及测量钢板表面氧化物的传感器，该传感器在扫描时可测出钢板表面的哪些部位存在有氧化物。

9.2.3　磨料高压水去除氧化铁皮

9.2.3.1　磨料高压水去除氧化铁皮法

将一定粒径的磨料混入高压水中，再喷射到板坯或钢板表面，其去除氧化铁皮方法如图 9-11 所示。此种除鳞方法可提高钢板和氧化铁皮界面之间的剥离性，尤其是对高硅和高镍钢种的二次氧化铁皮的去除效果较好。

9.2.3.2　新磨料高压水去除氧化铁皮法

磨料高压水去除氧化铁皮法采用独特的泥浆喷射技术，将水和磨料的混合物冲击运行的钢带，以实现机械法除鳞，也称之为喷浆除鳞。其中泥浆冲击钢带的力度、角度和均匀性都可精确控制，可将氧化铁皮彻底去除，且对钢带基板无任何腐蚀性。该技术除鳞具有以下优点：投资成本低，操作成本低，能耗适中；设备布置紧凑，过程具有可量测性，采用模块化设计；采用清洁工艺，泥浆可循环利用，扩大磨料重复利用范围；钢带基板无砂丸或磨料嵌入，不需要或不会产生危险物质，能改善钢带表面粗糙度，有改善带钢板型的附加功能。该法去除氧化铁皮系统工艺流程如图 9-12 所示，工作原理如图 9-13 所示。

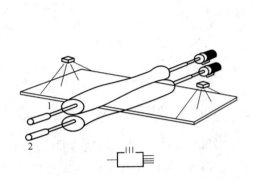

图 9-10   有调整和带控制装置的
轧机工作辊的示意图

1—控制装置；2—检测装置

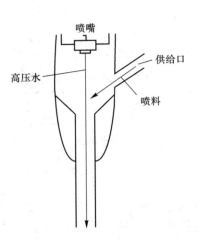

图 9-11   磨料去除氧化铁皮
方法的机架示意图

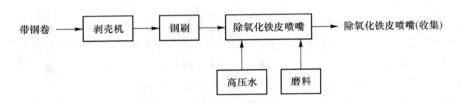

图 9-12   磨料高压水去除氧化铁皮系统工艺流程

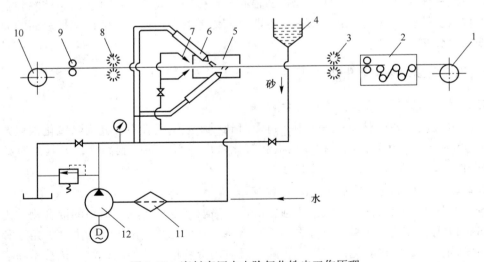

图 9-13   磨料高压水去除氧化铁皮工作原理

1—开卷箱；2—五辊剥壳机；3—钢刷去除氧化铁皮；4—供砂桶；5—去除氧化铁皮箱；6—去除氧化铁皮喷嘴；
7—清洗喷嘴；8—塑料刷；9—拉料辊；10—卷取机；11—过滤器；12—高压泵

要实现更彻底地去除基体表面的氧化铁皮，必须满足以下条件：高压水的压力应该足够大，一般都采用柱塞泵喷射高压水；泥浆中的磨料应该硬度大且粒径小；必须保证磨料与高压水充分混合的喷嘴。利用此法可去除 50% ~ 80% 的氧化铁皮，后期去除氧化铁皮的量降低，降低高压水压力，进而降低电耗及维护费用。泥浆中的磨料可采用铁矿粉或烧结矿粉，使用后与氧化铁皮一起作为烧结的原料，既降低了加工成本，也解决了对金属基体的二次污染。

该方法具有很强的适用性，特别适用于涂油或生锈较厉害的钢板在翻新之前的清洗，使铸件、冲压件和加工件彻底除鳞、除锈和脱脂。由于金属磨料和水的混合液可实现带钢的"机械酸洗"，因此，尤其对于热轧带钢除鳞而言，此方法具有非常大的潜力，其与酸洗机组的费用对比如表 9-1 所示。喷浆除鳞的主要问题是：如何使磨料均匀地喷射到连续运动带钢整个宽度表面上，如不能完全覆盖带钢整个宽度，则会因除鳞不完全而清洗不净；反之，在喷浆流下过度暴露，则可能会将金属基板腐蚀，降低其表面的质量等级。砂浆喷头采用独特的设计，以跨越扁平材表面，均匀喷出砂浆。浆液进入抛浆机，精确选择磨料，通过控制浆液离开抛浆机时的能量，实现对喷浆喷射宽度的精确控制。

表 9-1　酸洗机组与磨料高压水 EPS 机组费用对比

对 比 项 目	酸洗机组	EPS 机组	备　　注
设备投资费用	100%	70%	以美国生产设备价格对比
占地面积	100%	33% ~ 50%	酸洗 80 ~ 120 m，EPS 机组 40 m
基建投资费用	100%	40%	
安装调试时间及费用	100%	50%	
运行成本	180 ~ 220 元/吨	100 元/吨	
定员	3 ~ 4 人	2 人	

注：上述对比不包括酸回收及酸再生系统。

9.2.4　轧制法去除氧化铁皮

轧制法去除氧化铁皮主要有以下两种方式：

一是利用一种剪切式轧制法的轧机，通过降低辊径，用机械法去除热轧板表面的氧化物。这种轧机有两个可沿轴向相对移动的轧辊，辊面呈现 S 形，互为反向安装。轧辊在一个确定的轴向位置时，其辊面可紧密无缝地配合，它能对热轧板的不同表面及表面状况去除氧化铁皮。当两个轧辊沿同一方向作相对移动时，可使中间区增大；若使轧辊沿同一方向的轴向作相对移动时，辊面适于略微凸出的钢板表面，而以相反方向的轴向作相对移动时，辊面适于钢板中间偏薄、边缘偏厚的板面。

二是通过改变粗轧中各道次的压下率和精轧前的累计压下率，可提高氧化铁皮的剥离性。当粗轧中各道次的压下率大于 25% 时，精轧前的累计压下率大于 85% 时，实施去氧化铁皮，氧化铁皮的残留率显著降低。

9.2.5　化学法去除氧化铁皮

9.2.5.1　酸洗除鳞

酸洗除鳞指的是钢板表面的氧化铁皮与酸反应的除鳞过程（图 9-14），理论上讲，带钢表面的氧化铁皮从外层到内层分别是赤铁矿（Fe_2O_3）、磁铁矿（Fe_3O_4）和方铁矿（FeO）。它们分别与盐酸发生化学反应，主要以下面的三种方式除去表面的氧化铁皮：

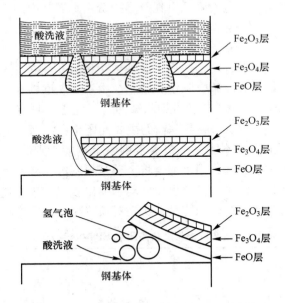

图 9-14　钢表面氧化铁皮酸洗机理图

（1）氧化铁皮与盐酸发生化学反应而被溶解（溶解作用）：

$$Fe_2O_3 + 6HCl =\!\!= 2FeCl_3 + 3H_2O \qquad (9\text{-}7)$$

$$Fe_2O_3 + 8HCl =\!\!= 2FeCl_3 + FeCl_2 + 3H_2O \qquad (9\text{-}8)$$

$$FeO + 2HCl =\!\!= FeCl_2 + 3H_2O \qquad (9\text{-}9)$$

（2）金属铁与酸作用产生氢气，通过外溢的氢气，氧化铁皮从钢基体分离：

$$Fe + 2HCl =\!\!= FeCl_2 + H_2 \qquad (9\text{-}10)$$

（3）反应产生的氢气将还原铁的氧化物为氧化亚铁，氧化亚铁易与酸发生化学反应，氧化铁皮就较易去除。正常的钢坯酸洗后经干燥后的表面显灰白色和银白色，若酸洗时间过长，则板坯就会因过酸洗而发黑；反之，若酸洗时间过短，板坯表面欠酸洗，导致板坯表面的氧化铁皮不能完全去除。因此，酸洗环节的好坏直接关系到板坯的表面质量。

国外研究者对铁和碳钢的氧化过程做了大量的研究，将氧化铁皮分为三类，如图 9-15 所示。

Ⅰ型氧化铁皮：大部分为残余 FeO，以及在靠近原始 Fe_3O_4 层附近形成的先共析 Fe_3O_4；

Ⅱ型氧化铁皮：大量残余 FeO，并在 FeO 层内和靠近 FeO/基体界面处形成了明显连续的 Fe_3O_4 层，Fe_3O_4 析出量明显多于Ⅰ型氧化铁皮；

Ⅲ型氧化铁皮：由原始 Fe_3O_4 层附近区域中的 Fe_3O_4 析出物，基体附近的 Fe_3O_4 析出物以及 $Fe_3O_4 + Fe$ 共析物和少量残余 FeO 的混合物组成。

针对三种不同类型的氧化铁皮的酸洗过程，国外冶金研究者提出了两种酸洗机理：一种机理以化学溶解为主；另一种机理则是以"底切"（undercutting）为主的电化学模型。

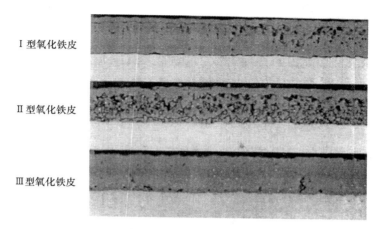

图 9-15　三种类型氧化铁皮结构

"底切机理"还可分为沿着氧化铁皮/钢界面底切（U/C-I）和沿着 $Fe_{1-y}O$ 层底切（U/C-W）两种。对于实验室制备的 I 型和 II 型氧化铁皮，发生 U/C-W；而对于 III 型氧化铁皮则发生 U/C-I，如图 9-16 所示。室温态热轧带钢表面氧化铁皮与 III 型氧化铁皮相似。

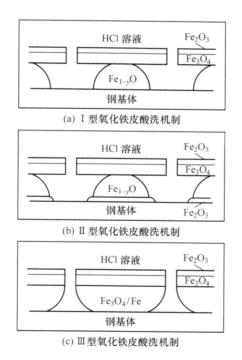

(a) I 型氧化铁皮酸洗机制

(b) II 型氧化铁皮酸洗机制

(c) III 型氧化铁皮酸洗机制

图 9-16　不同类型氧化铁皮的酸洗机理

化学酸洗法去除钢铁氧化铁皮的生产过程如图 9-17 所示。

由于酸洗除鳞工艺中的酸洗液可回收重复利用，因而相当经济。但是作为除鳞技术，酸洗工艺仍存在以下缺点：

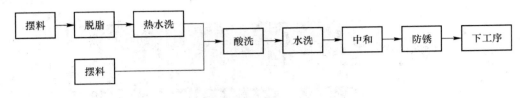

图 9-17　酸洗工艺流程

（1）投资成本高，实际占地面积大；

（2）从加热酸液和酸再生所使用的能源、生产线的人力、氧化铁皮的处理及化学副产品等方面考虑，操作成本高；

（3）使用大量具有腐蚀性的盐酸，挥发性盐酸易污染环境；

（4）生产线停机时，带钢受酸液侵蚀；

（5）带钢"过酸洗"会造成后步冷轧工序失控。

酸洗除鳞是一种对环境和生产操作人员危害极大的方法，并且由于国家对环保要求越来越严格，此种除鳞方法必将淘汰。

9.2.5.2　碱金属碳酸盐法去除氧化铁皮

化学法去除氧化铁皮主要针对的是难以去除的氧化铁皮。将高压水设计成封闭式的循环水，在水池中掺入碱金属碳酸盐等，然后再用高压喷射泵喷射到板坯表面。此法可提高钢板基体与氧化铁皮界面的剥离性，对二次氧化铁皮的去除效果较好，如图 9-18 所示。

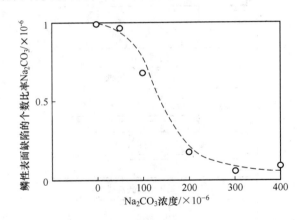

图 9-18　钢板表面氧化铁皮缺陷个数比率与喷射的 Na_2CO_3 水溶液浓度之间的关系

9.2.6　气体法去除氧化铁皮

经加热炉加热、板坯轧制变形后，板坯表面很快会形成一层新的薄氧化层，而且在消除应力阶段还会多次出现氧化铁皮的形成和脱落过程。为了减少氧化铁皮的生成，在热轧钢板离开辊隙消除应力的一段路径上，把惰性气体（氮气）喷吹到离开辊隙的钢板上。在这个工段上，钢板用一个密封装置加以屏蔽，惰性气体通入密封装置中，同时也吹入辊隙内，由于保护性气体的存在，大大降低了钢板表面氧化铁皮的生成量。

面对越来越严格的环保压力，人们一直在研究常规酸洗的替代技术，冶金工作研究者进行了氢气、碳还原热轧碳钢表面氧化铁皮的还原实验，并对温度、反应时间及还原气体组成等影响因素进行了初步探讨，对氧气还原氧化铁皮过程中的气体组成及温度等因素进行进一步研究，并对还原后试样的性能进行了检测，结果表明，除了对于某些含 Cr_2O_3 的不锈钢外，氢气还原清除氧化铁皮是一种经济可行的酸洗替代技术。

利用氢气除鳞主要是氢气将氧化铁皮还原成金属铁。钢板在保护性气氛中加热到最佳的化学反应温度，然后通入氢气，使其与氧化铁皮发生化学反应，最后是钢板在氢气和氮气的气氛中冷却，以保证钢板不再被氧化。

9.3　氧化铁皮的收集

在轧制前后，需要用各种方法去除氧化铁皮。通常用水将氧化铁皮和润滑油通过沿轧制线布置的氧化铁皮沟收集并进入处理构筑物。为了顺利地输送氧化铁皮，在氧化铁皮沟的起点就要加入一定量的冲铁水，以满足氧化铁皮水力输送所需的流速和水深。

部分轧后产品，特别是粗轧的中、厚板，宽热连轧带及大型型钢产品，一般均需喷水冷却，其排水量大、水温较高并含少量细颗粒氧化铁皮和油类。带钢热连轧机的精轧机组、钢管连轧机等现代轧机在高速轧制时，以及从粗轧机的热火焰清理机，均会产生大量氧化铁粉尘，通常采用电除尘器净化。电除尘器的清洗水中，含大量细颗粒氧化铁。

轧钢废水含有大量的氧化铁皮和油污，需要进行污水治理，才有利于综合利用。一般轧制车间都设有沿轧线布置的水冲铁皮沟，以清除轧制过程中产生的氧化铁皮，采用连续、低压的供水方式，并在铁皮流槽的起点、变坡、拐弯处加入冲洗水，依靠流槽中的水流速度和水深进行水力输送。

轧钢污水循环系统主要由净化、冷却构筑物和泵组成。常用的净化构筑物按治理深度的不同，分为一次铁皮坑或水力旋流沉淀池、二次铁皮沉淀池、重力或压力过滤器等。冷却构筑物主要采用逆流或横流式机械抽风冷却塔。

针对轧钢废水主要是含氧化铁皮和油，处理方法一般采用沉淀、除油、过滤、冷却、水质稳定和循环措施。在沉淀和除油上往往设一次铁皮坑和二次沉淀池。在一次铁皮坑内将大颗粒（$500\ \mu m$ 以上）的氧化铁皮清除掉，用泵将一次铁皮坑处理后的废水送入二次沉淀池，以进一步除去水中微细颗粒的氧化铁皮。

沉淀池一般采用旋流沉淀池。按进水方向分为上旋式和下旋式，按进水位置分为中心筒进水和外旋式进水，大型轧钢厂多采用外旋式沉淀池以保证清渣。含氧化铁皮的废水以重力流的方式沿切线方向流入旋流沉淀池，大颗粒在进水处开始下沉，较小颗粒随水流的旋转被卷入中央而沉淀，更小的颗粒则随出水流走。

某中厚板厂使用抛丸机清除板坯上的氧化铁皮，然后将其回收利用。钢板通过入口通道后进入抛丸室，在这里钢板被抛丸以去除钢板表面的氧化铁皮，然后钢板进入丸料清理室。带有螺旋输送器的预刮板从钢板的上表面去除大部分的丸料，随后钢板经过辊道上方的大小辊刷，辊道下方的小辊刷及吹扫装置除去黏附在钢板表面的丸料和粉尘，所有抛丸后的丸料被清理到底部收集槽内通过螺旋输送器进入斗提坑，然后由斗提机将丸料和氧化铁皮等输送到重力风洗系统。氧化铁皮和粉碎的丸料将被分离净化后的丸料返回到丸料料仓内供抛头循环使用。抛丸机结构图（需突出氧化铁皮回收）如图 9-19 所示。

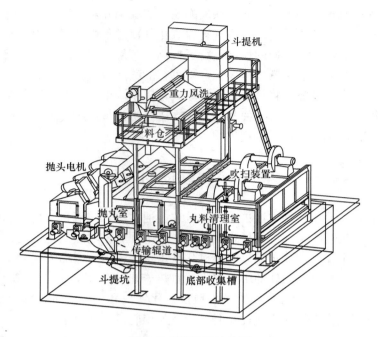

图 9-19　抛丸机结构图

9.4　氧化铁皮的综合利用

虽然目前的钢铁企业已从各方面入手以减少氧化铁皮的生成量，并且在提高成材率方面作了大量的工作，但是仍然有约 1% ~2% 的氧化铁皮产生。钢铁企业已从多方面入手提高氧化铁皮的综合利用率和附加值，变废为宝，不但回收了资源，降低了生产成本，而且减少了对周围环境的污染，将会产生巨大的社会效益和经济效益。

9.4.1　烧结辅助含铁原料

氧化铁皮是钢材轧制过程中产生的，FeO 含量最高达 50% 以上，是烧结生产较好的辅助含铁原料，利用氧化铁皮作为辅助材料，即在混匀矿中配加氧化铁皮，一方面，氧化铁皮相对粒度较为粗大，可改善烧结料层的透气性；另一方面，氧化铁皮在烧结过程中氧化放热，可降低固体燃料消耗。理论计算结果表明，1 kg FeO 氧化成 Fe_2O_3 放热 1972.96 J，烧结混合料中配加氧化铁皮后，由于烧结过程充分，温度水平高，因此，烧结矿转鼓指数提高，固体燃料消耗下降，生产率提高。

利用氧化铁皮作为辅助材料的烧结矿有以下特点：

（1）氧化铁皮烧结矿在电炉炼钢上应用，具有化渣快、脱碳快、脱磷多、脱硫效果显著、提温好等作用，可提高钢水质量，缩短冶炼时间。

（2）氧化铁皮烧结矿比普通铁矿石的杂质含量少，加入后不降低熔渣碱度，可节省萤石、石灰等的用量。

（3）氧化铁皮烧结矿的铁含量比铁矿石高，可一定程度上提高产量。

9.4.2 粉末冶金原料

在粉末冶金工业中，氧化铁皮是生产还原铁粉的主要原料。生产还原铁粉的主要工艺流程为：将氧化铁皮经干燥炉干燥去油、去水后，经磁选、破碎、筛分入料仓，焦粉作为还原剂，配入10%～20%的脱硫剂（石灰石）经干燥处理入料仓；将氧化铁皮按环装法装入碳化硅还原罐内，中心和最外边装焦炭粉，将装好料的还原罐放在窑车上进入隧道窑进行一次还原，停留90多小时后冷却出窑；此时氧化铁皮被还原成海绵铁，含铁量为98%以上，卸锭机将还原铁卸出，经清渣、破碎、筛分磁选后，进行二次精还原，生产出合格的还原铁粉，进入球磨机细磨，然后进入分级筛，从而得到不同粒度的高纯度铁粉。将这种铁粉用于制作设备的关键部件，只需压模，即可一次成型，获得强度高、耐磨性和耐腐蚀性好的部件。这种性能好的部件主要用于高科技领域，如国防工业、航空制造、交通运输、石油勘探等行业。粒度较粗的铁粉主要用于生产电焊条。

9.4.3 化工行业的应用

在化工行业，氧化铁皮可用作生产氧化铁红、氧化铁黄、氧化铁黑、氧化铁棕、三氯化铁、硫酸亚铁、硫酸亚铁铵、聚合硫酸铁等产品的原料。这些化工产品的用途广泛。

9.4.3.1 利用液相沉淀法制取湿法氧化铁红

采用液相沉淀法生产氧化铁红，主要原料是氧化铁皮。用此工艺可生产从黄相红到紫相红各个色相的铁红。生产工艺过程是：首先制备晶种，然后将晶种置于二步氧化桶中，加氧化铁皮和水，再加亚铁盐为反应介质，直接用蒸汽升温至80～85 ℃。并在此温度下鼓入空气，待反应持续至铁红颜色与标样相似时停止氧化，放出料浆，经水洗、过滤、干燥、粉碎即为产品。根据晶种制备和所用亚铁盐的不同，此工艺又可分为硫酸法、硝酸法和混酸法。

A 硫酸盐湿法铁红

晶种制备：把烧碱加到硫酸亚铁溶液中，反应生成氢氧化亚铁，控制 pH 值为 9～10，鼓入空气，在 20～30 ℃下氧化制得晶种。

二步氧化：二步氧化过程实质是晶核长大的过程，采用硫酸亚铁为反应介质。反应是循环进行的，生成新的 Fe_2O_3 沉积在晶核上，使晶体长大至所需大小。

B 硝酸盐湿法铁红

晶种制备：在反应器中先加入水和氧化铁皮，用蒸汽加热至80～90 ℃，将浓度为50%的硝酸慢慢加入反应器中，反应完毕即为晶种。

二步氧化：采用硝酸亚铁为反应介质。反应循环进行，每循环一次将有两个分子的硝酸形成硝酸铵，所以氧化过程中要不断补加硝酸或硝酸亚铁。

C 混酸盐湿法铁红

晶种制备：采用硝酸法制取晶种。

二步氧化：利用硫酸盐工艺或按前后次序采用两种二步氧化工艺。

9.4.3.2 合成氧化铁黄（$Fe_2O_3 \cdot H_2O$）

氧化铁黄的生产基本上采用湿法硫酸盐氧化方法。其工艺过程和硫酸盐湿法铁红相似，区别在晶种制备。

晶种制备：将烧碱加到硫酸亚铁溶液中，硫酸亚铁要过量。加完碱后 pH 值为 5～6，鼓入空气，在 20～30 ℃下氧化制得晶种，反应完成后，剩余大量的硫酸亚铁。

二步氧化：制晶种时以过量的硫酸亚铁作为反应介质。反应循环进行，生成的 $Fe_2O_3 \cdot H_2O$ 沉积在晶核上，使晶体长大到所需大小。

9.4.3.3　制作氧化铁黑颜料（磁性材料）

经简单的机械选矿与焙烧的联合流程能得到高纯度的 Fe_3O_4 产品，可作铁黑颜料及磁性材料等。

A　重选

由于氧化铁皮中混入的杂质主要为煤渣和炉膛内壁脱落下来的耐火砖碎屑，它们与氧化铁皮的密度有较大的差异，采用重选有可能预先除去此部分杂质。在此，预先选定使用摇床进行分选。

B　焙烧

焙烧的目的在于将独立的 FeO 组分进行转化：

$$4FeO = Fe_3O_4 + Fe$$
$$7Fe + 5O_2 = Fe_3O_4 + 2Fe_2O_3 \tag{9-11}$$

C　磁选

焙烧后的产品中可能存在 Fe_3O_4、Fe_2O_3、FeO、Fe 及未被重选除尽的杂质。其中 Fe_3O_4 具有强磁性，金属铁也会被磁化而具有强磁性，FeO 及 Fe_2O_3 均具有弱磁性。如焙烧过程控制恰当，金属铁应得到必要的转化，故采用弱磁选即能将 Fe_3O_4 与 Fe_2O_3、FeO 及其他非磁性杂质分开，从而达到使 Fe_3O_4 得以提纯的目的。

通过以上工艺可以得到高纯的 Fe_3O_4。

9.4.4　回收铁、镍等金属

用环形炉处理轧钢氧化铁皮、电炉除尘粉尘和酸洗沉渣等废弃物，除回收铁外，还回收废渣中的镍、铬等有价的合金成分，同时根据废弃物含水量大的特点，即先将废渣干燥后利用成型机压成椭圆形的团块以代圆盘造球机成球，这样在还原过程中粒度整齐、受热均匀、还原效果更好。

（1）原料：将含水 54% 酸洗沉渣和含水 90% 的轧钢氧化铁皮干燥至含水 3% 后进行配料；

（2）用成型机将混合料压制成椭圆形团块；

（3）加入环形炉进行脱锌和还原处理，还原温度为 1300 ℃，还原周期为 15 min。还原脱锌完成后，推出炉外，稍经冷却后即加入电炉和 AOD 炉作为金属料综合利用。

通过控制配料比，使炉料中铁的金属化率达 70%～80%，镍的金属化率达 92%～100%，铬也得到较好利用。

9.4.5　替代钢屑冶炼硅铁合金

钢屑资源稀少，价格昂贵，经过研究实践，成功地开发了用氧化铁皮替代钢屑冶炼硅铁合金的新工艺，可节约大量的资源，降低生产成本，取得良好的经济效益，并推广应用。

生产中主要以硅石（$SiO_2 \geqslant 98\%$）、冶金焦炭粒、氧化铁皮为原料，在还原气氛下生成硅铁。由于氧化铁皮的粒度较为均匀，与焦炭粒紧密地结合在一起，使料位降低，三相电极的插入深度大致相同，电流平衡，功率分布均匀，炉内温度场较为均衡，熔化速度提高，炉况变化波动减小，稳定了硅铁冶炼质量。用氧化铁皮替代了钢屑冶炼硅铁工艺，改变了加料方式，同时也改变了混料制度，减少了冶炼过程中硅酸铁的形成数量，保持了硅铁熔池具有的理想温度状态。硅铁冶炼工艺如图 9-20 所示。

图 9-20 硅铁冶炼工艺

9.4.6 生产海绵铁

海绵铁作为废钢短缺的一种补充，随着电炉产钢量的不断上升，海绵铁显得越来越重要。用煤粉还原氧化铁皮、转炉烟尘生产海绵铁采用 Hoganas 法，在圆形的耐火材料烧箱内进行还原。工艺流程如图 9-21 所示。

图 9-21 Hoganas 法生产海绵铁工艺流程

9.4.7 用于炼钢

在转炉中使用可提高炉内化渣及成渣速度、提高脱磷效率、降低氧耗和钢铁料消耗，降低炼钢成本。利用轧钢氧化铁皮作为转炉炼钢的化渣剂，只需建 1 条氧化铁皮烘干生产线，将氧化铁皮烘干，使其水分含量下降到 1% 以下，即可满足炼钢要求。氧化铁皮还可经过简单的加工处理，作为炼钢中脱除磷、碳、硅和锰的氧化剂。但仍存在一定问题：在由炉顶料仓加入炉内时，会被转炉烟气除尘风机吸走一部分，降低了氧化铁的收得率；湿氧化铁皮还有一定量的水分，因而不能直接入炉，必须经过处理将其烘烤干燥，这样就会增加生产成本。

利用氧化铁皮制备助熔化渣剂主要有两种方法，即直接法和压球法。

A 直接法

利用轧钢氧化铁皮作转炉炼钢化渣剂不需要复杂的设备，只需将氧化铁皮烘干就可以满足炼钢要求。利用本厂轧钢、连铸机下来的氧化铁皮取代部分萤石作炼钢化渣剂，其化渣快、渣量小、节约了炼钢时间，炉内热损少、铁耗降低。

  B 压球法

  利用氧化铁皮制造助熔化渣剂是把氧化铁皮研磨成一定粒度大小的粉末后，与转炉污泥、黏结剂搅拌均匀，提升至对辊压球机上制成一定规格的球团，采用冷固或加热烘干提高固结球团的抗压强度，即制得氧化铁皮助熔化渣剂。氧化铁皮助熔化渣剂是高效率的冶炼助熔材料，可提高炼钢效率，降低冶炼成本。

9.4.8 生产粒铁

  利用氧化铁皮生产的粒铁，可以替代废钢、海绵铁等作为炼钢的原料，其生产流程是：将 65%~75% 氧化铁皮、18%~30% 煤粉、4%~8% 石灰和 1%~2% 黏结剂粉碎至颗粒度 0.147 mm，并加水混合均匀，制成直径为 20~30 mm 的球体，烘干、还原，将球团放入炉内，以 100~150 ℃/min 快速升温至 1350~1480 ℃，恒温 10 min，冷却后出炉。分选粒铁，将还原后的球团破碎、磁选、筛分后得到成品粒铁。

  利用氧化铁皮生产的粒铁有以下特点：

  (1) 含铁量高，含硫和其他杂质含量低，可以作为转炉原料替代废钢或生铁，缓解炼钢原料的紧张的局面。

  (2) 有效地利用钢铁企业大量废弃的氧化铁皮，就地取材、变废为宝，降低企业的生产成本。

  (3) 工艺简单、设备投入费用低、易于实现。

9.4.9 生产球团矿

  球团法利用氧化铁皮主要有金属化球团法和冷固结球团法。

  金属化球团法是将氧化铁皮与其他含铁粉尘混合后通过圆盘造球机造球，干燥之后装入环形炉，加入一定量焦末，经煤气点火燃烧至 1350 ℃，还原成为金属化球团，成品金属化球团直接入高炉。金属化球团法的优点是：氧化铁皮及其他含铁尘泥能被全面利用，还原过程中能够使大部分 ZnO 还原成为锌，锌气化随烟气一起排出，从而使 ZnO 去除率达到 90%，减少锌在高炉内的循环富集和结瘤情况的发生。其缺点是：工艺条件要求较高，造块设备复杂，所需投入较大，且要求入炉球团有一定的机械强度和较高的金属化率。

  冷固结球团法是将氧化铁皮与其他含铁粉尘混合，加入有机或无机添加剂及水，通过压球机压球，生球经自然养护或低温焙烧形成成品球。成品球直接入高炉。冷固结球团法的优点是：不需添加燃料就能生产较高强度的冷固结球团，可降低燃耗，起到节能减排的作用。其缺点是：设备投资大、生产周期较长、产量不高，无法去除含铁废料中的锌，使锌在高炉内循环富集，导致结瘤，影响高炉使用寿命。

9.4.10 轧钢加热炉的节能涂料

  在轧钢加热炉内，燃料燃烧所产生的热量主要以辐射和对流两种方式传递给被加热的钢锭，其中辐射传热占整个传热量的 90%~95%，由炉壁辐射传递的热量又占整个辐射传热的 60%。因此，增加炉壁的辐射能力是强化加热炉热交换、提高热能利用率非常重要的途径之一。

在轧钢加热炉内采用高温辐射涂料能增强炉壁的辐射能力。氧化铁皮节能涂料成本低，耐热温度高，最适宜在轧钢加热炉内应用。用氧化铁皮、石英砂和刚玉粉等材料配制成的涂料涂敷在轧钢加热炉内表面，烘干预热后形成 1~2 mm 厚的辐射层可节省燃料6%以上。该试验涂料配方如表9-2所示。实际应用时，将料粉与耐火黏土按10:1的比例混合，并用水稀释到适当的稠度，粉刷或喷涂到炉衬表面。

表9-2　节能涂料的配方　　　　　　　　　　　（质量分数,%）

氧化铁皮	石英砂	刚玉粉	石灰	萤石
25	43	25	3	4

9.4.11　制备混凝剂

有研究采用高温轧钢过程中产生的氧化铁皮和粉煤灰两种固体废弃物制备混凝剂。原料为高铝粉煤灰和氧化铁皮，采用一定技术提取其中的铝、硅、铁，以共聚法制备了具有一定性能的聚硅氯化铝（PASC）和 FF 聚硅酸铝铁（PSAF）混凝剂。

参 考 文 献

[1] 张朝晖，刘安民，赵福才，等. 氧化铁皮综合利用技术的发展 [J]. 铁研究，2008，36（1）：59-62.

[2] 杨建春，李祥才，于同仁. 70 钢氧化铁皮测定分析 [J]. 钢铁研究，2003（135）：55-58.

[3] 徐奎，何水. 采用精铁鳞制造高 B 永磁铁氧体工艺技术研究 [J]. 磁性材料及器件，2000（4）：44-47.

[4] 夏文堂. 从铁鳞及废钢屑中回收难熔金属 [J]. 中国资源再生，1995（3）：12-13.

[5] 余万华，周斌斌，陈龙. 去除氧化铁皮的新方法介绍 [J]. 金属世界，2010，3：46-51.

[6] 张红，张六零. 钢铁厂固废是资源 [J]. 金属世界，2002（4）：2-3.

[7] 王东彦. 钢铁厂铁鳞、铁红基本物性及还原性研究 [J]. 环境工程，199（1）：68-69.

[8] 侯保勤. 钢铁工业资源综合利用大有可为 [J]. 环境工程，1997（6）：54-56.

[9] 刘寿华，罗建华，李湘文，等. 高压水除鳞技术的应用 [J]. 技术交流，2003（4）：26-29.

[10] 曾汀. 高压水除鳞技术在带钢生产中的应用 [J]. 焊管，2005（4）：36-39.

[11] 李成志，姚伟智. 高压水除鳞系统节能改进及存在问题分析 [J]. 鞍钢技术，2006（337）：31-35.

[12] 王学明. 高压水除鳞系统中液压站的改进 [J]. 液压与气动，2003（5）：48-49.

[13] 胡林林，姜婷娟. 化学酸洗去除钢铁氧化铁皮清洁生产的途径 [J]. 电镀与涂饰，2004（2）：27-31.

[14] 夏先平，孙业中. 精轧区热轧带钢表面氧化铁皮缺陷成因与预防 [J]. 轧钢，2002（3）：9-12.

[15] 于飞，王雪松，姜洪杰，等. 利用氧化铁皮烧结矿做炼钢氧化剂的探讨 [J]. 钢铁研究，1996（91）：12-14.

[16] 杨林青，李力. 马钢铁鳞用于海绵铁生产的试验研究 [J]. 粉末冶金工业，2000（6）：23-26.

[17] 丁玉光. 磨料高压水除鳞系统 [J]. 重型机械，2003（2）：20-22..

[18] 薛念福，李里，陈继林，等. 攀钢热轧板卷除鳞技术研究 [J]. 轧钢，2003（4）：205-212.

[19] 张清东，黄纶伟，吴彬，等. 热轧带钢表面氧化层实测分析 [J]. 上海金属，2000，5：32-34.

[20] 薛念福，李里，陈继林，等．热轧带钢除鳞技术研究 [J]．钢铁钒钛，2003 (3)：52-59.

[21] 宋涛，闵宏刚．热轧钢板红色氧化铁皮形成原因分析 [J]．甘肃冶金，2001 (4)：27-30.

[22] 陆善忠．热轧高压水除鳞系统的设计 [J]．上海金属，2001 (2)：19-23.

[23] 沈黎晨．热轧宽厚钢板表面氧化铁皮的研究 [J]．宽厚板，2006 (5)：9-11.

[24] 魏天斌．热轧氧化铁皮的成因及去除方法 [J]．钢铁研究，2003 (133)：54-58.

[25] 夏先平，何晓明，孙业中，等．三次氧化铁皮缺陷的成因分析 [J]．宝钢技术，2002 (4)：33-36.

[26] 秦姣平，朱彤，李加福．烧结综合利用可回收资源的生产实践 [J]．宝钢技术，2002 (3)：5-8.

[27] 黄平峰，叶海波．我国合成氧化铁颜料的生产现状及发展方向 [J]．中外技术情报，1996 (4)：7-9.

[28] 孙德慧，张吉良．氧化铁红制备工艺进展 [J]．贵州化工，2000 (3)：7-9.

[29] 陈应瑶，夏晓明，李欣波．氧化铁皮分析 [J]．轧钢，2003 (4)：201-204.

[30] 王维东，苏义祥．氧化铁皮替代钢屑冶炼硅铁合金的新工艺 [J]．机械研究与应用，2003 (16)：36-37.

[31] 韩卫国，刘俊亮，崔玉所．氧化铁皮在冷轧工序的演变 [J]．宝钢技术，2004 (6)：15-18.

[32] 喻辅成．用氧化铁鳞制取直接还原铁的实验室研究 [J]．江西冶金，2001 (3)：20-24.

[33] 王莉馨，董宏．用氧化铁皮转炉烟尘生产海绵铁 [J]．山西冶金，1996 (4)：64-66.

[34] 杨国本，陆柏松．用轧钢铁鳞制备 Y35 高性能永磁铁氧体及其工业生产技术 [J]．电工合金，1998 (2)：22-32.

[35] 乌传和．优质铁精矿生产直接还原铁的进展 [J]．金属矿山，1996 (4)：26-31.

[36] 韩剑宏．钢铁工业环保技术手册 [M]．北京：化学工业出版社，2006.

[37] 蒋柯，韩静涛．20MnSi 氧化铁皮成分和结构研究 [J]．塑性工程学报，2000 (3)：40-43.

[38] 张子彦，廖承先，杜承恩，等．三次氧化铁皮成因分析及控制 [J]．科技与企业，2011，12：187.

[39] 冷光荣，范红梅，王艳辉．热轧带钢表面氧化铁皮的成因与控制 [J]．江西冶金，2012，4：1-3.

[40] 田颖，李运刚．热轧氧化铁皮综合利用的发展 [J]．冶金能源，2010，5：54-57.

[41] 何永全．热轧碳钢氧化铁皮的结构转变、酸洗行为及腐蚀性能研究 [D]．沈阳：东北大学，2011.

[42] Hudson R M. Nonacidic descaling of hot band: reduction of scale by hydrogen or carbon [J]. Metal Finishing, 1985, 83 (11)：73-80.

[43] 林冲．等温和控冷对帘线钢氧化铁皮形成的影响 [D]．武汉：武汉科技大学，2015.

[44] 薛念福，李里，陈继林，等．热轧带钢除鳞技术研究 [J]．钢铁钒钛，2003，24 (3)：52-59.

[45] 卞大鹏．Q235 氧化铁皮临界断裂应力研究 [D]．太原：太原科技大学，2013.

[46] 郭寿鹏，李晓桐，李梅广，等．轧钢铁鳞的综合利用技术 [J]．山东冶金，2013，5：71-72.

[47] 徐蓉．热轧氧化铁皮表面状态研究和控制工艺开发 [D]．沈阳：东北大学，2012.

[48] 齐慧滨，何晓明，钱余海，等．热轧带钢的氧化皮缺陷类型与成因分析 [C]//第七届 (2009) 中国钢铁年会大会论文集 (中)．2009.

[49] Chen R Y, Yeun W Y D. Review of the high-temperature oxidation of iron and carbon steels in air or oxygen [J]. Oxidation of Metals, 2003, 59 (5/6)：433-468.

[50] 齐慧滨．纯铁和碳钢在空气或氧气中的高温氧化 (上，下) [J]．世界钢铁，2004 (2-3)：1-25.

[51] 赵久长．热轧带钢表面氧化铁皮控制与消除 [D]．沈阳：东北大学，2009.

[52] Primavera A, Cattarino S, Pavlicevic M. Influence of process parameters on scale reduction with H_2 [J]. Iron Making and Steel Making, 2007, 34 (4)：290-294.

[53] Yu Y, Lenard J G. Estimating the resistance to deformation of the layer of scale during hot rolling of carbon steel strips [J]. Journal of Materials Processing Technology, 2002, 121 (1): 60-68.

[54] 陈宇杰. 热轧酸洗板表面氧化缺陷形成机理 [D]. 马鞍山: 安徽工业大学, 2013.

[55] Fukagaua. Mechanism of red scale defect formation in Si-added hot-rolled steel sheets [J]. ISIJ International, 1994, 34 (11): 906-911.

[56] 石杰. 热轧碳钢表面氧化铁皮结构、机械研磨酸洗及无酸酸洗研究 [D]. 北京: 北京科技大学, 2008.

[57] 俞新陆. 高压水清除氧化铁皮技术 [J]. 重型机械, 1988, (8): 10-16.

[58] 杨成禹, 喻依兆. 高压水除鳞技术的研究 [J]. 冶金动力, 2010, (3): 62-65, 69.

[59] 劳德平. 粉煤灰与氧化铁皮制备复合型混凝剂及混凝性能研究 [D]. 北京: 北京科技大学, 2018.

[60] 刘建朋. 某钢铁公司氧化铁皮压球工艺设计技术特点 [J]. 中国金属通报, 2021 (12): 273-274.

[61] 陈浩. 硅钢喷丸氧化铁皮的综合利用工艺研究 [D]. 上海: 上海交通大学, 2013.

[62] 徐言东, 顾洋, 谢宝盛, 等. 钢材的几种化学与机械除鳞方法探索 [J]. 塑性工程学报, 2019, 26 (3): 280-285.

[63] 张连永. 铬对热轧钢带铁皮形成的影响 [D]. 沈阳: 沈阳大学, 2018.

[64] 李国强. Si 元素对碳钢表面氧化铁皮组织和耐腐蚀性能的影响研究 [D]. 沈阳: 沈阳大学, 2016.

[65] 卢学蕾, 杨德伦. 抑制剂对氧化铁皮去除的改善效果研究 [J]. 安徽冶金科技职业学院学报, 2020, 30 (2): 23-25.

废旧耐火材料的处理和
综合利用

本章数字资源

耐火材料是指耐火度不低于 1580 ℃ 的一类无机非金属材料，是用作高温窑炉或高温容器等热工设备的结构材料，也可用作高温装置中的元件、部件材料等，具有很好的耐高温性能、良好的体积稳定性，并能承受相应的物理化学变化和机械作用。耐火材料广泛用于冶金工业领域，耐火材料的品种、质量对冶金工业的发展起着重要作用。耐火材料是钢铁行业的重要辅助材料，在各种窑炉中均会使用，对废旧耐火材料进行综合利用有重要的意义。

10.1 耐火材料的分类及基本性能

10.1.1 耐火材料的分类

耐火材料的种类繁多、用途各异，为了便于研究、生产和选用，通常按耐火材料的共性与特性划分其类别。其中，按化学矿物组成分类是常用的分类方法，能够直接表征各种耐火材料的基本组成和特性，具有较强的实际应用意义。此外，耐火材料也可按化学特性、耐火度、外观形状和尺寸、制造方法与用途等进行分类。

10.1.1.1 按化学矿物组成分类

耐火材料的诸多性质取决于其化学矿物组成，化学组成按各种化学成分的含量与作用可分为三类：主成分、杂质成分和添加成分。耐火材料一般来说是一个多相非均一的结构，其矿物组成可分为两大类：结晶相与玻璃相，其中结晶相又分为主晶相和次晶相；填充于主晶相之间的不同成分的结晶矿物（次晶相）和玻璃相统称为基质，也称为结合相。

按化学矿物组成的不同，可将耐火材料分为：硅质耐火材料、硅酸铝质耐火材料、镁质耐火材料、白云石质耐火材料、铬质耐火材料、碳质耐火材料、锆质耐火材料、特种耐火材料等。

10.1.1.2 按化学性质分类

耐火材料按化学特性可分为酸性耐火材料、中性耐火材料和碱性耐火材料。

酸性耐火材料通常是指以 SiO_2 为主要成分的耐火材料，对酸性介质的侵蚀具有较强的抵抗能力，但在高温下易与碱性耐火材料、碱性渣、高铝耐火材料或含碱化合物起化学反应。硅质耐火材料中游离 SiO_2 含量很高（大于 90%），是酸性最强的耐火材料；黏土质耐火材料中游离 SiO_2 含量较少，显弱酸性；半硅质耐火材料居于二者之间。也有将锆英石质耐火材料和碳化硅质耐火材料归为酸性耐火材料，因为这两类材料中含有较高的 SiO_2 或在高温状态下能转变为 SiO_2。

中性耐火材料按严格意义上讲是指碳质耐火材料，但通常也将以三价氧化物为主体的高铝质、刚玉质、锆刚玉质、铬质耐火材料归为中性耐火材料，因为这些耐火材料中含有较多数量的两性氧化物（如 Al_2O_3、Cr_2O_3）等。中性耐火材料在高温下对酸、碱性介质的化学侵蚀都具有一定的稳定性，尤其对弱酸、弱碱的侵蚀具有较高的抵抗能力。

碱性耐火材料一般是指以 MgO、CaO 或 MgO·CaO 为主要成分的耐火材料，如镁质、镁硅质、镁铬质、尖晶石质、白云石质、石灰质耐火制品及其不定形材料。通常，碱性耐火材料的耐火度都比较高，对碱性介质的化学侵蚀具有较强的抵抗能力，但在高温下易与酸性耐火材料、酸性渣、酸性熔剂或氧化铝发生化学反应。

10.1.1.3 按耐火度分类

耐火材料按耐火度的高低可分为：普通耐火制品（耐火度在 1580～1770 ℃之间）、高级耐火制品（耐火度在 1770～2000 ℃之间）和特级耐火制品（耐火度在 2000 ℃以上）。

10.1.1.4 按外观形状和尺寸分类

耐火材料按外观形状和尺寸可分为：定形耐火制品（包括标型砖、异型砖、特异型砖；实验室和工业用坩埚、器皿、管材等特殊制品），其具有固定形状的耐火制品与保温制品；不定形耐火制品（包括浇注料、捣打料、投射料、喷涂料、可塑料），其是由骨料、细粉与结合剂及添加剂组成的混合料；耐火泥浆等。

10.1.1.5 按成型工艺分类

按成型工艺可分为：半干压制品、泥浆浇注制品、可塑制品、由粉状非可塑泥料捣固成型制品、由熔融料浇注的制品以及岩石锯成的制品等。

10.1.1.6 按烧成工艺分类

按烧成工艺可分为：烧成耐火制品、不烧耐火制品和熔铸耐火制品。

10.1.1.7 按用途分类

按用途可分为：钢铁工业用耐火材料、有色金属工业用耐火材料、水泥工业用耐火材料、玻璃工业用耐火材料、焦炉用耐火材料、电力工业用耐火材料等。

10.1.2 耐火材料的基本性能要求

耐火材料的使用环境较为复杂，且不同使用环境对耐火材料的基本性能要求不同，耐火材料在使用过程中的基本性能要求如下。

（1）抵抗温度的损害：在使用过程中不会因为温度的升高而导致材料的熔化、软化等而导致耐火材料或窑炉结构的破坏，即要求耐火材料具有耐火度高、抗高温蠕变性好等性能。

（2）抵抗热应力损坏：要求耐火材料的热震稳定性好，以保证窑炉的使用寿命。

（3）抵抗环境介质的侵蚀性：在使用过程中不可避免地常与侵蚀性的介质相接触，如冶金熔渣、熔融金属以及腐蚀性气体等，为避免耐火材料的结构破坏，要求其具有一定的抗渣性。

（4）不污染产品：常作为高温下承载某些熔融或烧结产品的容器、炉衬等，如钢铁工业中的钢包与中间包、玻璃窑池的窑衬等。近些年，优质钢材的迅速发展，耐火材料对钢水的污染及净化是一个重要的研究方向。

（5）对环境污染小：在生产和使用过程中不应对人类的生存环境和身体健康造成损害，如镁铬质耐火砖替代品的研发就是在尽量减小耐火制品对生态环境的危害及影响。

10.2 钢铁企业的废旧耐火材料

10.2.1 废旧耐火材料的来源

在钢铁工业快速发展的带动下，耐火材料行业的品种和产能也有了较大变化。钢铁工业用耐火材料主要有转炉钢包砖、电炉钢包砖、转炉砖、高炉出铁沟料、鱼雷罐车料、连铸三大件、中间包耐材、精炼炉用耐火材料等八大类。使用后被拆除下来的耐火材料，习惯上称为废旧（废弃）或用后耐火材料。随着可利用资源的逐年减少以及人类环境保护意识的增强，废弃物的再生利用越来越受到人类的重视。废旧耐火材料的主要来源有：

（1）高温容器（如出铁沟、混铁车、电炉、转炉、铁水包、钢包等）的中修或大修时拆下的残余工作衬，占钢铁工业中废旧耐火材料的大部分。

（2）铁水包、钢包、中间包等的永久衬使用到一定程度时更换产生的废旧耐火材料。

（3）功能耐火材料，如塞棒、长水口、浸入式水口、滑动水口等使用一个连浇后拆下来产生的废旧耐火材料。

10.2.2 废旧耐火材料回收利用的意义

近些年，钢铁企业所产生的废旧耐火材料数量较大，如果不再生利用，企业需要买地堆积或掩埋这些日益增多的废旧耐火材料，导致生产成本的增加，同时也造成了可用资源的浪费和对人类生存环境的污染。因此，充分有效地利用废旧耐火材料，不仅可以减少天然矿物原料大规模开采使用，还有利于降低耐火材料的生产成本以及原料的运输成本，可有效地节约资源，具有重要的社会与经济效益。

具体来讲，废旧耐火材料的危害主要表现在以下几个方面：

（1）占用大量土地。废旧耐火材料大多堆积于厂区内外、城市郊区公路、河流附近，占用了大量空地。

（2）污染生态环境。大量的废旧耐火材料如果不能得到回收利用，将成为新的垃圾源，在空气中暴露后还会产生一些有害物质，造成环境的二次污染；废旧耐火材料有的用于填塘填湖，会造成蓄水排涝能力下降，引发新的环境公害。

（3）危害人类健康。有些废旧耐火材料中存在着有损人类健康的元素，例如含有 Cr^{6+} 的化学物质一般具有较强的氧化性，直接接触会对人体健康产生极大的损害，有些废旧耐火材料在处理过程中会产生可吸入的 SiO_2，导致硅肺病；耐火陶瓷纤维可导致肺癌、皮肤病；氧化锆的放射性危害人类的身体健康；沥青和树脂挥发分对大气环境的污染；拆卸使用过的含碳制品时可能产生较大的灰尘，也不利于人类的身体健康。

（4）造成资源浪费。虽然处理废旧耐火材料需要耗费人力物力，但是废旧耐火材料如果得不到充分的回收利用，许多有用成分将白白丢弃，造成大量宝贵资源的浪费。

因此，废旧耐火材料作为廉价的再生资源，其回收利用不仅可节约矿产资源和能源，减少环境污染，还可以大幅度降低耐火材料的生产成本，带动钢铁行业产品的生产成本下降，从而带来显著的社会效益与经济效益。

基础性研究与经验表明，废旧耐火材料经过拣选、分类和特殊的工艺处理，不但可以生产优质的不定形耐火材料，而且还能生产优质的定形产品及其他材料，有些甚至具有用前耐火材料所不具有的特性。废旧耐火材料可用于铁水脱硫时的造渣剂、型砂、维护转炉炉衬、矾土水泥、陶瓷、玻璃及耐火材料用原料、耐火浇注料用骨料、筑路用材料以及磨料用原料等。例如，通常利用废旧耐火材料作为冶金工业的辅助原料，废旧 $MgO\text{-}C$ 砖通常用于炉衬的热修、铸孔开铸剂或者作为制造新 $MgO\text{-}C$ 砖的原料，废旧 $Al_2O_3\text{-}C$ 砖可以用作制造滑板、浸入式水口、保护套管的原料。有关试验研究表明，这些产品性能可接近或达到原产品的水平，有些甚至还可以超过原产品的水平。

10.2.3 影响废旧耐火材料回收利用的因素

废旧耐火材料的回收利用受到企业经营、工艺进步及废旧耐火材料再生产品的性能等一系列因素的影响。

（1）废旧耐火材料较贵的处理成本以及低的回收利用率使得回收利用废旧耐火材料的经济效益较低，企业很难有效回收利用废旧耐火材料；

（2）废旧耐火材料中残留的有害成分对再生产品性能可能产生不利影响，废旧耐火材料再生产品质量的降低，使得废旧耐火材料的回收利用存在风险；

（3）废旧耐火材料的种类繁多，回收处理工序复杂，所需投资成本较高，使其回收利用进程缓慢；

（4）用户与厂家不集中、距离远，会造成废旧耐火材料的运费高，加上原料化学性能的改变等，使其与新开采的原料相比明显不利；

（5）对有些废旧耐火材料中存在有害物质，如六价铬（致癌物）、耐火陶瓷纤维（可能致癌）或处理过程产生可呼吸的二氧化硅（矽肺）等有害健康问题的考虑也使得废旧耐火材料的回收变得困难；

（6）耐火材料在使用过程中产生污染、拆除过程中不同的炉衬相混杂或者在储放过程中来自周围环境中的粉尘、水或其他材料也会加剧废旧耐火材料的污染，而任何来源的污染都可能影响再利用材料的性能，成为废旧耐火材料回收利用的最大障碍；

（7）废旧耐火材料组成物的价值与处理这些材料的成本是影响回收的关键因素，如鳞片石墨或电熔 MgO 具有较高的经济价值，而含致癌物的 Cr_2O_3 材料作为有毒害物质则必须要处理。与其产生的效益相比，回收的费用很高。

因此，要想成功回收利用废旧耐火材料，必须综合考虑这些具体问题，包括废旧耐火材料的类型、数量、材料的年代、寿命、污染程度及处理的经济价值、耐火材料生产及用户之间的距离、相关法规、健康等。此外，还必须进行相应的回收技术和再利用理论研究，以指导废耐火材料的回收利用。例如，为了提高高价值材料的纯度，应提高渣层和浸润层的分离技术，加强废旧耐火材料的分级，开展分离技术、均化技术、纯化技术的研究。

从经济角度出发，对废旧耐火材料的再利用，首先应考虑能用于耐火材料产品的生产之中，以发挥其潜在价值，然后再考虑冶金辅料或其他。具体思路如下：

（1）低档废旧耐火材料用于生产不接触钢液部位的耐火材料，或用于非耐火材料领域，如冶金辅料、建材产品或铺路等。

（2）中高档废旧耐火材料用于生产同类产品，如废旧镁碳砖再生镁碳砖；降级使用，如用后主沟料再生用于渣沟料或铁沟料。

（3）废旧功能耐火材料可研究修复后再使用，如对用后滑板的中心孔和滑动面修复后可以重新使用；对用后浸入式水口渣线进行火焰喷补或陶瓷焊补后重新使用，也可破碎后作为中高档耐火原料使用。

（4）耐火砖一般再生用于不定形耐火材料，如镁碳砖再生用于转炉大面修补料。

（5）工作衬再生用于永久衬，如将钢包铝镁浇注料再生用于钢包永久衬浇注料。

我国冶金工作者在研究中根据处理的难易程度对废旧耐火材料进行了分类，表10-1列出了易于回收的废旧耐火材料，表10-2列出了较难处理的废旧耐火材料，表10-3列出了不产生或没必要回收的耐火材料品种。

表10-1　易于回收的废旧耐火材料

生 产 工 序	主要废旧耐火材料
炼铁	主沟料、铁（水）沟料、渣沟料
铁水预处理	混铁车、铁水包内衬
炼钢	电炉、转炉内衬
炉外精炼	LF炉、钢包工作衬、VOD内衬、RH耐火材料
连铸	滑动水口、塞棒

表10-2　较难处理的废旧耐火材料

耐火材料使用部位	较难处理的原因
脱硫喷枪	用后喷枪开裂，铁水渗透，材料含钢纤维，较难处理
中间包涂层	解体后成碎块，且包底部位与渣、残钢黏结在一起，难以分离
中间包永久衬浇注料	材料含钢纤维，较难处理
长水口和浸入式水口	表面含有保温纤维，内孔有冷钢，较难处理

表10-3　不产生或没必要回收的耐火材料

耐火材料名称	原 因
炮泥	进入高炉，保护炉缸
各种喷补料和修补料	熔损后进入渣中
火泥	黏附在废旧砖表面，量少

10.2.4　废旧耐火材料回收利用所面临的问题

大量堆积的废旧耐火材料对人类的生态环境以及资源循环利用的影响至关重要，因此，采用科学合理的工艺技术对废旧耐火材料进行回收、处理以及资源化再利用，在满足耐火材料生产工艺要求的基础上可以实现固体废弃物的资源化循环化利用，减轻对生存环境的污染，降低社会资源和能源的消耗，对于推动国家的循环经济，实现"节能减排"具有重要意义。但是，废旧耐火材料的回收利用方面仍存在诸多问题，主要体现在如下几个方面：

（1）企业对废旧耐火材料综合利用的重视度不够。企业对废旧耐火材料综合利用的重视程度不足，不仅忽视废旧耐火材料自身的经济价值以及节能环保的社会效益，而且存在认知上的误区，认为废旧耐火材料的资源化再利用会影响新产品的质量及性能稳定性，限制了国内废旧耐火材料综合利用的顺利发展。

（2）废旧耐火材料在资源化回收利用过程中分类不合理。在拆除窑炉内衬耐火材料的过程中由于时间等条件的限制，使不同种类的耐火材料很难从现场分拣出，只能是在现场中粗糙地堆放在一起，在其中会夹杂不少炉渣、夹杂物、灰尘和泥土等，这无疑给废旧耐火材料后续的加工处理带来不可逆的难度，这也是制约废旧耐火材料综合利用的关键，并对进一步提高废旧耐火材料的附加值造成巨大影响。

（3）废旧耐火材料处理技术及工艺的进一步提升。不少企业已在废旧耐火材料的综合利用方面取得了不错的成绩，且废旧耐火材料的回收及处理技术也得到了快速的发展，但废旧耐火材料的综合利用程度较低，且高附加值产品较少。主要原因是国内在废旧耐火材料的综合利用方面的技术及工艺条件存在不足。

针对以上问题，希望对企业的现场施工及管理人员进行必要的技术培训，以进一步提高废旧耐火材料的分类能力及意识，并研发新型的耐火材料拆除设备以及分拣设备，从基础上提高废旧耐火材料的综合利用率；根据废旧耐火材料回收利用中的各种问题，进一步提高废旧耐火材料的综合利用技术，提高其综合利用率和附加值。

10.3 废旧耐火材料的回收与处理

10.3.1 废旧耐火材料的回收

10.3.1.1 废旧耐火材料的拆除

当耐火材料在热工窑炉上使用达到一定寿命时，就要拆除掉。在使用过程中，窑炉内的高温物质长期与炉衬接触，并与炉衬发生渗透、扩散和溶解等物理化学反应，导致窑炉内衬变质或侵蚀。耐火材料是高温相，若混入黏附物、灰尘、掺杂物等，就会导致废旧耐火材料再生产品的高温性能下降，这样就影响到废旧耐火材料的用途。

窑炉不同部位所用的耐火材料不同，窑炉所处的周围环境各异，从而导致窑炉内衬变质或侵蚀情况不同。因此，在拆除窑炉的过程中，应该细心拆除，最好逐层拆除，不要把周围的泥土、杂物混到或粘到废旧耐火材料中，以影响废旧耐火材料的进一步资源化再利用。

10.3.1.2 废旧耐火材料的分类

耐火材料的品种繁多，废旧耐火材料的种类也就很多，而不同种类的废旧耐火材料又需要用不同的处理工艺，所以分类拣选、分类堆放、分类处理是废旧耐火材料再生利用的关键。在拆除耐火砖时，MgO 系、Al_2O_3 系、含碳系、不含碳系等废旧耐火材料应分类堆放、分别回收。

在实践中，人们出于管理、认识以及时间、场地等限制，有些不同种类的废旧耐火材料难以从现场马上区分出来，在拆除高温窑炉耐火材料的过程中，把整个炉衬堆放在一起，其中夹杂了不少炉渣、夹杂物、灰尘和泥土等，废旧耐火材料即使分别拆除也还是会混入其他材料，存在大的铁粒和渣等。对于这种情况，把废旧耐火材料从现场清理、运送到指定的堆场后，必须根据其外观颜色、密度、硬度、强度和尺寸形状等不同进行鉴别、拣选，而同类耐火材料的不同级别的区分应更加细致。用机械拆除的废旧耐火材料，还需用手选和磁选来选出异种材、铁粒和炉渣。只有把不同种类和品级的废旧耐火材料进行分类，才能提高再生产品的附加值。

10.3.2 废旧耐火材料的处理

耐火材料在长期使用过程中会发生耐火材料变质或在其表面黏附渣块，甚至会渗进耐火材料的缝隙中而影响其使用性能，此时就要将其拆除，在拆除后的堆放过程中，其表面会受到环境杂质的黏附。因此，废旧耐火材料在回收利用前必须进行分类拣选、清洗、去除渗透层、破碎加工、筛分除铁等处理。对于残砖，首先按照材质对残砖进行分类，去除黏附在残砖表面的残铁、残渣等，然后进行粗碎和细碎，再经过磁选机进行磁选除铁处理，磁选后的颗粒送至振动筛中，进行筛分，得到不同规格的颗粒产品。对于镁碳砖、铝碳砖等含碳制品砖还需进行水化处理。

耐火浇注料残衬的加工流程与残砖类似，对残衬进行破碎，取得不同规格颗粒料后配入浇注料中使用。此外，也可以将破碎后的残衬料放入特殊容器中加液态介质强力搅拌，获取浇注料残衬中的骨料，可替代正品原料。具体操作流程如下：首先对耐火浇注料残衬按材质进行分类，然后去除黏附在残衬表面的残铁、残渣等；经颚式破碎机破碎后投入特制的分离设备中，加入液态化学试剂，在适当的温度下进行搅拌，使假颗粒中的基质部分在化学试剂、搅拌摩擦和温度的多重作用下与致密耐火骨料颗粒料分离，得到再生颗粒料，再生颗粒料外形与正品料具有同样的棱角，且物理和化学指标与正品料基本相同。废旧耐火材料直接破碎配入的最大缺点是混入对高温性能有害的杂质，再生颗粒料的加入实现了无杂质配比，其成本只有正品料的65%左右。其次，再生颗粒加入制品不受配入量的限制，可以作为标准配方的颗粒使用，确保了制品的性能。然后改变废旧耐火材料只能配入使用的方法，扩大使用范围，使配入法造成的配方不稳定、制品性能不易控制等问题得到了根本的解决。例如，由于电熔耐火颗粒是高能耗制品，从含有刚玉、亚白刚玉、碳化硅、莫来石、尖晶石等材质的废旧耐火材料中分离获得再生颗粒料，使废旧耐火材料的附加值显著提高。

对废旧耐火材料进行处理的目的就是把各种废旧耐火材料作为再生产品原料进行利用。废旧耐火材料原料处理的效果越好，所制备的再生产品质量越高，废弃物的附加值也就越高。废旧耐火材料的处理一般包括以下几个过程。

（1）去除废旧耐火材料中的泥土、灰尘和掺杂物。对于分类过的废旧耐火材料，表面常粘有灰尘、泥土等杂物，在处理工序前就必须通过人工拣选并水洗的方法去除。把掺杂物拣出后，水洗洗去表面的泥土和灰尘，通过水洗和拣选，可以把废旧耐火材料里的掺杂物、黏附的泥土和灰尘等影响新制品性能有害的物质去除，为废旧耐火材料的综合利用奠定良好的基础。

（2）去除废旧耐火材料的渣层和渗透层。拆除掉的废旧耐火材料表面粘有一层炉渣，且窑炉内的侵蚀介质往往还会扩散渗透进耐火材料的炉衬内部形成渗透层，或与耐火材料发生反应形成变质层。渣层、渗透层和变质层均会影响废旧耐火材料再生产品的高温性能和使用寿命，因此，在综合利用之前必须去除这些有害成分后才能进行破碎加工。去除的方法主要是人工敲击法和机械切割法。不同废旧耐火材料表面黏附的渣层和渗透层的厚度不同、黏结强度不同。当耐火材料表面的黏附层黏结强度较低时，可以采用人工敲击法进行处理，把表面的渣层和渗透层敲下来，与废旧耐火材料加以分离。当黏结强度高时，就需要采用机械切割的方法予以切除。

（3）破粉碎加工。当废旧耐火材料去除了各种杂物后，废旧耐火材料进行资源化再利用需要进行破粉碎加工处理，必须把废旧耐火材料加工成不同粒径的颗粒或细粉。按照粒度大小和材质，用冲击能、压缩能或剪切能将处理后的废旧耐火材料破粉碎为 20 mm 以下的粒度，然后按不同粒度进行回收利用。加工过程采用各种破粉碎设备进行，首先要通过颚式破碎机进行粗碎处理，然后采用圆锥式破碎机以及对辊破碎机等设备进行中碎处理，最后采用球磨机、柱磨机、雷蒙磨等粉磨设备进行磨细处理，即将其粉磨成细小的颗粒料备用。图 10-1 为新日铁采用的粉碎形式。

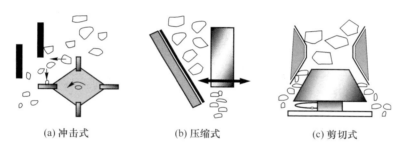

(a) 冲击式　　　　(b) 压缩式　　　　(c) 剪切式

图 10-1　新日铁采用的粉碎方式

（4）废旧耐火材料除铁、除渣。废旧耐火材料内含有金属夹片铁和铁屑，且在对废旧耐火材料的破粉碎加工过程中，由于机械设备的磨损和冲击，也会使废旧耐火材料的铁含量增加。当有金属铁掺入耐火材料产品中时，在高温下金属铁会发生氧化反应生成氧化铁，铁离子会随窑炉内气氛的变化而改变化合价，并导致体积变化，严重影响了再生产品的体积稳定性、抗热震性和使用寿命。另外，氧化铁会与耐火材料中的氧化钙等成分发生低共熔反应，从而促进液相的生成和引起液相的形成温度降低，导致再生产品的高温使用性能和其他使用性能下降。因此，必须采用一定措施对废旧耐火材料进行除铁处理。

利用铁具有磁性的原理，对废旧耐火材料进行磁选处理。磁选处理是在破粉碎加工过程中进行的，这样有利于把夹杂在耐火材料缝隙里的金属铁和破粉碎过程中的机械铁暴露并分离出来，从而易于去除。图 10-2 为磁选筛分示意图，其中图 10-2(a)适用于去除体积相对较小的铁块，图 10-2(b)适用于去除体积较大的铁块或连续除铁操作。图 10-3 是废旧耐火材料颗粒中的含铁量与除铁所需磁力之间的关系。在粒径 5~10 mm 耐火材料中加入粒度为 5~10 mm 规定量的铁粒，如果磁力大于 12000G，总铁含量可降低到 2% 以下。在实际应用中，应根据具体的操作条件和废旧耐火材料的种类来选择磁选方式以及使用的磁力大小。

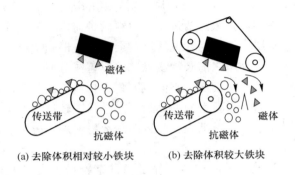

(a) 去除体积相对较小铁块　　　(b) 去除体积较大铁块

图 10-2　磁选筛分示意图

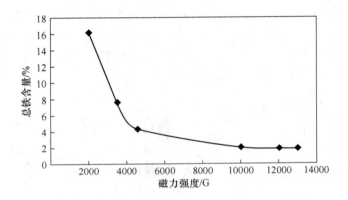

图 10-3　废旧耐火材料中的铁含量和磁力强度的关系

　　去除炉渣可采用图 10-4 所示的色选装置，该装置主要针对被熔渣侵蚀过测废旧耐火材料颜色发生变化的特点，利用 CCD 相机对这些废旧耐火材料颗粒的色差进行分析，通过压缩空气选出黑白反差强烈的物体，利用该分选技术可对被熔渣侵蚀过的耐火材料颗粒和未被侵蚀过的耐火材料颗粒进行快速的分拣，特别是去除白色 Al_2O_3 系废旧耐火材料中所含的黑色铁粒和炉渣，效果非常好。

　　（5）均化技术。废旧耐火材料的来源复杂，即使是同一用户甚至同一窑炉，不同部位所用的耐火材料也有一定差异，因此，要将它们完全分门别类地分拣出来是相当困难的。这种成分的不均匀性会直接造成废旧耐火材料的质量波动性很大，可能出现不同批次、不同位置的废旧耐火材料的质量不同，这就给再生优质产品带来很大困难，对提高废旧耐火材料的附加值不利。因此，除了在废旧耐火材料的处理过程中加强分类、拣选外，还应该增加均化处理。目前，耐火材料的均化处理技术已经比较成熟，把它应用到废旧耐火材料的均化处理上也是非常合适的。耐火材料的混合均化装置如图 10-5 所示，此均化装置可批量均化废旧耐火材料，使废旧耐火材料在破碎后经过多次循环混合均化，大大降低均化后原料主要化学组成的波动范围，以确保废旧耐火材料原料使用的稳定性和可靠性。

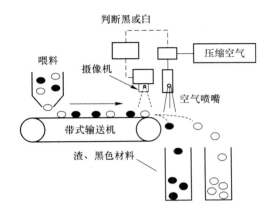

图 10-4　色选装置示意图

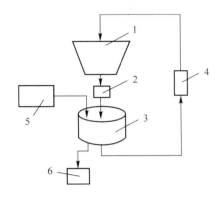

图 10-5　耐火材料的混合均化装置

1—料仓；2—下料机；3—混合机；4—提升机；

5—破碎机；6—成品收集装置

（6）分离技术。实际生产中若将废旧耐火材料破粉碎加工后直接作为原料使用，将不能制备出高质量的再生产品，主要是因为废旧耐火材料是由很多不同材料组成，成分较为复杂，并且含有一定量的有害成分。只有在再生产品制备之前将这些有害成分去除并将不同的原料成分进行分离，才能从根本上提高废旧耐火材料的内在质量，并制备出高质量的再生产品，进一步提高废旧耐火材料的附加值。因此，为了制备高质量的再生产品，应该对破粉碎后的废旧耐火材料进行进一步的加工处理，以分离出不同的原料成分。

1）碾磨法。碾磨过程就是把破粉碎后的废旧耐火材料进一步碾磨再加工。这样做的作用主要体现在两个方面：一是通过对废旧耐火材料颗粒进行碾磨可以破坏假颗粒的团聚体，使之变成真颗粒物料；二是使得废旧耐火材料颗粒达到一定的粉末化程度，使之成为微粉，甚至变成纳米粉，以进一步拓宽废旧耐火材料的用途并提高其附加值。

2）烧失法。烧失法主要应用于对含碳耐火材料的分离处理，利用石墨在 1000 ℃ 以上容易挥发的原理，把废旧镁碳砖料通过高温处理使碳挥发掉，这样可使电熔镁砂复原，并可以作为新的电熔镁砂原料使用。这种方法提取的电熔镁砂与菱镁矿直接电熔合成的电熔镁砂相比，具有制造成本低和就地加工的优点。但是，这种烧失法的分离技术只是将废旧镁碳砖部分利用，却烧掉了具有很高利用价值的石墨，并且有价值的添加物经过高温处理氧化成为其氧化物，一定程度上会影响电熔镁砂原料的性能。

3）浸渍法。废旧耐火材料经过破粉碎处理后得到的颗粒表面有很多气孔，即颗粒密度很低，从而增加浇注料的加水量，严重影响再生产品的致密度以及其使用性能。采用浸渍法可以消除这种不利因素，即把废旧含碳耐火材料颗粒经过氧化处理后，用磷酸、金属盐溶液、硅溶胶或金属有机物等进行真空浸渍，使浸渍剂进入颗粒表面的气孔中，然后固化或高温处理，使得颗粒表面的气孔数量减少，颗粒的强度提高。浸渍处理后，作为喷补料的原料制成的再生喷补料，与不含废料的喷补料的抗侵蚀性、气孔率和附着性等性能都相当。对于不含碳的废旧耐火材料颗粒料，经过浸渍处理后，会使颗粒的表面气孔直径变小，经干燥后作为浇注料的原料使用，会提高再生产品的密度，降低显气孔率，提高其使用性能。

4）重选法。该方法主要利用不同废旧耐火材料成分的密度差异，按照废旧耐火材料颗粒在不同液体介质里的沉降速度不同进行区分，这种分离技术主要适用于密度相差较大的废旧复合耐火材料。例如，镁碳砖等含碳耐火材料，由于石墨和镁砂的密度差别很大，可以通过重选将它们初步分离。

5）化学去除杂质法和化学转化法。化学去除杂质法是通过化学反应将废旧耐火材料中的某些杂质成分转化成可溶解的化合物，用水洗涤而除去杂质的一种处理方法。例如，废旧耐火材料中的金属铁对再生产品的性能影响很大，对于一般的耐火材料可以通过磁选法除去，但对于再生优质原料，要求铁的含量很低，并且细颗粒的铁通常分布在细粉中，这就很难采用磁选的方法去除。此时，可先用稀盐酸对废旧耐火材料颗粒冲洗，使铁与盐酸发生化学反应生成氯化铁，氯化铁是易溶于水中的化合物，然后用水对粉料洗涤即可去除金属铁，以提高原料的附加值。

化学转化法是将废旧耐火材料中某些有害成分通过化学反应，使之变成无害物质的处理方法。如在水泥窑、RH、AOD 等设备上使用后的镁铬砖，特别是靠近工作面部位 Cr^{6+} 含量较高，严重超过环境标准。众所周知，Cr^{6+} 是严重危害人体健康的有害元素，遇到雨水等就会溶解，污染周围的生存环境，因此，必须对其进行处理后才能排放。一般可将废旧镁铬砖经高温石墨粉或通过 CO、H_2 等还原性气体处理，可把 Cr^{6+} 还原成 Cr^{3+}，这样废旧镁铬砖就可以按照正常处理工艺制备出合格的耐火材料原料。

在实际生产中，具体采取哪种处理工艺，具体包括哪些流程，主要取决于原料的自身条件以及对成品料的纯度及粒度要求，因此，需视具体情况采取相应的处理方案。如果在废料中存在有害杂质，处理过程中必须将其富集，以减少所处理材料的数量，降低处理费用。废旧耐火材料处理的一般工艺流程如图 10-6 所示。

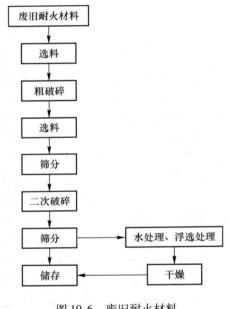

图 10-6　废旧耐火材料
处理的一般流程

新日铁采用的废旧耐火材料处理工艺如图 10-7 所示。

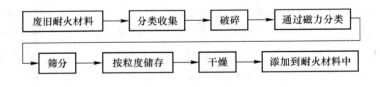

图 10-7　新日铁废旧耐火材料的处理工艺

Valoref 公司废旧耐火材料的回收加工处理流程如图 10-8 所示，此工艺可大规模处理废旧耐火材料。

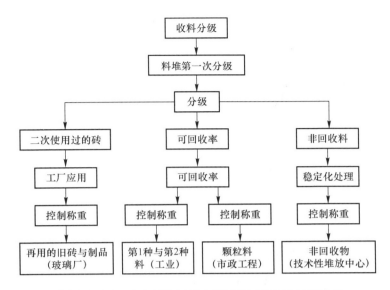

图 10-8　Valoref 公司废旧耐火材料的回收加工处理流程

　　某企业根据废旧耐火材料来源和特性，开发了一种废旧耐火材料集中回收处理工艺，如图 10-9 所示。具体工艺流程为：废旧耐火材料经过集中收集，分选和切割，分为变质层和原生层两部分。其中，变质层主要由亚铁侵蚀造成，含有一定量的磁性铁，经过破碎和磁选可以将含铁物质分离出来，分离的含铁颗粒可以作为烧结配料使用，不含铁颗粒可以进入炼钢造渣剂配料使用。原生层经过分选后，将镁碳、镁铝碳、铝碳等材料分开，经过分级破碎后，将不同粒级的颗粒作为耐火材料配料使用。

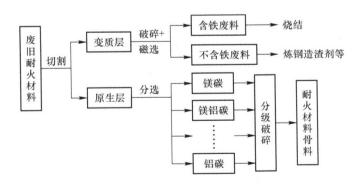

图 10-9　废旧耐火材料的处理工艺流程

10.4　废旧耐火材料的综合利用

　　废旧耐火材料采用科学合理的工艺进行回收处理后，在满足耐火材料生产工艺要求的基础上，实现固体废弃物的循环利用，降低资源和能源消耗，耐火材料的循环利用过程如图 10-10 所示。

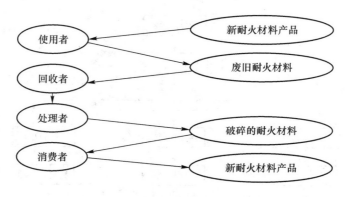

图 10-10   耐火材料的循环利用过程

10.4.1   废旧耐火材料再生产品的方法

根据废旧耐火材料处理方式的不同，可按其再利用程度分为：直接使用法、初级使用法、中级使用法和高级使用法。

10.4.1.1   直接使用法

直接使用法指的是将废旧耐火材料从窑炉中拆下来，不经过加工处理而直接利用到其他非主要部位或更安全的部位。对于有些热工窑炉的非主要部位，使用了一个炉役后，其损坏程度较小，甚至有的耐火砖外观上基本没有什么变化，像新耐火砖一样。因此，它们可以直接使用到其他非主要部位或更安全的部位。如某些钢铁厂从鱼雷罐车上拆卸下来的没有损坏的永久层黏土砖，再将其砌筑到鱼雷罐车永久层中使用。

10.4.1.2   初级使用法或降级使用法

初级使用法或降级使用法指的是将废旧耐火材料经过简单拣选，破粉碎加工成不同粒度的颗粒，然后引入少量颗粒到质量较高的耐火产品中或引入较高比例到冶金辅料等附加值不高的产品生产当中。采用初级法处理的物料，由于包含很多有害掺杂物，因此，会显著降低再生产品的使用性能和附加值。

采用初级使用法制备再生产品的一般工艺流程为：废旧耐火材料→分拣→破粉碎→筛选→规格料→掺入新产品中。采用初级使用法制备出的再生产品主要包括引流砂、溅渣料、脱硫剂、造渣剂等冶金辅料以及修补和喷补料等再生耐火材料。此外，初级法处理的废旧耐火材料还可作为其他窑炉保温材料以及建筑材料等使用。例如，用废旧白云石砖代替轻烧白云石可作为 LF 精炼炉的造渣剂；废旧白云石也可以作为土壤的改质剂，以改良酸性土壤。将废旧镁碳砖经过初步拣选和破粉碎成不同颗粒后，在新的镁碳砖配料中引入少量废旧耐火材料颗粒使用，可生产低档次的再生镁碳砖；也可将废旧镁碳砖颗粒直接加入到溅渣护炉料中使用；还可将废旧镁碳砖颗粒添加到电炉出钢口的 EBT 填充料中，自开率不低于原始填充料。

10.4.1.3   中级使用法

中级使用法指的是将废旧耐火材料经过简单的拣选和破粉碎加工成不同粒径大小的物料后，对破碎的物料进一步采用物理和化学方法加工处理，使处理后的废旧耐火材料更接近原始水平的方法。采用中级方法处理后的废旧耐火材料所生产的再生产品的质量及性能进一步提高，有些甚至达到了原始产品的性能和使用效果，大大提高了废旧耐火材料的附加值。

例如，镁碳砖通常用于炼钢厂转炉内衬或钢包渣线部位。虽然碳具有良好的抗热震稳定性和抗渣性，但其易于氧化的问题一直影响耐火材料工艺技术的进一步发展。为了提高其抗氧化能力，国内外学者作了大量研究，一般有如下三种措施：（1）添加防止氧化的添加剂；（2）使制品致密化；（3）设置防氧化涂层。相对而言，添加金属 Al、Si 及 SiC 等非氧化物，更能提高碳的抗氧化性，不但可以延长含碳制品的使用寿命，而且工艺过程简单。在使用过程中，镁碳砖受到高温作用，与钢水、钢渣的接触面会被严重冲刷、侵蚀，其内部结构和化学成分都会发生很大变化。添加到镁碳砖中的非氧化物，首先与碳反应生成相应的碳化物，再逐渐被氧化而起到抑制碳氧化的作用；同时，添加的金属成分会促使产生细小的气孔，降低镁碳砖的透气性，使空气难以进入到镁碳砖的内部结构中，提高了镁碳砖的抗氧化性和抗渣性。当镁碳砖达到其使用寿命而成为废旧耐火材料时，原来添加的 Al、Si 及 SiC 等非氧化物大部分以反应后的氧化物形式存在，并且镁碳砖中包含有在使用过程中生成的镁铝尖晶石及镁橄榄石等成分。

在这些反应产物中，氧化生成的 Al_2O_3 和 SiO_2 极易与 C、CO 以及残余的金属铝等物质发生进一步的化学反应，并生成 SiC 和 Al_4C_3，其反应式如下：

$$3SiO_2 + 4Al \Longrightarrow 2Al_2O_3 + 3Si \tag{10-1}$$

$$SiO_2 + 4CO \Longrightarrow SiC + 3CO_2 \tag{10-2}$$

$$SiO_2 + 3C \Longrightarrow SiC + 2CO \tag{10-3}$$

$$2Al_2O_3 + 9C \Longrightarrow Al_4C_3 + 6CO \tag{10-4}$$

$$SiO_2 + 2MgO \Longrightarrow 2MgO \cdot SiO_2 \tag{10-5}$$

镁铝尖晶石的性质比较稳定，但其表层与熔渣接触，易形成渣膜等有害杂质，所以这部分应进行适当处理。反应中生成的镁橄榄石很容易形成熔融物，它对于镁碳砖的性能是非常不利的，因此，除去镁橄榄石也是非常重要的一步。虽然产物 SiC 和 Al_4C_3 能够大大提高镁碳砖的抗氧化能力，但值得注意的是 Al_4C_3 是极易发生水化反应的物质，对于耐火制品的使用性能会造成一定的危害。

以废旧镁碳砖为原料制备再生镁碳砖时，再生镁碳砖里就含有极易水化的 Al_4C_3 成分。当再生镁碳砖热处理时，结合剂产生的水就会与 Al_4C_3 发生化学反应生成氢氧化铝，其反应方程式为：

$$Al_4C_3 + 12H_2O \Longrightarrow 4Al(OH)_3 + 3CH_4 \uparrow \tag{10-6}$$

以上反应生成的产物氢氧化铝会导致再生产品的体积膨胀、开裂甚至粉化，从而严重影响再生制品的使用性能。因此，如果将废旧镁碳砖作为再生镁碳砖的原料使用，就必须在热处理前除去镁碳砖中的 Al_4C_3 成分。在再生镁碳砖的制备过程中，先将废旧镁碳砖的变质层去除，然后将原生层经破粉碎、磁选和分级筛选等加工处理后，采取高温化学反应的方法，在特定的技术条件下，Al_4C_3 发生氧化还原反应，使得物料成为合格的二次颗粒原料。将处理后的二次颗粒原料与新原料、添加剂、结合剂进行配料，制备出再生镁碳砖。

总体而言，对含碳废旧耐火材料在进行回收利用的过程中，采取适当的处理手段，就能使添加剂的反应产物能够继续发挥其提高碳抗氧化能力的作用。

当然类似的应用实例较多，如把高炉出铁沟的废旧刚玉-碳化硅-碳浇注料进行破粉碎后，再经过水洗和酸洗，根据不同颗粒、原料的不同特点，人工拣选出刚玉，这样处理的刚玉品位几乎和新原料一样。因此，用该再生原料可以制备出性能很好的浇注料、捣打料等刚玉质耐火制品。

10.4.1.4 高级使用法

高级使用法指的是在上述处理方法的基础上，利用物理化学反应原理，对废旧耐火材料进行分离提纯处理或将再生产品加工为微米粉甚至纳米粉，使得废旧耐火材料的附加值进一步提高，以获得更高的经济效益。废旧耐火材料主要是由氧化物和非氧化物组成的复合材料，可以在拣选和破碎加工之后，利用高温条件下的物理化学原理合成新材料。例如，废旧黏土质耐火材料经处理后，通过碳热还原氮化方法，可以制成 β-Sialon 材料；废旧铝碳质滑板经处理后，通过碳热还原氮化反应可以制成 AlON 材料。如能利用物理和化学的处理方法把废旧耐火材料中的氧化物和非氧化物分离提纯，将它们作为合成原料使用，将对进一步提高废旧耐火材料的附加值具有重大意义。

目前，废旧耐火材料还没有得到充分利用，大多处于低附加值的直接利用和初级利用阶段。部分废旧耐火材料的再生利用途径如表 10-4 所示。

表 10-4   不同耐火材料的再生利用途径

耐火材料种类	回收后用途
Al-Si 质	喷涂料、浇注料、火泥或其他原材料
镁质	中间包涂料、火泥、捣打料或其他耐火制品添加剂
Mg-C 或 Al-Mg-C 质	补炉、喷补、填料、其他原料
功能件：水口、滑板、座砖	无定形产品：炮泥、铁钩料等
预制件、铁沟浇注料	撇渣器、主沟摆动沟料
莫来石材料：刚玉、高铝质	制品的原料：喷涂料、浇注料、火泥
SiC 质、Al_2O_3 耐材	耐磨浇注料或其产品的原始材料
特种废旧耐材：Cr_2O_3、CaO 或复合品	火泥的原料或用作散装料
轻质料	用作火泥制品、浇注或喷涂料的原料

10.4.2 废旧耐火材料的分类利用

对于钢铁行业，耐火材料的种类很多且成分复杂。为了进一步提高废旧耐火材料的综合利用率和产品的附加值，应将其按主要的化学成分和用途进行分类。对废旧耐火材料综合分类研究表明，除耐火纤维等特殊材料外，废旧耐火材料基本实现全部再利用。随着研究的不断深入，在再生产品中，废旧耐火材料的加入比例不断增加，再生产品的价值也不断提升。

10.4.2.1 镁碳砖

利用废旧镁碳砖制备再生镁碳砖，配加到诸如钢包渣线自由面使用的镁碳砖混合料中；作为精炼炉用引硫砂、转炉大面热修补以及溅渣料；制备电炉出钢口填料，使用效果可与镁橄榄石质填料相当。

10.4.2.2 铝镁碳砖

利用废旧铝镁碳砖制备浇注料和相应定形制品；也可以把废旧铝镁碳砖破碎成细粉，生产同材质的耐火泥，用于砌筑铝镁碳砖。

10.4.2.3 铝碳化硅砖

将废旧铝碳化硅砖磨成细粉，生产同材质的耐火泥；用于砌筑铝碳化硅砖。破碎的颗粒料也可部分用于生产铝碳化硅不定形耐火材料，如高炉炉前用的渣沟浇注料、渣沟捣打料、渣沟沟盖等。

10.4.2.4 滑板

包括大包滑板、中间包滑板、电炉滑板，可作为生产再生滑板、铁沟料和主沟料的再生原料。

10.4.2.5 镁砖、镁铬砖

废旧镁砖、镁铬砖经破碎后适量配加在生产镁砖、镁铬砖的原料中；可作为生产镁铬砖的再生原料和 RH 喷补料的原材料；还可以适当配加在镁质挡渣堰板原料中，并可加工成细粉用于生产耐火泥。

10.4.2.6 大沟料

包括主沟料、铁水沟料、渣沟料、摆动流嘴料，材质为 Al_2O_3、SiC、C。利用主沟料、铁沟料、渣沟料提取原料中的致密刚玉、棕刚玉；利用主沟料、铁沟料作为原料，制备铁沟料和渣沟料产品。

10.4.2.7 鱼雷罐车

材质为 Al_2O_3、SiC、C，可作为冶金辅料的原材料使用，也可作为浇注料的颗粒原料使用。

10.4.2.8 耐火浇注料残衬

选用以刚玉、莫来石、碳化硅、尖晶石等为骨料的耐火浇注料残衬，经破碎得到的各级别残衬颗粒料，经除铁处理后可直接用于生产耐火捣打料、筑炉用的耐火浇注料等。

10.4.2.9 高铝砖

废旧高铝砖可加工成细粉用于生产耐火泥，颗粒料可部分用于使用温度不超过1400 ℃ 的高铝耐火浇注料及可塑料的生产，如钢包盖用浇注料，各种修补用可塑料。

10.4.2.10 轻质砖

轻质砖可用于生产轻质耐火浇注料及轻质隔热火泥粉料。

由于耐火材料在使用过程中均经历了高温作用，使部分性能发生了改变。例如，硅质耐火材料在使用时内部的氧化硅成分完全转化为方石英，因此，这种废旧硅质耐火材料现正在尝试用作玻璃生产的原料。研究表明，即使是一些分拣出的无法用作再生产品的废旧耐火材料，也是可以进行加工利用的，如可用作溅渣护炉料、造渣剂等冶金辅料，也可用作建筑材料、水泥原料及回填用料等。

各种废旧耐火材料再生利用的前景如表 10-5 所示。

表 10-5　废旧耐火材料再生利用的前景

废旧耐火材料名称	可再生的产品及其用途
高炉主沟浇注料和捣打料	再生浇注料、捣打料，用于铁沟、渣沟浇注料或捣打料和沟盖；再生 ASC 砖可用于鱼雷罐车；再生刚玉-碳化硅砖用于高炉和陶瓷窑具等
高炉渣沟浇注料和捣打料	再生浇注料、捣打料，用于渣沟浇注料或捣打料；再生 ASC 砖可用于鱼雷罐车非关键部位；再生刚玉-碳化硅砖用于高炉和陶瓷窑具等
热风炉用耐火材料	再生轻质莫来石砖用于钢包等炉衬保温；再生浇注料和喷射料可用于钢包永久层浇注料和喷射料
高炉炉身	再生轻质浇注料、轻质砖等可用作窑炉的保温材料；再生碳砖可重复使用或作炼钢增碳剂使用；再生碳化硅砖可作炉泥、出铁沟捣打料、浇注料和修补料的原料，同时也可作为 ASC 砖和 SiC 陶瓷棚板的原料
焦炉硅砖	再生硅砖可用作架子砖使用；散状料可用作焦炉喷补料、修补料、钢包引流砂、电炉 EBT 填料和型砂
干熄焦炉莫来石砖	再生轻质浇注料，用作钢包永久层和其他热工窑炉保温材料
鱼雷车渣线和冲击区 ASC 砖	再生 ASC 砖用于鱼雷车衬、车口；各种再生散状料用于出铁沟、渣沟和铁水包
喷枪	再生浇注料，用作钢包永久层等热工设备保温
黏土砖	再生轻质浇注料用于热工窑炉保温层；再生 Sialon 材料用作钢铁冶炼和其他高级窑具
混铁车包口浇注料	再生浇注料和火泥，用作热工窑炉保温和接缝料
电炉、钢包和转炉镁碳砖	再生镁碳砖、铝镁碳砖、捣打料、修补料和溅渣料等冶金辅料，用作转炉、电炉、精炼炉和钢包
镁砖	再生镁砖可重新使用；再生镁质接缝料、喷补料和捣打料用于钢包、电炉、转炉；再生中间包涂料用于中间包
电炉炉底捣打料	再生冶金辅料作为炼钢造渣剂；再生散状耐火材料用作炉底捣打料、修补料和喷补料
电炉顶和精炼炉盖	再生铝镁（碳）砖、浇注料和捣打料，用于钢包衬和接缝料
铝镁碳砖	再生铝镁碳砖、浇注料、捣打料，用于钢包衬和接缝料
镁铬砖	再生镁铬砖用于钢包和水泥窑；再生散料用作 EBT 填料、钢包引流砂、接缝料和炼钢造渣剂
钢包浇注料和透气砖	再生铝镁砖和铝镁碳砖用于钢包内衬；再生浇注料、捣打料、喷补料和浇注料用于电炉盖、钢包内衬、包口
AOD 和 VOD 用镁白云石砖	再生喷补料用于转炉和电炉等炼钢窑炉；再生冶金辅料用于溅渣剂、造渣剂和土壤改质剂等
高铝砖	再生轻质砖用于热工窑炉保温；各种再生散状料用于冶金炉永久衬材料以及火泥和接缝料

废旧耐火材料名称	可再生的产品及其用途
普通铝镁砖	再生铝镁碳砖用于小钢包内衬；各种再生散装料用于小钢包浇注料、喷补料、可塑料、火泥和接缝料
中间包永久层和包盖用浇注料	再生轻质砖用于热工窑炉保温；再生轻质浇注料用于钢包及中间包永久层
中间包涂料	再生喷补料用于中间包工作层；再生冶金辅料用于溅渣护炉料、造渣剂、中间包覆盖剂
碱性挡渣堰	再生挡渣堰用于中间包；再生冶金辅料用作溅渣护炉料、造渣剂、中间包覆盖剂
锆质定径水口	再生定径水口和滑板用于连铸的控流系统
刚玉质上水口和座砖	再生铝镁（碳）砖、浇注料、捣打料、喷补料、修补料用于电炉盖、钢包衬和包口
铝碳质上水口和下水口	再生浸入式水口、长水口、上水口和下水口、滑板，用于连铸的控流系统；各种再生散状料用作各种补炉料
滑板	再生滑板、长水口、上水口、下水口用作连铸控流；再生铝镁碳砖用作钢包内衬；再生 ASC 砖用作鱼雷车等盛铁水设备；再生 ASC 质浇注料用于铁沟和渣沟
整体塞棒、长水口和浸入式水口	再生塞棒、长水口，浸入式水口用于连铸控流系统；再生铝镁碳砖用于钢包内衬
锆刚玉砖	再生锆刚玉砖用于玻璃窑衬；再生滑板用于连铸的控流系统
高铬砖	再生高铬砖用于石化炉；各种再生散料用作冶金辅料

10.4.3 废旧耐火材料的综合利用实例

10.4.3.1 镁碳砖

目前，废旧镁碳耐火材料主要用于再生制砖、钢包喷补料以及中间包干式振动料等方面。

废旧镁碳砖综合利用生产工艺流程如图 10-11 所示，该工艺采用了新型水化、除杂、干燥一体化热处理窑，且窑内的废旧镁碳砖基本处于静止状态，可以有效避免废旧耐火材料的扬尘及噪声污染；具备对废旧镁碳砖水化、除杂和干燥一体化处理的功能，处理时间缩短为 3 天以内，且处理工艺对热处理过程中产生的有害气体进行了集中收集处理及利用，热量利用率高，节约能源及资源。此生产工艺可实现全自动化控制，减少工人的劳动强度，具有良好的经济与社会效益。

日本知多钢厂以废旧镁碳砖为主要原料，开发出钢包底周边捣打料、钢包浇注料以及定形产品，如用 85% 再生料和 15% 的新料生产出的电炉熔池部位用不烧镁砖，以 90% 的再生料和 10% 新料生产出的电炉渣线用镁碳砖等。日本知多钢厂使用于电炉渣线部位再生砖的性能如表 10-6 所示，其使用效果与原始砖（新砖）基本相同。

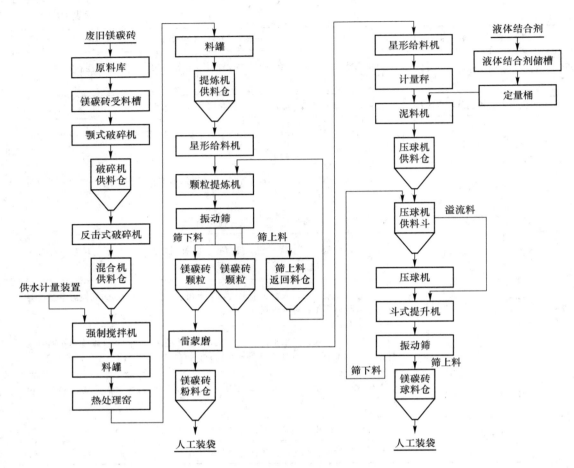

图 10-11　废旧镁碳砖综合利用工艺流程

表 10-6　日本知多钢厂新砖和再生砖的性能

项目	w_{MgO}/%	w_C/%	显气孔率/%	体积密度/g·cm^{-3}	耐压强度/MPa	侵蚀速率/mm·次$^{-1}$
再生砖	81.0	13.1	5.1	2.83	50	0.11
原始砖	84.0	12.0	4.0	2.80	40	0.10

　　某企业以转炉和钢包渣线废旧镁碳砖为原料，将废旧镁碳砖原料进行深加工处理，得到二次颗粒原料。经成分检验分析，二次颗粒原料中已无 Al_4C_3 等碳化物成分。利用二次颗粒原料作为主要原料进行再生镁碳砖的制备。按最紧密堆积的颗粒组成设计，添加少量特殊复合添加剂，外加 3% ~ 4% 的热固性酚醛树脂结合剂配料混合均匀，采用半干压成型法以 200 MPa 的压力成型，然后经过 200 ℃、5 h 的固化处理后，制得再生镁碳砖。利用二次颗粒原料制备镁碳砖的工艺如图 10-12 所示，其性能指标完全能达到同类产品的国家与行业标准。

　　再生镁碳砖经外观检查情况良好，砖体无裂纹、扭曲和空洞。经切砖检查，内部结构密实且无裂纹，未发现颗粒分布不均匀的现象，实际应用效果如表 10-7 所示。再生镁碳砖使用中的表现、使用寿命和用后残厚均与目前使用的镁碳砖几乎无差别。

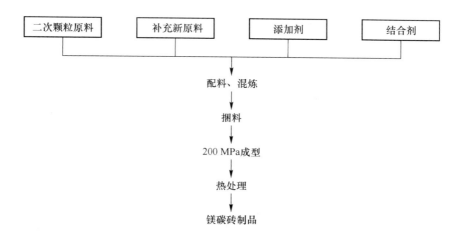

图 10-12　利用二次颗粒原料制备镁碳砖的工艺流程

表 10-7　再生镁碳砖的实际应用效果

指　　标	镁　碳　砖	再生镁碳砖
废砖加入量/%	0	80
使用钢包渣线	第一渣线	第一渣线
条件	LF：15 次	LF：20 次
使用时间/天	20～25	41
使用寿命/次	80	82
最小残厚/mm	80～90	95～114
渣线每次蚀速/mm	1.47	1.17～1.40
上部渣线每次蚀速/mm	—	0.77～0.92
下部渣线每次蚀速/mm	—	0.83～0.85
渣线上部每次蚀速/mm	—	0.42～0.48

利用废旧镁碳砖作原料开发 MgO-C 质浇注料，其性能指标如表 10-8 所示。从表 10-8 可见，此种浇注料的混合水量相当低，且性能优于由天然石墨和电熔镁砂制造的含碳浇注料，在完善钢包整体内衬和延长内衬使用寿命方面起到重要作用。

表 10-8　利用废旧镁碳砖作原料制造的 MgO-C 质浇注料的性能

指　　标		1 号	2 号	3 号
w_{MgO}/%		90	85	90
w_C/%		5	7	5
加水量/%		5.3	—	6
110 ℃，24 h	体积密度/g·cm^{-3}	2.77	2.72	2.71
	显气孔率/%	18	8	15
	耐压强度/MPa	21.6	108	28.3

指 标		1 号	2 号	3 号
1400 ℃, 3 h	体积密度/g·cm⁻³	2.75	2.71	2.65
	显气孔率/%	19	11	18
	耐压强度/MPa	29.0	54.0	25.4

注：1 号为宝钢研制，2 号为奥地利 Veitsch-Radex 研制，3 号为日本研制。

10.4.3.2 钢包浇注料

某厂以钢包内衬废旧铝镁浇注料为原料，人工拣出渣块和铁皮，经颚式破碎机破碎后，过 10 mm 筛，使用筛下的统料作为骨料，采用粒度小于 0.088 mm 的一级高铝矾土熟料和烧结镁砂的混合粉作为粉料，采用模数为 2.8 ~ 3.3、密度为 1.40 ~ 1.45 g/cm³ 的水玻璃作为结合剂，氟硅酸钠为促凝剂配制再生铝镁浇注料。在配料时，首先称量耐火骨料、粉料和氟硅酸钠，倒入强制式搅拌机中进行干混均匀；其次称量水玻璃和水，倒入混合料中湿混 2 ~ 4 min 即可使用，搅拌和好的料需在 30 min 内成型完毕。成型后自然养护 1 天方可拆模，再自然养护 2 天。养护期间，环境温度要高于 10 ℃，不得淋水。废旧钢包浇注料配制的再生铝镁浇注料的性能指标如表 10-9 所示。

表 10-9 再生铝镁浇注料的性能指标

耐压强度/MPa	110 ℃	28.1
	1400 ℃	75.5
抗折强度/MPa	110 ℃	8.8
	1400 ℃	18.4
烧后线变化率/%（1400 ℃）		− 1.8
抗热震性/次（1100 ℃，水冷）		>15
体积密度/g·cm⁻³		2.45

由于再生铝镁浇注料采用的骨料为使用过的钢包内衬，不可避免地混有钢渣、铁皮等有害杂质，而且配料又采用的是统料，这就导致再生铝镁浇注料的气孔率偏高，体积密度较低，烧成收缩较大。以此浇注料浇注 340 mm 厚作为混铁炉水套的内衬使用，完全可以满足要求。

10.4.3.3 铝碳砖

炼钢厂使用的耐火材料，有很多是一次性使用的，如滑板、座砖、水口、塞棒等。其实，这些耐火材料只是表面侵蚀或裂纹，其内部的化学和矿物组成并没有发生较大改变。因此，从技术上讲，这些铝碳质耐火材料完全可以回收再利用。

在钢铁冶炼领域当中，滑板作为主要的耗材，其使用量大，熔损量较小，且容易回收利用，若对这部分废旧耐火材料加以合理运用，可取得良好的社会效益和经济效益，滑板所使用的原料是品位很高的刚玉质原料，再生原料中含有适量的碳，将其作为骨料添加到 Al_2O_3-SiC-C 浇注料中，不仅不会影响浇注料的流动性，还可改善其耐蚀性，从而提高其使用寿命。因此，将废旧滑板砖制成颗粒料直接作为其他含碳耐火材料的原料是可行的。日本通过回收这些废旧的滑板，将其粉碎，成功确立了其作为耐火材料原料使用的再利用

技术。表 10-10 为再生滑板与普通滑板的性能对比，从表 10-10 可明显看出，当添加 30%
滑板屑作为原料使用时，其氧化损耗几乎达到了与现在使用产品同样的效果，如图 10-13
所示。

表 10-10　再生滑板与普通滑板性能对比

类　型	滑板屑的加入量/%	化学成分 w/%				体积密度/g·cm^{-3}	常温抗折强度/MPa	热膨胀系数/×10^{-6}℃$^{-1}$	氧化损耗指数
		Al_2O_3	SiO_2	ZrO_2	C + SiC				
普通滑板	0	87.0	2.1	3.4	4.5	3.27	131	7.0	100
添加滑板屑的滑板	30	78.0	6.5	9.4	3.9	3.03	157	6.0	79

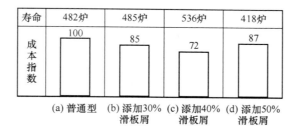

图 10-13　配入滑板屑的滑板的使用寿命与成本指数之间的比较

利用废旧 Al_2O_3-MgO-C 砖作原料开发了钢包用 Al_2O_3-MgO-C 砖，利用废旧高炉铁水沟
浇注料作原料开发了再生 Al_2O_3-SiC-C 耐火材料，再生制品的性能如表 10-11 及表 10-12
所示。

表 10-11　再生 Al_2O_3-MgO-C 砖的性能

Al_2O_3/%	69	显气孔率/%	8.7
MgO/%	14	耐压强度/MPa	44.5
C/%	8.5	废旧砖加入量/%	>90
体积密度/g·cm^{-3}	3.01		

表 10-12　再生 Al_2O_3-SiC-C 耐火材料的性能

项　目		浇注料	捣打料	Al_2O_3-SiC-C 砖
化学成分/%	SiC	10.2	11	10.7
	C	2.2	4.0	11.3
	Al_2O_3	83	81	83
低温热处理	体积密度/g·cm^{-3}	2.89	2.89	3.00
	显气孔率/%	16	12	6.3
	耐压强度/MPa	11.4	56.2	40.6
1450 ℃，3 h 埋碳处理	体积密度/g·cm^{-3}	2.92	2.86	3.01
	显气孔率/%	17.3	17.7	13
	耐压强度/MPa	119.1	41.4	38.7
应　用		铁水沟、沟盖、鱼雷罐车	铁水沟、铁水包	鱼雷罐车、混铁炉、高炉

　　值得一提的是，有的废旧滑板往往只是中间孔周围的一小部分被侵蚀或损坏，可以把损坏部分切除，再补浇或镶嵌一块新的滑板材料，经过磨平处理后可继续使用，这种滑板修复处理方法称为直接浇注法和圆环嵌入法。直接浇注法修复滑板的过程是将新物料直接浇注损坏区域，使用磷酸铝作为结合剂，用这种浇注料修复后，再生滑板的使用寿命比新滑板的使用寿命短。圆环嵌入法修复滑板的过程是使用一柱形环状物嵌入已处理好的滑板内孔中，并要求柱形环状物的材质与原滑板相同，而且各处光滑均匀，上下面与侧面成直角，用这种方法修复的滑板，其使用寿命与新滑板相同。

10.4.3.4　镁铬砖

　　废旧镁铬砖的主要问题是在窑炉中形成六价铬离子，六价铬离子可溶于水且有毒，危害人类身体健康，并会造成严重的环境污染和地下水污染。正是由于这些条件的限制，含铬产品的消耗量在逐渐减少。目前，含铬材料主要的回收工艺是除去被破坏的部分，将其余部分破碎成一定粒度用作生产耐火材料的原料。

　　日本对 AOD 炉废旧再结合镁铬砖和半再结合镁铬砖进行了再生试验研究。除去附着炉渣和变质层，用破碎机将其破碎后作为基本原料，利用叶轮式粉碎机、固定盘式轮碾机、原料再生处理装置进行各种处理，得到生产砖用原料所规定的粒度。由于很好地分离出粗颗粒和细颗粒部分，因此，能够确保再生砖原料的性能与原始砖所用原料的性能相近。

　　按照一般镁铬砖的粒度构成，将筛分后各种粒度的再循环利用原料进行混合，并添加一定结合剂，用底盘转动式轮碾机进行混炼后制得泥料，然后用油压机以规定压力成型，最后将成型的砖坯在 1800 ℃ 以上的温度下进行烧成，制得成品砖，再生砖的性能如表 10-13 所示。另外，为便于比较，把 AOD 炉使用的半再结合镁铬砖（没有使用再循环利用原料）的性能一并列于表中。

表 10-13　使用再循环利用原料生产的 $MgO\text{-}Cr_2O_3$ 砖的性能

项目		叶轮机再生料	轮碾机再生料	再生装置再生料	原始原料
化学组成/%	MgO	67	65.3	65.4	69.4
	Cr_2O_3	19.2	20.4	21.1	20.4
	Fe_2O_3	5	5.4	5.4	5.1
	Al_2O_3	4.3	4.5	4.7	3.6
	SiO_2	2	1.8	1.5	0.8
	CaO	2.1	1.8	1.3	0.7
砖坯体积密度/$g \cdot cm^{-3}$		3.21	3.21	3.27	3.36
烧成线变化率/%	纵向	-1.9	-1.6	-1.7	-0.3
	横向	-2.5	-1.9	-1.1	0
体积密度/$g \cdot cm^{-3}$		3.33	3.33	3.34	3.34
显气孔率/%		10.9	11.5	11.7	11.4
抗折强度（1480 ℃）/MPa		4.3	4.3	8.7	13.1
侵蚀指数[①]		119	120	116	100

① 渣浸渍试验 1700 ℃，60 min，浸渍深度约 90 mm；渣：$CaO/SiO_2 = 1.5$（质量比），$Al_2O_3 = 10\%$；试样尺寸：20 mm × 20 mm × 180 mm。

由表 10-13 可以看出，虽然各种再生砖的基本化学成分与没有使用再循环利用原料的砖相似，但 Al_2O_3、SiO_2 和 CaO 增多了，这主要是由于使用过的耐火砖吸收了 AOD 炉炉渣的缘故。从砖坯的体积密度来看，叶轮机再生料和轮碾机再生料小，与原始原料的差别大，其差别达到 0.15 g/cm³，再生装置再生料的差别也有 0.09 g/cm³。但是，由于烧成收缩超过 1%，因此，烧成后各种耐火砖的体积密度都基本相同。叶轮机再生料和轮碾机再生料的高温抗折强度极低，仅有 4 MPa 多一点，虽然再生装置再生料略高，但也仅是原始原料的 2/3 左右。再生料的渣侵蚀量均比原始原料大 20% 左右。

10.4.3.5　其他

以废旧黏土砖为原料，通过拣选、破碎、筛分、除铁、均化等综合再生技术得到不同粒度的黏土骨料，再加入耐火细粉、外加剂、结合剂等制得热风炉、加热炉、铁沟永久层等用的浇注料，以及热风炉拱顶保护层用耐酸喷涂料，高炉内衬及煤气导出管喷涂用的喷涂料。配料，以一级矾土粉、二氧化硅微粉和活性氧化铝微粉为细粉，以石英颗粒为膨胀剂，CA-50 或 CA-80 水泥为结合剂，外加减水剂。

表 10-14 给出了某企业确定的各类废旧耐火材料的可利用价值和再生目标，表 10-15 列出某企业炼钢厂废旧耐火材料的名称及其用途。

表 10-14　废旧耐火材料再生利用分类表

类　别	主 成 分	年总量/万吨	处理计划；再生目标	废旧耐材来源
镁碳质	MgO-C	1.2	转炉喷补；再生原料	炼钢
硅酸铝质	Al_2O_3-SiO_2	1.5	再生原料；建材回填	各类炉窑
镁铝质	MgO-Al_2O_3	0.5	再生原料	炼钢、石灰窑
铝碳化硅碳质	Al_2O_3-SiC-C	1.2	直接再用；再生原料	TPC、铁沟、炼钢
镁铬质	MgO-Cr_2O_3	0.3	电炉喷补；再生原料	炼钢、石灰
含锆质	Al_2O_3-C-ZrO_2	0.1	修补料；再生原料；加环修复	炼钢
其他	—	0.7	—	各类炉窑
合计	—	5.5	—	

表 10-15　炼钢厂废旧耐火材料名称及其用途

废旧耐材名称	可 再 生 产 品	再生产品用途
钢包、转炉镁碳砖	再生镁碳砖、捣打料、修补料和溅渣料等冶金辅料	用于转炉、精炼炉和钢包以及冶金辅料等钢包用铝镁碳砖
铝镁碳砖	再生铝镁碳砖	钢包用铝镁碳砖

废旧耐材名称	可 再 生 产 品	再生产品用途
中间包永久层和浇注料	轻质浇注料和轻质砖	热工窑炉保温和钢包及中间包永久层
中间包涂料	冶金辅料和喷补料	溅渣护炉料、造渣剂、中间包覆盖剂、中间包工作层
碱性挡渣堰	再生溅渣料、挡渣堰和冶金辅料	挡渣堰、溅渣护炉料、造渣剂、中间包覆盖剂
锆质定径水口	再生定径水口和滑板等产品的添加剂	定径水口、滑板等
刚玉质上水口和座砖	浇注料、捣打料、喷补料、湿式浇注料、铝镁(碳)砖	用于电炉盖、钢包衬、包口和接缝料；钢包的各种修补料，也可作为水泥原料和磨料
铝碳质上水口和下水口	再生浸入式水口、长水口、上水口和下水口、滑板和各种含碳散状料	用于连铸控流系统和各种补炉料
滑板	再生滑板、长水口、高铝碳砖、AMC砖和各种散状料	用作连铸控流的耐材和鱼雷罐车等盛铁水设备的炉衬和相应的修补料
整体塞棒、长水口、浸入式水口	再生塞棒、长水口、浸入式水口	再生塞棒、长水口、浸入式水口用于连铸控流

　　总而言之，耐火材料是高温技术工业不可或缺的重要基础材料，与钢铁、有色、建材等重要支柱产业的发展进步密切相关，为了适应钢铁行业的可持续发展，实现耐火材料及冶金工业的绿色制造，废旧耐火材料已作为廉价的再生资源得到世界各国的充分认识，随着废旧耐火材料再利用技术研究的不断发展，废旧耐火材料利用的科技含量、附加值和再利用率将迅速提高，实现冶金工业用耐火材料以"产品质量优良化；资源与能源的节约化；生产工艺的环保化，以及实际应用的无害化"为标准的绿色生产，逐步向产业"零"排放的目标迈进。

参 考 文 献

[1] 张朝晖，李林波，韦武强，等. 冶金资源综合利用 [M]. 北京：冶金工业出版社，2011.

[2] 宋希文. 耐火材料工艺学 [M]. 北京：化学工业出版社，2008.

[3] 刘景林. 废旧耐火材料的二次利用 [J]. 耐火与石灰，2008，33 (4)：32-35.

[4] 包向军. 钢铁企业废旧耐火材料的再利用工艺 [J]. 工业加热，2009，38 (1)：1-2，22.

[5] 全荣. 耐火材料再循环利用技术的开发 [J]. 耐火与石灰，2008，33 (10)：15-18.

[6] 杨源，黄世谋，薛群虎. 废旧耐火材料的再生利用研究 [J]. 陶瓷，2007 (5)：17-20.

[7] 欧阳德刚，王清方. 废旧耐火材料再生与利用技术现状与发展 [J]. 武钢技术，2008，46 (2)：
39-42.

[8] 刘百臣. 废旧耐火材料资源化的研究与实践 [J]. 工业加热，2007，36 (6)：68-70.

[9] 孙杰璟，刘永杰，沈远胜，等. 浅谈耐火材料的综合利用 [J]. 山东冶金，2006，28 (1)：48-50.

[10] 徐庆斌. 废弃耐火材料的回收利用 [J]. 耐火与石灰，1999，24 (7)：36-38.

[11] 徐庆斌. 炼钢厂用过的耐火材料的回收再利用 [J]. 耐火与石灰，1999，24 (10)：3-11.

[12] 王成. 废旧耐火材料的再生利用 [J]. 江苏冶金，2003，31 (6)：56-57.

[13] 郭瑞虹，王保东，马亚静，等. 废旧耐火材料回收利用的发展前景 [J]. 国外耐火材料，1998，

23 （5）：26-28.

[14] 黄世谋，杨源，薛群虎. 废旧耐火材料再生利用研究进展 [J]. 耐火材料，2007，41 （6）：460-464.

[15] 姜华. 宝钢废旧耐火材料的技术研究与综合利用 [J]. 宝钢技术，2005 （3）：9-11，30.

[16] 田守信，姚金甫. 废旧镁碳砖的再生研究 [J]. 耐火材料，2005，39 （4）：253-254，265.

[17] 冯慧俊，田守信. 宝钢废旧 MgO-C 砖的再生利用 [J]. 宝钢技术，200 （1）：17-19，51.

[18] 田守信. 废旧耐火材料的再生利用 [J]. 耐火材料，2002，36 （6）：339-341.

[19] 袁好杰. 钢包内衬废料的重新利用 [J]. 耐火材料，2006，40 （5）：394-395.

[20] 郑海忠，梁永和，吴芸芸，等. 含碳耐火制品的再生利用 [J]. 武汉科技大学学报（自然科学版），2001，24 （4）：338-341，348.

[21] 王晓峰. 滑板砖再利用工艺的进展 [J]. 国外耐火材料，1997，22 （8）：16-21.

[22] 金利萍. 已用过滑板的再利用技术 [J]. 国外耐火材料，2004，29 （6）：57-58.

[23] 马明锴，刘瑞斌. 炼钢用铝碳质耐火材料的回收利用 [J]. 耐火材料，2006，40 （2）：151-152.

[24] 肖建华. 欧洲耐火材料的环境管理 [J]. 国外耐火材料，2004，29 （6）：1-8.

[25] 廖建国. 使用高级原料的砖再循环利用方法 [J]. 国外耐火材料，2003，28 （6）：8-10.

[26] 梁训裕. 用过的耐火材料的回收利用 [J]. 国外耐火材料，1998，23 （6）：31-35.

[27] 张丽译. 用回收废旧镁铬砖生产耐火浇注料的新途径 [J]. 国外耐火材料，2006，31 （2）：12-14.

[28] 袁林，陈雪峰，曾鲁举，等. 建材工业耐火材料 [M]. 北京：化学工业出版社，2012.

[29] 周旺枝，刘黎. 废旧耐火材料回收利用研究现状与进展 [J]. 武钢技术，2013，51 （2）：4-7.

[30] 江玲龙，李瑞雯，毛月强，等. 铬渣处理技术与综合利用现状研究 [J]. 环境科学与技术，2013，S1：480-483.

[31] 徐勇，邵荣丹. 废旧黏土砖的回收再利用 [J]. 耐火材料，2013，47 （4）：291-293.

[32] 邱桂博，彭犇，郭敏，等. 氩氧脱碳炉废旧镁钙砖的资源再生利用 [J]. 硅酸盐学报，2013，41 （9）：1284-1289.

[33] 姚金甫，崔维平，洪建国，等. 钢铁企业废旧耐火材料的再生利用 [J]. 耐火材料，2010，44 （3）：235-237.

[34] 工业和信息化部. 工业和信息化部关于促进耐火材料产业健康可持续发展的若干意见 [C]//2013 钢铁用耐火材料生产、研发和应用技术交流会论文集. 2013.

[35] 赛音巴特尔，余广炜，冯向鹏，等. 钢铁行业用后耐火材料回收利用技术概况 [C]//中国环境科学学会 2010 年学术年会，2010.

[36] 王晓芳，刘伟，郭晓华. 我国耐火材料发展现状及市场需求分析 [J]. 建材发展导向，2018，16 （12）：3-6.

[37] 高华华，方斌祥，马铮. 转炉维护用耐火材料应用技术及展望 [C]//第十六届全国耐火材料青年学术报告会论文集，2018.

[38] 赵志云. 废旧耐火材料的回收再利用的方法：CN201711239128. 3 [P]. 2023-08-11.

[39] 张彩丽，谢顺利，孙玉周. 废旧耐火材料的资源化利用进展 [J]. 硅酸盐通报，2015，34 （7）：1903-1906.

[40] 陈欢. 废旧耐火材料循环利用 [J]. 冶金与材料，2017，37 （5）：40-41.

[41] 孙傲，刘杰，陈昌林. 浅谈废旧耐火材料的综合利用 [C]//第十七届全国耐火材料青年学术报告会论文集，2020，10.

[42] 刘成焱. Al$_2$O$_3$-SiC-C 系废旧耐火材料的回收再利用研究 [D]. 沈阳：东北大学，2017.

[43] 朱万政，王三忠，鄢长喜，等. 一种废旧耐火材料的回收利用方法：CN201811561549. 2 [P].

2023-08-11.

[44] 鲁志燕，崔娟，陈勇，等．一种用废镁碳砖生产的再生镁碳砖及其制备方法：CN201910800689.9 [P]．2023-08-11.

[45] 巩秀民．利用废旧镁碳砖制备包沿料的研究 [J]．中国资源综合利用，2015，33（8）：40-43.

[46] 安建怀．回收耐火材料对浇注料性能影响的研究 [J]．甘肃科技，2019，35（4）：11-14.

[47] 丁双双，李天清，左起秀，等．国内废镁碳砖的回收利用 [C]//第十六届全国耐火材料青年学术报告会论文集，2018，5.

[48] 毛艳丽，景馨，李博．钢厂用后镁碳耐火材料的再生利用及前景分析 [J]．上海金属，2015，37（3）：50-54.

[49] 秦常杰，徐志华，雷中兴，等．再生耐火材料混合均化方法及其装置：CN201510791012.5 [P]．2023-08-11.

[50] 毛艳丽，曲余玲．钢厂废旧耐火材料的循环利用 [C]// 2014 年六省市金属学会耐火材料学术研讨会论文集，2014，8.

11 典型案例

本章数字资源

11.1 钢铁炉渣制造超细粉

钢渣处理全过程分三个阶段：一是钢渣预处理。为了快速让红热态的热融渣冷却处理成小于 300 mm 的常温块渣并加快渣的分解而采取的预处理手段，有利于后道资源回收和综合利用工序。常见的预处理方法有热焖、热泼、风淬、水淬、滚筒等方法。二是钢渣加工处理。通过破、筛、磨、选等各工艺的匹配组合，最大限度地回收钢渣中的废钢、富铁元素，CaO、MgO 等可作为熔剂循环利用的有益成分，是钢铁企业重要的节本增效环节；三是尾渣陈化与综合利用。钢渣尾渣的综合利用方向无外乎作水泥原料、建材制品、微粉、筑路、土壤改良等。但是由于钢渣安定性差、活性低、难以加工磨细的先天不足。

将转炉渣磨细为钢渣微粉并掺合在水泥中或与矿渣粉掺合为复合粉应用，是国内外研究与应用的一个热点。目前钢尾渣粉磨工艺是球磨机粉磨、辊压机和球磨机联合粉磨（或辊压机预粉磨）、立磨和球磨机混合粉磨、立磨终粉磨等。现有钢尾渣粉磨技术装备，存在研磨过程的局限性和技术瓶颈，例如，造成粉磨设备运行过程电耗高、粉磨效率低、难以有效除铁、磨机难以连续稳定运行、粉末难以高比表面积或者高比表面积时粉磨效率急剧下降，从而造成生产企业运行、维护成本高，而且活性较差。

11.2 钢铁行业碳达峰案例

11.2.1 二氧化碳的来源

二氧化碳回收可以从石灰窑变压回收和使用吸附装置，收集到 CO_2 的缓冲装置，最终应用于炼铁、炼钢、连铸和循环稀释燃烧技术中。钢铁工业流程的 CO_2 资源化利用如图 11-1 所示，转炉气提纯 CO_2 技术方案如图 11-2 所示。

采用以上工艺方案，通过对钢厂转炉气中杂质包括硫化物的实际定性定量分析得到了准确的基础数据，开发了针对转炉气中杂质脱除的独有工艺并通过了实际工业应用验证，保证了 CO_2 的稳定获得。

利用钢化联产生产过程排放的富 CO_2 废气（CO_2 浓度 >70%）提纯获取高纯 CO_2 后用于转炉反吹会降低投资和能耗，并进一步降低碳排放，实现碳的循环利用。既能为企业减排增效，又响应国家产业政策，实现企业真正意义上的低碳绿色循环发展。钢化联产耦合 CO_2 提纯技术方案如图 11-3 所示。

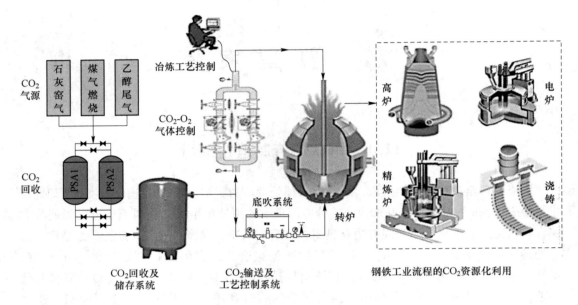

图 11-1　钢铁工业流程的 CO_2 资源化利用

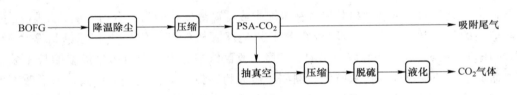

图 11-2　转炉气提纯 CO_2 技术方案

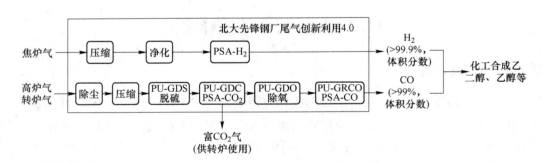

图 11-3　钢化联产耦合 CO_2 提纯技术方案

11.2.2　钢铁工艺二氧化碳的资源化利用

现有转炉炼钢的顶底复吹普遍存在大量烟尘的产生、脱磷的不稳定性、终点过氧化、铬镍损失和提钒效率低等问题，通过顶底加吹 CO_2 可以进行炼钢的温度调整、氧化性的控制和控制搅拌等。

11.2.2.1 炼钢顶吹 CO_2 作用

目前炼钢过程碳氧反应是强放热反应，火点区温度达到 2500～3000 ℃，造成在氧化气氛下铁元素的蒸发，从而影响脱磷效率和增加渣中铁耗。传统除尘方法是通过干法除尘和湿法除尘方法，将回收的炼钢尘泥返回烧结、造球炼钢和喷吹粉剂等。但是目前炼钢降尘存在的问题是除尘负荷重、金属收得率低和二次污染。作者团队探明了炼钢烟尘的产生机理：首次提出降低火点区温度可有效控制铁的蒸发；创造性地提出了转炉炼钢 CO_2-O_2 混合喷吹降低烟尘的新思路；发明了一种利用 CO_2 气体减少炼钢烟尘产生的方法。（1）通过 CO_2-O_2 混合顶吹降低火点区温度和降低铁蒸发量。（2）增加 CO 的产生，提升转炉煤气热值和减少炼钢过程的热损。（3）火点区的温度降低，可以提高脱磷率；转炉炼钢过程已经具备适合脱磷的动力学条件，但通常热力学条件欠佳。对于转炉单炉高效脱磷的一个难点在于如何控制脱磷期由于硅氧等强放热反应引起熔池急剧升温。炼钢降温是加入矿石冷料等措施，但是温降幅度大，难以控制。通过复吹 CO_2 可以达到连续、均匀、稳定的控温效果。（4）钢液的温度降低，也降低炉渣的铁损。转炉顶吹 CO_2 的炼钢技术解决了长期困扰炼钢的烟尘量大、金属收得率低、除尘负荷重的技术难题。

11.2.2.2 喷吹 CO_2 长寿底吹装置工艺

通过大量基础实验和工业试验，解决了炼钢 CO_2 长寿底吹喷吹的工程技术难题。底吹 CO_2 的优势：（1）搅拌动能大，有利于 CO_2 与熔池元素发生反应；（2）射流速度快，利用底吹元件产生的音速射流，使 CO_2 不会对底吹元件造成化学反应侵蚀；（3）单支元件底吹流量大，可达到 450 m^3/h（标态）以上；（4）炉底维护方便，减少底吹透气元件数量保证炉体强度。底吹 CO_2 可增强搅拌，改善动力学条件，炉渣 TFe 含量降低 3.59%；P_2O_5 含量增加 0.63%。

如表 11-1 可知，通过顶底复吹 CO_2，可以降低钢液出钢温度，降低 Mn 合金消耗，增加煤气量和煤气热值。

表 11-1 顶底复吹 CO_2 对比表

冶炼工艺	终点钢液成分及温度				煤气量 /$m^3 \cdot t^{-1}$	CO 含量 /%
	温度/℃	C/%	Mn/%	P/%		
原工艺	1662	0.042	0.06	0.0177	109.4	55.66
试验工艺	1658	0.050	0.066	0.0166	114.6	58.32
对比（平均）	−4	+0.008	+0.006	−0.0011	+5.2	+2.66

11.2.2.3 CO_2 在电炉流程的作用

电炉现有冶炼工艺存在的问题是需要在冶炼过程中深脱磷、深脱碳、脱气去杂质和泡沫渣节电；在 LF 炉中需要深脱硫和控氮。通过在电炉内的顶底复吹 CO_2 可以达到温度调整、氧化性控制、强化搅拌、泡沫渣控制和还原性控制等作用。

某研究团队通过对 70t 电炉炼钢底吹 CO_2 研究应用，达到降低钢铁料消耗 1%～2%；钢中［O］及［N］含量略有下降 10%～20%；延长底吹寿命 100 炉以上；脱磷率提高 30%，脱碳率提高 10%。

根据 70 t LF 精炼炉底吹 CO_2 试验（图 11-4）可知，通过底吹 CO_2 可使精炼渣还原性良好，脱硫率提高 5.9% ~ 15.4%，透气砖侵蚀与氩气相当，夹杂物密度降低。

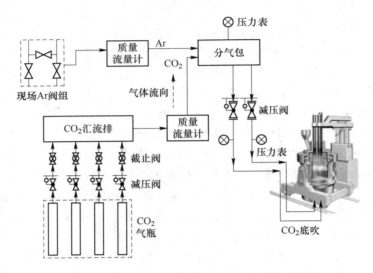

图 11-4　70t LF 精炼炉底吹 CO_2 试验流程图

根据图 11-5 可知，底吹 CO_2 可以降低 LF 炉的热量消耗和钢液裸露。

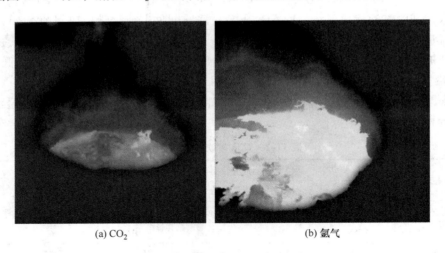

图 11-5　同流量下的 LF 底吹 CO_2 和氩气钢渣界面图

11.2.2.4　方坯连铸机采用 CO_2 保护浇注

六机六流方坯连铸机采用 CO_2 保护浇注如图 11-6 所示。

由图 11-6 可知，作者团队采用 CO_2 代替 Ar 保护浇注水口，根据试验可知[O]含量从 10×10^{-6} 降低至 8.4×10^{-6}；[N]含量可从 55×10^{-6} 降低至 52×10^{-6}。

11.2.2.5　CO_2 在炼铁中的利用

利用 CO_2 替代高炉风口煤粉输送的 N_2，保持还原气氛。利用 CO_2 给予鼓风预热，进一步提高富氧率，解决燃烧区温度过高的问题和碳反应生产的 CO，提高炉气间接还原度。

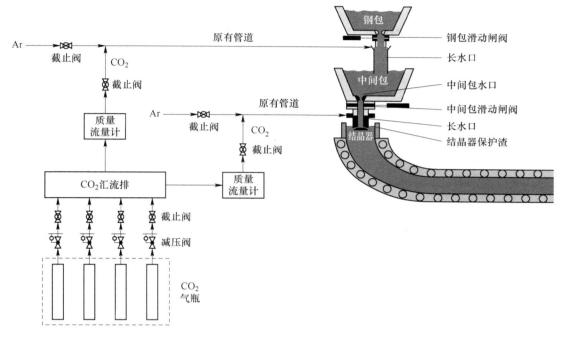

图 11-6 六机六流方坯连铸机采用 CO_2 保护浇注

热风中混入 CO_2 气体可以作为：（1）氧化剂，提供氧化性氧原子，提高高炉产量；（2）增碳剂，降低直接还原度，提高炉顶煤气热值；（3）控温剂，可使高炉接受更高富氧率和更高风温。

11.2.2.6 其他方面的应用

循环 CO_2 稀释燃烧，也称为氧/燃料燃烧（oxy-fuel 燃烧），是把燃烧产生的废气，经过处理，再返回用于燃烧过程（图 11-7）。此过程，要先将空气中的 N_2 分离，只留下 O_2 与经处理的废气（CO_2 可达 95%）掺混在一起，共同用于助燃。循环 CO_2 稀释燃烧技术特点：（1）把燃烧尾气循环用于燃烧；（2）CO_2 代替空气中 N_2；（3）可以降低 NO_x 和硫化物的排放；（4）提高热效率。

减少 NO_x 排放原理图如图 11-8 所示。（1）燃烧器中，来自空气的 N_2 减少，导致热力型 NO_x 的减少；（2）在挥发分释放区域，循环 NO_x 的重新还原；（3）循环的 NO_x 再燃烧（reburning），循环的 NO_x 和燃料中氮（fuel-N）、煤中释放的碳氢化合物之间的相互作用，可能进一步降低 NO_x 的形成。文献报道，使用此种燃烧方式的发电厂排放的 NO_x 降低了 50%～80%。综合考虑，冶金炉窑使用此种燃烧技术，可以减排 NO_x 50%～60%。

除此之外，循环 CO_2 稀释燃烧可应用于轧钢加热炉、烘烤炉、还原转底炉和隧道窑等，达到控制炉内气氛、控制炉膛温度、降低 CO_2、NO_x 排放和节能等。国内工业 CO_2 排放比例如图 11-9 所示。

目前工业化有效降低二氧化碳排放的途径是采用新工艺和新能源、CO_2 封存和 CO_2 资源化利用。

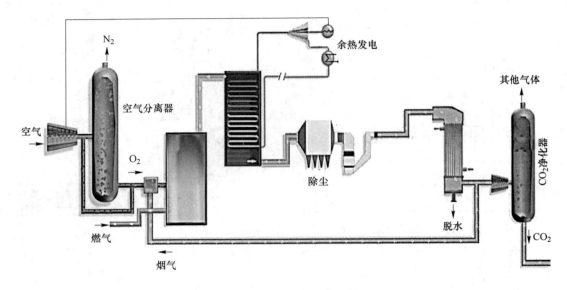

图 11-7   循环 CO_2 稀释燃烧技术

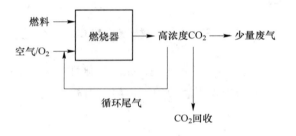

图 11-8   减少 NO_x 排放原理图

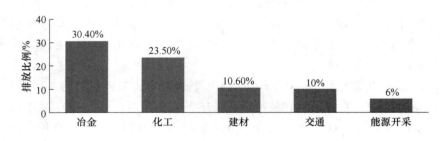

图 11-9   国内工业 CO_2 排放比例

11. 2. 3   高炉顶煤气自循环技术

把冷态高炉煤气直接从炉缸风口喷进高炉，且不富氧情况下，会造成生产率显著下降，导致燃料比明显升高。因为从风口喷吹常温高炉炉顶煤气会导致理论燃烧温度降低，且高炉煤气中的 CO_2 在回旋区反应会吸热，从而使回旋区冷却。

　　把冷态高炉煤气加富氧从炉缸风口喷进高炉的情况，也会造成生产率降低，燃料比升高。一方面，由于高炉煤气中的 CO_2 在回旋区反应吸热造成回旋区冷却；另一方面，在保证一定理论燃烧温度的情况下，需要提高富氧率，这样热风中的氮气减少了，造成煤气量减少，使炉身炉料预热不足。因此，目前认为高炉喷吹炉顶煤气可行的方法有以下三种：

　　（1）把炉顶煤气经过脱 CO_2 处理后，部分以冷态炉顶煤气加纯氧从炉缸风口喷进高炉，同时把另一部分加热到 900 ℃后喷进炉身风口。这种方式只经过 JFE 理论研究认为可行，还没有经过试验验证。在 JFE 的研究中，该法与废塑料喷吹相结合，可减排 CO_2 量达 25%。

　　（2）炉缸风口喷吹 100%经过脱 CO_2 处理热态高炉煤气和冷态工业氧或高富氧风。这种情况经过日本东北大学理论计算是可行的，并且经过了俄罗斯土拉钢铁工业试验证实。土拉钢铁的工业试验表明，随着氧浓度提高越多，生产率提高越大，焦比降低越多。在氧浓度为 87.7%的情况下，喷吹热高炉煤气时，随焦炭带入的碳素减少了 28.5%，高炉的 CO_2 产生量大幅度降低。

　　（3）把高炉煤气经过脱 CO_2 处理，分别从炉缸风口和炉身风口喷进高炉。从炉缸风口喷入的高炉煤气要加热到 1250 ℃，从炉身风口喷进的要加热到 900 ℃，且用冷态纯氧喷吹代替通常的鼓风操作。这种方法经过 ULCOS 试验证明，可使炉况顺行，炉身工作效率稳定，最大可使燃料比减少 24%。如果加上脱除高炉煤气中的 CO_2 量，会使 CO_2 减排量达到 76%。

　　欧洲钢铁业者在国际钢铁协会的协调下，由安赛乐米塔尔公司牵头对超低 CO_2 排放（ULCOS）国项目进行研发。ULCOS 旨在开发突破性的炼钢工艺，达到 CO_2 减排的目标。研究包括了从基础性工艺的评估到可行性研究实验，最终实现商业化运作。从所有可能减排 CO_2 的潜在技术中进行分析，选择出最有前景的技术。以成本和技术可行性为基础进行选择，对其工业化示范性水平进行评估，最后实现大规模工业化应用。试验研究在瑞典律勒欧的 LKAB 试验高炉（工作容积为 8.2 m^3），设 3 个炉缸风口，用于喷吹循环煤气、煤粉和氧气；设 3 个炉身风口，用于喷高炉炉顶循环煤气。把高炉炉顶煤气经过脱 CO_2 处理，再加热到一定温度后喷入高炉。从主风口喷入的炉顶煤气温度为 1250 ℃，从炉身下部的风口喷进高炉的炉顶煤气的温度为 900 ℃。用冷态纯氧喷吹代替通常的鼓风操作。采用 VPSA（真空变压吸附）对炉顶煤气中的 CO_2 进行吸附分离，然后从高炉风口和炉身下部进行喷吹实验，结果表明可削减碳排放 24%。2008 年 3 月，日本经济产业省公布的"冷却地球——能源革新技术计划"中提出了"应当重点研究的能源革新技术"项目其中之一 COURSE50 技术。COURSE50 目标是通过开发 CO_2 吸收液和利用废热的再生技术，实现高炉煤气的 CO_2 分离和回收。进而通过与地下、水下 CO_2 储留技术革新相结合，将向大气排放的 CO_2 减至最小。主要研发的技术包括用氢还原铁矿石的技术开发；焦炉煤气提高氢含量技术开发；CO_2 分离、回收技术开发；显热回收技术开发等。减排目标如果能够实现即可使 CO_2 减排 30%（使 CO_2 排放从 1.64 t CO_2/t 粗钢降低到 1.15 t CO_2/t 粗钢）。但考虑此时需要以某种形式补充焦炉煤气的能量，因此，考虑是否可应用核电等不产生 CO_2 的能源。

　　POSCO 开发的 FINEX 流化床由 3 级反应器组成，熔融气化炉中产生的热还原气体通入 R1 并依次再通过 R2、R3 后排出，炉顶煤气经除尘净化后约 41%通过加压变压吸附脱

除 CO_2，使煤气中的 CO_2 从 33% 降到 3%，然后回到 R1 作为还原气体再利用，以降低煤的消耗。在 FINEX 煤气处理系统中，增加了 CO_2 脱除装置，用成熟的变压吸附法脱除煤气中的 CO_2。脱除 CO_2 以后的煤气作为还原剂用于流态化床反应器，提高了铁矿粉的还原效率，使 FINEX 燃料消耗下降。FINEX2000 工艺开发应用了炉顶煤气循环和氧气风口喷吹技术后，燃料消耗显著下降，煤耗从 1070 kg/t 下降到 830 kg/t，碳减排 22.4%；FINEX3000 由 4 级流化床改为 3 级流化床后，煤耗降低到 750 kg/t 左右，达到其同等规模高炉的燃料消耗水平。FINEX 炉顶煤气经变压吸附脱除 CO_2 后循环使用，燃料比（煤比）下降明显，实现了低碳炼铁，节能减排，降低生产成本。

11.2.4 宝武富氢碳循环氧气高炉（HyCROF）技术

中国钢铁产量占世界总产量的一半以上，随着全球"碳达峰、碳中和"的推进，钢铁行业面临着巨大的低碳发展挑战。氢能被认为一种低碳能源，"以氢代碳"是实现源头降碳和流程低碳转型的重要途径之一，近两年氢在钢铁行业的应用出现高潮。

富氢碳循环高炉是指在传统冶金工艺中以氢代碳，大幅度减少钢铁冶金流程的温室气体排放，直至实现钢铁冶金生产过程的碳中和。

富氢碳循环高炉的炼铁技术通过设置和使用煤气循环加热，可有效解决全氧高炉顶气循环量不足的问题，进而大幅度地降低焦比和煤比，对化石燃料的需求减少，吨铁 CO_2 排放减少。

富氢碳循环高炉的炼铁技术包括：富氢碳循环高炉、煤气炉顶循环脱碳装置、欧冶炉煤气脱碳装置，焦炉煤气系统；氧气高炉普遍存在炉缸内产生的煤气量少，对高炉上部炉料的加热能力不足，导致高炉上部还原能力变差，炼铁效率低的缺陷。为此，发明的富氢碳循环高炉的生产系统将炉顶煤气脱碳循环，同时补充欧冶炉脱碳煤气和焦炉煤气，并经过煤气电加热，经过加热后的高温还原气温度可以达到 900~1200 ℃。进而可以直接通入富氢碳循环高炉的风口与炉身下部，将该加热后的高炉炉顶气循环返回富氢碳循环高炉内。由此可以为富氢碳循环高炉提供足够多的还原煤气，使高炉上部区域间接还原程度大大增加，同时减少高炉下部区域直接还原，减少炉缸高温区的热耗。从而有效地解决了高炉炉顶气还原能力弱、温度低的问题，进而有效增加了富氢碳循环高炉系统的造气能力，同时设计了补充欧冶炉脱碳煤气和焦炉煤气避免了循环煤气量不足。

富氢碳循环高炉工艺示意图如图 11-10 所示。

富氢碳循环高炉 2 所使用的原燃料由加料系统 1 通过称量后由传输带及料车运输至炉顶，加入炉内，富氢碳循环高炉 2 用于炼铁，以便得到合格的铁水，并产生炉渣和高炉炉顶粗煤气；除尘装置 5、6 分别对高炉炉顶的粗煤气进行粗除尘和精细除尘，进行除尘处理，含尘处理后通过煤气脱水装置 7 脱水后进入调压阀组 8 调整富氢碳循环高炉的炉顶压力；经过含尘处理的煤气一部分经过炉顶煤气循环脱碳装置 10 之后分成 2 路，一路经过风口煤气加热系统 14，煤气温度加热到 1100~1200 ℃，在富氢碳循环高炉炉缸上环形设置有氧气风口、喷煤气口的复合风口装置 16，送入风口加热煤气环管 15，由环管分配加热煤气至 14 个复合风口装置 16，与氧气同时送入炉内；另一路经过炉身煤气加热系统 13，煤气温度加热到 850~950 ℃，在富氢碳循环高炉炉身中下部设置有炉身加热煤气环管 4，由环管分配加热煤气设有 14 个炉身加热煤气入口 3，喷口内径 ϕ100 mm，喷吹能力

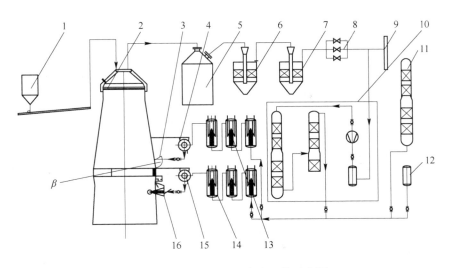

图 11-10   富氢碳循环高炉工艺示意图

1—加料系统；2—富氢碳循环高炉；3—炉身加热煤气入口；4—炉身加热煤气环管；5—煤气重力除尘装置；
6—煤气精细除尘装置；7—煤气脱水装置；8—调压阀组；9—并网煤气管道；10—炉顶煤气循环脱碳装置；
11—欧冶炉煤气脱氢装置；12—焦炉煤气系统；13—炉身煤气加热系统；14—风口煤气加热系统；
15—风口加热煤气环管；16—复合风口装置；β—上部提质煤气入口与炉身外壁下部的夹角

20000 m^3/h（标态），压力 0.35 MPa，喷吹管道承压按 0.6 MPa，钢壳材质采用耐热钢 Q355R，通过冷却壁错台形成喷吹环道向炉内喷吹渗透热煤气；炉身加热煤气入口 3 与复合风口装置 16 煤气入口之间的距离为 $L1$，炉身加热煤气入口 3 与炉顶的距离为 $L2$，其中 $L1:L2$ 为 6.5:8.2，炉身加热煤气入口 3 与炉身外壁下部的夹角为 β，β 的夹角度数范围为 112° ~ 130°。

经过含尘处理的煤气另一部分由于富氢碳循环高炉为全氧系统，鼓风中没有 N_2，但是安保联锁系统需要 N_2 安保，为了消除 N_2 富集，部分煤气并入并网煤气管道 9。

通过上述工艺加热后得到的高温还原气从风口和炉身通入富氢碳循环高炉内。首先，从位于炉缸处的风口通入的高温还原气与烟气混合促进煤气燃烧，同时降低风口回旋区理论燃烧温度；其次，从位于炉身处的煤气通入的热还原气可以对高炉上部炉料预热，改善氧气高炉内部热分布。富氢碳循环高炉以纯氧代替传统高炉热风，即排除了空气中占79% 体积的 N_2，炉腹处煤气量相比传统高炉显著减少，因此，降低了炉料透气性要求，连同富氢碳循环高炉内煤气还原势大幅提高，可使冶炼强度及生产效率大幅提高。

11.2.5   包钢集团光伏项目

包头市太阳能资源丰富，具备优质的光伏发电条件。包钢集团发挥地理位置优势，利用以光电为主的非化石能源，提高公司清洁能源占比，减少煤炭等化石能源的碳排放。位于包钢钢管有限公司 159、460 分厂屋顶的 18 MW 光伏发电设备已连续运行 5 年，是包钢集团最早投产的屋顶光伏发电项目，每年可发电 2000 万千瓦时。2022 年，包钢股份制订实施新能源发展计划。6 月，计划中首个屋顶光伏发电项目并网投运。该项目在薄板厂硅钢产线厂房近 1.8 万平方米屋顶建设 6 兆瓦发电设施，年平均发电量 500 万千瓦时。包钢集团屋顶光伏项目图如图 11-11 所示。

图 11-11　包钢集团屋顶光伏项目图

包钢集团现有屋顶光伏发电设备总装机容量为 24 MW，已累计并网发电超过 1 亿千瓦时，节约能耗约 1.3 万吨标准煤，减少二氧化碳排放量约 3.5 万吨。而这些仅仅是开始，包钢集团还在不断探索新能源在工业企业利用的新路径。不久前，又有 8 个光伏项目纳入内蒙古首批全额自发自用新能源项目清单。这些项目将于 2023 年陆续开工建设，并网运行后将为实现"碳达峰、碳中和"目标注入新的力量。

11.3　钢铁窑炉协同处理固体废弃物的案例

冶金行业的冶炼窑炉，如高炉、回转窑、矿热炉、闪速炉、反射炉、烧结炉等都属于高温窑炉的范畴，其具有的共同特征是温度高、处理量大、物料停留时间长、有碱性或酸性渣相。这些特征使得冶金高温窑炉具有处理固体废弃物的潜力。同时各种窑炉又都具有各自的特性，比如高炉是以还原性冶炼气氛为主，具有碳热还原、氧化燃烧、渣金熔分的功能区域，可以通过高温、还原剂、热风氧化、渣化固结等多种作用实现固体废弃物的处理。以上概括的 4 种协同处理的工艺方式是依据固体废弃物的特征提出的，而冶金窑炉具有的特性能够实现多种方式的处理。回转窑处理瓦斯泥工艺是根据瓦斯泥中锌的还原性通过富集提取处理进行设计的，但该工艺中也同时体现了还原变价、稀释固化等多种处理方式。若采用水泥回转窑处理冶金废渣等固体废弃物，则只是利用了水泥回转窑的稀释固化处理的工艺方式。

因此，选择哪一类窑炉进行协同处理，首先应明确需要处理的固体废弃物中的主要物相是什么，要通过什么方式（燃烧、变价、稀释、富集）实现处理，然后选择相应的窑炉进行工艺设计，确定投加位置、处理量以及污染控制等工艺。

11.3.1　烧结工艺处理固体废弃物

11.3.1.1　固废直接加入烧结工艺

对于钢铁企业产生的铁氧化物粉料、渣铁粉料、除尘灰、OG 泥等成分相对稳定，有害元素含量少的二次资源可以直接作为原料加入烧结工艺内（表 11-2）。为了保证生产、安全和环保的达标，需要对固体废弃物进行配料计算、烧结杯试验和堆积过程控制等达到二次资源最大化利用目的。但是对于有害金属含量高、水分大和铁颗粒度大等不能直接作为烧结工艺的二次资源。

表 11-2 湛钢二次资源情况

二次资源种类	产　　品	特　点　及　用　途
除尘灰	炼铁除尘灰、炼钢除尘灰、轧钢除尘灰	除尘灰种类众多，主要有原燃料或成品在运输、生产过程中的灰，除尘灰一般粒度偏细，成分相对稳定，一般直接或经加工后返生产使用
副产品	高炉水渣和干渣、锌渣、钢化尾渣	含铁量极少的副产品将外卖供社会利用
含铁泥	OG 泥、转炉粗粒、氧化铁皮	OG 泥、转炉粗粒特点是水分大、黏度大、粒度极细、有害金属如金属锌富集较多，一般直接或者加工后返生产使用；氧化铁皮加工后或者直接返生产使用
落料	杂矿、杂煤、除尘粉焦、渣铁粉	落矿和落煤特点是物理化学成分较杂，一般直接返生产使用
固废及危废	酚氰污泥、无价污泥、脱硫灰、危险废弃物	固废成分相对稳定的返生产利用，无法返生产使用的则委托处置，危险废弃物一般为有毒有害物质，一般委托处置

11.3.1.2　烧结工艺处理飞灰

随着中国经济的快速发展，也伴随着不断增加的中国城市生活垃圾，根据《中国城市建设统计年鉴》统计，虽然国内已开始垃圾分类和生活用品的资源化利用，但是中国城市排放的生活垃圾累计达到 2 亿吨以上。目前处理生活垃圾的方法主要是填埋、焚烧和堆肥，由于焚烧技术在高温环境下可以达到减量化、无害化和资源化等效果，近年来得到广泛利用。生活垃圾的焚烧工序的烟气中会产生大量的垃圾焚烧飞灰（简称飞灰），飞灰中含有毒性较强的重金属和二噁英等污染物，目前处理垃圾焚烧飞灰已成为目前焚烧企业面临的主要问题。

飞灰粒度小，表面积大，易富集重金属和二噁英，其中主要成分为氧化钙和二氧化硅，表 11-3 和表 11-4 分别为某飞灰的主要化学成分和有害组分。

表 11-3　某飞灰主要化学成分　　　　　　　（质量分数,%）

TFe	CaO	SiO$_2$	MgO	Al$_2$O$_3$	LOI
1.34	40.80	6.13	1.89	1.01	27.59

表 11-4　飞灰的有害成分　　　　　　　（质量分数,%）

Cl	S	K$_2$O	Na$_2$O	Zn	P	TiO$_2$	Cu	Pb	MnO	Cr
10.19	4.76	3.60	3.71	0.61	0.45	0.46	0.20	0.18	0.04	0.04

由于飞灰质量轻，易于在空气中扬起，其中包含的二噁英和重金属盐易造成环境污染。目前国内外处理飞灰的方法有水泥固化技术、化学药剂稳定法、高温处理技术和水泥窑协同处理技术等。这几种处理方法比较如表 11-5 所示。

表 11-5　垃圾焚烧飞灰处理方法比较

处理方法	优　点	缺　点
水泥固化技术	工艺设备成熟、操作简单、处理成本低、材料来源广	增容较大；Cr^{6+}、Zn 等金属较难被稳定；二噁英污染未被有效处理
化学药剂稳定法	重金属稳定化程度高；少增容或不增容；固化剂种类多	较难实现多种重金属的稳定化；对二噁英及溶解盐的稳定性较弱
高温处理技术	减容、减量、操作简便；二噁英分解彻底	能耗、成本高；重金属易挥发形成二次飞灰
水泥窑协同处理	主要的组分是钙、硅、铝，与水泥的原材料非常相近；产品的质量基本上不会受到太大的影响	重金属、二噁英排放的浓度、毒性要满足国家标准排放要求；氯、钠、钾含量高，容易使窑堵塞；氯、钾、硫成为限制性的因素

　　根据表 11-5 可知，水泥固化技术和化学药剂稳定法工艺简单、操作方便和处理工艺成本低。但是对飞灰中的重金属和二噁英处理效果不佳。高温处理技术减容率高、质量降低多和高温工艺简易，但是高温工艺需要高耗能，并且高温处理技术将易挥发的重金属没有回收系统，所以市场难以推广应用。水泥窑协同处理法是根据水泥生产过程中的回转窑设备处理飞灰的方法。由于飞灰中的主要成分是二氧化硅和氧化钙，与水泥的原材料相近，通过高温回转窑处理二噁英和重金属，并且将处理后的产物作为水泥原料，达到无害化和资源化利用。但是飞灰内的氯、钠、钾等金属含量高，易于黏结在窑口堵塞。

　　飞灰中的成分可以作为烧结原料中的溶剂，烧结工艺是在高温气氛中可以促使二噁英分解和重金属挥发（图 11-12）。

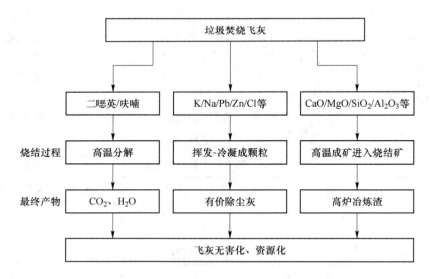

图 11-12　飞灰在烧结过程中的代谢示意图

　　二噁英 705 ℃即开始分解，在高温（高于 800 ℃）条件下 2 s 即可完全分解，当温度在 250～500 ℃时可再次合成二噁英。烧结料层按照温度变化和其中所发生的物理化学反应，自上而下可分为烧结矿层、燃烧层、预热层、干燥层和过湿层。燃烧带是烧结料层中温度最高的区域，温度可达 1300 ℃以上，在此条件下，飞灰中的二噁英可完全分解；烧结干燥预热带的温度为 100~700 ℃，此带可为二噁英的再次合成提供条件。

综合来讲，添加飞灰烧结后烟气中的二噁英含量存在不确定性，但可考虑从如下几方面对烧结烟气中的二噁英进行控制。

（1）添加抑制剂。氨、尿素、碳酰肼等抑制剂可脱除氯并且破坏金属催化剂从而抑制二噁英的生成，其主要原理是这类抑制剂在加热过程中会形成氨类化合物，降低 HCl 浓度的同时抑制了铜等金属的催化作用，阻碍二噁英在中低温下的合成反应，从而减少二噁英的生成。

工业试验的目的是对以尿素为阻滞剂以及减少氯源对减少烧结过程中二噁英生成的效果进行工业试验验证（图 11-13）。试验期间，尿素溶液的制备在厂外进行，将固体尿素制备成 20% 的尿素溶液后，由槽罐车运至烧结厂，并泵入阻滞剂储备罐备用。尿素溶液添加量靠流量调节阀进行控制，由输送管送至烧结配料输送带上方，经喷淋装置匀速加入到烧结配料中，再依次进入一次混合机和二次混合机，与烧结混匀料混匀后参与烧结生产。为避免脱硫系统对二噁英减排效果的干扰，二噁英采样点设置在烧结脱硫系统前，分别检测在不同尿素加入量下烟气中的二噁英浓度变化情况。

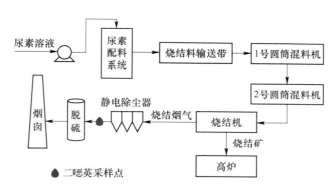

图 11-13　尿素阻滞二噁英生成工业试验流程图

（2）优化工艺参数。通过控制烧结工艺参数如烧结气氛、烧结时间等减少二噁英的生成量，如控制烧结后部风箱烟气快速冷却，精确控制烧结终点位于烧结机尾部等。基于氧是二噁英合成的要素之一，在烧结过程中选择适宜的氧含量，在保证燃料燃烧效果的同时也可以减少二噁英的生成。

（3）烧结烟气循环。研究表明，将烧结烟气部分或全部循环至烧结料层中，不仅可以降低固体燃料消耗，减少烧结烟气污染物的排放，还能使烟气中的二噁英在燃烧带上被高温分解，降低二噁英的排放。国外某烧结机采用该技术，二噁英减排量达到 70%，颗粒物和氮氧化物减排量近 45%。

（4）末端治理。烧结烟气中的二噁英以气相和固相两种形式存在，末端治理就是对烧烟气中已形成的二噁英进行治理。针对气相二噁英，可以采用选择性接触还原和活性炭吸附法予以去除，针对固相二噁英，可通过电除尘、布袋除尘装置去除。

针对飞灰中重金属在高温条件下的挥发特性，国内外研究较多，结果表明，铅、镉、铜、锌等重金属的挥发主要受温度、时间、气氛的影响，其中铅、镉的挥发主要受温度和时间的影响，在高温（1050 ℃）条件下，铅、镉的挥发率可达到 90% 以上，铜的挥发率约为 70%，锌的挥发率约为 40%。铜、锌的挥发除了受温度时间影响外，还受气氛的影响，在相同条件下，氯或硫的存在可显著提高铜和锌的挥发率，其主要原因是原料中氯和硫元素可以和重金属形成低熔点的重金属氯化物或硫化物，从而促进重金属的挥发。

综合上述分析，飞灰在烧结过程中的代谢如图 11-14 所示。飞灰中的二噁英在烧结过程中被高温分解成碳水化合物，碱金属挥发冷凝后富集至有价除尘灰中，飞灰中钙镁铝等经高温成矿后进入烧结矿中参与高炉冶炼。

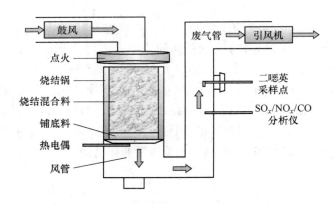

图 11-14　烧结锅试验装置及二噁英类采样位置

当前中国城市生活垃圾无害化处理主要以填埋为主，焚烧和堆肥为辅，焚烧处理技术因具有明显的减容化、减量化和资源化等优点，近年来得到了广泛的应用。然而生活垃圾焚烧烟气净化系统捕集的细颗粒物——垃圾焚烧飞灰（以下简称飞灰）富集了毒性较强的重金属和二噁英类污染物属危险废物，需重点控制，其处理也是国内外垃圾焚烧企业面临的主要问题。

高温处理技术是处理垃圾焚烧飞灰的有效方法之一，钢铁厂拥有焦炉、烧结、球团、高炉、电弧炉等大量高温冶金设备，若能采用钢厂的高温冶金技术和设备对垃圾焚烧飞灰进行协同处理，不仅可以发挥钢铁企业的城市协调和友好功能，还可以减少固体废弃物处理的投资和运行成本。

烧结工序是钢铁生产过程中的一道重要的高温工序，烧结过程中最高温度可达 1300℃以上。本书根据飞灰的主要特性及处理过程中存在的难点，结合烧结工序的特点，从工艺上对烧结过程协同处理垃圾焚烧飞灰的可行性作了探讨，期望为国内外飞灰处理企业和钢铁流程协同处置固体废弃物提供一定的参考。

烧结自身是一个高温冶金过程，其中含有大量烟气处理设备，烧结过程具备解决飞灰中二噁英和重金属等难处理问题的先决条件，在合适的配比条件下，将飞灰添加到烧结过程后，其对烧结矿质量的影响较小，通过过程控制和末端治理相结合可脱除飞灰中的二噁英，飞灰中的重金属在烧结过程中挥发至烟气中最后富集于机头灰中，可作为重/碱金属冶炼的二次原料。从工艺上讲，采用烧结过程协同处理飞灰是可行的，可从理论上作进一步深入研究和分析。

以图 11-15 的数据为基础，根据某烧结机一年的用量，可以计算出氯元素在烧结原料中的分布情况，可以看出，烧结混匀料中，氯元素主要是通过杂辅料以及铁矿石匀矿被带入烧结过程，占总含氯量的88%。此外，杂辅料中氯元素含量的高低也与杂辅料的来源密切相关。一般情况下，如果杂辅料中含有大量高炉除尘灰以及烧结机头除尘灰，杂辅料中的氯元素含量还会增加。

根据我国于2004年所开展的针对全国范围内的二噁英类污染源普查的结果，由于金属生产而排放的二噁英类占全国二噁英类总排放的45.6%。其中钢铁企业二噁英类排放量占金属生产二噁英类排放的56%，而铁矿石烧结占钢铁企业排放量的57%。因此，铁矿石烧结已经成为我国二噁英类排放

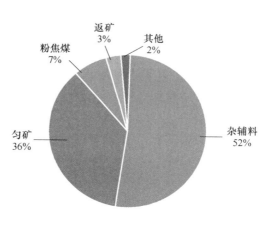

图11-15 烧结料组成成分图

的重要污染源之一。2012年《钢铁烧结、球团工业大气污染物排放标准》（GB 28662—2012）中，对颗粒物、二氧化硫的排放浓度都提出了更高的要求，同时新增了烧结烟气二噁英类物质≤0.5 ngTEQ/m³的排放浓度要求。2019年4月28日，生态环境部、国家发改委等国家五部委联合发布的《关于推进实施钢铁行业超低排放的意见》指出，2020年底前，重点区域钢铁企业超低排放改造取得明显进展，力争60%左右产能完成改造。随着烧结烟气排放的环保政策越趋严格，大量烧结厂需在原有脱硫处理设备基础上增加NO_x、二噁英、重金属等处理设备或设施，以满足超低排放的要求。但由于烧结工序污染物复杂、烟气总量大、工况参数波动大等特点，净化治理难度较大。因此，烧结过程中的各类二噁英减排技术不仅可以大幅降低末端治理成本，而且也为后续烧结烟气其他污染物排放的协同治理提供了更多的选择。

其中也有将废脱硫剂作为烧结原料加入烧结工艺中，废脱硫剂主要由硫酸钙、硫化铁、碳酸钙和硫单质等构成，硫主要以元素硫形式存在，占77.18%。铁以硫化铁、氧化铁、硫酸铁三种形式存在。随着废脱硫剂配比的增加，烧结矿转鼓强度变差，利用系数下降。宝钢湛江钢铁有限公司通过实验研究，在废脱硫剂0.1%、水分8.0%的条件下，随着烧结矿碱度的升高，烧结矿利系数提高、转鼓强度增大、固体燃耗下降。

11.3.2 球团工艺协同处理固体废弃物

球团回转窑工艺可以处理可燃的各类医疗、有色冶金行业、有机废物等可焚烧污泥等。基于球团工艺处理废油漆、废树脂、废硒鼓墨盒、含油抹布、废塑料桶等可燃危固废的技术处理装置，运行成本低、操作便利、对主工艺的影响受控，可以实现烟气达标排放，既实现了燃烧热量的利用，也减少了社会处置压力。

宝钢湛江公司通过分类收集固态危废，按照要求打包，将打包后的危废运输至球团回转窑平台，投料，固态有机危废高温燃烧分解，从而实现危废的无害化处理，具体技术方案如下（图11-16）。

回转窑焚烧处理医疗废物和工业危险废物在欧洲和北美国家得到了广泛应用。其优点是可焚烧多种液体和固体，可单独投料，也可混合投料，固体废弃物可连续投入，也可分批投入，窑内操作温度可高达1600℃。可连续运转，也可间断进行。随着回转窑的转动，

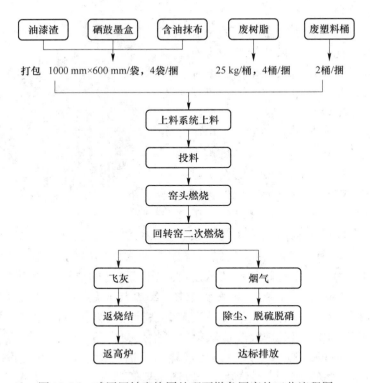

图 11-16　球团回转窑协同处理可燃危固废的工艺流程图

废弃物被带起翻动，废弃物与燃烧空气接触良好，焚烧充分。其缺点是不适宜处理易挥发气化的固体废弃物，且对机械方面的技术要求较高、投资大、保养费用较高，热效率较低，烟气含尘浓度高。整个系统对气密性要求较高，操作运转难度大，固体废弃物对耐火材料有很强的磨蚀作用，使材料维护费用增加。而且回转窑运行时，在窑体后半段，高温状态的废料残渣中的低熔点物体部分呈半熔融状态，易附着于窑体内壁形成瘤体。当结瘤到一定程度时，回转窑运行将受很大影响，严重时可导致焚烧系统无法运行。

为了更好实现油漆渣作为球团生产替代燃料再生应用，整个生产中需要解决两大关键问题。一是解决替代燃料在水泥回转窑使用中的问题，其中包括油漆渣使用的稳定性、杂质对水泥回转窑的影响、造成窑内堵塞恶化和 CO_2 排放的影响等；二是解决替代燃料在水泥窑生产中的应用问题，包括完全分解其有害成分，油漆渣中主要含芳香烃、醇醚及苯类等物质，热解后会产生含硫、含氮化合物、烃类和含氧有机物等物质，由于水泥窑煅烧温度高，且窑中是碱性气氛，大部分的有机物通过热解后产生的酸性气体如 SO_2、CO_2 等能得到中和，变成盐类固定下来，部分重金属元素固定在氧化物固体中，避免散逸到大气中，因此，起到了尾气净化装置和重金属高温固化的双重作用。

11.3.3　高炉工序协同处理固体废弃物

电解铝工业是国民经济的基础产业，在当今社会发展中起到了重要作用。目前我国铝产量位居世界第一位，超过 1500 万吨，而且仍然呈快速增长的势头。同时，铝电解在给国民经济带来大量有价值铝锭的同时，也带来了污染。

到目前为止废旧电解槽内衬量累计排放量已达 700 多万吨，我国的电解铝厂主要采用大型预焙阳极电解槽，电解槽运行达到其使用寿命就必须进行大修，大修时电解槽的内衬就要更换，这些大修时产生的物料称为大修废渣或电解槽废内衬等。其中，最大的污染源就是大修后的废旧阴极。废旧阴极炭块堆放时其中的氟化物和氰化物若渗入地下水中，污染水源。此外，还对周围动植物有很大危害，影响自然生态平衡，使农作物减产，故必须加以治理。

金属铝已经成为国民经济发展的重要基础材料。但是在铝冶炼生产过程中，由于受到电解质的侵蚀，每生产 1 t 电解铝，将会产生约 30 kg 的废旧阴极炭块，这成为铝电解行业中主要的固体污染物。如按此计算，2015 年国内电解铝产量已经达到 3141 万吨，产生废旧阴极炭块 90 万吨以上，其数量巨大不容忽视。

在铝电解产生的废旧阴极炭块中，主要成分为碳、冰晶石、氟化钠、氧化铝和氟化铝，以及少量的碳化铝和碳化钠。当前我国处理废旧阴极炭块主要采用堆放或者安全填埋、化学分离等方法。但是废旧阴极炭块中炭占 70% 且高度石墨化，其余的是以冰晶石为主体的电解质，均是可利用的资源。因此，废旧阴极炭块的回收利用具有较好的发展前景。然而现有技术几乎都未考虑如何有效节能、减排和降低成本，铝电解产生的废旧阴极炭块难以实现工业规模的开发利用。

西安建筑科技大学研究处理铝电解废旧阴极炭块的方法，利用炼铁工艺处理铝电解废旧阴极炭块，研究炼铁工艺的炉料所含有的铝电解废旧阴极炭块主要成分为碳且含有一定有化渣作用的氟化盐，起到增碳、还原、燃烧和化渣作用。通过本方法能有效地无害化处理铝电解废旧阴极炭块，并且提高铝电解废旧阴极炭块的资源化利用率。研究通过将铝电解废旧危废作为高炉炼铁的原料烧结矿或者直接加入高炉的原料，可以通过火法工艺有效地将铝电解废旧阴极炭块中的氟化物转换到高炉烟气中和进入高炉渣中，从而有效地降低氟化物的危害，并且在高炉高温环境下促进了铝电解废旧阴极炭块中的氰化物的分解。研究通过将废旧阴极炭块加入高炉设备中降低了铝电解危废的无害化处理，也将铝电解废旧阴极炭块作为高炉内的燃料、还原剂和增碳剂使用，促进了铝电解危固废的资源化再利用。从以上可以看出，有效地降低熔滴温度区间，有利于提升高炉的透气性，有利于提升高炉的效率。铝电解废旧阴极炭块能够有效地降低原料的熔点，阴极炭块加入量越多，越降低高炉原料的熔化温度。因此，根据实验数据，铝电解废旧炭块作为烧结矿原料不能高于烧结矿总质量的 30%。铝电解废旧炭块直接作为高炉原料，加入量不能高于高炉原料总质量的 6.4%。

项目根据炼铁工艺，将铝电解废旧阴极炭块作为炼铁原料，通过炼铁工艺将铝电解废旧阴极炭块中的危害元素去除，从而达到危固废的无害化处理和资源化利用。发明将铝电解废旧阴极炭块作为炼铁工艺中烧结矿原料、高炉原料、铁焦或热压含碳球团、铁水包预处理辅料等，将其破碎到一定粒度和预处理，用于炼铁工艺生产（图 11-17）。

高炉冶炼出的铁水，利用铁水包将铁水运至炼钢厂，由于铁水温度较低，利用铁水包运输过程中出现温降，铁水裸露空气中被二次氧化，目前部分企业采用的覆盖剂出现铺展性不好，起不到保温和降低二次氧化的问题。当前，铁水包用的保温剂主要采用碳化稻壳，但是碳化稻壳生产过程中产生大量的烟气污染空气；碳化稻壳熔点高，在铁水表面上不易熔化，无法形成液渣层；铺展性差，铺展面仅达到 60%~70%，还

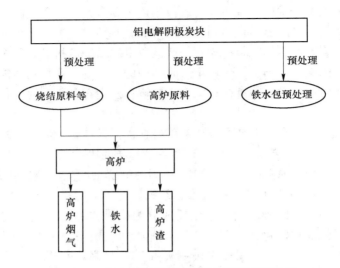

图 11-17　铝电解废旧阴极炭块处理工艺路线图

有 30% ~40% 的铁水表面裸露在空气中，保温效果较差；不具备吸收铁水中上浮夹杂物的冶金功能；使用碳化稻壳时易产生飞扬粉尘。因此，使用铝电解废旧炭块与添加相关辅料作为铁水包覆盖剂，铝电解槽废旧炭块含有碳元素和氟元素，因此，能够有效地提升铁水包覆盖剂的流动性和保温性。并且炭块后期受热也会膨胀，有利于提升铁水包覆盖剂的保温效果。

11.3.4　转炉工艺协同处置固体废弃物

11.3.4.1　城市废油桶处理

根据国家危险名录 HW49——污染危险废物的包装物判定，由于废旧油漆涂料桶含有油漆等残余有机物，废旧油漆涂料桶属于危险废弃物。依靠高温下的转炉冶炼环境，高温分解废旧油漆桶内残留的有机物，并且废旧油漆涂料桶作为废钢原料的补充，可作为很好的炼钢原料，达到危险废弃物的无害化和资源化利用。采用转炉协同处理废旧油漆涂料桶需要进行预处理，预处理的具体要求如下：（1）废旧油漆涂料桶内的有机物残留量不高于 5%；（2）要对废旧油漆涂料桶内有机物进行清除和废桶压块的预处理；（3）将预处理的废旧油漆涂料桶单独置放，废桶添加量约为 1%。

11.3.4.2　铝电解危固废在炼钢工艺中的协同处理

A　铝电解含碳危废的危害及组成

目前我国电解铝厂外排的废槽衬基本上是通过露天堆放或直接填埋处理。掩埋是环境风险比较高的技术。废槽衬阴极炭块中含有能渗透的可溶性氟化物，在运输、处理或堆存过程中，如果管理不善，将会导致土壤、地表水和地下水污染，进而危害人体健康，其污染影响是长期的。而且常温常压下，废槽衬淋雨或电解槽大修湿刨时可观察到，废槽衬易与水发生反应并放出大量气体；反应析出的 HCN 气体有剧毒（HCN 致死量为 0.05 g），少量就能致人中毒并在几秒钟内死亡。废槽衬含碳危废的危害具体来讲主要有：占用大量土地、污染生态环境以及造成资源浪费。废槽衬仅仅只有小部分被粗糙利用，大量的被作为垃圾掩埋处理并没有产生高的附加值。

由于各个电解铝厂所用的电流容量、内衬结构、内衬材料种类、电解工艺条件、操作制度以及电解槽寿命差别较大，废槽衬的具体组成各不相同。但是一般来说，拆除的废槽衬中，碳质材料约占33%，此外含有冰晶石、氟化钠、碳化铝、铝铁合金和微量氰化物等物质。其中的炭块使用寿命一般是 30～40 个月，在电解过程中，由于化学反应、电化学反应和腐蚀作用，阴极碳发生了很大的变化。拆下来的废旧阴极碳的裂缝、孔洞和冲蚀坑布满了电解质。组成阴极碳的无烟煤结构也发生了变化，石墨化程度很高。

以我国几种典型的电解槽为代表，新修电解槽内衬材料用量如表 11-6 所示。我国电解槽砌筑时碳素材料平均用量约占全部内衬材料的49%。四种电解槽相比，200 kA 电解槽的碳素材料用料最少为46%。随着我国原铝产量的不断提高，铝工业的外排废槽衬逐年增加，废旧的炭块也逐年增加。

表 11-6　不同电解槽的内衬材料用量

名　称	内衬材料及质量/t·cell^{-1}				
	保温材料	耐火材料	碳素材料	浇注料	合计
120 kA 电解槽	3.4	10.0	15.7	2.6	31.7
150 kA 电解槽	3.1	12.5	20.5	5.0	41.1
200 kA 电解槽	5.9	14.2	22.2	6.4	48.7
350 kA 电解槽	7.3	31.6	46.0	8.7	93.6

为了观察铝电解槽废旧炭块和碳化硅-氮化硅砖在使用后化合物的成分，由图 11-18 和表 11-7 可知，废旧阴极炭块中的碳少部分已由原来的无定形碳转化为晶体态石墨，并渗透了多种电解质，说明铝电解槽中阴极在使用过程中，氟、铝、钠等向阴极进行了渗透。由图 11-19 和表 11-8 可知，废旧阳极炭块中的碳绝大部分已由原来的无定形碳转化为晶体态石墨，铝电解槽中阳极在使用过程中渗透了部分硫。

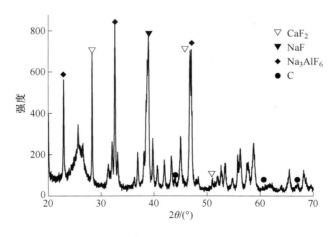

图 11-18　铝电解槽废旧阴极 XRD 图谱

表 11-7   铝电解废旧阴极炭块主要化学成分

元素	含量/%	元素	含量/%
F	36.97	Na	13.54
Mg	0.374	Al	8.33
P	0.0567	S	0.319
Ca	1.38	C	49

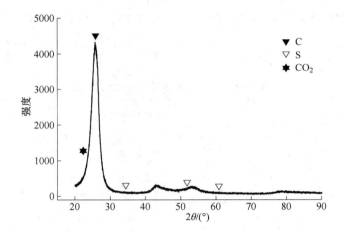

图 11-19   铝电解槽废旧阳极 XRD 图谱

表 11-8   铝电解废旧阳极炭块主要化学成分

元素	含量/%	元素	含量/%
F	0.76	Na	0.225
S	2.908	Ca	0.163
Fe	0.534	Ni	0.235
Si	0.160	C	95.54

铝电解废旧耐材 XRD 图谱如图 11-20 和表 11-9 可知，主要成分是 SiC、Si_3N_4 以及在废旧耐材浸入的 Na_2SiO_3 和 NaF 等。

表 11-9   废旧耐材主要化学成分分析结果

序号	1	2	3	4	5	6	7
成分名称	SiC	Si	Al_2O_3	Na_2O	CaO	F	C
含量/%	60.9	54.77	0.73	8.80	1.08	0.85	19.62

B   铝电解含碳危废处理方法

目前全球有很多种处理回收利用废旧槽衬的方法，我国废旧槽衬的处置方法主要朝无害化和回收利用两个方向发展。对于铝电解含碳危废的处理方法如下。

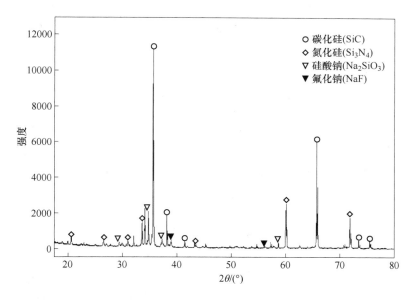

图 11-20 铝电解废旧耐材 XRD 图谱

a 浮选法

浮选法是以一定的浮选制度从料浆中选取相应物质的一种分离方法，处理废旧炭块过程是回收废旧炭和冰晶石等有用成分，以及将氰化物分解，但会形成大量含有浮选剂的废液。废旧碳化硅-氮化硅砖的浮选工艺处理是将碳质材料从废槽衬中分离，添加不同浮选药剂分离炭粉和电解质，但是废槽衬与水的反应非常剧烈，废槽衬与水反应放出大量的 H_2、NH_3、CH_4 和 HCN 气体，其中 HCN 有剧毒。

b 其他处理方法

铝电解废旧炭块内含有一定量的氟化物和氰化物，因此，处理铝电解废旧炭块无害化处理方法有高温水解法。高温水解法主要是在高温情况下通入水蒸气，使废料内的氟盐生成 HF 气体，也使氰化物分解。但是后期对于不同成品的回收工艺比较复杂，该工艺只是对铝电解废旧炭块无害化处理，没有达到资源化利用。

废旧的含碳砖主要处理方法是使用火法处理方法，只是作为水泥原料、筑路填土、耐火材料或者作一些无害化处理回收氟化盐，返回电解槽使用。目前废槽衬没有全面推广和没有达到资源化利用的效果，主要原因是处理成本太高。

C 铝电解含碳危废在炼钢工艺中的协同处理的应用

铝电解含碳危废包含铝电解的废旧炭块和主要成分为碳化硅的废旧耐材。铝电解含碳危废使用化学和湿法冶金的处理方法会形成含有氰化物的废液。铝电解含碳危废作为水泥原料，但是铝电解含碳危废内含有的钠元素会影响生产低碱性水泥的企业不能采用此种方法。西安建筑科技大学清洁生产研究所根据目前铝电解含碳危废的资源化利用情况，将铝电解含碳危废应用于钢铁行业中。

a 铝电解含碳危废作为钢包增碳剂

钢包增碳是在出钢时钢水流入盛钢桶（即钢包）过程中或出完钢后在钢包内向钢中

加入含碳材料的操作，钢包增碳剂是调节钢中的碳，使碳含量达到钢种要求。提供一种钢包增碳剂及其制备方法，将铝电解废弃物重新利用，能有效提高钢水碳含量和渣的流动性，并且降低增碳剂的生产成本。

该研究的铝电解废阴极炭块主要成分含有碳和氟化物，能够有效地提升钢包增碳剂的流动性和保温性；铝电解废旧内衬主要成分为碳化硅和氟化物，有很好的提温作用和化渣作用。并且铝电解的内衬和炭块主要成分以碱性化合物为主，不会对钢包耐材在高温情况下造成侵蚀。

铝电解含碳危废所含有的氟化物和铝都有利于降低渣系的黏度，提升渣系流动性，有利于渣系对钢液中夹杂物的吸附，并且废旧内衬砖中含有大量硅系化合物，促进钢液合金化，有利于钢液性能的提升。并且硅系化合物与钢液中氧的结合能力强，有利于加入的碳元素快速均匀熔入钢液中，达到增碳化渣的作用。一种钢包增碳剂，所述的钢包增碳剂包括以下原料：铝电解槽废旧阴极炭块和铝电解槽废旧内衬砖。

研究发现，铝电解的废旧阴极炭块内部含有一定量的氟化物有利于改善冶炼渣系的流动性，有利于夹杂物的去除；铝电解槽废旧内衬即为碳化硅-氮化硅砖，由于碱性炉渣与钢液的作用，使碳化硅-氮化硅砖迅速与渣中的金属氧化物化合成低熔点的硅酸盐，有利于钢包化渣。碳化硅-氮化硅砖中所含有的碳元素被氧化，最终形成C-O气体，可以给钢包提供很好的动力学条件。碳化硅-氮化硅砖加入到对氮含量不敏感或利用氮强化的钢种不会造成钢种污染。铝电解槽废旧阴极炭块和铝电解槽废旧内衬砖属于铝电解过程所产生的固体废弃物，降低了钢包增碳剂的生产成本，有利于增加铝电解过程的固体废弃物的回收利用和提升固体废弃物的附加值。

b　铝电解含碳危废作为脱氧合金剂

各种炼钢方法中通常是利用氧化法来去除钢中大部分杂质元素和有害物质，这就使得氧化后期钢中溶入过量的氧，过量氧在钢液中凝固时将逐渐从钢液中析出，会形成夹杂物或气泡，严重影响钢的性能。因此，钢液脱氧是炼钢过程中必要的工艺环节，在出钢过程中加入某些元素与氧发生反应生成不溶于钢水的氧化物，从而达到去除钢水中溶解氧的目的。该专利通过回收利用铝解废旧碳化硅-氮化硅砖来制备钢包的脱氧合金剂，降低了脱氧合金剂在钢水中的融化时间，并且使钢液的含氧量降低。

该研究一方面可以脱氧，另一方面在钢液中夹杂物脱除提供有力的动力学条件，研究所使用的铝解废旧内衬砖内部除了含有碳化硅以外，还含有其他原料，如氮化硅可以促使钢液的合金化，有利于钢液的性能提升，原料中含有的氟化钠可以提升渣系的流动性，有利于渣系对钢液中夹杂物的吸附，硅酸钠属于强碱弱酸性化合物，有利于渣系碱度提升，碱度的增加有利于渣系对钢液中磷化物、硫化物等夹杂物的吸附。所使用的铝解废旧内衬砖，符合炼钢脱氧作用和成本低，并且制作过程相比较其他产品简易，有利于快速推广。

c　含碳危废作为铸钢冒口覆盖剂

铸造是制造复杂零件最灵活的方法，先进铸造技术的应用给制造工业带来新的活力的同时，也使铸造业遇到了来自铸造行业内部和外部的巨大挑战。在我国，铸造有着悠久的历史，使用铸钢冒口覆盖剂是自20世纪70年代开始的，它与连铸技术的发展密切联系。

目前，采用较普遍的方式是设置保温冒口，其主要作用是保证铸造合金在凝固的过程中，减缓冒口中液态金属的凝固速度，从而提高其补缩能力，在保证铸件质量的同时，可有效地降低冒口的高度，以此来提高铸件工艺出品率。它的保温原理是通过控制单位时间内冒口侧面的热量损失来延缓冒口钢液的凝固时间，强化冒口的补缩效果。这不仅可以节约冒口金属液的用量，而且对提高铸件质量有着重要意义。它可以显著延缓液态金属的冷却时间，避免铸件内部产生缩孔、缩松等现象，提高铸件的工艺出品率。然而，保温冒口虽然极大地减小了冒口侧面的热量损失，但是却无法弥补冒口顶部的热量散失，据有关资料显示冒口顶部的热量损失与冒口侧的相当。况且，顶部的钢液对冒口的补缩有着至关重要的作用。

铝电解废旧炭块可以有效降低覆盖剂的黏度，覆盖剂的黏度过大会恶化脱硫的动力学条件，造成脱硫过小；覆盖剂黏度适中，具有一定的流动性。因此，铝解废阴极炭块可以显著降低覆盖剂的表面张力在该覆盖剂中是很好的助熔剂。

d　含碳危废作为 LF 精炼渣

炼钢精炼工艺主要是进行脱氧、脱硫和去除夹杂物的作用。铝电解含碳危废应用于炼钢精炼工艺有利于提高铝电解固废的资源化利用。

LF 炉即钢包精炼炉，是钢铁生产中主要的炉外精炼设备，主要用于脱硫、温度调节、改善钢水纯净度和造渣的作用，

LF 炉精炼渣主要功能是对 LF 炉钢包内钢液进行精炼，LF 炉精炼渣多以 $CaO-Al_2O_3-SiO_2$ 三元渣系为主，其高碱度、低氧化性的特点保证钢液低硫、低氧含量的精炼效果，但是目前 LF 炉精炼渣吸附氧、硫夹杂物能力低，多元渣系制造复杂和成本偏高，都是目前 LF 炉精炼渣及其制备的不足。

该研究制备的 LF 炉精炼渣，一方面，渣系在废旧碳化硅-氮化硅内衬砖中含有 SiC 和在铝灰中含有的 Al 都保证在高还原气氛中，有利于钢液中氧、硫夹杂物的脱除；另一方面，废旧内衬砖中含有 NaF 和铝灰中含有 Al_2O_3 都有利于渣系流动性的增加，以有效地保证 LF 炉冶炼前期渣系流动性差不利于夹杂物吸附的弊端。

e　含碳危废作为 LF 炉复合造渣剂

LF 炉即钢包精炼炉，是钢铁生产中主要的炉外精炼设备，主要用于脱硫、温度调节、改善钢水纯净度和造渣的作用，LF 炉造渣的关键是渣快速熔化并保证合适的黏度。一般来说，转炉出钢后，由于合金化的影响，钢包内顶渣温度有下降趋势，并且钢水内的氧含量过高。另外，需要加入一定量的化渣材料，促使渣料的快速熔化。LF 炉造渣剂常规方法就是加入铝丝和萤石，铝丝主要作用是脱氧，萤石主要作用是快速化渣的作用，并且效果一般，同时也并不具备脱氧和化渣的复合作用。

该研究利用铝电解废旧阴极炭块和铝灰制备脱氧化渣剂，铝灰中含有的铝和铝电解废旧阴极炭块中含有炭加入 LF 炉中放出大量的热，有利于弥补 LF 炉加入复合造渣剂过程的热量损失，而且废旧阴极炭块可以为钢水增碳；铝解废旧阴极炭块和铝灰价格便宜，降低了 LF 炉复合造渣剂的生产成本。

11.3.5　焦炉工艺处理固体废弃物

11.3.5.1　轧钢含油污泥的产生与特点

轧钢含油污泥主要产生于热轧和冷轧工序，热轧冷却循环系统（层流和直接）排水经沉淀处理产生含油铁泥，沉淀出水再经过滤回用，过滤器反冲洗水处理产生含油泥饼。

冷轧废乳化液磁性过滤、碱性脱脂液循环利用磁性过滤等环节产生冷轧含油污泥；此外含油废水/乳化液废水处理也产生含油污泥；各工序的磨辊车间乳化液过滤同样产生磨辊含油污泥。含油污泥中的有机物以含—CH_2—和甲基等的烷烃、环烷烃为主。轧钢污泥中有机物的官能团相对比较简单，冷轧污泥中有机物的官能团相对比较复杂。生物污泥的有机物组成最复杂。

11.3.5.2　轧钢含油污泥处置与资源化利用

国内外轧钢含油污泥的处理处置技术主要有：固化法、生物处理法、溶剂提取、焚烧法和低温蒸馏法等。

（1）固化法。该方法是通过投加化学试剂使含油污泥形成具有整体结构的坚硬块状物，从而增强含油污泥的可控性降低其污染物迁移性，减轻含油污泥对周围环境的危害。一般与填埋处置结合。

（2）生物处理法。含油污泥生物处理是指利用某些微生物降解油泥内特定有机物的能力，将含油污泥最终完全矿化，变成无害的无机物质（二氧化碳和水）的过程。

（3）热分解法。焚烧法技术适用于处理各种含油污泥，在温度815~1200℃范围内，将油泥送入焚烧炉焚烧，去除其中矿物油等有机物质，残渣填埋处置。

（4）低温蒸馏法。把含油污泥置于加热炉内，升高温度并控制在100~300℃，从而使水分蒸发排空，再继续升温到350~500℃，使油蒸发产生油气，再将蒸发的油气冷凝获得混合油。综上所述，这些技术各有不同特点。将上述处理处置技术汇总得到表11-10。

表 11-10　轧钢含油污泥处理技术比较

处理方法	处理效果	二次污染物	工艺成熟度	投资	适用范围与特点
固化法	全部处理	废气	简单、成熟	较低	适宜最终处理
生物处理法	处理周期长，对含环烷烃、芳烃处理效果差	无	较复杂、不成熟	一般	适宜含油率小于3%~5%的含油污泥最终处理
热分解法	有机物全部处理，热值充分利用，回收余热	少量残渣	较复杂、较成熟	较高	适宜最终处理、规模不限
低温蒸馏法	部分处理，回收油和铁资源	废渣	较复杂、较成熟	较高	适宜易挥发组分含量高的含油污泥前处理

因成本低、工艺相对简单，固化后填埋和焚烧是目前最常用的含油污泥处理方法。但这同样会造成地下水和空气污染。宝钢研究院将冷轧含油污泥配煤炼焦，配煤炼焦试验配煤原料水分为5%，堆密度为825 kg/m³，炼焦时间22 h，干熄焦处理。共进行了冷轧含油污泥和冷轧生物污泥两种污泥添加1%和3%配煤炼焦对焦炭质量影响，污泥添加对焦炭各种质量指标的影响详如表11-11。

表 11-11　污泥配煤炼焦对焦炭质量影响表

方　案	基础方案	生物污泥	生物污泥	冷轧含油污泥	冷轧含油污泥
污泥配比/%	0	1	3	1	3
落下次数	4×4	4×4	4×4	4×4	4×4

方　案	基础方案	生物污泥	生物污泥	冷轧含油污泥	冷轧含油污泥
>75 mm/%	4.9	2.7	1.1	3.7	2.2
75～50 mm/%	63.9	62.3	54.7	58.9	56.2
50～25 mm/%	26.6	29.9	37.6	30.0	30.4
25～15 mm/%	1.6	1.2	2.1	1.5	2.0
<15 mm/%	3.0	3.9	4.5	5.9	9.1
平均粒径 MS/mm	54.7	53.1	50.1	52.1	49.5
JIS 转鼓 DII50/15	89.3	88.5	86.8	85.0	78.5
传统 CRI/%	26.5	31.1	30.6	36.9	37.0
传统 CSR/%	66.5	61.5	57.2	33.1	22.1
焦炭灰分 Ad/%	12.61	13.02	13.33	12.16	14.39
焦炭挥发分 Vd/%	1.23	1.32	0.96	1.44	0.69
反应失重率/%	23.0	20.8	19.5	20.5	21.1
反应失重后强度/%	72.2	72.6	70.3	55.4	46.2

冷轧生物污泥添加 1% 对宝钢的配煤结构来说对焦炭质量影响很小；当冷轧生物污泥添加 3%，焦炭的平均粒径有一定程度降低，但 JIS 转鼓强度在 87 左右强度较好。冷轧含油污泥的添加对焦炭冷强度的影响较大，当冷轧含油污泥添加 3% 时，平均粒径与 JIS 转鼓强度都显著降低，尤其 JIS 转鼓强度降低到 78.5。

加了污泥以后，由于 Fe 含量提高，具有催化作用，所以反应性 CRI 均有较大提高。湿污泥的添加对焦炭热性能影响非常显著，对焦炭质量劣化非常严重，从热性能试验结果来看，干污泥可适量添加配煤炼焦，但是湿污泥不能用于配煤炼焦添加。

11.3.6　转底炉协同处理危险固体废弃物

11.3.6.1　转底炉处理含铁尘泥

转底炉工艺是把含铁含碳尘泥按照一定比例与黏结剂混合，并造球或压制成球，经烘干、布料进转底炉，生球经过预热、还原，在一定的温度下，铁氧化物部分被还原成金属铁，锌、铅等氧化物被还原，在高温下金属蒸气随烟气排出，在烟气冷却过程中被氧化，形成氧化物颗粒，通过布袋回收成为富锌精粉，铁氧化物被还原后形成的金属化球团通过排料机进入冷却系统，冷却到一定温度后进入成品仓储存。金属化球团送炼钢或炼铁使用。转底炉还原温度一般为 1200～1350 ℃，还原时间为 20～30 min，金属化率最高可达 90% 以上，脱锌率比回转窑高，最高达 95% 以上，生产作业率维持在 80%～90%。但是，转底炉料层薄，最多只能铺 1～2 层球团，有效空间利用率只有 10%，制约了转底炉的生产能力。另外，烟气中粉尘质量分数大，且含有大量腐蚀成分，对换热器或余热锅炉锅炉管堵塞和腐蚀严重，影响换热器或锅炉管的寿命，这也是转底炉发展面临的难题。转底炉工艺流程如图 11-21 所示。

11.3.6.2　转底炉协同处理钢铁厂含铬废液

按照宝武集团统计口径，2019 年 9 月起，湛江钢铁已实现固废 100% 不出厂。按照国

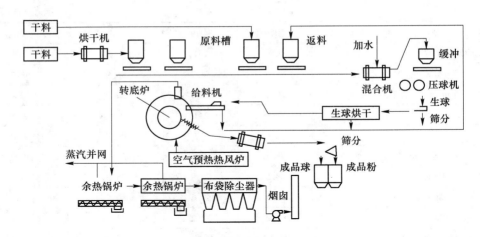

图 11-21 转底炉工艺流程

家指标统计口径，2019 年湛江钢铁固废不出厂率达 99.79%，仍有部分危废需要出厂，其中包括含铬废液。湛江钢铁含铬废液由冷轧厂清洗涂层机及槽罐、科德轧辊检修及槽液报废产生，产生量约 715 吨/年，2019 年冷轧厂源头减量，预计减少含铬废液产生量 200 吨/年。2020 年起，湛江钢铁含铬废液产生量约 515 吨/年。另外，湛江钢铁每年产生实验室废液 5 t，计划纳入本项目研究范围，合计处理废液 520 吨/年。根据检测情况计算，其中铬含量约 5 t。

在冷轧厂区域对 Cr^{6+} 含铬废液进行解毒，采用酸化还原中和的工艺，将 Cr^{6+} 还原成 Cr^{3+}，按照《钢铁工业水污染物排放标准》（GB 13456—2012）的要求达到小于 0.05 mg/L 的达标排放，然后通过槽罐车输送到转底炉进行消纳处理。含铬废液的厂内消纳，是实现固废 100% 不出厂的重要保障。

参 考 文 献

[1] 陈梦涛. 探析工业固体危险废弃物处置及利用 [J]. 区域治理，2021 (2)：196-197.

[2] 肖绍武. 工业固体废物处置及管理探析 [J]. 科技资讯，2019，17 (3)：60-61.

[3] 撒臻. 浅谈石油化工固体废物的处理与处置 [J]. 云南化工，2018，45 (10)：183-184.

[4] 王琪. 工业固体废物处理及回收利用 [M]. 北京：中国环境科学出版社，2006.

[5] 刘鸿江，刘清，赵由才. 冶金过程固体废物处理与资源化 [M]. 北京：冶金工业出版社，2007.

[6] 杨慧芬. 固体废物处理技术及工程应用 [M]. 北京：机械工业出版社，2003.

[7] 赵怡，崔怡. 高炉喷吹塑料废弃物技术研究进展 [J]. 青岛理工大学学报，2007，28 (4)：62.

[8] 潘聪超，郭培民，庞建明. 含铬浸出渣调质解毒规律研究 [J]. 环境工程，2013，10 (5)：104.

[9] 张懿，周思毅，刘英杰. 电镀污泥及铬渣资源化实用技术指南 [M]. 北京：中国环境科学出版社，1997.

[10] 孙向伟，沈龙龙，刘彪，等. 混合喷吹煤粉和废塑料对高炉炉腹煤气的影响 [J]. 钢铁研究，2013 (10)：15.

[11] 刘颖昊，刘涛. 基于 LCA 的高炉喷吹废塑料节能减排研究 [J]. 钢铁，2012，47 (9)：79.

[12] 张建良，刘伟剑，任山. 废塑料的添加比例对煤粉燃烧的影响 [J]. 过程工程学报，2012，12 (5)：810.

[13] 郭兴忠，杨绍利，朱子宗，等. 废旧塑料综合利用新方法—高炉喷吹塑料技术［J］. 重庆环境科学，2000，22（4）：33.

[14] 杨婷. 国外钢铁工业节能环保技术的发展［R］. 世界金属导报，2007-06-19.

[15] 厉惠良，苑辉. 水泥窑协同处置垃圾焚烧飞灰技术研究进展［J］. 水泥，2014（11）：18.

[16] 苑辉，胡芝娟，李惠，等. 危险废物衍生燃料在水泥窑协同处置中的应用分析［J］. 水泥技术，2014（5）：17.

[17] 朱久发. 国外钢铁公司废物再利用与处理技术发展动向［R］. 世界金属导报，2007-08-21.

[18] 郭廷杰. 日本钢铁厂含铁粉尘的综合利用［J］. 中国资源综合利用，2003（1）：4.

[19] 庞建明，郭培民，赵沛. 回转窑处理含锌、铅高炉灰新技术实践［J］. 中国有色冶金，2013（3）：19.

[20] 潘聪超，邸久海，庞建明，等，冶金窑炉内实现固体废弃物协同处理的工艺［J］. 中国冶金，2018，28（3）：80-82.

[21] 宋宜富，湛钢二次资源综合利用实践［J］. 现代矿业，2020，5（613）：110-112.

[22] 王临清，李枭鸣，朱法华. 中国城市生活垃圾处理现状及发展建议［J］. 环境污染与防治，2015，37（2）：106.

[23] 熊祖鸿，范根育，鲁敏，等. 垃圾焚烧飞灰处置技术研究进展［J］. 化工进展，2013，32（7）：227.

[24] 杨剑，文娟，刘清才，等. 垃圾焚烧飞灰冶金烧结处理工序［J］. 重庆大学学报，2010，33（11）：84.

[25] 张玉才，龙红明，春铁军，等. 原料铜和氯元素对二噁英排放的影响及抑制技术［J］. 钢铁，2015，50（12）：42.

[26] 吴雪健，龙红明，春铁军，等. 基于添加尿素的铁矿烧结过程二噁英减排技术研究［J］. 环境污染与防治，2016，38（5）：74.

[27] 苍大强，魏汝飞，张玲玲，等. 钢铁工业烧结过程二噁英的产生机理与减排研究进展［J］. 钢铁，2014，49（8）：7.

[28] 李曼，田志仁，尤洋，等. 铁矿石烧结过程中二噁英的防治对策［J］. 环境监控与预警，2017（6）：75.

[29] 龙红明，吴雪健，李家新，等. 烧结过程二噁英的生成机理与减排途径［J］. 烧结球团，2016，41（3）：46.

[30] 田书磊. 垃圾焚烧飞灰重金属热分离工艺及挥发特性研究［D］. 哈尔滨：哈尔滨工业大学，2007.

[31] 宋闯. 垃圾焚烧飞灰中重金属高温挥发影响因素分析［J］. 环境保护与循环经济，2015，35（5）：40.

[32] 刘水石，周志安，景涛，等，烧结过程协同处理垃圾焚烧飞灰的可行性探讨［J］. 中国冶金，28（6）：1-4.

[33] 夏盛，童敏，封羽涛. 钢厂协同处置城市固体废弃物的实践与探索［J］. 广州化工，2017，45（18）：138-140.

[34] 安军. 废树脂焚烧处理技术研究［D］. 杭州：浙江大学，2023.

[35] 黄丽霖，杨帆，李铁彬，等. 水泥窑协同处置油漆渣可燃废物的生产应用［J］. 水泥，2018，4：18-19.

[36] 张朝晖，冯璐. 一种处理铝电解废旧阴极炭块的方法：CN201811216091.7［P］. 2023-08-11.

[37] Zhao Y C, Liu J Y, Huang R H, et al. Long-term monitoring and pridiction for leachate concentrations in shanghai landfill［J］. Water, Air, and Soil Pollution, 2000, 122：281-297.

［38］ 黄尚展. 电解槽废槽衬现状处理及技术分析 ［J］. 轻金属, 2009 (4)：29-32.

［39］ 黄世谋, 杨源, 薛群虎, 等. 废弃耐火材料再生利用研究进展 ［J］. 耐火材料, 2007, 41 (6)：460-464.

［40］ 杨源, 黄世谋, 薛群虎, 等. 废弃耐火材料的再生利用研究 ［J］. 陶瓷, 2007, (5)：17-20.

［41］ 陈喜平. 铝电解废槽衬火法处理工艺研究与热工分析 ［D］. 长沙：中南大学, 2009.

［42］ Yang J, Li W, Cao P. Electrolytic cell for producing primary aluminum by using inert anode：U. S. Patent 9551078 ［P］. 2017-01-24.

［43］ 宋建忠. 铝电解槽废旧内衬的回收与无害化处理 ［D］. 沈阳：东北大学.

［44］ 李旺兴, 陈喜平, 罗钟生, 等. 废槽衬无害化处理工业示范厂运转结果 ［J］. 轻金属, 2006 (10)：34-38.

［45］ 谢刚. 铝电解废碳素阴极利用现状及发展趋势 ［J］. 云南冶金, 2012, 41 (5)：44-47.

［46］ 梁克韬, 段中波. 东兴铝业废旧阴极炭块综合利用研究 ［J］. 酒钢科技, 2015 (2)：2-4.

［47］ 张朝晖, 冯璐, 任耘, 等. 一种钢包增碳剂及其制备方法：CN201710053485.4 ［P］. 2023-08-11.

［48］ 张朝晖, 冯璐, 任耘, 等. 一种脱氧合金剂及其制备方法：CN201710053423.3 ［P］. 2023-08-11.

［49］ 任耘, 张朝晖, 冯璐, 等. 一种 LF 炉精炼渣及其制备方法：CN201710053424.8 ［P］. 2023-08-11.

［50］ 杨春善, 任明欣. 日照钢铁固废尘泥处理实践 ［J］. 钢铁, 2019, 54 (4)：83-85.

［51］ 李生忠. 钢铁厂含锌尘泥处理指直接还原转底炉的设计和应用 ［J］. 工业炉, 2015, 37 (1)：24.